建筑工程质量通病分析与防治

主　编　孟文清

副主编　崔邯龙　苏　胜

主　审　史三元

黄河水利出版社

内 容 提 要

本书系统地介绍了建筑工程各种质量通病的产生原因、预防措施及治理方法。内容包括建筑工程质量问题综述、地基基础工程、砌体结构工程、钢筋混凝土结构工程、钢筋混凝土结构特殊工艺施工、预应力混凝土工程、木结构工程、钢结构工程、防水工程、装饰装修工程和工程构筑物的质量通病分析与防治。

本书内容涉及建筑工程的设计、施工、使用、维修、质检与管理，遵循现行规范，选编资料新颖，内容翔实，深入浅出，通俗易懂。

本书可供大专院校土木工程专业、建筑工程管理专业教学用书，也可供从事土木工程设计、施工、质检与管理的工程技术人员、工人及相关人员参考。

图书在版编目(CIP)数据

建筑工程质量通病分析与防治/孟文清主编. —郑州：黄河水利出版社，2005.2　(2018.6　修订重印)

ISBN 7-80621-871-8

Ⅰ.建…　Ⅱ.孟…　Ⅲ.建筑工程-工程质量-质量管理　Ⅳ.TU712

中国版本图书馆 CIP 数据核字(2004)第 143162 号

出 版 社：黄河水利出版社

地址：河南省郑州市顺河路黄委会综合楼 14 层　　邮政编码：450003

发行单位：黄河水利出版社

发行部电话：0371-66026940、66020550、66028024、66022620(传真)

E-mail：hhslcbs@126.com

承印单位：河南承创印务有限公司

开本：787 mm×1 092 mm　1/16

印张：18.75

字数：430 千字　　印数：8 101—10 100

版次：2005 年 2 月第 1 版　　印次：2018 年 6 月第 4 次印刷

书号：ISBN 7-80621-871-8/TU·48　　定价：36.00 元

前　　言

工程质量，人命关天。质量责任，重如泰山。新中国成立以来，由于贯彻“百年大计，质量第一”的方针，我国建筑工程的质量总的来说是逐年有所提高。但是，也必须清晰地认识到，当前建筑工程的质量仍存在很多问题，其中有的性质十分严重，如基础下沉、柱子倾斜、屋顶塌落、墙身开裂、强度不足、屋面渗漏等质量事故时有发生；同时也不同程度地存在着结构整体性不好、承载能力差、抗震能力不好等质量隐患。这些问题不仅影响到建筑工程的使用，严重的还会给国家和人民生命财产带来巨大损失。也有一些工程则是由于使用不当，维护不善而出现问题，导致工程不能正常使用，甚至报废，使国家财产遭受损失。因此，认真、正确地对待工程质量上存在的问题，采取有效措施预防质量问题的发生是广大工程技术人员不可忽视的问题。

分析、预防和治理建筑工程质量通病，不仅会涉及若干设计与施工的具体技术问题，而且涉及到的学科面较为广泛。目前，系统地、全面地介绍这类内容的书籍尚较少，有关资料极为零散，要以实用为目的进行全面、系统而又简练地归纳，存在一定困难。然而，实际工作中却十分需要这类书籍。为了提高建筑工程质量，建造更多全优工程，利于国家建设；也为了普及科学技术，使广大的建筑工程设计、施工、管理和质量检查人员，能较方便地了解和掌握防治建筑工程质量通病的技术措施和实践经验，编者广泛地收集了国内外有关资料，并根据国家现行有关技术规范的规定编写了此书。

本书强调概念性、系统性、说理性和应用性，重点是对各类质量问题的产生原因进行分析。对于初学者或已有一定工程经验的技术和管理人员来说，这能使他们得到综合运用所学知识处理工程问题的训练，也能加深他们对实际工程问题的认识。本书在编写过程中，还结合目前建筑设计与施工新技术的发展，对钢结构和装饰装修的质量问题作了较详细的介绍。

本书第一章、第四章的第一节至第四节、第八章由孟文清编写，第五、九、十章由崔邯龙编写，第三、七、十一章由王苏芳编写，第二章由刘历波编写，第四章的第五节至第七节、第六章由苏胜编写。全书由史三元教授主审。

本书在编写过程中，参阅了大量的书刊论著，在本书出版之际，特向有关单位和同行们致以深切的谢意。由于建筑工程质量通病种类繁多，一本书难以全面概括，更由于我们实践经验不足，理论水平有限，故本书肯定有不少不足之处，希望读者批评指正。

编　者

2005 年元月

目　　录

前　言
第一章　建筑工程质量问题综述 ……(1)
　第一节　概　述 ……(1)
　第二节　建筑工程质量问题检查分析 ……(2)
　第三节　建筑工程质量事故产生的原因 ……(4)
　第四节　建筑工程倒塌事故综述 ……(15)
　第五节　建筑工程的裂缝 ……(23)
第二章　地基和基础工程质量通病分析与防治 ……(29)
　第一节　地基处理质量通病与防治 ……(29)
　第二节　砖石基础工程质量通病与防治 ……(35)
　第三节　桩基础施工质量通病与防治 ……(37)
　第四节　地基和基础工程质量通病实例分析 ……(44)
第三章　砌体结构工程质量通病分析与防治 ……(50)
　第一节　砖石砌体墙体裂缝分析与防治 ……(50)
　第二节　砌筑砂浆质量通病与防治 ……(54)
　第三节　砖砌体质量通病与防治 ……(56)
　第四节　石砌墙体质量通病与防治 ……(61)
　第五节　小型砌块砌体质量通病与防治 ……(65)
　第六节　某单身宿舍纵墙裂缝工程实例分析 ……(75)
第四章　钢筋混凝土结构工程质量通病分析与防治 ……(77)
　第一节　概　述 ……(77)
　第二节　钢筋混凝土结构的外观及隐蔽缺陷 ……(77)
　第三节　钢筋混凝土结构的裂缝 ……(91)
　第四节　钢筋工程的质量通病与防治 ……(102)
　第五节　模板工程的质量通病与防治 ……(113)
　第六节　钢筋混凝土基本构件的质量通病与防治 ……(117)
　第七节　钢筋混凝土结构工程质量通病实例分析 ……(131)
第五章　钢筋混凝土结构特殊工艺施工质量通病分析与防治 ……(136)
　第一节　大模板施工质量通病与防治 ……(136)
　第二节　升板法施工质量通病与防治 ……(142)
　第三节　滑动模板施工质量通病与防治 ……(144)
　第四节　预制装配式钢筋混凝土框架结构 施工质量通病与防治 ……(148)
　第五节　某高层商住楼支承杆失稳实例分析 ……(152)

第六章 预应力混凝土工程质量通病分析与防治 …… (154)
第一节 预应力混凝土大型屋面板施工质量通病与防治 …… (154)
第二节 冷拔钢丝预应力混凝土构件质量通病与防治 …… (156)
第三节 后张法预应力混凝土构件施工质量通病与防治 …… (160)
第四节 预应力混凝土工程质量通病实例分析 …… (166)
第七章 木结构工程质量通病分析与防治 …… (168)
第一节 木屋架制作质量通病与防治 …… (168)
第二节 木屋架安装质量通病与防治 …… (173)
第三节 木结构防火防腐 …… (174)
第八章 钢结构工程质量通病 分析与防治 …… (178)
第一节 钢结构工程质量问题综述 …… (178)
第二节 一般钢结构拼装与吊装质量通病与防治 …… (187)
第三节 轻钢结构的质量问题 …… (195)
第四节 空间钢网架结构的质量通病与防治 …… (197)
第五节 钢结构工程防腐蚀 …… (201)
第六节 钢结构工程防火 …… (209)
第七节 钢结构工程质量通病实例分析 …… (213)
第九章 防水工程质量通病分析与防治 …… (216)
第一节 卷材防水屋面施工质量通病与防治 …… (216)
第二节 刚性防水屋面施工质量通病与防治 …… (224)
第三节 涂膜防水屋面施工质量通病与防治 …… (226)
第四节 地下室混凝土自防水施工质量通病与防治 …… (229)
第五节 地下室水泥砂浆防水层施工质量通病与防治 …… (234)
第六节 地下室卷材防水施工质量通病与防治 …… (237)
第七节 防水工程质量通病实例分析 …… (238)
第十章 装饰装修工程质量通病分析与防治 …… (241)
第一节 抹灰工程质量通病与防治 …… (241)
第二节 饰面工程质量通病与防治 …… (252)
第三节 楼地面工程质量通病与防治 …… (255)
第四节 门窗工程质量通病与防治 …… (264)
第五节 幕墙工程质量通病与防治 …… (268)
第六节 装饰装修工程质量通病实例分析 …… (273)
第十一章 工程构筑物质量通病分析与防治 …… (276)
第一节 烟囱工程质量通病与防治 …… (276)
第二节 筒仓工程质量通病与防治 …… (282)
第三节 倒锥壳水塔施工质量通病与防治 …… (284)
第四节 水池及油罐施工质量通病与防治 …… (286)
第五节 工程构筑物质量通病实例分析 …… (289)
参考文献 …… (292)

第一章　建筑工程质量问题综述

第一节　概　述

在建筑工程中，由于人为的(勘察、设计、施工、使用)或自然的(地质、气候)原因，致使建筑物出现影响正常使用以及承载力、耐久性、整体稳定性的种种不足统称为建筑工程缺陷(以下简称缺陷)。

按照严重程度，缺陷通常分轻微缺陷、使用缺陷和危及承载力缺陷三类。轻微缺陷不影响建筑结构的承载力、刚度及其完整性，也不影响建筑结构的近期使用，但影响其耐久性或有碍观瞻，要想消除则需要额外的费用。例如，钢板上的划痕、夹渣等。使用缺陷也称为非破坏性缺陷，它不影响建筑结构的承载力，但却影响其使用功能，或使结构的使用性能下降，有时还会使人产生不舒适感和不安全感。例如，钢梁较大的挠度等。危及承载力缺陷往往是由于材料强度不足、构件截面尺寸不够、构件残缺有伤、安装连接构造质量低劣等原因，直接威胁到构件甚至整个结构的承载力和稳定性。此类缺陷必须及时消除且需耗费巨额资金。例如，混凝土梁的弯、剪裂缝和钢结构的裂纹等。这三种缺陷的表现形式可能是外露的，也可能是隐蔽的。相比之下，危及承载力缺陷尤其危险，引起的后果更加严重。

建筑工程质量通病是指那些经常出现的(主要是由于施工中的不良习惯引起的)，带有普遍性，且往往不容易引起重视的质量缺陷。

凡质量达不到合格标准的工程，必须进行返修、加固或报废，由此而造成的直接经济损失在 5 000 元(含 5 000 元)以上的称为工程质量事故。

缺陷和事故均属于工程质量问题，但却是两个不同的概念。事故通常表现为建筑结构局部或整体的临近破坏、破坏和倒塌；而缺陷仅表现为具有影响正常使用以及承载力、耐久性、完整性的种种隐藏的或显露的不足。但是，缺陷和事故又是同一类事物的两种程度不同的表现，缺陷往往是产生事故的直接或间接原因，而事故往往是缺陷的质变和经久不加处理的发展。

新中国成立以来，由于贯彻“百年大计，质量第一”的方针，我国建筑工程的质量总的来说是逐年有所提高。但是，也必须清晰地看到，当前建筑工程的质量仍存在很多问题，其中有的性质十分严重，如基础下沉、柱子倾斜、屋顶塌落、墙身开裂、强度不足、屋面渗漏等质量事故时有发生；同时也不同程度地存在着结构整体性不好、承载能力差、抗震能力不好等质量隐患。这些问题不仅影响到建筑工程的使用，严重的还会给国家和人民生命财产带来巨大损失。也有一些工程则是由于使用不当，维护不善而出现问题，致使工程不能正常使用，甚至报废，使国家财产遭受损失。因此，认真、正确地对待工程质量上存在的问题，采取有效措施预防质量问题的发生是不可忽视的问题。

既然存在质量问题，那么如何进行检查、分析以及预防和处理，就成为急需解决的问题。

第二节　建筑工程质量问题检查分析

建筑工程质量问题产生的原因是多方面的，涉及到勘察、设计、材料、施工、使用与维护等各个方面。因此，在遇到质量问题时，应从多方面进行检查分析，找出产生质量问题的真正原因，为加固补强、解决质量问题提供必要的依据，为杜绝类似问题的再次出现提出预防措施。

一、建筑工程质量问题检查分析

(一)建筑工程质量检查分析过程

当遇到建筑工程质量问题时，首先必须弄清楚建筑物或构件有关部分问题的历史和现状。要进行认真仔细的“四查”，即补查勘察、复查设计、检查施工和考查使用。要做到设计、施工、监理和使用单位相结合，普查和重点查相结合，外观检查与检验相结合，专人查与动员群众提供情况相结合，弄清楚存在问题，做到情况明、方法对，为加固补强提供必要的依据。

具体来讲，建筑工程质量检查分析过程(以下简称分析过程)大体要经历以下七个阶段。

(1)观察记录事故现场的全部实况。①保持现场原状，留下实况照片，尽力找出事故原发原因。②针对可能是发生事故的地段，对倒塌后的构件残骸进行描述、测绘、取样；其他地段也应做相应描述、取样，以示对比。③对现场地基土层或岩层进行补充钻探或用其他办法进行补充勘察，了解实际基础持力层和下卧层及地下水情况。④开挖了解实际的基础做法。⑤量测原建筑物的有关实际资料(如房屋主要尺寸，各种结构构件的位置、尺寸、构造做法、存在缺陷等)。⑥现场结构所用材料取样(混凝土、钢筋、钢材、焊缝和焊接点试件、砌体的块材和砂浆等)。⑦向施工现场的管理人员、质监人员、工人、设计代表、抢救指挥人员和幸存者进行详尽的询问和访谈。⑧对施工时提供建筑材料、建筑构配件的厂家进行实地调查，取样检测。⑨其他。

(2)收集调查与事故有关的全部设计和施工文件。①各种报建文件、招标发包文件和委托监理文件。②建设单位的委托设计任务书，要求更改设计的文件。③设计、勘察单位的勘察报告，全部设计图纸，设计说明书，结构计算书，以及作为设计、勘察依据的本地区专门规定。④施工记录、质量文件(质量计划、手册、记录等)、隐蔽工程验收文件、设计变更文件等。⑤材料合格证明、混凝土试块记录和试验报告、桩基试桩或检测报告等。⑥经监理工程师签字的质量合格证明。⑦竣工验收报告等。

(3)找出可能产生事故的所有因素。①设计方案，结构计算，构造做法。②材料、半成品构配件的质量。③施工技术方案，施工中各工种的实施质量。④地质条件，气候条件。⑤建设单位在设计或施工过程中的不合理干预，不正常的使用，使用环境的改变等。

(4)从上述全部因素中分析导致原发破坏的主导因素，以及引起连锁破坏的其他原因。这里指的是初步分析判断，它对下一步工作(第(5)步)会产生影响。最后要等待下一步工作做完后才能确定。

(5)通过现场取样的实际检测、理论分析或结构构件的模拟试验，对破坏现象、倒塌原因加以论证。理论分析指根据设计和实际荷载，实际支承和约束条件，实际跨度、高度和截面尺寸以及实际材料强度，用结构力学的方法进行分析；或者根据实用材料、实用配合比、实际介质环境用化学的方法进行分析。模拟试验宜采用足尺模型或缩尺比例不太小的模型；可以做构件模型，也可以做节点模型；可以做原材料模型，也可以做其他材料如光弹性材料的模型。

(6)解释发生质量事故的全过程(要听取设计、施工、建设单位的分析报告，作为参考)。

(7)提出质量事故的分析结论和应该吸取的教训，对事故责任进行仲裁。

(二)建筑工程质量问题分析的基本原则

一项高质量的建筑工程质量问题分析应遵循以下基本原则。

(1)信息的客观性。指正确的分析来自大量的客观信息，这些信息包括上述分析过程(1)、(2)的内容。设计图纸、施工记录、现场实况、责任单位分析报告是信息来源的重要组成部分。收集信息时必须持客观态度，切忌有主观猜测和推断的成分。

(2)原因的综合性。指准确的分析来自多种因素的综合判断，这些因素包括上述分析过程(3)、(4)的内容。综合分析时必须用辩证思维，对具体事物做具体分析，把握住全部因素，找出占主导地位的现象，看到事物主要矛盾可能的转化。

(3)方法的科学性。指可信的分析来自严密的科学方法，这些方法包括上述分析过程(5)的内容，现场实测、材料检测、构件或结构模式试验和理论分析是科学方法的四个重要组成部分，都要用各自相应的手段认真地进行，才能得出可信的结果。

(4)过程的回顾性。指完整的分析来自全面的回顾，达到上述分析过程(6)中解释所发生事故全过程的目的。全面回顾是分析倒塌事故的重大特色，难度很大，主观判断的成分多，它必然要掌握大量客观信息，用科学方法在进行综合分析的基础上才能做到。

(5)判断的准确性。指有价值的分析来自准确的判断，这是上述分析过程(7)的需要。质量事故分析的重要目的，是有一个既准确又有价值的结论，以便于“分清是非”、“明确责任”、“引起警觉”、“教育后人”，这正是质量事故分析的价值所在。

(6)结论的教育性。指分析的结果要起到教育后人的作用。一次事故的损失必然是惨重的，从一次事故中可总结出的经验教训也必然是丰富的。

二、建筑工程质量问题检查分析中的结构受力评定

一个建筑构件必须能够承受荷载，而且应能够可靠地传递荷载。一个建筑物或构筑物的破坏往往是因某些构件丧失承载、传载能力而引起的。因此，结构受力的正确与否，对建筑工程的可靠性有很大影响。为此，在工程质量检查分析中，就应正确分析、评定结构受力，真实地反映工程的使用质量。

在建筑工程检查中，评定结构受力的方法一般有三种，即分析计算法、荷载试验法

和实物调查比较法。在结构评定中，通常首先考虑使用分析计算法，如因缺乏依据使分析计算法的准确性不能满足要求时，再采用其他方法深入一步进行结构评定。

(一)分析计算法

分析计算法首先通过对建筑物的考察和量测，然后将有关资料和量测结果运用结构理论加以分析和计算，从而做出评定的一种方法。它是目前结构评定中最普遍使用的方法。运用不同结构在不同受力阶段的典型特征(如挠度、裂缝和其他变形等)来与本评定的结构特性作比较，从而判断结构的受力状态，是分析计算法的一个重要方面，它具有简便迅速的优点。钢筋混凝土结构、砖石结构在不同受力阶段的裂缝以及木结构的局部破坏特征等，都比较典型，其应用也比较普遍和可靠。

对于各种新建的常用结构需要增加新的荷重等情况，分析计算应按有关设计规程进行。对旧有结构的计算校核应比原工程的设计计算更深入细致：第一，荷载计算应根据实际荷载进行；第二，材料强度应以实际强度为准，而不应直接引用设计图纸规定的标号和等级；第三，对原设计计算采用的规范、公式、计算图形应加以分析，看其是否与实际结构相符合。

(二)荷载试验法

荷载试验法是在对结构进行考察或粗略评定后，施加试验性荷载，从而进行结构评定的一种方法。荷载试验法常常运用于发生质量事故、材料变质、火灾、爆炸、撞伤等情况的结构，发现过度变形和裂缝等缺陷的代表性构件，需要增加荷载的结构，以及采用新技术、新理论、新工艺的结构评定等。荷载试验根据荷载性质不同，可分为静载试验和动载试验(一般情况下多采用静载试验)。根据荷载作用时间长短的不同，荷载试验可分为暂时荷载试验和长期荷载试验。用暂时荷载试验代替长期荷载试验时，试验结果应加以分析。按荷载施加的对象不同，荷载试验可分为实体试验和模拟试验，模拟试验的条件尽量与实体相符。荷载试验又可分为破坏性试验和非破坏性试验。对实际建筑结构，一般只允许进行非破坏性试验，试验前应编制相应的加载程序并采取其他必要的安全措施。

(三)实物调查比较法

实物调查比较法是把试验结果与实物调查结合起来的方法，它可以弥补试验结果与实际之间有一定差距的缺陷(因为试验往往会受到时间、材料、人力等方面的限制)。实物调查比较法也可以不通过荷载试验直接进行比较，因为工程实际中有时会出现与荷载试验相似的施载条件，认真观测实际结构工作的特征和变化，总结结构使用过程中的经验教训，可能收到与荷载试验相似的结果。

第三节　建筑工程质量事故产生的原因

建筑工程质量事故产生的原因是多方面的，有技术方面的，也有管理方面的。它可能涉及到地质勘察、设计计算、材料与制品、施工技术管理以及使用等方面。为了预防、杜绝质量事故的发生，必须对发生的质量事故的原因进行细致深入地分析，总结经验教训，提高认识。

一、违反基本建设程序

(一)建设前期工作问题

建设前期的某些工作，如项目的可行性研究、建设地点的选择等，如果这些工作做得不好，或根本不做，造成质量事故，其损失都是十分严重的。如因建设地点选择不当，造成建筑物开裂、位移、垮塌等事故，各地均有实例。例如：湖南省某县选择某湖岸边建造五间仓库，由于地基情况不明，在施工中全部倒塌，四年后又在此湖水面处修建办公楼，又大面积坍塌，并造成严重的人身伤亡事故；江西省某厂房建于风化千枚岩山坡下，因滑坡造成基础滑移，挡土墙开裂和前倾，预制梁焊缝被拉断脱开等严重事故。

(二)违章承接工程任务

建设部早就明确规定："未经持证的设计单位或越级设计的工程，一律不准施工"；"持证施工和构配件生产单位不得越级承担任务"。由于违反这些规定造成的工程质量事故实例不胜枚举，许多重大质量事故都是因此而造成的。根据建设部的资料介绍，1958年以来全国各地发生的倒塌事故中，从设计方面分析，有80%以上的工程是无设计、无证设计或越级设计，从施工方面分析，这些倒塌工程的施工单位大多数是农村建筑队或自营建筑队伍。由于技术素质差、管理水平低等原因，这些单位根本无力承担工程施工任务，导致建筑物倒塌。

(三)违反设计顺序

设计单位的质量责任和设计顺序历来有较明确的规定，其主要内容有："所有工程必须严格按照国家标准、规范进行设计"，"必须符合国家和地区的有关法规、技术标准"；所有设计图纸都要经审核人员签字，否则不得出图；设计文件、图纸须经各级技术负责人审定签字后，方可交付施工，等等。从大量的事故调查中可见，不少工程图纸有的无设计人，有的无审校人，有的无批准人，这类图纸交付施工后，因设计考虑不周而造成的质量事故屡见不鲜。此外，设计前不做调查与勘测，盲目估计荷载或承载能力，进行结构设计，由此造成的事故也连年不断，损失惨重。

(四)违反招投标规定

违反招投标规定主要表现为以下几个方面。

(1)不实行公开招投标。建筑工程的交易活动成了私下交易。

(2)进行假招投标。不少地方招投标制度流于形式，没有严格按照国家有关规定进行。

(3)招投标中的经济犯罪。发包方常常利用其有利地位，以发包工程为条件要求承包单位满足其各种利益和要求，其中包括经济利益。这种经济利益的谋求已从某些工作人员的贪污受贿进而发展为单位或集体共同犯罪。而承包方为争取到任务，也不惜采用各种手段去满足发包方的要求。

(4)招标中的多头发包、肢解发包，招标中压造价、挤工期，导致施工偷工减料、粗制滥造的实例屡见不鲜。

(5)不正当投标。除了招投标中的经济犯罪外，还存在"通谋招投标行为"。"通谋招投标行为"包括两方面内容：一是投标者之间串通投标行为，在投标者之间达成协议或共谋的基础上，采取联合行动，故意抬高标价或压低标价，损害招标方的利益和其他投标方利益；二是投标者与招标者勾结，其目的是排挤其他投标者。

(6)不按规定开标、评标。开标、评标的组织及开标的形式均不符合招投标的有关规定。评标过程不公平、不合理、不科学，违反招投标的有关规定。

(7)承包人将工程层层转包，造成对工程质量和管理的失控。

(8)一些政府部门工作人员利用手中权力，干预工程承发包活动，滋生腐败。

(9)有的单位或部门既是业主，又是承包人，还是工程监督人，缺乏有效的制约机制等，造成当前工程质量和安全存有大量隐患。

(五)违反施工顺序

这方面的问题较复杂，常见的问题有：地下工程未全部完成，即开始上部工程的施工；下部结构未达到强度与稳定的要求，即施工上部结构；结构安装与砌墙的先后顺序颠倒；现浇结构尚不能维持其稳定时，就拆除模板；保温、隔热工程施工时间太迟；地下水池完成后，不及时回填土；相邻近的工程施工先后顺序不当；等等。

(六)未经验收即使用

我国历来规定“所有工程都必须严格按照国家规范、标准施工和验收，一律不准降低标准”。有些工程因不符合此规定而不能验收，但是，使用单位往往不清楚工程质量上存在的重大问题，未经验收即使用，由此造成的房屋倒塌等严重事故也时有发生。

二、工程地质勘察失误

造成建筑工程质量事故的工程地质勘察失误表现为以下几个方面。

(1)不认真进行工程地质勘察，随便估计地基的承载力。随便估计地基的承载力会造成建筑结构产生过大的不均匀沉降，导致结构裂缝，甚至倒塌。例如：某构造物，自重引起的基底压力为 156.91 kPa，使用荷载作用下基底压力达 441.30 kPa，实际的地基承载力设计值只有 107.87 ~ 147.10 kPa，结果导致局部倒塌；四川省某县水泥厂，因设计前未做地质勘测，仅凭经验做结构计算，施工中又粗制滥造，在一次大雨中 5 个原料筒仓全部倒塌，砸坏 3 个车间、29 台设备，直接经济损失 56 万余元。

(2)勘察时钻孔间距太大，不能全面准确地反映地基的实际情况。由于这个原因造成的事故实例在丘陵地区的建筑中较多。例如：四川省某单层厂房修建在丘陵地区，地基中的基岩面起伏变化较大，水平方向达 0.5 m / m，地质勘察资料未提供这些数据，由于基础下的可压缩土层厚度变化相差甚大，造成厂房出现较大的不均匀沉降，引起砖墙裂缝，裂缝长度达 5 m 多，宽度达 6 mm。

(3)勘察时钻孔深度不够，地基较深范围内的软弱层、墓穴、孔洞等没有查清，仅根据地基表面或基础面以下深度不大范围内的地基情况进行基础设计，造成明显的不均匀沉降，导致建筑结构开裂，甚至不能投产使用，尤以采用无埋深板式基础反应敏感。例如：江苏省某五层住宅，三分之一建在水塘边，三分之二建在水塘上，地质勘察时未查明基底下 0.4 m 处有一层稻壳灰，厚度 0.4 ~ 4.4 m，施工到第五层时，基础板断裂，砖墙和圈梁也产生裂缝，一年多后裂缝仍在不断发展，致使该住宅不能交付使用。

(4)地质勘察报告不详细、不准确，导致采用错误的基础方案。四川省某单层厂房采用爆扩桩基础，桩下持力层土的含水量接近液限，饱和度大于 80%，液限指数大于 0.75，压缩系数大于 $0.51MPa^{-1}$，属于高压缩性软塑状态土，其地基承载力设计值小于 147.10 kPa。这种土不适宜于作爆扩桩的持力层，加上基岩埋藏深度较浅、岩面坡度起伏较大、桩下可压缩的土层厚度差别甚大等原因，造成明显的不均匀沉降，使厂房整体倾斜，砖墙开裂。

三、工程设计缺陷

造成建筑工程质量事故的工程设计缺陷主要表现为以下几个方面。

(一)设计方案不当

(1)礼堂等空旷建筑物的结构方案不正确。这类建筑物的跨度较大，层高较高，没有间隔墙或间隔墙相距甚远，形成很大空间，又缺少抵抗水平力的建筑结构措施，就会在一定的外力作用下(如基础不均匀下沉、大风雪、薄弱构件首先破坏时产生的冲击力等)发生倒塌。近年来，乡镇所建的礼堂倒塌基本属于这类情况。

(2)底层为大开间、楼层为小开间的多层房屋结构方案不当。这类建筑物底层的砖柱、墙与钢筋混凝土大梁的荷载很大，若不采用框架结构，而设计又考虑不周，很容易造成严重的事故。例如湖南省某厂五层综合楼在瞬间突然全部倒塌，就是一个典型的实例。

(3)屋架支撑不完善。屋架(尤其是钢屋架)的特点之一是侧向刚度和整体刚度差。为保证屋盖结构可靠地工作，应设置必要的支撑体系，否则就易发生屋架整体失稳而倒塌。例如：山东省某厂，由于设计的支撑系统不完善，在施工屋面时，11 榀屋架中倒塌了 6 榀；湖南省某县影剧院的屋盖，因未设必要的支撑，导致上弦压杆的实际应力超过容许值的 3.9 倍，而屋盖的整体性又很差，造成了 19 m 跨度的钢屋架倒塌。

(4)组合屋架问题。钢筋混凝土组合屋架节点较难处理，施工质量如无保证，建议不要采用。苏联在 1956 年做了大量的调查研究后就停止使用这种屋架。我国在 1956 年以后大量使用组合屋架，曾发生过不少事故，主要是节点构造处理不当，节点首先破坏，导致屋架倒塌。20 世纪 50 年代杭州市某车间就是这样倒塌的，山西、辽宁、新疆、河南等地也发生过类似事故。进入 20 世纪 80 年代后，这类事故仍然存在，例如河南省某厂用跨度为 15 m 的组合屋架，由于屋架未设纵向传力杆件，造成 1 080 m^2 厂房全部倒塌。

(5)悬挑结构稳定性严重不足，造成整体倾覆坠落。阳台、雨篷、挑檐、天沟、遮阳板等悬挑结构，必须有足够的平衡重和可靠的连接构造方能保证结构稳定性。但是，如果设计抗倾覆能力不足，就会造成悬挑结构倒塌。例如江苏省某餐厅一个长 16 m、宽 11.8 m 的雨篷，因设计抗倾覆安全系数不够，施工时又提前拆模，造成了倒塌。又如某单层厂房天沟挑檐局部倒塌，主要是由于设计时不验算结构的稳定性，挑檐既无足够的抗倾覆所需的平衡重，又未将天沟挑檐与屋架等构件可靠地连接。倒塌后验算抗倾覆安全系数仅为 0.48。

(6)砖拱结构设计方案错误。例如河南省某县乒乓球练习房砖拱屋盖突然倒塌，主要是因为砖拱结构选型不当，砖拱的水平分力承载力构件不足，拱顶砌体强度不足，且施工质量低劣。又如山西省某粮库突然倒塌，主要原因是结构体系不够稳定，砖拱砌体构造违反设计规范的有关规定，加上设计上的其他原因和施工粗制滥造而造成的。

(二)计算假定与计算简图问题

(1)静力计算方案问题。砖石结构设计规范根据楼(屋)盖类别和房屋横墙间距的不同情况，将静力计算方案分为刚性、刚弹性和弹性三类，其计算原则与方法是不同的。但不少工程横墙间距较大，已超出了刚性方案规定的情况，而仍按刚性方案设计，致使墙(柱)的承载能力严重不足，导致了房屋倒塌。

(2)结构设计计算简图与受力情况不符。例如在砖混结构中，大梁支承在窗间墙上，梁墙连接节点一般可按铰接进行内力计算，但是，当梁较大时，梁垫做成与窗间墙同宽、同厚、与梁等高，而且梁垫与梁一起现浇成整体，这种梁与墙的连接可能接近刚性节点，但仍按铰接设计，因此产生了较大的弯矩，其与轴向荷载共同作用下，则会使砖墙因承载能力严重不足而倒塌。

(3)设计计算假定和施工实际情况不符。例如上海市某车间为五层升板结构，设计时将五层的柱分成两段验算其强度和稳定性，第一段为下三层，下端作固定端，上端为弹性铰支承；第二段为四、五层，下端(即四层楼面处)为固定，上端为铰支承。而实际施工中，各层楼板仅搁置在承重销上，并未做柱帽，也无其他连接措施与临时支撑。因此，施工中柱的实际受力情况是一根下端固定、长细比很大的悬臂柱。这两种情况的计算差别甚大，最终因群柱失稳而倒塌。

(4)埋入地下的连系梁设计假定错误。例如某多层框架采用深基础，基础顶面至地面(埋入土内)的柱长超过 13 m，为满足柱细长比的要求，采用了设两道钢筋混凝土连系梁的方案。因梁埋入土内，设计假定梁不承受外荷载，只按构造确定断面与配筋。实际上，因填土的沉实，造成连系梁上作用了较大的土方荷载，结果连系梁断裂，梁柱连接处出现塑性铰，地下柱梁构成了危形结构，造成底层框架柱严重裂缝与倾斜，不得不加固处理。

(5)管道支架设计假定与实际不符。例如某厂装配式钢筋混凝土管道支架共长 4 560 m，主要问题有两个：一是设计为半铰结管架的柱脚，又未采取适当的构造措施，管架使用后，支柱出现倾斜，致使柱脚混凝土破坏和梁柱节点拉裂；二是只计算纵向水平力，不考虑横向位移传来的水平力，从而导致管架破坏。

(三)构造不合理

(1)建筑构造不合理。例如沉降缝、伸缩缝设置不当，新旧建筑连接构造不良，圈梁和地梁设置不当等都可能造成砖墙裂缝。又如单层厂房中生活间与车间连接处，平屋顶建筑的顶层墙砌体中，都可能因建筑构造不当，受温度变形或地基不均匀下沉等影响，使砖墙裂缝。再如基础埋深不足，基底下土层或灰土层受冻膨胀，造成砖墙裂缝等。

(2)钢筋混凝土梁构造不当。例如梁的高跨比太小，箍筋间距太大，纵向受拉钢筋在受拉区截断，梁断面较高时两侧面不设纵向构造钢筋，梁下部或梁截面高度处有集中荷载时，不设附加钢筋(吊筋、箍筋)等均易导致梁裂缝。

(3)墙体连接构造不当。建筑物的转角和内外墙连接处、不同材料砌体的连接构造等，如处理不当，容易导致砖墙开裂，甚至倒塌。例如江西省某高校一幢砖混结构房屋，底层为车库，二至四层为学生宿舍，横墙与作围护墙用的毛石挡土墙之间未设置拉接钢筋，底层未设圈梁，致使底层墙体周边没有拉接不能形成整体，而是成为几个独立的砌体，同时墙梁垫块下的砖砌体局部承压能力不足，底层窗间墙的承载能力不足，加上施工上的某些缺陷，于砌完四层墙后，整体倒塌。

(4)墙梁构造问题。砖墙如砌在钢筋混凝土梁上，梁在正常挠度下(例如相对挠度 f/L 小于 1/400 时)是没有问题，但是这一挠度在墙内引起的剪力与拉力，足以导致墙身裂缝。例如四川省某办公楼就因为这个原因造成墙裂缝，最大缝宽 2.5 mm，验算墙裂缝时梁的实际挠度小于 1/400。

(四)设计计算错误

(1)不计算或不做认真计算。有些结构构件产生的质量问题，是因为某些持证设计单位，包括某些甲级设计单位的设计人员，不认真进行构件设计计算造成的。例如内蒙古自治区某五层住宅因桩基无完整计算，只是粗略估计，施工到五层平面时，西端半个单元突然倒塌，造成整个工程报废，经济损失 39 万元。倒塌后，验算预制桩的单桩实际负荷超过单桩承载力一倍多。又如湖北省某学校教学楼，五层主体已经完成，于 1985 年发生外走廊等局部倒塌。经检查，外走廊砖柱未做设计计算，倒塌后验算结果表明，砖柱截面选用过小，承载能力严重不足。

(2)荷载计算错误。例如有的设计漏算结构自重，有的屋面荷重不考虑找坡层的不同厚度，少算了荷载；采用钢筋混凝土挑檐时，未计算对砖墙产生的弯矩；砖混结构采用木屋盖，当屋架跨度较大时，屋架受荷后，因下弦拉伸、屋架下垂等原因对外墙产生的水平推力考虑不周。上述这些计算错误，将使砖墙、柱出现裂缝、倾斜，甚至破坏倒塌。

(3)内力计算错误。这类错误都发生在超静定结构的计算中。例如某砖混结构建筑物中，两跨连续梁传给墙或柱的荷重，未考虑梁的连续性，中间支座处的荷载因此少算了 25%；某框架工程局部倒塌的主要原因是施工质量低劣，但设计时内力计算错误也是重要的原因；把连续梁当做简支梁计算支座反力，造成部分框架内力计算值偏小；内力计算不按规范规定进行最不利的荷载组合计算；等等。

(4)结构构件安全度不足。例如陕西省某四层混合结构房屋，主体结构完成后，进行装饰工程时，在大雨中倒塌。事后设计单位对原施工图进行验算，发现底层多处砌体承载能力不足；江西省某公司营业房为三层混合结构，在浇完屋面混凝土后，突然全部倒塌。经检查与验算，主要承重结构设计截面偏小，设计图上又未注明砖及砂浆的强度要求，实际所用砖及砂浆强度较低，加上砌筑质量差等原因造成房屋倒塌。

(5)构件刚度不足。这类事故多发生在钢结构工程中。例如河北省某三层砖混结构厂房，屋盖采用钢屋架，当屋面找平层施工完成时，发生 11 榀钢屋架坠落，屋面坍塌，并带动部分窗间墙一起倒塌，部分楼盖的梁板被砸坏。经检查，屋架主要压杆的细长比超过钢结构设计规范的规定，从倒塌现场可清楚地看到屋架压杆失稳破坏的情况。

(6)设计不考虑建造的可能性。山东省某棉纺厂为装配式单层厂房，屋盖为锯齿形，在结构吊装中局部倒塌。经检查，该工程柱截面较大，配筋又少，设计仅按两侧都加满荷载的情况进行计算，未考虑柱单侧大偏心受压的不利情况。倒塌后验算，首先破坏的柱的实际配筋，只有应配钢筋的 23%。

(7) 设备基础不做振动验算。四川省某厂两台复式氨气压缩机工程完成后，试运转时发现压缩机严重地左右摆动和水平振动，无法使用。经检查，该工程为国外设计，未计算基础的振幅等，基础设计又偏小，最后不得不加固补强。

(五)对某些问题科研深度不够而进行的设计施工

(1) 采用不成熟的科研成果。例如钢筋混凝土门式刚架裂缝问题。门式刚架使用初期，由于对转角处的应力状况没有完全搞清楚，因而配筋不当，使刚架转角处普遍出现斜裂缝；由于对横梁铰节点的实际受力状态考虑不周，以及铰节点短悬臂受力钢筋锚固长度不够等原因，造成横梁铰节点处裂缝；由于对刚架受拉区没有进行抗裂安全度验算，刚架使用后，受拉区普遍开裂，实际抗裂安全度仅为 0.4 ~ 0.5。

(2) 对结构内力分析研究不够。这方面的问题较多，例如：砖混结构中，大梁支撑在窗间墙上，在何种条件下不能按铰接计算，对这个问题研究不够，曾发生过由此导致房屋倒塌的事故；对作用在筒仓壁上的力分析研究不够，在苏联发生了水泥筒仓倒塌；对薄壳的工作状况研究不够，加上焊接质量不合格，导致储油罐破坏；等等。

(六)其他方面

如设计文件中没有交待施工中保证结构稳定措施而发生失稳破坏的，水、暖、电管线打架，对特殊问题(如大体积混凝土水化热影响的防止问题、湿陷性黄土地基的湿陷问题、桩基负摩擦力影响问题等)不提供详细处理措施等均可造成质量事故。

四、建筑材料或制品质量不合格

建筑材料及建筑制品导致建筑工程质量事故的原因一般有以下几个方面。

(1) 承重结构材料不合格。承重结构材料不合格导致结构承载能力下降，造成结构裂缝，甚至倒塌。例如：钢筋的物理力学性能不良，使钢筋混凝土结构产生过大的裂缝，或产生脆性断裂破坏；以高碳钢代替普通钢制作屋架，发生事故；水泥安定性不合格，造成结构的混凝土爆裂；砖的抗压、抗折强度不足，造成砖墙、砖柱裂缝。

(2) 混凝土和砌筑砂浆质量差。例如：水泥过期、受潮、结块，砂、石的有害物质含量及含泥量太大等，均会造成混凝土和砂浆强度的降低；配合比不经设计，任意套用，配料不过秤，施工中随便加水，造成混凝土和砂浆强度的降低；混凝土中石子粒径太大，造成钢筋密集部位出现蜂窝、露筋；混凝土中石子粒径太小，水泥用量增加，导致混凝土的收缩量加大，产生收缩裂缝；在早已超过水泥初凝时间的砌筑砂浆中加水继续使用，造成砌体强度的降低。

(3) 防水材料质量不良。例如：油毡柔韧性差，使卷材裂缝，导致渗漏；油毡纸胎没有渗透沥青，导致渗水，耐久性差；沥青标号太低，耐热度差而发生流淌。

(4) 保温、隔热材料质量不良。保温、隔热材料的导热系数和容重达不到设计要求。湿度太大，影响建筑物理性能；结构过载，影响结构安全使用。

(5) 装饰材料不良。例如：石灰膏熟化不透，使抹灰层鼓泡；水泥地面的砂子太细，砂含泥量太大，级配不好，水泥等级太低，造成地面起灰；抹灰面未干即进行油漆作业，使油漆膜起鼓或变色；漆料太稀，含重质颜料过多，涂漆附着力差，使漆面流坠；立面用的装饰块材重量大，黏结材料质量差，黏结力弱，发生坠落。

(6)钢筋混凝土制品质量不良。例如：制品混凝土试块强度不合格，或尚未达到规定强度就出厂；焊接骨架变形，主筋移位，预埋钢筋错位等；尺寸偏差超过施工验收规范的规定构件超厚、超重；构件扭曲、翘曲、缺棱；混凝土蜂窝、孔洞、露筋，在预应力空心楼板中，由此而导致预应力值降低，影响钢丝与混凝土共同工作，降低了构件的承载能力，甚至引起楼板突然断塌；构件制品的各处裂缝除影响外观外，有相当多的裂缝可能影响构件的承载能力和耐久性；预埋铁件错位，导致结构安装困难，连接节点不牢固等问题。

(7)材料、构件运输、保管不善。例如：砖经多次倒运，乱卸乱堆，缺棱掉角，断砖增多；水泥保管不善，过期，结硬，强度降低；钢筋保管不善，严重锈蚀，品种混杂，影响使用；钢筋混凝土预制构件的运输、堆放方法不当，造成构件处于不正常受力状态而开裂、损坏。

五、施工技术与管理不善

施工技术与管理不善造成建筑工程质量事故的原因主要有以下几个方面。

(一)不按设计图纸施工

(1)无图施工。有的工程无设计图纸，有的是私人设计或无证单位设计的错误图纸，由此造成的事故均较严重。这类事故大多发生在县以下的施工企业中，或发生在建设单位自营的工程中。

(2)图纸不进行会审就施工。图纸中常常发现建筑图与结构图有矛盾，土建图与水电、设备图有矛盾，基础图与实际地质情况不符，设计要求与施工条件有矛盾等。通过图纸会审就可以发现问题并解决矛盾，但是，有些单位不进行图纸会审工作就匆忙施工，往往酿成质量事故。

(3)不熟悉图纸，仓促施工。由此而造成的事故多出现在测量放线中，有的把工程的方向搞错，有的把位置搞错，在工业建筑中这类事故的后果往往十分严重。例如陕西省某化工车间为多层框架，放线时把南北方向颠倒了，在二层楼盖支模时才发现错误，不得不返工处理，造成了较大的损失。又如四川省某化纤厂，车间的运输廊道放线错误，造成车间之间工艺流程发生了问题。

(4)不了解设计意图，盲目施工。例如重庆市某厂区挡土墙，墙后土方回填时，没有按照设计要求做好滤水层和泄水孔，结果在地下水压力共同作用下，挡土墙出现严重裂缝和倾斜，不得不返工，并做局部加固。又如在装配式结构中，有的构件吊环的设计，不仅是考虑满足施工的需要，还考虑承受一定的使用荷载，因此要求把吊环埋入接头混凝土中。但因施工时不了解设计意图，随意将吊环切除而酿成了事故。

(5)未经设计同意，擅自修改设计。如任意修改柱与基础的连接方式，以及梁与柱连接节点构造，由于改变了原设计的铰接或刚接方案而造成了事故。又如随意用光圆钢筋代替变形钢筋，造成钢筋混凝土结构产生较宽的裂缝等。

(二)不遵守施工规范的规定

不遵守施工规范规定的问题很多，较常见的有以下几方面。

(1)违反材料使用的有关规定。施工规范规定材料必须有质量证明文件，有的还需在进场后复验，对可疑材料，应检验合格后，方可使用等。施工中不遵守这些规定，把不合格的材料用到工程上，其中水泥、钢材、砂石、砖等材料使用方面存在的问题较多。

(2)不按规定校验计量器具。例如磅秤、电子秤不定期校验，造成配料不准；弹簧测力计不检验，造成钢筋冷拉应力失控；千斤顶油泵油压表等不按规定检验，造成预应力值发生较大误差等。

(3)违反地基及基础工程施工规范规定。例如：砂和砂石地基用料不当、级配不良，密实度达不到要求；灰土或石灰挤密桩施工中，填料不符合要求，没有随时做好各项施工记录，夯填质量不随机抽样检查，而是在挤密桩完成后，仅取桩顶部分试样检验；等等。

(4)违反砖石工程施工及验收规范的规定。例如：砌筑砂浆配合比不是通过试验确定，而是随意套用；不按规定制作和养护砂浆试块，因此砌筑砂浆强度无法控制；在宽度小于 1 m 的窗间墙上或大梁下留设脚手眼；砖砌体转角处和交接处不同时砌筑，又不留斜槎；不按规定随时检查并校正砌体的平整度、垂直度、灰缝厚度及砂浆饱满度等。

(5)违反混凝土施工规范的规定。这方面的问题更多，最常见的有：任意套用配合比，混凝土的制备、浇筑、成型、养护工艺不当，不按规定预留试块，试块不按规定进行标准养护，现浇结构中不按规定位置和方法留置施工缝，等等。

(6)不按规范规定进行检查验收。例如：地基不验收就施工基础，地基基础不办理隐蔽工程验收就施工上部结构，桩基不验收就施工承台，前一分部或分项工程未经验收即进行后续工程施工，等等。

(三)施工方案和技术措施不当

(1)施工方案考虑不周。例如：大体积混凝土浇筑方案不当造成蜂窝孔洞；浇筑强度考虑不周造成不容许的施工缝；温度控制和管理方案不完善造成温度裂缝；装配式建筑施工时，构件场地及制作方法考虑不周导致构件在运输、堆放中产生裂缝；吊装机具和吊装方法选择不当造成构件断裂；已吊装构件的临时固定措施不力造成倒塌；等等。

(2)技术组织措施不当。例如：现浇框架结构中，柱与梁之间没有必要的技术间歇时间导致裂缝；有些需要连续浇筑的结构，在中午或晚上停歇时，没有必要的技术组织措施，造成不容许的冷缝。装配式结构安装时，焊接设备、焊工数量不足，导致构件连接固定不能及时完成；砖混结构施工中，预制楼板安装后，没有留出足够的时间来进行楼板灌缝和抄平放线；等等。

(3)缺少可行的季节性施工措施。例如：雨季施工时，对截水、排水措施考虑不周，边坡坡度太陡均易造成事故；基坑开挖后，长期暴露，无保护措施；冬季施工时，没有适当的防冻、早强或保温措施；冻结法砌砖，在春季解冻时，没有采取必要的措施；等等。

(4)不认真贯彻执行施工组织设计。不少工程质量事故是因为违反了施工组织设计的规定而造成的。例如：随意改变结构吊装顺序，无根据地加快工程进度，不按照规定的时间拆摸，不按规定的位置预制大型构件，等等。

(四)施工工艺、施工顺序不当

(1)施工工艺不当。施工中最常见的问题有：黏土砖不浇水，砂浆配合不当，搅拌不匀，使用已凝结的砂浆，砂浆饱满度差，组砌方法不良，通缝、重缝多，断砖集中使用，墙身横不平、竖不直，砌体接槎不良，不按规定设置拉接钢筋，等等。这些操作质量问题多数会影响承载能力与整体性，有的还能引起墙身裂缝。

(2)施工顺序不当。在装配式框架结构中，由于违反设计规定中吊装顺序与要求而造成结构倒塌，如苏联的一幢十层装配式框架建筑，当框架构件全部吊装完成后，由于全部接头和连接点没有焊接和灌浆，加上设计缺陷而全部倒塌。另有一幢四层装配式框架也因类似原因而倒塌。

(五)忽视、缺乏基本的施工和结构理论知识

由于缺乏基本的施工和结构理论知识，不了解施工阶段各类构件受力性质的变化，不熟悉各阶段的强度和稳定性要求，忽视施工荷载对结构的影响，忽视施工临时结构的可靠性问题而造成的事故比比皆是。例如：由于对土压力的作用缺乏认识采用不适当的回填基坑方法，造成基础移位或基础裂缝；对简支梁和连续梁的基本概念模糊，如果单层工业厂房采用预制钢筋混凝土基础(简支梁)，施工时利用预制基础梁的钢筋现浇成了连续梁，造成地基梁在支座处附近出现裂缝；对预制构件在施工阶段和使用期间受力的区别认识不清(如钢筋混凝土预制桩，使用期间为受压构件，施工阶段为受弯、压弯、拉弯构件)，施工操作稍不注意，就易使桩开裂或折断；在已有建筑物附近施工时缺少保护性措施(如采用人工降低地下水位方法)，造成已有建筑物地基的下沉量加大；开挖时出现流砂，不采取有效措施而影响已有建筑物的地基稳定性；等等。这些都会造成已有建筑物裂缝或倾斜。

(六)技术管理制度不完善

(1)不建立各级技术责任制。技术工作没有实行统一领导和分级管理，因此不能做到事事有人管，人人有专责，导致技术工作上出现漏洞而发生事故。

(2)主要技术工作无明确的管理制度。例如图纸会审、技术核定、材料试验、混凝土与砂浆试块的取样和管理、技术培训以及施工技术资料的收集与整理等方面的工作无明确的规定，这些或易导致事故的发生，或使工程质量的检查验收发生困难而留下隐患。

(3)技术交底问题。交底不认真，又不做书面记录，或交底不清。例如对设计和施工比较复杂、或有特殊要求的部位不认真交底，在采用新结构、新材料、新技术和新工艺时，不进行必要的技术交底，都容易造成事故。

(七)施工技术人员问题

(1)数量不足。目前，乡、镇施工单位的技术人员数量严重不足，再加之他们的工作更换频繁，这些都可能造成技术工作出现漏洞。

(2)技术业务素质不高。不少施工员无学历、无职称、无岗位证书，不知道应该做哪些主要技术工作，更不知道应该怎样做好这些工作，其中多数人员对基本的结构理论知识一无所知，不熟悉施工验收规范和操作规程，导致了一些不该发生的工程质量事故。

(3)使用不当。在生产第一线的施工技术人员主要精力大多花在材料、劳动力、生活福利等方面的工作上，很少有时间研究解决施工技术问题，也很少到工地上进行具体检查指导。

(八)其他问题

(1)施工任务转包问题。有的施工单位不顾国家规定，擅自将工程任务转包给无力承担的单位或个人，转包后不检查指导，导致工程质量问题层出不穷，有的还酿成倒塌事故。近年来在江苏、安徽等地都发生过任务转包不当而造成建筑物倒塌的事故。

(2)土建与各专业施工单位不协调。例如：预制的长桩太长，造成运输、吊运和打桩出现困难，甚至造成断桩；由于场地平整、土方回填等工作完成不好，导致构件吊装困难，造成构件吊坏事故；水电、设备安装人员在已完成的土建工程上凿洞、开槽，严重削弱了构件截面而造成事故；等等。

(3)不认真查处质量事故。施工中发现了明显的质量缺陷，不认真检查，不调查分析，无根据地盲目处理，有的甚至掩盖施工缺陷，给工程留下隐患，有的甚至发展成倒塌事故。例如：现浇钢筋混凝土结构表面发现了蜂窝麻面后，不检查分析，就用水泥砂浆涂抹处理；砖墙、柱出现承载能力不足的裂缝，也用水泥勾缝等方法掩盖；挑阳台板根部裂缝，阳台扶手与墙连接处出现裂缝，这些都是阳台可能倒塌的危险信号，但有的施工单位采用涂抹、勾缝等方法掩饰，最后发生了倒塌和人员伤亡事故。

(4)不总结经验教训，不开展质量教育。出了事故后，不按照“三不放过”(事故原因不清不放过，事故责任者和群众没有受到教育不放过，没有防范措施不放过)的原则总结经验教训，对职工进行质量教育，而是事过境迁，无案可查，使类似事故重复发生。

六、使用不当

(一)任意加层

对下层结构没有进行验算，就盲目在原有建筑物上加层，由此造成的房屋倒塌事故不断发生。近年来在安徽、河南、四川、黑龙江、辽宁、湖南等地发生这类事故多起。

(二)荷载加大

使用荷载或设备加大，使结构及构件内产生过高的应力而造成事故。例如：安装了原设计未考虑的额外设备；用动力荷载较大的设备代替原设备；设备振动太大，对结构产生有害的影响；等等。

随意改变民用建筑使用条件，超载或改变了构件受力性质而造成事故。例如：将原设计不上人的屋面改作跳舞场；将住宅悬挑阳台改作密置大型盆花的花房；将居室改作书籍堆积过高的书库；将钢木屋架的下弦用来长期吊挂重物；等等。

对粉尘大的车间，使用中未及时清扫屋面积灰，使屋盖超载而局部损坏或坍塌。

我国曾有报道，因地面荷载过大而造成单层厂房柱严重裂缝，吊车卡轨，构件变形后影响使用等问题。苏联某料库因地面堆载过大，设计又未考虑其影响，致使这幢跨度42 m的三铰拱结构建筑物在地基失稳后倒塌。

(三)维修改造不当

有的使用单位任意在建筑结构上增凿各种孔洞、沟槽，削弱了结构断面而造成事故；有的建筑结构工程因屋面漏雨，新增加防水层和保护层，屋面自重明显加大，造成屋盖结构严重开裂。

落水管失修，雪水渗入墙内，或上下水道漏水，长期不修，墙体吸收了大量水分，经过反复冻融之后便酥松脱皮。这不但严重影响建筑物的外形美观，也降低了建筑物的结构强度。

室外场地不注意修整，地表排水不畅，散水和台阶损坏失效，使墙基受潮和地基浸水，造成破坏。

(四)高温、腐蚀环境影响

(1)高温。有的钢筋混凝土构件长期在高温环境下工作，发生烤酥裂缝现象，构件承载能力下降；有的工程失火后，混凝土强度明显下降，有的火烧后，损坏深度达 30 cm。

(2)碳化。钢筋混凝土结构表面长期遭受空气中的二氧化碳作用，使表层混凝土中的氢氧化钙变成碳酸钙而失去碱性，即为碳化。当碳化深度超过保护层厚度，破坏了在碱性条件下生成的钢筋保护膜后，钢筋开始锈蚀，铁锈体积增大，破坏了混凝土覆盖层，沿钢筋长度方向产生裂缝，水与空气侵入裂缝后，更加速了钢筋的锈蚀。在许多旧的建筑物，特别是露天结构中，这类破坏现象较普遍。

第四节　建筑工程倒塌事故综述

一、我国建筑工程倒塌事故的历史回顾

房屋倒塌的危害性很大，它给国家和人民的生命财产带来巨大损失，新中国成立后曾有四起房屋倒塌高潮。

第一起高潮出现在 1958～1960 年“大跃进”时期。当时，通过初期的努力，我国财政经济状况有了基本好转，大规模经济建设正在兴起，建筑工程界掀起“学习苏联”的高潮。但是，面对基本建设的兴起，我国工程技术人员却缺乏把握工程质量的实践经验，以至于出现不少工程事故。仅从建设部的不完全统计看，重大倒塌事故在 1958 年就有 18 起，在 1959～1960 年还有 16 起。1958 年因倒塌事故死亡的人数为 1957 年的 30 倍，其中以 1958 年杭州某钢铁厂钢筋混凝土排架结构工程的倒塌事故最为典型。该工程在屋面板吊装过程中一端 9 榀排架结构的屋盖突然倒塌。造成事故的设计原因是不恰当地套用苏联设计的节点太多、刚度较差的预制拱形组合屋架(选自苏联标准图集)，设计上未考虑半边吊装屋面板对屋架的不利影响，套用苏联标准图后未进行实际使用荷载的复核。造成事故的施工原因是半边吊装混凝土屋面板所用的水泥强度等级不足，屋架焊接质量低劣，采用锈蚀严重的钢板等。

第二起高潮出现在 1972～1976 年“文化大革命”期间。从建设部的不完全统计看，仅发生在 1975、1976 年间的重大倒塌事故就有 20 起，涉及到 1977 年的还有 21 起。究其原因，是由于经历了“文革”初期的浩劫，迫切需要恢复生产建设，但是一切规章制度都已废除，基本建设领域的管理一片混乱，这形成了工程质量事故的客观环境。质量事故中以设计责任为主，典型代表是 1972 年湖北鄂城新建某百货大楼的倒塌。该工程为一个四层砌体结构，建筑面积 2 460 m^2。在施工过程中大楼东部 1～4 层共 1 100 m^2 全部倒塌。分析其主要原因是由于资金不足，建设单位轻率盲目地将承重墙由 37 cm 实心砖墙改为 24 cm 空斗砖墙、将 M2.5 水泥混合砂浆改为 M0.4 白灰砂浆、将外墙砖壁柱

凸出的扶壁部分擅自取消等重大的设计变更所造成的。此外，也有施工质量低劣的表现，如轴线偏移、墙体倾斜、混凝土强度不足等。

这期间的质量事故中，以施工责任为主的典型代表是 1974 年上海某工厂新建加工车间的倒塌。其主要原因是施工技术措施的重大失误。

第三起高潮发生在 20 世纪 80 年代建筑业经济体制改革的初期。仅 1985 年上半年，建设部对 17 个省、自治区、直辖市的 269 项工程抽查，结果合格的只有 136 项，有 133 项质量不符合标准，占 49%。据建设部的不完全统计，1985 年上半年发生倒塌事故 21 起，死亡 21 人；1985 年全年共发生房屋倒塌事故 86 起。这个数字是惊人的。其主要原因是"文化大革命"后的经济建设初期，盲目求量求速，基本建设体制不健全，技术力量薄弱，而且建筑业的浮夸风严重。其中一个典型是广东某县七层旅馆大楼(框架结构)整体倒塌。该楼处于淤泥质软土地基上，却错误地采用柱下单独浅基础，埋深仅 800 mm，未钻探，盲目按较大地基承载力计算。这导致结构完工后即发现重大质量问题，如基础梁开裂、立柱沉降(最大的沉降量达 440 mm，最高的沉降速率达到 2 mm / d，房屋倾斜有 330 mm)、梁柱墙多处开裂(在裂缝宽的有 3 mm、长 4.8 m 的情况下，不加处理)。竣工后半年，于 1982 年 5 月 3 日倒塌。

第四起高潮发生在 20 世纪 90 年代大发展时期。在这个时期内，我国国民经济持续快速增长，建设队伍迅速膨胀，建筑业整体素质明显下降，工程质量事故时有发生。继 1985 年建设部狠抓建筑工程质量问题之后，1995 年建设部再次严肃查处建筑工程质量，先后共普查了 4.8 万余家施工企业，1.2 万余家房地产开发企业，27 万余项建筑工程。其中有严重质量问题的 1 760 余个，属于结构隐患的约占 60%，属于使用功能隐患的约占 40%。1996 年 9 月，建设部向全国发出"关于对四川省德阳市棉麻公司综合楼等 22 个劣质工程及其责任单位的处罚通报"。自 1996 年以来，工程质量的形势是"稳中有升"。1996 年住宅工程抽查合格率达到 85%，1997 年基本达到 90%左右，比 1993 年、1994 年和 1995 年好得多。即使如此，截至 1997 年 12 月全国还发生 8 起房屋倒塌事故，死亡 93 人。特别是 1997 年 3 月在福建莆田发生的新光电子有限公司宿舍楼和同年 7 月在浙江常山发生的经济开发区住宅楼两起特大倒塌事故，分别死亡 31 人和 36 人，是近年来罕见的。

二、建筑工程房屋倒塌事故分类

(一)房屋倒塌类别

按房屋倒塌部位和性质，一般可划分为十种情况：①柱、垛、墙等竖向结构破坏造成房屋整体倒塌和失稳倒塌。②屋架、梁、板等水平方向结构破坏引起屋盖和楼盖系统塌落。③悬挑结构破坏造成房屋倒塌。④砖拱结构破坏倒塌。⑤地基问题造成房屋倒塌。⑥在原有或原设计的建筑物上加层，造成房屋整体倒塌。⑦使用维护不当造成房屋倒塌。⑧缺少冬季施工措施造成房屋倒塌。⑨因模板工程问题造成房屋倒塌。⑩局部性倒塌。

(二)房屋倒塌事故统计分析

为了说明我国房屋倒塌的主要类型及主要因素，我们摘录了两类建筑工程倒塌事故情况统计，见表 1-1 和表 1-2。

表 1-1 建筑结构工程质量事故统计

序号	引起房屋倒塌的主要构件	1958～1989 年 588 起事故中所占比例(%)	1984～1989 年 220 起事故中所占比例(%)
1	地基基础	2.0	0
2	墙、柱	22.3	18.6
	砖石砌体墙、柱	(18.7)	
	钢筋混凝土柱	(3.1)	
	木柱	(0.4)	
3	钢筋混凝土梁、板(含框架)	9.6	6.4
4	屋盖结构	37.0	37.2
	钢屋架	(15.7)	(17.3)
	木、钢木屋架	(11.5)	(10.9)
	钢筋混凝土屋架	(9.4)	(9.0)
	V 形折板屋盖	(0.4)	
5	砖拱	4.2	6.4
6	悬挑构件	9.6	8.6
7	模板倒塌	6.5	8.2
8	构筑物倒塌	5.0	4.1
9	改建和使用不当倒塌	2.2	3.2
10	局部倒塌	1.6	2.3
11	其他原因倒塌	0	5.0

注：资料主要取自《建筑工程倒塌实例分析》(中国建筑业联合会质量委员会选编，中国建筑工业出版社，1991 年)。

表 1-2 1987 年 47 起房屋倒塌事故统计

序号	分析项目	事故起数			说明
1	倒塌场合	施工现场	32	(68%)	施工现场为主
		使用期间	15	(32%)	
2	事故责任归属	农村建筑队	37	(79%)	农村建筑队为主
		县以上集体、单位自营	6	(13%)	
		国营企业	4	(8%)	
3	倒塌宏观原因	设计错误	10	(21%)	设计、施工共占 77%
		施工质量低劣	8	(17%)	
		设计、施工单位都有错	1	(2%)	
		建筑材料不合格	1	(2%)	
		使用不当	11	(23%)	
		无设计图纸	16	(35%)	
4	倒塌结构类型	砖混结构	26	(56%)	砖混结构为主
		砖木结构	12	(25%)	
		钢筋混凝土结构	8	(17%)	
		钢结构	1	(2%)	

注：本资料选录自《近年来房屋倒塌事故情况分析》。

从技术方面分析，建筑结构最容易产生质量问题的是屋盖、墙、柱和钢筋混凝土水平构件，在屋盖结构中以钢和钢木屋架出现的事故最多，而钢屋架中以焊接连接的质量问题居多，在墙、柱构件中以砖砌体出现的事故最多，在钢筋混凝土水平构件中以数量最多的板、梁和雨篷、阳台等悬挑构件出现的事故最多。其原因为：屋架的杆件细、节点多、构造复杂，容易产生质量问题；我国目前大量建造的还是砖混结构房屋，主要承重构件为砖墙、砖柱；有些人对钢筋混凝土构件的受力特性和施工期间的质量要求还认识不清；许多地区钢筋混凝土预制构件的生产工艺简陋、质量控制很不严格。

值得注意的是，以往统计中因地基基础问题引起房屋倒塌的实例虽不多，但因地基基础问题引起房屋开裂的实例却不少。近年来随着高层建筑的兴起，地基基础(尤其是桩基础)出现的问题较多，应引起重视。

从房屋倒塌场合分析，对钢筋混凝土和砖混结构来说，在施工现场发生的多于在使用期间发生的；而对于钢结构来说，在使用阶段发生的却多于在安装阶段发生的。就前者来说是可以理解的，因为房屋在施工阶段尚未形成整体，此时如忽视附加必要的临时支撑，一旦遇到偶然荷载作用就容易遭到破坏。而就后者来说也是可以理解的，因为钢结构更容易因低温而发生冷脆破坏，因使用频繁而发生疲劳破坏，因使用荷载过大而发生失稳破坏。

从房屋倒塌的宏观原因分析，“六无”(无报建程序、无设计图纸、无勘察资料、无招投标、无执照施工、无质量监督)现象往往是祸害之源。设计、施工、使用三方面都有可能成为质量问题的主因。但“设计错误”和“施工质量低劣”往往占全年重大事故宏观原因中的60%~80%。此外，历史也说明，建筑主管部门在管理上的失控，更会造成大面积的质量事故。

三、各类结构构件引起房屋倒塌原因分析

(一)柱、垛、墙等竖向结构破坏引起房屋倒塌的原因

柱、垛、墙等竖向结构破坏引起房屋倒塌的原因主要有以下几点。

(1)砖柱、砖垛、窗间墙、空斗墙等竖向结构，实际的设计平均荷载系数太小。

(2)承重独立砖柱增高，窗洞增大，未设法相应提高砖柱和窗间墙的承载能力。在砖柱承重的房屋中，一些门厅的独立砖柱较易发生事故。这种结构的特点是上部各层的重量集中在门厅的几根柱上，砖柱承受的荷重很大，门厅一般较高，砖柱增高后承载能力显著减小。窗间墙也较易出现事故，窗洞开得越大，窗间墙断面越小，其承载能力也就越小。在承重砖柱增高及窗洞增大的情况下，若不采取措施提高砖柱及窗洞的承载能力，就有可能发生事故。

(3)承重空斗墙施工质量低劣。一般空斗墙的承载能力只有同截面实心墙的60%左右，如果施工质量不好，其承载能力就会进一步下降。

(4)对跨度较大、层高较高、隔墙间距较大的房屋之砖柱、砖墙，未按规范进行稳定性和强度计算，各部位构件之间未按设计构造规定连接牢固。砖柱、砖墙的承载能力是随其高度的增加而减少的，空旷建筑中的墙、柱计算高度又往往大于其实际高度，承载能力常有大幅度的降低，若不经验算，砖柱、砖墙就可能因承载力不足而首先破坏，

造成房屋整体倒塌。如辽宁省某二层砖混结构办公楼，倒塌就是因砖柱首先破坏所引起的。

(5)梁垫设计施工不当。支承大梁的砖柱、窗间墙由于承受较大的集中荷载，往往需要设置梁垫。但是，有的工程设计未考虑设梁垫，有的在施工时未按设计要求做梁垫或做法不对，导致有的柱、墙顶面局部承压能力不够而被压碎，有的梁垫做法使梁柱连接刚性过大，产生固端弯矩，使墙、柱压弯破坏。

(6)砖柱、砖墙的砌筑砂浆强度过低，砂浆饱满度达不到要求，不讲究组砌方法，乱开洞打槽。

(7)钢筋混凝土柱配筋不足，混凝土振捣不密实。例如吉林省某市百货大楼的倒塌，就是因混凝土柱振捣不实、施工质量低劣而造成。经检查，在二层楼的两根柱子上，竟分别有 50 cm 和 100 cm 高的“米花糖”区段，混凝土几乎像没有水泥浆的“石子堆”。因而柱在此薄弱区段破坏引起建筑整体倒塌。

(8)施工过程中，在房屋结构尚未形成整体，柱、墙处于悬臂或单独受力状态时，没有采取防风、防倒措施，造成失稳倒塌。例如：1958 年，浙江杭州锅炉厂，因预制钢筋混凝土柱没有设置缆风固定，在校正柱位时，一根柱倾倒，顺次打倒柱 23 根；1981 年，沈阳发电厂扩建工程亦发生过顺次打倒 12 根预制钢筋混凝土双肢柱事故；1981 年，浙江义乌县通用机械厂铸造车间，一砖厚的东山墙砌到 8.8 m 高时，没有浇好墙中的钢筋混凝土柱，结构整体性差，大风一刮就倒了。

(二)屋架、梁、板等水平结构破坏引起房屋倒塌的原因

1. 屋架破坏的原因

1)钢屋架破坏的原因

(1)压杆失稳倒塌。钢屋架特点之一是杆件强度高，截面小，但受荷后容易发生压杆失稳而倒塌。如 1984 年 4 月河北省某橡胶厂的双肢钢屋架破坏就是因为端部压杆失稳而破坏。

(2)屋架整体失稳倒塌。钢屋架另一特点是整体刚度差。为保证结构可靠地工作，必须设置支撑系统，否则就易发生屋架整体失稳而倒塌。例如 1981 年 5 月山东省淄博市某棉纺厂由于设计支撑系统不完善，在施工屋面时 11 榀屋架倒塌了 6 榀；又如 1984 年 1 月湖南省某县影剧院 19 m 跨度的钢屋架倒塌，就是没有设置必要的支撑系统，同时上弦压杆的实际应力超过允许应力的 3.9 倍。

(3)材质不良、材料脆断而造成的倒塌。这类实例国内也发生过多次，比较典型的是 1960 年 11 月倒塌的苏联某原料仓库钢结构廊道。倒塌最主要的原因是主桁架钢材质量差，碳和硫偏析显著。这种钢材脆性大，特别是在负温条件下更严重，倒塌时气温为−19℃。

(4)施工顺序错误而造成的倒塌。如 1962 年苏联某冷轧车间局部屋盖倒塌，其主要原因是违反设计规定的安装顺序，使屋架上弦平面失稳而倒塌；又如 1983 年宁夏陶乐县某影剧院的钢屋架，由于单坡铺瓦，造成屋架失稳倒塌。

(5)屋盖严重超载而造成的倒塌。如 1983 年辽宁北票县某小学教室，采用双肢轻型钢屋架，屋面采用泥灰和黏土瓦，屋架线荷载达 19.6 kN / m，在施工中倒塌；又如 1973 年某厂 30 m 跨度钢屋架，在安装行车时将滑轮挂在屋架上，把屋架拉弯造成倒塌。

(6)钢屋架制作质量差而造成的倒塌。如 1980 年浙江省海宁某育蚕室，采用钢屋架标准图，因焊接质量差造成倒塌；又如黑龙江省牡丹江市某厂钢屋架因焊接质量差，加上施工荷重超过设计荷重 60%，又遇大雪而倒塌。

2) 钢筋混凝土屋架破坏的原因

(1)疏忽钢筋混凝土组合屋架的节点构造处理。杭州半山钢厂第一炼铁车间，以及山西、辽宁、新疆、河南等地某些工程，也都发生过此类事故。这种屋架施工要求高，在施工质量控制没有可靠保证的情况下不宜采用。

(2)吊装过程中未注意屋架的稳定。这类屋架重量较大，容易裂缝，吊装时要有严格的加固措施，就位后应及时完善支撑系统，防止在外力(如大风、大雪、施工荷载等)作用下的失稳倒塌。例如 1958 年山西省大同市某厂的屋架倒塌，主要是在屋架和天窗架支撑都未安装好的情况下就安装屋面板，造成屋架三个节间范围内的屋面板等结构全部倒塌。

(3)未正确选择材料和焊接方法，未确保焊接质量。焊接质量是保证屋架安全的重要一环。1984 年，新疆巴楚县某厂六榀 12 m 跨度的屋架，下弦接头错误地采用单面绑条焊接，因绑条处应力集中而被拉断，屋架倒塌。哈尔滨市某厂 12 m 跨度的薄腹梁倒塌，原因是错误地采用 45 号中碳钢作焊接钢筋，造成在低温下脆断。

(4)屋面严重超载。1958 年，邯郸市某厂厂房屋盖，原设计厚度为 4 cm 的泡沫混凝土改为厚度 10 cm 的炉渣白灰，下雨后又增加了水分，实际荷载达到设计荷载的 193%，造成倒塌。

2. 钢筋混凝土大梁破坏的原因

钢筋混凝土大梁破坏引起房屋倒塌的原因一般有以下几点。

(1)大梁设计截面不够，配筋不足，使梁折断。按设计规范要求，梁高度不宜小于跨度的 1／12，承受弯矩不得小于设计弯矩，而倒塌的大梁经复核，抵抗弯矩大多数都小于考虑荷载分项系数下算得的弯矩值。

(2)施工质量太差。例如广西某茶场烘干车间 11.63 m 跨度的大梁拆模时倒塌，主要是不按规范施工，混凝土配合比不合理，拌和不均匀，振捣不密实，C20 的混凝土实际只能达到 C7.5。

(3)大梁端头未设置梁垫，砖墙局部压碎而引起倒塌。

(4)构造不合理，梁支撑长度不足，未达设计强度即上荷载。

3. 钢筋混凝土楼板破坏的原因

钢筋混凝土楼板破坏、倒塌一般有下列原因。

(1)在楼板上大量堆放材料、构件等，大大超过其承载能力。例如江西省宜春县袁州店，在第六层楼面堆放白灰砂浆，厚度达 1.1 m，造成该层的楼板断塌，致使第五层到第二层的楼板也全部被砸断。

(2)楼板本身制作质量不好，达不到规范要求，造成断裂塌落。值得注意的是农村混凝土构件厂大量兴起，有的由于不熟悉有关技术，生产出的构件质量基本失去控制。据江苏省 1984 年的调查，该省村镇混凝土构件厂约 2 000 余个，绝大多数质量达不到规范要求。泰昌县有一个体户，用自己生产的钢筋混凝土预制板修建了一幢三层住宅，主要因楼板质量低劣造成了该楼房倒塌，本人也被压死。

(3)施工人员缺乏结构基本知识，盲目施工造成倒塌。例如，大连市某新建的三层楼房，采用现浇钢筋混凝土楼板，由于不懂技术，将受力主钢筋放在平行于板的长方向，而把分布筋放在平行于板的短方向，在拆除模板时，第三层楼板全部塌落，并且砸坏了第二层的部分楼板。

(三)悬挑结构破坏造成倒塌的原因

悬挑结构倒塌的实例较多，基本类型有两类：一是悬挑结构整体倾覆倒塌；二是沿悬臂梁或板根部断塌。其主要原因有以下几点。

(1)设计和施工人员未做到结构抗倾覆力矩的验算。悬挑结构的受力特点是大多数靠固定端(根部)的压重或外加拉力来维持其稳定而不致倾覆。因此，当设计或施工过程中实际的抗倾覆安全系数太小，势必造成整体倾覆而倒塌。如江苏省徐州市某中学餐厅的 16 m 长、1.8 m 宽的雨篷倒塌，事后验算其抗倾覆安全系数仅 1.1(规范不小于 1.5)。又如浙江省某厂成品库雨篷和过梁拆模时倒塌，经检查并验算，原设计抗倾覆安全系数大于 1.5，但是施工中过梁上的砖尚未砌完，就拆除雨篷模板，造成雨篷和过梁连同砖墙一起倾覆倒塌。经验算，施工中的抗倾覆安全系数小于 1.0。这类整体倾覆倒塌的实例较多，江西、云南等省也多次发生。

(2)模板及支架方案不当。悬挑结构的另一特点是从外挑端向固定端内力逐渐加大，不少设计将悬挑梁、板沿跨度方向做成变截面，施工中若不注意将模板做成等截面外形而造成固定端断面减少。例如某钢筋混凝土建筑物有 900 mm 宽挑檐，挑檐板厚为：外挑端 100 mm，固定端 150 mm。施工中模板做成 100 mm，再加上配筋不良，结果拆模后断塌。有的悬挑结构所处位置较高，支模较困难，支模不当而倒塌的实例时有发生。例如重庆市某制药厂成品库，屋顶挑檐用斜撑支模，斜撑与水平面之间的夹角太小，同时又无可靠的拉结固定措施，在浇筑混凝土时整体倒塌。

(3)钢筋漏放、错位或产生过大的变形。悬挑结构的又一特点是固定端处负弯矩大，主筋都配在梁或板的上部。但有的工程漏放或错放这些钢筋而造成悬挑结构断塌。例如上海市某宿舍工程，六层上的 7 个双阳台上的遮阳板，因漏放伸入圈梁的钢筋，在拆模时全部倒塌；又如贵州省遵义某公司楼梯挑板钢筋配反，受力筋伸入墙内长度不够，在拆模时倒塌。在有的工程中，钢筋绑扎时的位置是准确的，但是固定方法不牢固或浇混凝土时不注意，把钢筋踩下，有的悬挑部分长度较大的钢筋固定不牢，发生严重下垂，钢筋实际位置下移较多。这些都可能造成悬挂结构断塌。例如湖南省某厂化纤楼，四层阳台施工时，钢筋严重错位，同时根部混凝土厚度减薄，在开会时有 14 人在阳台上，阳台突然倒塌，死亡 3 人，重伤 9 人。又如湖南省某机修车间及宿舍工程走廊的 7 根挑梁为变截面梁，根部梁高为 250 mm，主筋保护层厚 25 mm，施工中钢筋严重错位，主筋保护层厚度加大至 80 mm，加上混凝土强度不足和拆模时间过早等原因，7 根挑梁在根部处全部倒塌。

(4)施工超载。挑檐雨篷类构件，设计荷载较小，如均布荷载值仅为 490 N／m^2，施工荷载远比这些数值大，如果支模不牢固或模板拆除后出现超载，往往造成悬挑结构断塌。例如江苏省某研究所图书馆，有一雨篷浇灌一年后突然倒塌，经检查，雨篷上堆积的建筑垃圾平均高达 15 cm，折合均布荷重约为 250 N / m^2，而且雨篷板上部钢筋被踩下，据验算结构破坏安全系数小于 1。

(四)地基问题造成房屋倒塌的原因

地基问题造成的工程事故，绝大多数情况是因不均匀沉降导致结构开裂、倾斜、不能正常使用，需要加固或拆除。但是也出现过因地基问题造成倒塌的事故，其主要原因(除受地震倒塌外)有以下几点。

(1)不进行地质勘察，地基实际承载能力不足。例如：湖南省沅江县建委杂物库为混合结构房屋，采用砖基础，当墙体至 3.2 m 高度时，突然倒塌四间，主要就是因基础处于淤泥土层上，事前未探明，地基沉陷，失去承载能力所造成。

(2)地基出现问题不及时采取补救措施。例如：广东省海康县大旅店，七层钢筋混凝土框架结构，1980 年 6 月开工兴建，1981 年 6 月已发现基础下沉 10.5 cm，未加以注意，1982 年 1 月，主体工程及大部分装饰工程已经完成，西南角下沉达 41.7 cm，梁和隔墙多处出现裂缝，但仍未引起重视和采取应急措施，同年 5 月 3 日，在无风、无雨情况下发生整体倒塌，一塌到底。这就是因为不重视已出现的问题，基础底面的实际荷载已大于地基承载力设计值 3 倍多而倒塌的。

(3)房屋建于滑坡地带。例如：香港宝城大厦由于地皮紧张而建造在山坡上，1972 年 5、6 月大暴雨(雨量达 1 658.6 mm)引起山坡残积土软化而滑动，7 月 18 日晨，大滑坡下滑，冲塌了宝城大厦，并砸坏了邻近一幢大厦的一角，死亡 120 人，塌毁场面严重。宝城大厦居住的是银行界人士，其塌毁震惊世界，引起人们对岩土工程的重视。

(4)超载使地基强度遭受破坏。例如：纽约汉森河畔的一座水泥仓库，地基为青灰色软黏土，由于严重超载，出现剪切破坏的滑动，使该水泥仓库于 1940 年倾倒。

(5)建筑物邻近的挖方过深。例如国外的一幢厚板建筑，在浇筑第一层钢筋混凝土楼板时倒塌。原因就是邻近挖方加深，地下水下降，地基侧向变位，引起某柱基础局部垂直位移，其相邻柱超载约 300%而破坏，钢筋混凝土厚板不能架跨两个支座而随之塌毁。

(五)旧房加层引起倒塌的原因

在原有旧房或原设计房屋上加层，是解决住房紧张的一种办法，但是绝对不能盲目行事，否则会出事故，甚至造成倒塌。因加层而倒塌的原因有以下几点。

(1)不经可行性调查研究。加层必须在调查研究的基础上，弄清楚原有房屋是否具有潜力，施工质量是否有严重缺陷和隐患，使用中有无异常现象，如果条件具备方可考虑加层。

(2)不经核算。加层必须详细核算原有地基基础、墙、柱梁、板的承载能力。加层增加的全部重量，最后都要传到基础上，要核算原地基基础能否承受。墙、柱不仅要承担直接加在其上的上层墙、柱重量，还要承受大梁、楼板传来的荷载。加层后，屋面大梁变成了楼面大梁，不仅增加楼面荷重，大多数情况下还要增加横墙和纵墙的重量。原屋面板也变成了楼板，其所受荷载也将大大增加。这些都应认真核算，才能决定能否加层。例如：广东省乐昌县某医院，1983 年在刚竣工的车库上盲目增加一层宿舍，在正在浇筑第二层的屋面混凝土时，突然底层砖柱出现掉渣及开裂情况，不一会儿整体倒塌。后经核算才发现，底层砖柱的容许承载力为 112.78 kN，而砖柱实际承受的垂直荷载由于加建一层已达到 331.47 kN，超过容许承载力 1.94 倍。该实例表明，不经核算是房屋加层倒塌的最根本原因。

(3) 不准确掌握建筑场地的工程地质情况。对于地基土类别及土层分布状况、原有地基是否经过人工处理及其处理方法、基础类型、基础宽度及埋深、房屋有无不均匀沉降和裂缝、地下水的历史情况和现状、地基中有无古墓、洞穴和暗滨等，缺乏资料查考而又不采取措施补查，这会使核算缺乏足够依据，虽经核算，其结果也不一定可靠。因此，加层前必须设法尽可能详尽准确地了解场地的工程地质情况，缺乏原始资料查考时，应考虑进行必要的补查。

(4) 不注意房屋的整体刚度及连接节点的合理构造。房屋加层设计一般较新建工程设计复杂，它要受原有房屋各种条件的限制，有时虽注意了地基承载能力及结构构件的强度与刚度，但疏忽了房屋整体刚度及连接构造，也会导致严重事故发生。加强房屋整体刚度有若干技术措施，例如增设必要的钢筋混凝土圈梁，并使之呈封闭矩形平面形状，消除对承受拉力不起作用的阴角，此为加强房屋整体刚度常用的措施之一。缩小横墙间距、增设钢筋混凝土构造柱、加强支撑系统等，也都是增加房屋整体刚度可供考虑的措施。对这些措施应本着“具体情况具体分析”的原则进行选用。

(六)砖拱结构破坏造成倒塌的原因

砖拱结构破坏造成倒塌一般有下列原因。

(1) 没有抵抗水平力的结构构件造成倒塌。例如吉林省一个水果仓库，采用砖拱屋面的标准设计，但施工中擅自去掉拉筋，造成倒塌。这类事故在云南、山西、河南等地都有发生。

(2) 没有正式设计或设计不当造成倒塌。例如 1980 年 5 月山西省某县粮库倒塌，就是由于不懂设计的人员绘图所造成。又如 1981 年 9 月河南省南阳市某县乒乓球房 15 m 跨拱倒塌，也是由于没有正式设计图纸，砖拱施工完成 80%时就塌落。

(3) 施工质量低劣造成倒塌。例如山西省某县百货公司办公楼 1 000 m^2 砖拱结构因施工质量差，又在拱背上集中堆积炉渣，导致三孔拱顶塌落。

(4) 拆模时间过早或拆模方法不当造成倒塌。例如 1980 年辽宁省某选矿厂休息室 100 m^2 砖拱结构，在拆除砖模时拱顶塌落。

第五节　建筑工程的裂缝

任何一幢建筑物都不可能绝对没有裂缝。不仅如此，如果借助仪器仔细观察，就会得到这样的印象，有的裂缝还具有活动性，时刻在变化着，甚至会伴随有声响。房屋的破坏往往是从裂缝开始的，所以一般把裂缝看成房屋危险的征兆。因此，为了预防房屋的破坏，就有必要搞清裂缝产生的原因以及预防裂缝产生、发展有哪些措施。

一、裂缝的基本情况

(一)基本概念

房屋的裂缝，相对而言，可以划分为“有害裂缝”与“无害裂缝”。所谓“有害裂缝”，主要在于它对房屋结构的承载力、平面稳定性、空间稳定性、受力状况与变形、节点合理而牢固的构造等有直接影响或影响严重。这类裂缝往往是由于设计、施工、管理、使用不当，或材料用得很不合适(质量问题)或未考虑应考虑的意外因素(如特殊荷载等)等所造成的。地基基础不均匀沉降造成的裂缝，绝大多数属于“有害裂缝”。所谓“无害裂缝”，主要在于它对房屋结构不致产生上述影响，但不能认为绝对无害。“无害裂缝”在房屋结构中的存在，本身就表明该房屋的质量并不怎么好。

由于“有害裂缝”的出现发展，加之不重视、不及时采取防治技术措施，致使房屋遭到破坏或倒塌，给社会生产和人民生活带来危害的现象屡见不鲜。因此，对于房屋的裂缝应持积极、认真、严肃、负责的态度，以防为主，有计划、有步骤地进行定期调查研究、分析、监察，一旦发现问题就应及时处理，尤其是要重视和掌握“有害裂缝”的情况，否则事故临头，后悔莫及。

固体材料的裂缝，既是材料的某种缺陷，也是材料的某种固有性质。材料中微观裂缝的形成，房屋中宏观裂缝的出现，都包含着极其复杂的因素，目前尚无一种公式能定量地描述这种裂缝现象。

建筑工程中广为采用的混凝土与钢筋混凝土结构，在尚未承受荷载时就存在肉眼不可见的微观裂缝(简称“微裂缝”)。微裂缝主要有黏结裂缝、水泥石裂缝、骨料裂缝三种。如图 1-1 所示，黏结裂缝是骨料与水泥石的黏结面上的裂缝(也叫界面裂缝)，主要沿骨料周围出现。水泥石裂缝是水泥浆中的裂缝，存在于骨料与骨料之间。骨料裂缝是骨料本身的裂缝。混凝土中微裂缝的存在，对于混凝土的基本物理力学性质(如弹塑性，各种强度、变形、徐变、结构刚度、化学反应等)有重大影响。

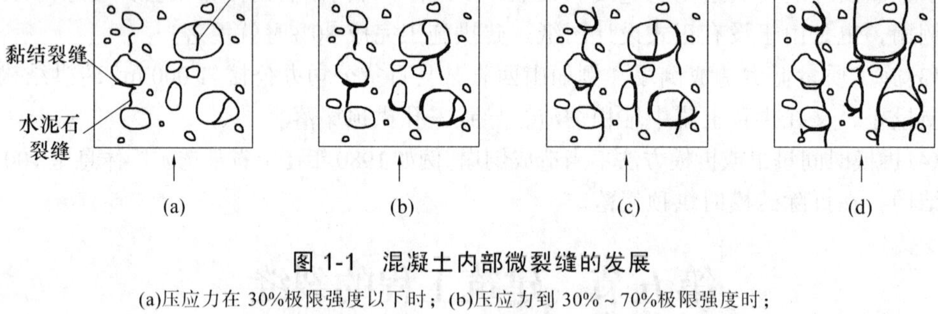

图 1-1　混凝土内部微裂缝的发展

(a)压应力在 30%极限强度以下时；(b)压应力到 30%～70%极限强度时；
(c)压应力到 70%～90%极限强度时；(d)破坏时

当混凝土受压，荷载在 30%极限强度以下时，微裂缝几乎不变动；荷载达到极限强度的 30%～70%时，微裂缝开始扩展并增加；荷载达到极限强度的 70%～90%时，微裂缝显著地扩展并迅速增加，微裂缝之间相互串联起来，直至完全破坏。

微裂缝的分布是不规则的，沿构件截面是非贯穿性的，故具有微裂缝的混凝土，一般尚可承受一定拉力。但是，在结构承受较大拉力的某些薄弱环节，微裂缝在拉力作用下很容易扩展并串联全截面，从而导致较早断裂。实际工程结构的裂缝，绝大多数由抗拉强度与抗拉变形(极限拉伸)不足所引起。混凝土微裂缝扩展并串联横贯全截面的情况严重时，将会失去抗剪能力。混凝土微裂缝的存在、扩展与增多，会使混凝土刚度下降、持久强度降低、徐变变形增大。

改善工艺(如高温高压成型、真空脱水、掺外加剂、热拌混凝土等)和长期潮湿状况下养护，可以减少混凝土微裂缝。

裂缝是否肉眼可见，一般以缝宽 0.05 mm 为界(实际最佳视力可见 0.02 mm 宽的裂缝)。在工业与民用建筑中，宽度小于 0.05 mm 的裂缝，对承重、防水、防腐等一般危害不大，故假定具有宽度小于 0.05 mm 裂缝的结构为“无裂缝结构”。所谓不允许有裂缝的结构，指没有大于或等于 0.05 mm 的初始裂缝的结构。

(二)裂缝的形式及描述

建筑工程结构的裂缝，按其形式来说，一般可划分为表面的、贯穿的，纵向的，横向的，上宽下窄的、下宽上窄的、枣核形的，对角线式的、斜向的，外宽内窄的、纵深的(深度达结构厚度的 1／2)，等等。一般裂缝的方向同主应力方向垂直，但在砌块结构中及建筑物的变截面处，剪应力可能同裂缝平行(即纯剪裂缝)。

裂缝宽度在一条裂缝上是不均匀的，控制裂缝宽度是较宽区段的平均宽度。所谓较宽区段，一般取该裂缝长度的 10%～20%，这样确定的裂缝宽度，一般以 W_{max} 表示。同样，可在裂缝长度的 10%～20%范围较窄区段内，确定平均宽度为最小裂缝宽度，一般以 W_{min} 表示。在最大与最小之间，有平均裂缝宽度，一般以 W 表示(约为最大与最小的平均值)。最大裂缝、最小裂缝及平均裂缝的间距，一般分别以 L_{max}、L_{min} 及 L 表示。

为了描述某一工程结构(如一块楼板、一块地坪、一片墙体等)的裂缝程度，常将裂缝的条数除以结构的长度(适用于长条形结构)或者除以结构的面积(适用于大面积结构)称为“裂缝密度”，亦称为“裂缝率”，即

$$e = N / M \tag{1-1}$$

式中　e——裂缝密度(即裂缝率)，条／m(或条／m^2)；

　　N——裂缝条数，条；

　　M——结构长度或面积，m(或 m^2)。

裂缝有愈合的、闭合的、运动的、稳定的、不稳定的之分。地下防水工程或其他防水结构，在水压不高(水位在 10 m 以下)的情况下，产生 0.1～0.2 mm 的裂缝时，开始有些渗漏，水通过裂缝与混凝土中的水泥结合，形成氢氧化钙及硫铝酸钙，生成胶凝物质胶合了裂缝，使原裂缝被封闭，裂缝仍然存在，但渗漏停止，这种现象称为裂缝自愈现象。这种裂缝一般不影响结构的持久应用，是较稳定的裂缝。

结构的初始裂缝有可能在后期荷载产生的压应力作用下闭合，裂缝闭合后比较稳定。结构上的任何裂缝，在周期性温差及周期性反复荷载作用下，会产生周期性扩展与闭合，这称为裂缝的运动，但这是稳定的运动。有些裂缝会产生不稳定性的扩展，这就必须视其扩展部位考虑加固措施。

二、建筑工程裂缝产生的原因

房屋在实际使用过程中承受两大类荷载。第一类荷载是静荷载、动荷载及其他外荷载；第二类荷载是变形荷载，它包括温度变形、不均匀沉降等。房屋产生裂缝的主要原因不外乎上述两类荷载。具体而言，裂缝产生的原因主要有以下几种。

(1)裂缝由外荷载(静荷载或动荷载)的直接应用(即按常规计算的主应力)所引起。

(2)裂缝由结构的次应力所引起。许多房屋结构的实际工作状态同常规计算模式有出入。例如：钢筋混凝土屋架，其节点一般是按铰设计计算的，而实际的屋架节点却承受着较显著的弯矩和剪力，称之为次应力，它们常会引起节点出现裂缝。又如壳体，计算常用薄膜理论假定，相对壳面误差不大，相对边缘区域误差较大。该区域常由弯矩与剪力引起裂缝，而弯矩和剪力相对于薄膜理论的直接应力来说，称之为次应力。

(3)裂缝由结构变形变化所引起。在第二类荷载作用下会出现这种情况，即结构由温度变形、不均匀沉降等因素引起裂缝。应特别注意的是，这种裂缝起因是结构首先要求变形，当变形得不到满足才引起应力，应力超过一定数值才引起裂缝，裂缝出现后变形得到满足或部分满足，应力就发生松弛。结构材料韧性良好可适应变形要求。

(4)裂缝由特殊情况(例如地震、滑坡等)所引起。地震引起的裂缝可看成地基的"动态变形变化"。滑坡引起房屋裂缝，也可以说是由于地基变形所引起，该变形可能是蠕变变形，也可能是突然失稳变形。

(5)裂缝由材料质量低劣所引起。这种情况常造成的后果是房屋承载能力相当低、刚度相当差、空间稳定性很弱、隐患容易恶化等。

据调查，在工程实践中房屋裂缝的原因中，由变形变化(温度、收缩、不均匀沉降)引起的裂缝占80%~85%(包括变形变化与荷载变化共同作用，但以变形变化为主所引起的裂缝)，由荷载引起的裂缝(包括变形变化与荷载变化共同作用，但以荷载变化为主所引起的裂缝)占15%~20%。由此可见，变形变化这类原因最主要。

三、控制建筑工程中裂缝的措施

从裂缝基本情况及其产生原因的分析中，可以看到裂缝是有害的，是可以控制的，这就要从设计和施工两个主要方面来入手。

(一)在设计上采取的措施

控制建筑工程裂缝需在设计上注意采取的措施有以下几种。

(1)对薄壁钢筋混凝土结构、壁厚墙(200~600 mm)、板、梁等，采取增配构造钢筋，使构造钢筋起到温度钢筋的作用，有效地提高抗裂性能。配筋应尽可能采用较小直径的钢筋及采取较小的钢筋间距，例如直径可选用ϕ8~ϕ14 mm，间距选取 150 mm 则较合理，全截面的配筋率不宜大于0.5%，宜在0.3%~0.5%之间，受力钢筋能满足变形构造要求的，可不再增加温度钢筋，构造钢筋不能起到抗约束作用，应增配温度钢筋。

(2)必须防患于未然，在设计方面要大大减轻开裂情况，并为事后处理创造便利条件。

(3)设置滑动缝和压缩层。例如某焦化厂水池，同时受到地基和桩基的约束，在最长一座水池的垫层上表面及底板下表面贴了一毡一油作为滑动层，在露天池底突入地基中的地中梁两侧及池内水沟的里侧，设置了厚度 10~30 mm 的聚苯乙烯硬质泡料压缩层，以减小地基对水池的侧面阻力。

(4)避免结构突变(或断面突变)而产生应力集中，当不能避免断面突变时，应做局部处理，做成逐渐变化的过渡形式，同时加配钢筋。

(5)控制应力集中裂缝。工业与民用建筑的各种底板、立墙、顶板及地下箱形基础与其他特殊构筑物，都可能遇到各种形状的孔洞，如圆孔、方孔、矩形孔等，有一些结构，在长方向遇有断面突变情况，在孔洞及变断面的转角部位，由于温度收缩作用，也会引起应力集中，导致裂缝产生，这也是结构裂缝的常见现象。当板的边界受到全约束，板承受均匀降温或均匀收缩作用，无孔板内将产生均匀拉应力，拉应力轨迹线(简称力流)是均匀分布的，若板内存在圆孔、方孔、矩形孔等，力流将产生绕射现象，在孔附近密集和集中，且应力增高(见图 1-2)。在孔洞的转角处，主拉应力线呈斜向，该处应力值最大，超过弹性均布拉应力约 3 倍以上。由于钢筋混凝土具有塑性和徐变的性质，孔洞角部具有一定圆滑性，使得该处应力集中较小于理论值，但对混凝土的抗拉能力来说，亦足以引起开裂，因此，在建筑物孔洞转角处会经常出现斜向裂缝。例如：武汉钢铁公司某主电室地下工程，其顶板孔洞转角处大多数均出现斜向裂缝。对于不严重的这类裂缝，一般条件下不必进行承载力加固，只需进行表面处理，防止钢筋锈蚀及裂缝漏水。

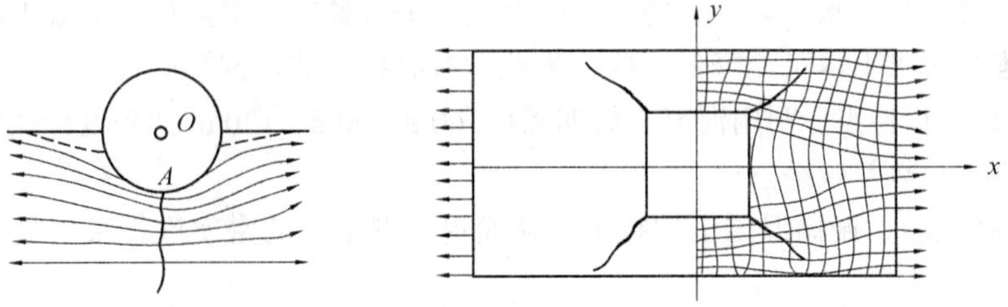

图 1-2　力流绕射现象示意图

(6)设置“暗梁”。水池类现浇钢筋混凝土结构一般厚度不大，高度也不高(4 ~ 5 m)。这类结构最容易从池壁上部出现边缘效应引起的裂缝，裂缝上宽下窄。对此，可在水池纵、横断面的四角及施工缝上、下各配置四根较粗钢筋(如ϕ 16 ~ ϕ 22 mm)予以加强，这些部位则称为“暗梁”(见图 1-3)。这样处理后，易裂的薄弱部位含钢率增大，混凝土的极限拉伸提高，结构抗裂性得到增强。

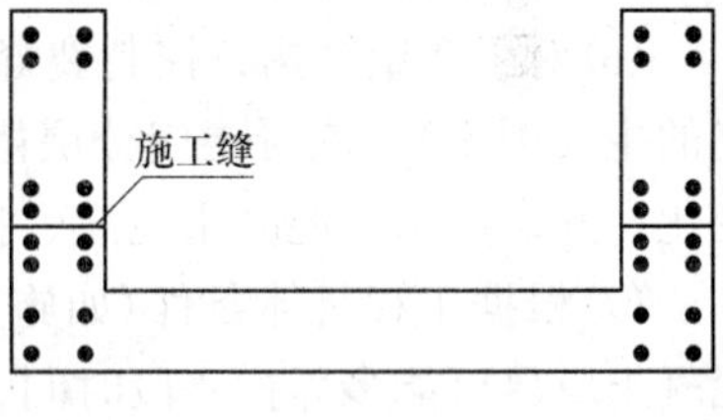

图 1-3　水池壁“暗梁”设置示意图

(7)从构造上提高混凝土的极限拉伸及抗拉强度，有效地提高抗裂作用。

(8)做后浇缝，控制施工期间因较大温差引起的收缩应力。

(9)在设计上考虑到可能漏水的内排水措施及施工后经济可靠的堵漏方法。

(10)提高混凝土材料的韧性。

(11)为防止因地基不均匀沉降而引起的结构裂缝，最根本的措施就是消除地基的不均匀沉降。另外，适当加强基础刚度，也能起一定作用。例如：采用钢筋混凝土条形基础；在砖、石基础上部设置钢筋混凝土基础梁。

(12)预防砖砌体的冻胀裂缝，最根本的措施是在设计时，将基础底面埋设在冰冻线以下。对考虑室内有取暖条件而将冻结深度乘以折减系数的建筑物，应注意该建筑物是否在土壤冻结前交付使用，否则要考虑施工期间无取暖条件，实际冻深比计算冻深大的情况。

(13)为防止由于钢筋混凝土屋盖的温度变化引起砖墙开裂，可根据具体情况采取下列措施：非地震区顶层不设钢筋混凝土圈梁；在屋顶上设保温层或隔热层；无采暖建筑物，尽量采用有檩系统的钢筋混凝土瓦材屋盖。在适当距离内设伸缩缝可防止墙体的温度裂缝。

(14)按照抗震设计的有关构造要求进行设计，做到小震不裂或少裂，大震不倒是可能的，但完全避免地震裂缝一般是做不到的。

(二)在施工上采取的措施

控制建筑工程裂缝需在施工上注意采取以下主要措施。

(1)严格控制混凝土原材料的质量和技术标准。粗、细骨料的含泥量应尽量减少(应不大于1.5%)。对于重要工程原材料应预先多点选择。

(2)细致分析混凝土骨料的配合比。当强度等级、水化热及收缩有矛盾时，应根据工程所处条件，如防水、防渗、防气、防射线等进行最优方案选择。混凝土的水灰比，应在满足强度要求下尽可能降低一些，为此，有时掺入减水剂很必要。

(3)根据工程特点，利用混凝土后期强度(60 d、90 d、120 d)达到设计强度，以减少水泥用量、水化热及收缩。

(4)提高浇灌、振捣混凝土的技术，从而提高混凝土的密实度，采用最适宜的振捣时间(5 ~ 15 s)。

(5)对大块式、厚壁的混凝土工程，必须尽可能减少入模温度，薄层连续浇筑，采取保温养护，减少内外温差，降低因水化热引起的拉应力，缓慢降温为混凝土创造充分应力松弛的条件，并使混凝土保持良好的潮湿状态，增高强度，减少收缩。

(6)对于薄壁结构，控制裂缝的主要手段是防止混凝土收缩(因混凝土收缩是产生裂缝的主要因素)，混凝土应分层散热浇灌，然后保湿养护，预防强烈的温度变化和湿度变化，并设法保证混凝土浇灌、振捣的密实性。

(7)根据工程具体条件(如施工工序要求、施工荷载状况等)确定混凝土拆模时间；混凝土应尽可能多养护一段时间，拆模后混凝土表面温度不应下降15℃以上，拆模时混凝土的现场试块强度不宜低于设计强度的70%。

(8)混凝土的施工缝可留企口接头，可设置止水带，并保证施工质量。

(9)较冷、较暖季节施工比炎热季节好，但若施工组织得好，技术措施可靠，在最高气温32℃左右情况下施工，也可保证工程质量。

(10)对于地下工程，拆模后应及时回填土(迟填回填土的暴露工程裂缝最多)。

(11)为了减少地基与基础间摩擦力，在地基与基础之间宜设置一层沥青油毡，以减少地基水平阻力系数(一般可减少0.098 ~ 0.294 MPa)。

(12)采用二次振捣技术，改善混凝土强度，提高抗裂性。即混凝土浇筑后将要凝固时，在适当时间内予以再振捣，其作用是增加混凝土密实度，减少内部的微裂缝，提高混凝土强度及抗渗性能等。二次振捣的时间要掌握好(一般在浇灌后 2 h 左右为宜)，否则会破坏混凝土内部结构，使强度等性能降低。

第二章　地基和基础工程质量通病分析与防治

在建筑结构建造和使用过程中，由地基和基础工程的问题导致倒塌的实例虽然为数不太多，但因此而使墙体和楼盖开裂、影响使用和耐久性、有碍观瞻并使人有不安全感者则屡见不鲜。在建筑结构的设计和施工过程中，普遍认为最难驾驭的，并不是上部结构，而是该工程的地基和基础。其中地基持力层的选择、地基承载力的确定、基础方案的落实、结构不均匀沉降的估算以及基槽的钎探、人工地基的处理、高层建筑基坑边坡的稳定、地下水的排除等，哪一件都不是容易解决的事。上部结构尽管千变万化，它们基本上都是在设计和施工中可以预知和掌握的。而建筑物所在场地的地下土层分布则不然，一般来说，只能在设计前通过几个钻孔土样的试验得知其少数信息，只能根据施工后槽底的钎探结果了解其表层信息，至于更深层、更全面的情况不可能完整地掌握，往往要凭经验加以处理，这就会产生误差，甚至错误。而且，地基和基础都是地下隐蔽工程，建筑工程竣工后难以检查，使用期间出现事故苗头也不易察觉，一旦发生事故，难以补救，甚至造成灾难性后果。

因此，建筑结构地基和基础工程中的缺陷和事故，更具有普遍性、地方性和经验性。

第一节　地基处理质量通病与防治

地基处理的主要目的是提高软弱地基的承载能力，保证地基的稳定。地基处理的方法有重力或强力夯实加固地基、换土加固、水泥粉煤灰碎石桩、振冲地基、深层搅拌桩及化学加固等。各种处理方法均有其适用范围和条件，如选用不当或施工方法有误，不按规范和操作规程进行，就会形成质量通病，造成质量事故。本节主要对近几年来新兴的地基处理方法的质量通病进行分析。

一、水泥粉煤灰碎石桩(CFG 桩)施工质量通病

随着地基处理技术的不断发展，越来越多的材料可以作为复合地基的桩体材料。粉煤灰是我国数量最大、分布范围最广的工业废料之一，为桩体材料的运用开辟了新的途径。

水泥粉煤灰碎石桩是采用碎石、石屑、粉煤灰、少量水泥加水进行拌和后，利用各种成桩机械，在地基中制成的强度等级为 C5 ~ C25 的桩，亦即这种处理方法通过在碎石桩体中添加以水泥为主的胶结材料，添加粉煤灰是为了增加混合料的和易性并有低强度水泥的作用，同时还添加适量的石屑以增加级配，使桩体获得胶结强度，并从散体材料桩转化为具有某些柔性桩特点的高黏结强度桩，桩、桩间土和褥垫层一起构成复合地基。目前，在建筑工程中较多选用。

(一)缩颈、断桩

1. 现象

缩颈、断桩主要表现为桩身断面局部缩小，不符合设计要求，桩身发生断裂。

2. 原因分析

(1)在饱和软土中成桩，桩基的振动力较小，当采用连打作业时，新打桩对已打桩的作用主要表现为挤压，使已打桩被挤扁成椭圆形或不规则图形，严重的产生缩颈或断桩。

(2)一方面灌桩填料没有严格按配合比进行配料、搅拌以及搅拌时间不够。另一方面拔管速度控制不严。

(3)在冬期施工中，对粉煤灰碎石桩的混合料保温措施不当，灌注温度不符合要求，浇灌又不及时，使之受冻或达到初凝。雨季施工，防雨措施不利，材料中混入较多的水分，坍落度过大，从而使强度降低。冬期施工冻层与非冻层结合部易产生缩颈或断桩。

(4)开槽及桩顶处理不好。

3. 防治措施

(1)要严格按不同土层进行配料，搅拌时间要充分，每盘至少 3 min。控制拔管速度，一般 1 ~ 1.2 m / min。用浮标观测(测每米混凝土灌量是否满足设计灌量)以找出缩颈部位，每拔管 1.5 ~ 2.0 m，留振 20 s 左右(根据地质情况掌握留振次数与时间或者不留振)。

(2)出现缩颈或断桩，可采取扩颈方法(如复打法、翻插法或局部翻插法)，或者加桩处理。

(3)混合料的供应有两种方法。一是现场搅拌，一是商品混凝土。混合料的配合比在工艺试桩时进行试配，以便最后确定配合比。但都应注意做好季节施工。雨期防雨、冬期保温，都要苫盖，并保证灌入温度 5℃以上(冬期按规范施工)。

(4)每个工程开工前，都要做工艺试桩，以确定合理的工艺，并保证设计参数，必要时要做荷载试验桩。

(5)冬期施工，在冻层与非冻层结合部(超过结合部搭接 1.0 m 为好)，要进行局部复打或局部翻插，克服缩颈或断桩。

(6)施工中要详细、认真地做好施工记录及施工监测。如出现问题，应立即停止施工，找有关单位研究解决后方可施工。

(7)开槽与桩顶处理要合理选择施工方案，否则应采取补救措施，桩体施工完毕待桩达到一定强度，方可进行开槽。

(二)灌量不足

1. 现象

灌量不足主要表现为施工中局部实际灌量小于设计灌量。

2. 原因分析

(1)混凝土达到初凝后才灌入，或冬期施工受冻，和易性较差。

(2)开始拔管时有一段距离，桩尖活瓣被黏性土抱着张不开或张开很小，材料不能顺利流出。

(3)在桩管沉入过程中，地下水或泥土进入桩管。

(4)产生缩颈。

3. 防治措施

(1)根据地质报告，预先确定出合理的施工工艺。开工前要先进行工艺试桩。

(2)同“缩颈、断桩”中的防治措施(1)、(2)。

(3)季节施工要有防水和保温措施，特别是未浇灌完的材料，在地面堆放或在混凝土罐车中时间过长，达到了初凝，应重新搅拌或罐车加速回转再用。

(4)桩管沉入时要避免泥水进入，应在沉管前灌入一定量的粉煤灰碎石混合材料，起到封底作用。

(5)用浮标观测检查控制填充材料的灌量，否则应采取补救措施，并做好详细记录。

(6)根据地质具体情况，合理选择桩间距，一般以4倍桩径为宜，若土的挤密性好，桩距可以取得小一些。

(三)成桩偏斜达不到设计深度

1. 现象

成桩偏斜达不到设计深度主要表现为成桩未达到设计深度或桩体偏斜过大。

2. 原因分析

(1)遇到了地下物(如孤石、大混凝土块、老房基及各种管道等)；遇到干硬黏土或硬夹层(如砂、卵石层)；遇到了倾斜的软硬土接合处，使桩尖滑移向软弱土方向。

(2)地面不平坦、不实，致使桩机倾斜，桩机垂直度又未调整好。

(3)桩管本身弯曲过大，又未及时更换或调直。

3. 防治措施

(1)施工前场地要平整压实(一般要求地面承载力为 100～150 kN／m^2)，若雨期施工，地面较软，地面可铺垫一定厚度的砂卵石、碎石、灰土或选用路基箱。

(2)施工前要选好合格的桩管，稳桩管要双向校正(用锤球吊线或选用经纬仪成 90°角校正)，规范控制垂直度 0.5%～1.0%。

(3)放桩位点最好用钎探查找地下物(钎长 1.0～1.5 m)，过深的地下物用补桩或移桩位的方法处理。桩位偏差应在规范允许范围之内(10～20 mm)。

(4)遇到硬夹层造成沉桩困难或穿不过时，可选用射水沉管或用“植桩法”(先钻孔的孔径应小于或等于设计桩径)；沉管至干硬黏土层深度时，可采用注水浸泡 24 h 以上再沉管的办法；遇到软硬土层交接处，沉降不均，或滑移时，应与设计方研究采用缩短桩长或加密软土层的办法等。

(5)选择合理的打桩顺序，须视土性和桩距全面考虑，如采用连续施打还是间隔跳打，满堂红桩不得从四周向内推进施工，而应采取从中心向外推进或从一边向另一边推进的方案。

二、深层(水泥土)搅拌法施工质量通病

深层搅拌法是加固深厚层软黏土地基的新技术。它以水泥、石灰等材料作为固结剂，通过特制的深层搅拌机械，在地基深处就地将软黏土和固化剂强制拌和，使软黏土硬结成具有整体性和水稳定性的柱状、壁状和块状等不同形式的加固体，以提高地基承载力。

深层搅拌法适用于加固软黏土，特别是超软土，加固效果显著，加固后可以很快投入使用，适应快速施工要求。

(一)搅拌体不均匀

1. 现象

搅拌体不均匀主要表现为搅拌体质量不均匀。

2. 原因分析

(1)搅拌机械、注浆机械中途发生故障，造成注浆不连续，供水不均匀，使软黏土被扰动，无水泥浆拌和。

(2)搅拌机械提升速度不均匀。

3. 防治措施

(1)施工前应对搅拌机械、注浆设备、制浆设备等进行检查维修，使其处于正常状态。

(2)灰浆拌和机搅拌时间一般不少于 2 min，增加拌和次数，保证拌和均匀，不使浆液沉淀。

(3)提高搅拌转数，降低钻进速度，边搅拌，边提升，可提高拌和均匀性。

(4)注浆设备要完好，单位时间内注浆量要相等，不能忽多忽少，更不得中断。

(5)重复搅拌下沉及提升各一次，以反复搅拌法解决钻进速度快与搅拌速度慢的矛盾，即采用一次喷浆二次补浆或重复搅拌的施工工艺。

(6)拌制固化剂时不得任意加水，以防改变水灰比(水泥浆)，降低拌和强度。

(二)喷浆中断

1. 现象

喷浆中断主要表现为注浆作业时喷浆突然中断。

2. 原因分析

(1)注浆泵损坏。

(2)喷浆口被堵塞。

(3)管路中有硬结块及杂物，造成堵塞。

(4)水泥浆水灰比稠度不合适，水泥浆和易性差。

3. 防治措施

(1)注浆泵、搅拌机等设备施工前应试运转，保证完好。

(2)注浆应连续进行，不得中断。高压胶管搅拌机输浆管与灰浆泵应连接可靠。

(3)泵与输浆管路用完后要清洗干净，并在集浆池上部设细筛过滤，防止杂物及硬块进入各种管路，造成堵塞。

(4)选用合适的水灰比，一般为 0.6～1.0，保证水泥浆的和易性。

(5)在钻头喷浆口上方设置越浆板，解决喷浆孔堵塞的问题，使喷浆正常。

(三)抱钻、冒浆

1. 现象

搅拌施工中有抱钻或冒浆出现。

2. 原因分析

(1)工艺选择不适当。

(2)加固土层中的黏土层(特别是硬黏土层)或夹层，是设计拌和工艺的关键问题，因这类黏土颗粒之间黏结力强，不易拌和均匀，搅拌过程中易产生抱钻现象。

(3)有些土层虽不是黏土，也容易搅拌均匀。但由于其上覆盖压力较大，持浆能力差，易出现冒浆现象。

3. 防治措施

(1)选择适合不同土层的不同工艺，如遇较硬土层及较密实的粉质黏土，可采用以下拌和工艺：输水搅动—输浆拌和—搅拌。

(2)搅拌机沉入前，桩位处要注水，使搅拌头表面湿润。地表为软黏土时，还可掺加适量砂子，改变土中黏度，防止土抱搅拌头。

(3)在搅拌、输浆、拌和过程中，要随时记录孔口所出现的各种现象(如硬层情况、注水深度、冒水、冒浆情况及外出土量等)。

(4)由于在输浆过程中受土体持浆能力的影响出现冒浆，使实际输浆量小于设计量，这时应采用“输水搅拌—输浆拌和—搅拌”工艺，并将搅拌转速提高到 50 r / min，钻进速度降到 1 m / min，可使拌和均匀，减小冒浆。

(四)桩顶强度低

1. 现象

桩顶强度低主要表现为桩顶加固体强度低。

2. 原因分析

(1)表层加固效果差，是加固体的薄弱环节。

(2)目前所确定的搅拌机械和拌和工艺，由于地基表面覆盖压力小，在拌和时土体上拱，不易拌和均匀。

3. 防治措施

(1)将桩顶标高 1 m 内作为加强段，进行一次复拌加注浆并提高水泥掺量，一般为15%左右。

(2)在设计桩顶标高时，应考虑凿除 0.5 m，以加强桩顶强度。

三、注浆加固法施工质量通病

注浆加固法是根据不同的土层与工程需要，通过气压、液压或电化学原理，把某些能固化地基土的浆液均匀地注入地基的裂缝或孔隙中，采用灌注压入、高压喷射、深层搅拌(利用渗透灌注、挤密灌注、劈裂灌注、电动化学灌注)，使浆液与土颗粒胶结起来，以改善地基土的物理和力学性质的地基处理方法。

采用注浆法加固地基，虽然有着工期短、加固快等优点，但由于造价昂贵，因此，通常用在加固范围较小、处理已建工程的地基基础工程事故，或由其他加固方法不能解决的一些特殊工程问题中。在新建工程中，特别是需要大面积进行地基处理工程中很少采用。

(一)冒浆

1. 现象

冒浆表现为注入化学浆液时有浆液冒出现象。

2. 原因分析

(1)地质报告不详细，对土质了解不透，未能选择合理的施工方案。

(2)施工前，未做现场工艺试验，因此对化学浆液的浓度、用量、灌入速度、灌注压力、加固效果、打入(钻入)深度等不清楚。用于地基加固的化学浆液配方不合理。

(3)采用电动硅化加固时，未能做试验，不能提出合理的电压梯度、通电时间和方法。

(4)需要加固的土层上，覆盖层过薄。土层上部压力小，下部压力大，浆液就有向上抬高的趋势。

3. 防治措施

(1)注浆法加固地基要有详细的地质报告，对需要加固的土层要详细描述，以便制定出合理的施工方案。

(2)注液管宜选用钢管，管路系统的附件和设备以及验收仪器(压力计)应符合规定的压力，打管前检查带有孔眼的注浆管，应使其保持畅通。

(3)需要加固的土层之上，应有不小于1.0 m厚度的土层，否则应采取措施，防止浆液上冒。可采用间隙灌注法，亦即让一定数量的浆液灌入上层孔隙大的土中后，暂停工作，让浆液凝固，几次反复，就可把上抬的通道堵死。

(4)及时调整浆液配方，满足该土层的灌浆要求。

(5)根据具体情况，调整灌浆时间。

(6)注浆管打至设计标高并清理管中的泥砂后，应及时向土中灌注溶液。

(7)加快浆液的凝固时间，使浆液出注浆管就凝固，这就减少了上冒的机会。

(二)注浆管沉入困难，偏差过大

1. 现象

注浆管沉入困难，达不到设计深度，且偏斜过大。

2. 原因分析

(1)注浆管沉入遇到障碍物，如石块、大混凝土块、树根、地基等物。

(2)采取沉管措施不合理。

(3)打(钻)入的注液管未采用导向装置，注液管底端的距离偏差过大。

(4)放桩位点偏差超过规范。

(5)受地层土质和渗透的影响。

3. 防治措施

(1)放桩位点时，在地质复杂地区，应用钎探查找障碍物，以便排除。

(2)场地要平坦坚实，必要时要铺垫砂或砾石层，稳桩时要双向校正，保证垂直沉管，放桩位偏差应在允许范围内，一般不大于20 mm。

(3)开工前应做工艺试桩，校核设计参数及沉管难易情况，确定出有效的施工方案；打(钻)注浆管及电极棒，应采用导向装置，注浆管底端间距的偏差不得超过20%，超过时，应打补充注浆管或拔出重打。

(4)设置注浆管和电极棒宜用打入法，如土层较深，宜先钻孔至所需加固区域顶面以上2～3 m，然后再用打入法，钻孔的孔径应小于注浆管和电极棒的外径。

(5)灌浆操作工序包括打管、冲管、试水、灌浆和拔管五道工序，应先进行试验。

(三)桩体不均匀

1. 现象

施工中发现桩柱体质量不均匀。

2. 原因分析

(1)浆液使用双液化学加固剂时，由于分别注入，在土中出现浆液混合不均匀，影响加固工程质量。

(2)化学浆液的稠度、浓度、温度、配合比和凝结时间，直接影响灌浆工程的顺利进行。

(3)注浆管孔眼被堵塞，灌浆不充分，灌浆材料选择不合理。

3. 防治措施

(1)使用新型化学加固剂，达到低浓度混合单液的灌注目的，克服双液分别灌注混合不均的弊端；根据不同的加固土层，选用合适的化学加固剂的浓度、稠度、配合比和凝固时间，又根据施工温度，通过试验优选合适的化学加固剂的配方，进行正常施工，确保桩体的质量。

(2)向土中注入混合浆液时，灌注压力应保持一个定值，一般为 0.2 ~ 0.23 MPa，这样能使浆液均匀压入土中；每根桩的灌浆管都由下而上提升灌注，使桩柱体得到均匀的强度。

(3)利用电测技术检测化学加固质量，是一种快速有效的办法，它能直观地反映加固体的空间位置、几何形状和体积大小。

(4)为了防止喷嘴堵塞，必须用高压喷射，压力均匀，边灌边旋转边向上提升，一气呵成。

(5)打管前应检查有孔眼的注浆管，保持孔眼畅通，并进行冲管、冲水；宜加防滤层或其他防护措施，以防土粒堵塞孔眼。

(6)灌注溶液与通电工作须连续进行，不得中断。

(7)灌注溶液的压力，一般不超过 30 N/cm^2(压力)，拔出注浆管后，留下的孔洞应用水泥砂浆或土料堵塞。

第二节　砖石基础工程质量通病与防治

一、砖基础施工质量通病

(一)砖基础施工质量通病

砖基础质量通病表现为基础轴线偏移、基础标高误差过大和基础防潮层失效。

(二)砖基础质量通病的预防措施

1. 基础轴线偏移预防措施

(1)在房屋定位放线时，外墙角处必须设置龙门板，并有相应保护措施，防止槽边堆土及进行其他作业时碰撞而发生移动。龙门板下设永久性中心桩(打入与地面平，四周用混凝土封固)。龙门板拉通线时，应先与中心桩核对。

(2)横墙轴线不宜采用基槽内排尺法控制，应设置中心桩。横墙中心桩打入与地面平，挖槽时应用砖覆盖，中心桩之间不宜堆土和放置材料。在横墙基础拉中线时，应复核相邻轴线距离，验证中心桩是否有移位。

(3)基础收阶部分砌完后，应拉通线重新核对，并以新定出的轴线为准，砌筑基础直墙部分。

(4)按施工流水分段砌筑的基础，应在分段处设置龙门板。

2. 基础标高误差过大的预防措施

(1)加强对基层标高的控制，尽量控制在允许负偏差之内。砌筑基础前，应对基层标高普查一遍，局部凹洼处可用豆石混凝土垫平。

(2)采用小断面(2 cm×2 cm)木方或钢筋作基础皮数杆，使用时将皮数杆直接夹砌在基础中心位置，采用基础外侧立皮数杆检查标高时，应配以水准尺校对水平。

(3)砌筑宽大基础大放脚，应采取双面挂线保持横向水平，砌筑填芯应采取小面积铺灰，随铺随砌，顶面不应高于外侧跟线砖的高度。

3. 基础防潮层失效的预防措施

(1)防潮层应作为独立的隐蔽工程项目，在整幢房屋的基础工程完工后进行操作，施工时应尽量不留或少留施工缝。

(2)防潮层下面三层砖要求满铺满挤，横、竖向灰缝砂浆均要饱满。对于厚度 24 cm 的墙体，防潮层下的顶皮砖应采用满丁砌法。

(3)防潮层施工宜安排在基础房心土回填后进行。宜为掺适量防水剂的 1∶2.5 水泥砂浆，厚度宜为 2 cm。

(4)厚度 6 cm 的混凝土圈梁防潮层施工，应注意混凝土骨料级配及严格限制砂石含泥量，圈梁面层应加抹压，也可撒干水泥压光处理。

(5)防潮层砂浆和混凝土中禁止掺盐。冬期施工应采取保温措施，否则不许施工。

(6)防潮层应按隐蔽工程进行验收。

二、石砌基础施工质量通病

(一)石砌基础施工质量通病的表现

石砌基础施工质量通病表现为根部不实、大放脚上下层未压砌、护坡卵石铺放不当。

(二)石砌基础质量通病预防措施

1. 根部不实的预防措施

(1)基础施工前，要认真做好地基检验和处理工作，并应认真做好检验记录。

(2)基坑土方挖完后，应及时清理底面，并夯实整平。有夯实垫层要求的，需用粒径 150 mm 左右的卵石或小乱毛石排满底面，重夯两遍，然后再用干砂灌满缝隙，并将垫层表面找平。

(3)对于乱毛石，河卵石基础，其底皮应选用块体较大的石材，砌筑时应将大面朝下，顶皮应选用块体较直长的石材。基础顶面一皮石材，需用水泥砂浆找平，以保证符合设计规定的标高。

(4)砌完基础后应及时回填土，回填应在基础两侧同时进行，分层填土、分层夯实。

2. 大放脚上下层未压砌的预防措施

(1)乱毛石基础应选较方正的石材作第一皮石块，大面朝下，固平放稳。第二皮石块应与第一皮石块错缝砌筑。毛石基础顶面宽度应比墙厚大 200 mm，每台阶至少砌二皮毛石，下台阶上皮的石块压入上台阶内应不少于 1 / 2 石长，台阶的高宽比应不小于 1∶1。

(2)毛石规格尺寸必须符合要求，必须经过检验。

(3)严格按现行有关规范施工，施工操作应及时严格检查。

3. 护坡卵石铺放不当的预防措施

(1)根据护坡层厚度选用厚度相当的扁平状卵石，卵石长面应与坡面垂直。

(2)严禁采用双层叠砌。

(3)同层石块大小应一致。

(4)应采取直立或人字形咬砌方法使石块互相镶嵌紧密。

第三节　桩基础施工质量通病与防治

当场地土质很差，不能作为天然地基或上部荷载太大，无法采用天然地基或要严格控制建筑不同部位的沉降时，常用桩基础解决这些问题。若考虑桩穿越软弱土层时能加固天然地基，则桩构成人工地基(如灰土、砂石等挤土桩)；若考虑通过桩将上部结构荷重传给坚硬土层，则桩成为深基础。所以，桩在地基土中的工作机制是非常复杂的。

桩按承载性质分摩擦型桩和端承型桩；按所用材料分混凝土桩、钢桩和组合材料(闭口钢管内填素混凝土)桩；按成桩方法分挤土桩(如打入预制桩)、非挤土桩(如灌注桩)、部分挤土桩(如打入式敞口桩)；按受力条件分竖向抗压桩、竖向抗拔桩、横向受荷桩、组合受荷桩。本节主要介绍钢筋混凝土预制桩和灌注桩施工的质量通病。

一、钢筋混凝土预制桩施工质量通病

(一)桩身断裂

1. 现象

桩在沉入过程中，桩身突然倾斜错位，当桩尖处土质条件没有特殊变化，而贯入度逐渐增加或突然增大，同时当桩锤跳起后，桩身随之出现回弹现象，施打被迫停止。

2. 原因分析

桩身在施工中出现较大弯曲，在反复的集中荷载作用下，当桩身不能承受抗弯强度时，即产生断裂。主要原因有以下几点。

(1)一节桩的长细比过大，沉入时，又遇到较硬的土层，或桩入土后遇到大块坚硬障碍物，把桩尖挤向一侧。

(2)桩制作时，桩身弯曲超过规定，桩尖偏离桩的纵轴线较大，沉入时桩身发生倾斜或弯曲。稳桩时不垂直，打入地下一定深度后，再用走桩架的方法校正，使桩身产生弯曲。

(3)采用“植桩法”时，钻孔垂直偏差过大。桩虽然是垂直立稳放入孔中，但在沉桩过程中，桩又慢慢顺钻孔倾斜沉下而产生弯曲。

(4)两节桩或多节桩施工时，相接的两节桩不在同一轴线上，产生了曲折，或接桩

方法不当(一般多为焊接，个别地区使用硫磺胶泥锚接)。

3. 治理方法

当施工中出现断桩时，应及时会同设计人员研究处理方法，据工程地质条件、上部荷载及桩所处的结构部位，可以采取补桩的方法。条基补1根桩时，可在轴线内、外补；补2根桩时，可在断桩的两侧补。柱基群桩时，补桩可在承台外对称补或承台内补桩。

(二)沉桩达不到设计要求

1. 现象

桩设计时是以贯入度和最终标高作为施工的最终控制。一般情况下，以一种控制标准为主，以另一种控制标准为参考。有时沉桩达不到设计的最终控制要求。个别工程设计人员要求双控，更增加了困难。

2. 原因分析

(1)一方面，勘探点不够或勘探资料粗略，对工程地质情况不明，尤其是持力层的起伏标高不明，致使设计考虑持力层或选择桩尖标高有误，也有时因为设计要求过严，超过施工机械能力或桩身混凝土强度。另一方面，勘探工作是以点带面，对局部硬夹层或软夹层的透镜体不可能全部了解清楚，尤其在复杂的工程地质条件下，还有地下障碍物，如大块石头、混凝土块等。打桩施工遇到这种情况，就很难达到设计要求的施工控制标准。

(2)以新近代砂层为持力层时，由于新近代砂层结构不稳定，同一层土的强度差异很大，桩打入该层时，进入持力层较深才能求出贯入度。但群桩施工时，砂层越挤越密，最后就有沉不下去的现象。

(3)桩锤选择太小或太大，使桩沉不到或沉过设计要求的控制标高；桩顶被打碎或桩身被打断，致使桩不能继续打入。特别是柱基群桩，布桩过密互相挤实，施打顺序选择不合理。

3. 防治措施

(1)遇有硬夹层时，可采用植桩法、射水法或气吹法施工。

(2)桩如果打不下去，可更换能量大一些的桩锤打击，并加厚缓冲垫层。选择桩锤应以重锤低击的原则，这样容易贯入，可减少桩的损坏率。

(3)选择合理的打桩顺序，特别是桩基群桩，如若先打中间桩，后打四周桩，则桩会被抬起；相反，若先打四周桩，后打中间桩，则很难打入。为此应选用“之”字形打桩顺序，或从中间分开往两侧对称施打的顺序。

(4)桩基础工程正式施打前，应做工艺试桩，以校核勘探与设计的合理性，重大工程还应做荷载试验桩，确定能否满足设计要求。

(三)接桩处松脱开裂

1. 现象

接桩处经过锤击后，出现松脱开裂等现象。

2. 原因分析

(1)连接处的表面没有清理干净，留有杂质、雨水和油污等。

(2)采用焊接或法兰连接时，连接铁件不平及法兰平面不平，有较大间隙，造成焊接不牢或螺栓拧不紧；焊接质量不好，焊缝不连续、不饱满，焊肉中夹有焊渣等杂物；

接桩方法有误，受时间效应与冷却时间等因素影响。

(3) 采用硫磺胶泥接桩时，硫磺胶泥配合比不合适，没有严格按操作规程熬制，以及温度控制不当等，造成硫磺胶泥达不到设计强度，在锤击作用下产生开裂。

(4) 两节桩不在同一直线上，在接桩处产生曲折，锤击时接桩处局部产生集中应力而破坏连接。上下桩对接时，未做严格的双向校正，两桩顶间存在缝隙。

3. 防治措施

(1) 接桩前，对连接部位上的杂质、油污等必须清理干净，保证连接部件清洁。检查校正垂直度后，两桩间的缝隙应用薄铁片垫实，必要时要焊牢，焊接应双机对称焊，一气呵成，经焊接检查，稍停片刻冷却后再行施打，以免焊接处变形过多。

(2) 检查连接部件是否牢固平整和符合设计要求，如有问题，必须进行修正后才能使用。

(3) 接桩时，两节桩应在同一轴线上，法兰或焊接预埋件应平整服帖，焊接或螺栓拧紧后，锤击几下再检查一遍，看有无开焊、螺栓松脱、硫磺胶泥开裂等现象，如有应立即采取补救措施，如补焊、重新拧紧螺栓并把丝扣凿毛或用电焊焊死。

(4) 采用硫磺胶泥接桩法时，应严格按照操作规程操作，特别是配合比应经过试验，熬制及施工时的温度应控制好，保证硫磺胶泥达到设计强度。

(四) 桩顶碎裂

1. 现象

在沉桩过程中，桩顶出现混凝土掉角、碎裂、坍塌，甚至桩顶钢筋全部外露打坏。

2. 原因分析

(1) 桩顶强度不够，有三方面原因：一是设计时没有考虑到工程地质条件、施工机具等因素，混凝土设计强度等级偏低，或者桩顶抗冲击的钢筋网片不足，主筋距桩顶面距离太小等；二是预制桩制作时，混凝土配合比不符合设计要求，施工控制不严，振捣不密实等；三是养护时间短或养护措施不当，未能达到设计强度或虽然试块达到了设计强度，但桩碳化期短，混凝土中水分未充分排出，其后期强度没有充分发挥。因此，钢筋与混凝土在承受冲击荷载时，不能很好地协同工作，桩顶容易发生严重碎裂。碎裂后的桩顶混凝土，一般外表面呈青灰色，钢筋上不粘混凝土。

(2) 桩身外形质量不符合规范要求，如桩顶面不平、桩顶平面与桩轴线不垂直、桩顶保护层厚度不符合设计值等。

(3) 施工机具选择或使用不当。打桩时原则上要求锤重大于桩重，但须根据断面、单桩承载力和工程地质条件来考虑。桩锤小，桩顶受打击次数过多，桩顶混凝土容易产生疲劳破坏而被打碎。桩锤大，桩顶混凝土承受不了过大的打击力也会发生破碎。

(4) 桩顶与桩帽的接触面不平或桩沉入土中时桩身不垂直，使桩顶面倾斜，造成桩顶局部受集中应力破损；沉桩时，桩顶未加缓冲垫或损坏后未及时更换，使桩顶直接承受冲击荷载。

(5) 设计要求进入持力层深度过大，施工机械或桩身强度不能满足设计要求。

3. 防治措施

(1) 发现桩顶有打碎现象，应及时停止沉桩，更换并加厚桩垫。如有较严重的桩顶破裂，可把桩顶剔平补强，再重新沉桩。

(2)如因桩顶强度不够或桩锤选择不当，应换用养护时间较长的“老桩”或更换合适的桩锤。

二、干作业成孔灌注桩施工质量通病

干作业成孔灌注桩，即不用泥浆或套管护壁措施而直接排出土成孔的灌注桩。这是在没有地下水的情况下进行施工的方法。目前干作业成孔的灌注桩常用的有螺旋钻孔灌注桩、螺旋钻孔扩孔灌注桩、机动洛阳铲挖孔灌注桩及人工挖孔灌注桩四种。螺旋钻孔灌注桩的施工机械形式有长螺旋钻孔机和短螺旋钻孔机两种，施工工艺上除长螺旋钻孔机为一次成孔、短螺旋钻孔机为分段多次成孔外，其他都相同。

(一)塌孔

1. 现象

塌孔主要表现为成孔后孔壁局部塌落。

2. 原因分析

(1)在有砂卵石、卵石或流塑淤泥质土夹层中成孔，这些土层不能直立而塌落。

(2)出现饱和砂或干砂的情况下也易塌孔。另外，局部有上层滞水渗漏作用时，也会使该层土坍塌。

(3)成孔后没有及时浇筑混凝土。

3. 治理方法

(1)先钻至塌孔以下 1 ~ 2 m，用豆石混凝土或低强度等级混凝土(C10)填至塌孔以上 1 m，待混凝土初凝后，使填的混凝土起到护圈作用，防止继续坍塌，再钻至设计标高。也可采用 3 ∶ 7 灰土夯实代替混凝土。

(2)钻孔底部如有砂卵石、卵石造成的塌孔，可采用钻深的办法，保证有效桩长满足设计要求。

(3)成孔后要及时浇筑混凝土。

(4)采用中心压灌水泥浆护壁方法，可解决滞水所造成的塌孔问题。

(二)孔底虚土

1. 现象

孔底虚土是指成孔后孔底虚土过多，厚度超过规范所要求的不大于 10 cm 的规定。

2. 原因分析

(1)松散填土或含有大量炉灰、砖头、垃圾等杂物的土层以及流塑淤泥、松散砂、砂卵石、卵石夹层等土中，成孔后或成孔过程中土体容易塌落。

(2)钻杆加工不直或在使用过程中变形，钻杆连接法兰不平，使钻杆拼接后弯曲。因此，钻杆在钻进过程中产生晃动，造成孔径增大或局部扩大。提钻时，土从叶片和孔壁之间的空隙掉落到孔底。钻头及叶片的螺距或倾角太大，如在砂类土中钻孔，提钻时部分土易滑落孔底。

(3)孔口的土没有及时清理干净，甚至在孔口周围堆积有大量钻出的土，钻杆提出孔口后，孔口积土回落；成孔后，孔口盖板没有盖好，或在盖板上有人和车辆行走，孔口土被扰动而掉入孔中。

(4)放混凝土漏斗或钢筋笼时，孔口土或孔壁土被碰撞掉入孔内。

(5)成孔后没有及时浇筑混凝土，孔壁长时间暴露，被雨水冲刷及浸泡。水分蒸发，孔壁土塌落。

(6)施工工艺选择不当；钻杆、钻头磨损太大；孔底虚土没有清理干净。

(7)出现上层滞水造成塌孔。

(8)地质资料和必要的水文地质资料不够详细，对季节施工考虑不周。

3. 治理方法

(1)在同一孔内采用二次或多次投钻的方法。

(2)用勺钻清理孔底虚土。

(3)孔底虚土是砂或砂卵石时，可先采用孔底灌浆拌和，然后再灌混凝土。

(4)采用孔底压力灌浆法、压力灌混凝土法及孔底夯实法解决。

(三)桩身混凝土质量差

1. 现象

桩身混凝土质量差表现为桩身表面有蜂窝、空洞，桩身夹土、分段级配不均匀，浇筑混凝土后的桩顶浮浆过多。

2. 原因分析

(1)混凝土浇筑时没有按操作工艺边灌边振捣，或只在桩顶部位振捣，下部没有振捣，使混凝土不密实，出现蜂窝、孔洞等现象。

(2)浇筑混凝土时，孔壁受到振动，使孔壁土塌落，同混凝土一起灌入孔中，造成桩身夹土；混凝土浇筑一半后，放钢筋笼时碰撞孔壁使土掉入孔内，再继续浇筑混凝土，造成桩身夹土。

(3)拌制混凝土的水泥过期，骨料含泥量大或不符合要求，每盘混凝土的搅拌时间或加水量不一致，导致混凝土配合比不当，造成坍落度不均匀，和易性不好，致使混凝土浇筑时有离析现象，使桩身出现分段不均匀的情况。

(4)浇筑混凝土时，孔口未放铁板或漏斗，会使孔口浮土混入。

3. 治理方法

(1)如情况不严重且单桩承载力不大，则可与设计方研究协商，采取加大承台梁的办法解决。

(2)按照浇筑混凝土的质量要求，除要做标准养护混凝土试块外，还要在现场做试块(按照有关规范执行)，以验证所浇筑的混凝土质量，并为今后补救措施提供依据。

(3)浇筑混凝土时，应随浇灌随振捣，每次浇灌高度不得超过 1.5 m；大直径桩振捣应至少插入 2 个位置，振捣时间不少于 30 s。

(四)桩孔倾斜

1. 现象

桩孔倾斜表现为桩孔垂直偏差大于规范要求的 1 / 100。

2. 原因分析

(1)地下遇有坚硬大块障碍物，把钻杆挤向一边。

(2)地面不平，桩架导向杆不垂直，稳钻杆时没有稳直。

(3)钻杆不直，尤其是两节钻杆不在同一轴线上，钻头的定位尖与钻杆中心线不在同一轴线上。

3. 治理方法

(1)对严重倾斜的桩孔，应用素土填死夯实，然后重新钻孔。

(2)如石头、混凝土等障碍物埋得不深，可提出钻杆，清理完障碍物后重新钻进。遇有埋得较深的大块障碍物，如不易挖出，可拔出钻杆，在孔内填进砂土或素土，同设计人员协商，改变桩位，躲过障碍物再钻。

三、湿作业成孔灌注桩施工质量通病

湿作业成孔灌注是指采用泥浆或清水护壁排出土成孔的灌注桩。桩长可达 50 m 以上，桩直径一般为 400 ~ 1 200 mm，有的直径可达 2 500 mm。这种作业方法，对各种土层中的适应能力较强，在无地下水或有地下水的情况下都能施工。湿作业成孔灌注桩的施工机具有潜水钻机、冲击锥、冲抓锥、回转式钻机等。不同施工机具成孔工艺虽有所不同，但施工中出现的质量问题大致相同。

(一)坍孔

1. 现象

坍孔主要表现为在成孔过程中或成孔后，孔壁坍落，造成钢筋笼放不到底，桩底部有很厚的泥夹层。

2. 原因分析

(1)泥浆密度不够，起不到可靠的护壁作用。

(2)孔内水头高度不够或孔内出现承压水，降低了静水压力。

(3)护筒埋置太浅，下端孔壁坍塌。

(4)在松散砂层中钻进时，进尺速度太快或停在一处空转时间太长，转速太快。

(5)冲击(抓)锥或掏渣筒倾倒，撞击孔壁。

(6)用爆破处理孔内孤石、探头石时，炸药量过大，造成很大振动。

(7)勘探孔较少，对地质与水文地质描述欠缺。

3. 防治措施

(1)在松散砂土流砂中钻进时，应控制进尺，选用较大密度、黏度、胶体率的优质泥浆，或投入黏土掺片、卵石，低锤冲进，使黏土膏、片、卵石挤入孔壁。

(2)严格控制冲程高度和炸药用量。

(3)当地下水位变化过大时，应采取升高护筒，增大水头，或用虹吸管连接等措施。

(二)钻孔漏浆

1. 现象

钻孔漏浆主要表现为在成孔过程中或成孔后，泥浆向孔外漏失。

2. 原因分析

(1)遇到了透水性强或有地下水流动的土层。

(2)护筒埋设太浅，回填土不密实或护筒接缝不严密，会在护筒刃脚或接缝处漏浆。

(3)水头过高使筒壁渗浆。

3. 防治措施

(1)加稠泥浆或倒入黏土，慢速转动，或在回填土内掺片石、卵石反复冲击，增强护壁。

(2)在有护筒防护范围内，接缝处可由潜水工用棉絮堵塞，封闭接缝，稳住水头。

(3)在容易产生泥浆渗漏的土层中应采取维持孔壁稳定的措施。

(4)在施工期间护筒内的泥浆面应高出地下水位 1.0 m 以上，在受水位涨落影响时，泥浆面应高出最高水位 1.5 m 以上。

(三)缩孔

1. 现象

缩孔主要表现为孔径小于设计值。

2. 原因分析

(1)塑性土膨胀，造成缩孔。

(2)选用机具、工艺不合理。

3. 防治措施

(1)采用上下反复扫孔的办法，以扩大孔径。

(2)根据不同的土层，应选用相应的机具、工艺。

(3)成孔后立即验孔，安放钢筋笼，浇筑桩身混凝土。

(四)断桩

1. 现象

断桩主要表现为成桩后桩身中部没有混凝土，夹有泥土。

2. 原因分析

(1)混凝土较干，骨料太大或未及时提升导管以及导管位置倾斜等，使导管堵塞，形成桩身混凝土中断。

(2)混凝土搅拌机发生故障，使混凝土不能连续浇筑，中断时间过长。

(3)导管挂住钢筋笼，提升导管时没有扶正，以及钢丝绳受力不均匀等。

3. 防治措施

(1)当导管堵塞而混凝土尚未初凝时，可采用两种方法解决。①用钻机起吊设备吊起一节钢轨或其他重物在导管内冲击，把堵塞的混凝土冲击开。②迅速提出导管，用高压水冲通导管，重新下隔水球灌注。浇筑时，当隔水球冲出导管后，应将导管继续下降，直到导管不能再插入时，再少许提升导管，继续浇筑混凝土，这样新浇筑的混凝土能与原浇筑的混凝土结合良好。

(2)当混凝土在地下水位以上中断时，如果桩直径较大(一般在 1 m 以上)，泥浆护壁较好，可抽掉孔内水，用钢筋笼(网)保护，对原混凝土面进行人工凿毛并清洗钢筋，然后再继续浇筑混凝土。

(3)当混凝土在地下水位以下中断时，可用较原桩径稍小的钻头在原桩位上钻孔，至断桩部位以下适当深度时(可由验算确定)，重新清孔，在断桩部位增加一节钢筋笼，其下部埋入新钻的孔中，然后继续浇筑混凝土。

(4)当导管接头法兰挂住钢筋笼时，如果钢筋笼埋入混凝土不深，则可提起钢筋笼，转动导管，使导管与钢筋脱离；否则只好放弃导管。

第四节　地基和基础工程质量通病实例分析

一、某铸钢车间厂房结构开裂实例分析

(一)工程概况

某厂铸钢车间厂房长 66.75 m，宽 39 m，为三跨等高排架，下弦标高 9.5 m。15 m 主跨设 5 t 和 3 t 吊车各一台。屋盖为三合一屋面板，15 m 预应力屋架和 9 m 薄腹梁。梁柱构件为组合式吊车梁，钢筋混凝土工字形柱。柱基为钢筋混凝土杯形基础，基底面积：边柱为 3.3 m × 2.1 m，中柱为 2.9 m × 2.1 m，基础一般埋深为–2.0 m。外墙厚 37 cm，采用块石条形基础，基底夯实干密度$\rho_d \geqslant 1.6\ g/cm^3$，夯实影响深度 0.3 ~ 0.4 m。

(二)结构开裂概况

厂房主体结构完工，安装吊车前发现下列结构有开裂现象。

(1) 东山墙内侧 A、B 轴线间地面开裂，裂缝长达 15 m，缝宽 50 ~ 60 mm，见图 2-1。

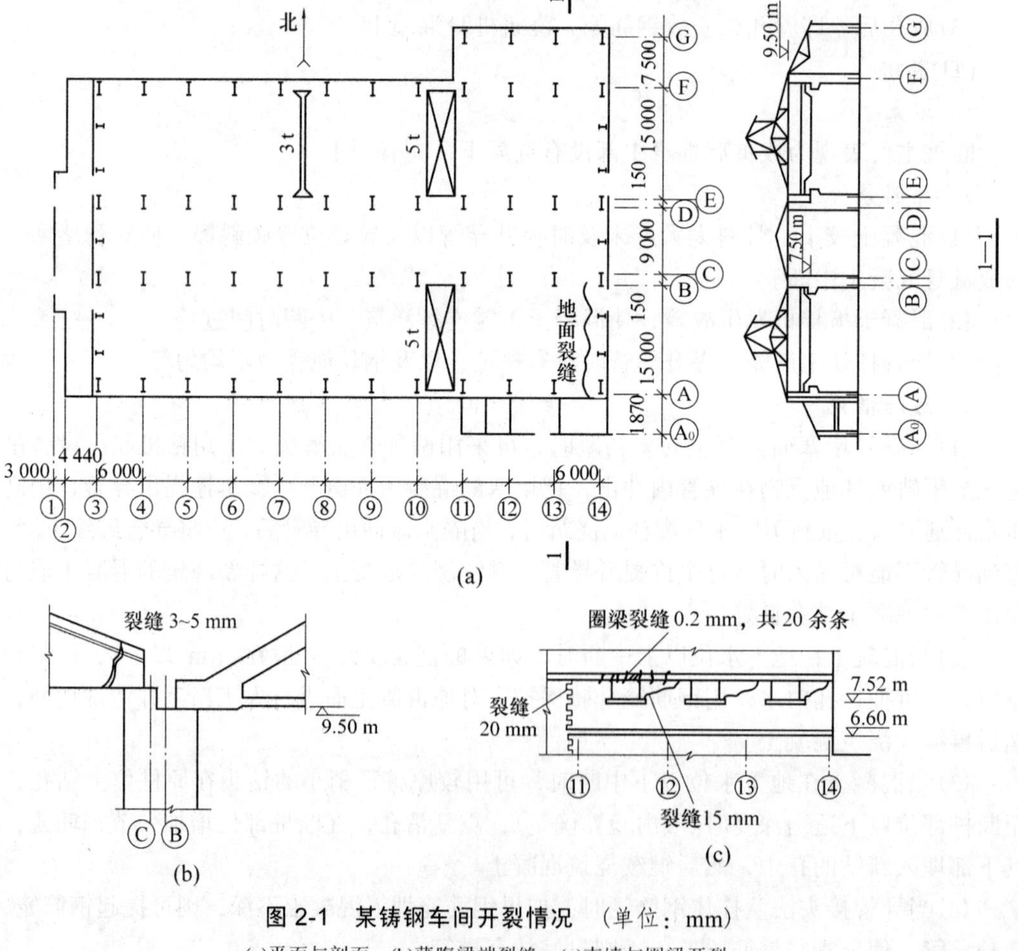

图 2-1　某铸钢车间开裂情况　(单位：mm)

(a)平面与剖面；(b)薄腹梁端裂缝；(c)南墙与圈梁开裂

(2) BC 轴线和 14 轴线相交的 9 m 薄腹梁端有竖向裂缝，宽 3 ~ 5 mm，下大上小，整个断面裂通，见图 2-1。

(3) 南墙 11 ~ 14 轴间开裂，裂缝最大宽度约 20 mm，钢筋混凝土圈梁亦被拉裂，裂缝多达 20 余条，见图 2-1。

(4) 厂房东南角 A、14 轴向外偏移 20 mm。

(5) 厂房东南 6 个基础普遍下沉。下沉速度平均每月 3 ~ 4 mm。其中东南角 A、14 轴柱基沉降最严重。以 3 轴 B、C 轴为基准的相对沉降量见图 2-2。

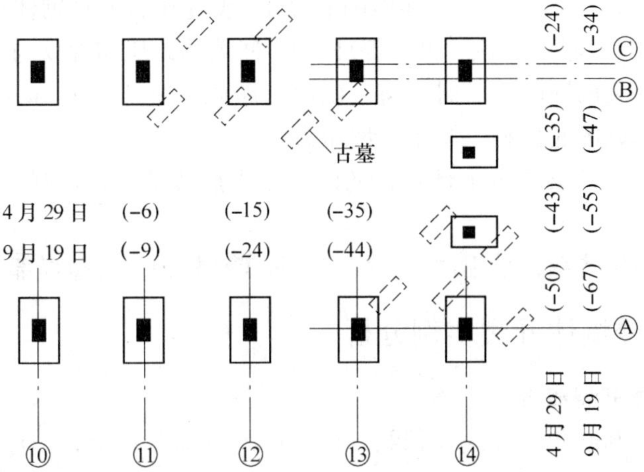

图 2-2　某铸钢车间东南部位基础沉降与古墓分布图

(观测记录以吊装时的零点为 0，单位 mm)

(三)事故原因分析

(1) 该铸钢车间厂房未经详细勘察，据初步勘察邻近厂房探坑资料，按地基承载力 150 kPa 盲目设计。实际地基土非天然沉积土，而是填土，地基承载力仅为 100 ~ 120 kPa。

(2) 未按设计要求探墓深度 6 ~ 7 m，实际探墓深度只有 2 m。事故发生后进行补探，在东南角 10 个柱基范围内，就探出木棺 11 个，位于基础下或旁边。木棺顶距基础底面 1.5 ~ 2.0 m。木棺有的为空穴，有的充填淤土，见图 2-2。

(3) 建筑场地东南角地势低，设计时未详细根据地形资料加深基础埋深，该处基础设计一般埋深为–2.0 m，出现质量问题后发现，砖基础埋深仅为–0.6 m，降低地基承载力设计值。

(4) 场地东南地势低，雨季地基浸水下沉。该事故是在雨季后发生的。

(四)事故处理方法

对已建厂房内加固古墓地基不易，故采取墩基架梁抬柱方案。具体方法包括以下几点。

(1) 在柱基两侧各做一混凝土墩基础，直径 900 mm，深度至– 8.0 m 卵石层。混凝土强度为 C20，掺 30%毛石。卵石地基承载力为 250 kPa。

(2) 用 4 根 16 号槽钢与柱中 8 根 ϕ16 主筋焊接牢固，再用 2 根 KL – 1 钢梁架在槽钢下置于柱基两侧的墩基础顶面。

(3) 墩基础顶部预留一横槽，安放千斤顶将钢梁顶升，连同槽钢与柱子一同顶升约

20 t，小于每根柱子的恒载 22 t，然后将横槽封填。这样就能使柱子的荷载大部分传到两侧墩基础上，原基础底面基本上可以卸荷，不致因古墓继续下沉。

(五)经验教训

在地基基础施工中，遇到暗沟和各种暗埋构筑物是经常发生的，这时最重要的是设法弄清情况。除进行必要的勘测、挖掘以外，虚心向当地群众和工人请教，进行细微的调查研究，是十分必要的，然后才能做出符合实际的处理。至于处理措施，一般有以下几种(常可综合应用)。

(1)将井、坑、窖、沟、墓等连同周围的松土(或过硬的土及砌体)，全部挖掉，用适当的材料(土、灰土、砂、石块、煤渣等)回填。回填物的压缩性要与周围地基土接近。

(2)采取前一措施的同时，有时可将基础进行局部深埋。

(3)局部加大基础的底面积，减小基底压力。

(4)增设基础中的地梁以及上部结构的圈梁或配筋砖带，以加强抵御不均匀沉降的能力。

(5)改变基础结构体系，采用过梁、挑梁、桩等结构构件跨越局部地段。

二、某教学楼墙体开裂实例分析

(一)工程及墙体开裂概况

某教学楼建于 1960 年，建筑面积约 5 000 m^2，平面为 L 形，门厅部分为 5 层，两翼 3～4 层，混合结构，条形基础(图 2-3)。地基土为坡积砾质土，胶结良好，设计采用地基承载力为 200 kPa。建成后经过 16 年，使用正常，未出现任何不良情况。1976 年由于在该楼附近开挖深井，过量抽取地下水，引起地基不均匀沉降，导致墙体开裂，最大开裂处手掌能进出自如，东侧墙身倾斜，危及大楼安全。

(二)原因分析

为了了解沉降原因，于 1976 年 8～10 月在室内外钻了 8 个勘探孔。钻探查明，建筑物中部，在 5～8 m 砾质土下埋藏有老池塘淤泥质软黏土沉积体，软土体底部与石灰岩泉口相通，在平面上呈椭圆形，东西向长轴 32 m，南北向短轴 23 m。该楼建成后，由于原来有承压水浮托作用，上覆 5～8 m 的砾质土又形成硬壳层，能承担一定外荷，所以该楼能安全使用 16 年。1976 年 5 月在该楼东北方 200 m 处有一深井，每昼夜抽水约 2 000 m^3，另一深井在该楼东南方 300 m 处，每昼夜抽水约 1 000 m^3，深井水位从原来高出地表 0.2 m，下降到距地表 25.0 m。因深井过量抽水，地下水位急剧下降，土中有效应力增加而引起池塘黏性土沉积体的固结，另外，还由于承压水对上覆硬壳层的浮托力的消失，引起池塘沉积区范围内土体的变形。抽水还造成淤泥质黏土流失。由于以上原因，导致地基不均匀沉降，造成建筑物开裂。

(三)处理措施

经各种方案比较，采用旋喷桩加固。该楼为浆砌块石条形基础，抵抗不均匀变形能力较差，而基础下持力层是砾质土，强度很高，压缩性甚小，又有 5～8 m 厚度，有一定的整体性。但是，由于高压缩性的淤泥质黏土的固结变形和承压水浮托作用消失而引起的不均匀沉降，并不因抽水停止而停止，而且在缓慢地发展，因此必须加固淤泥质黏土层。

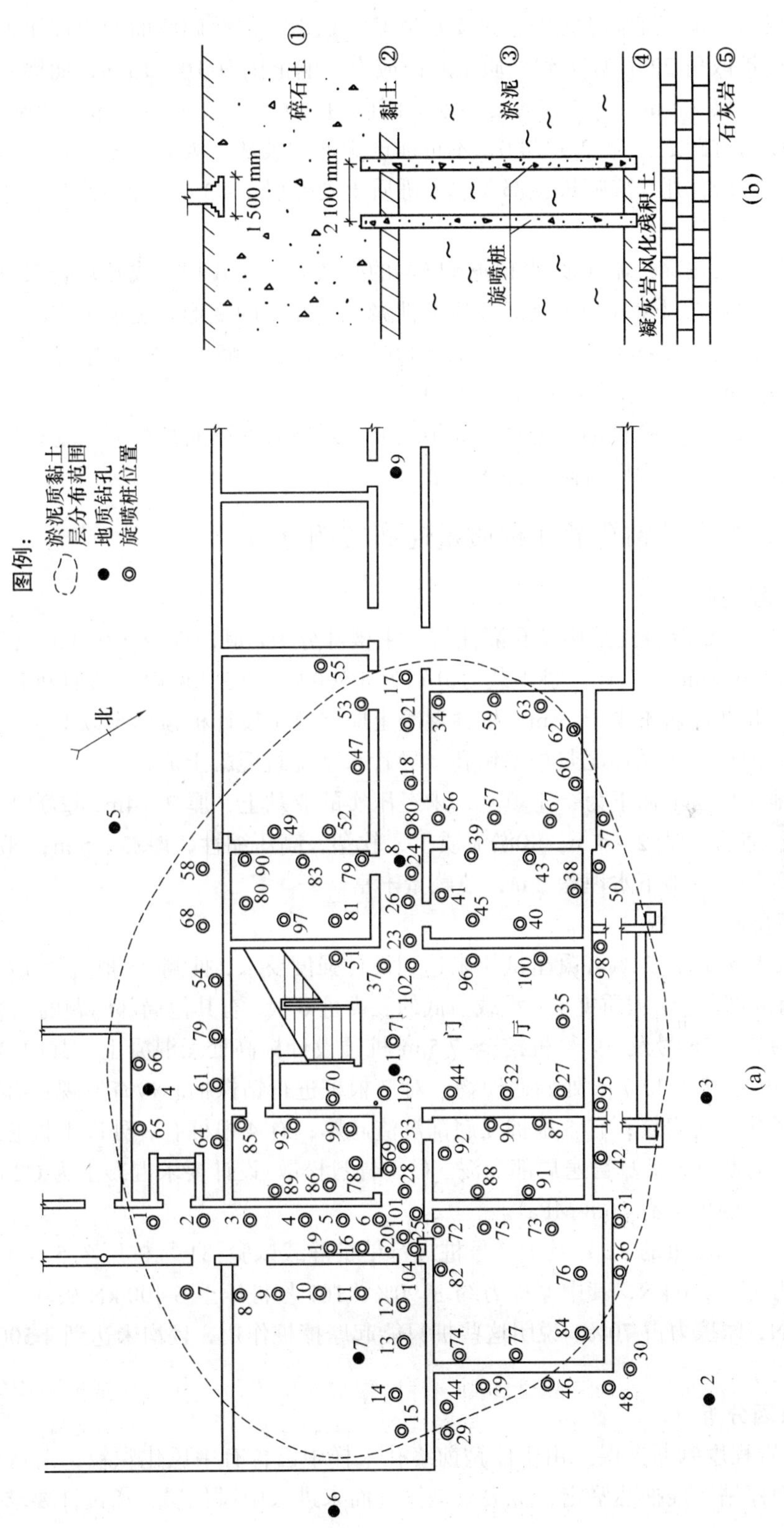

图 2-3　某教学楼旋喷桩加固地基布置

(a)平面；(b)土层剖面

在旋喷桩施工中，因安装钻机需要，旋喷桩中心至少距离墙面 0.85 m，墙体厚 0.4 m，而墙基宽仅 1.5 m，旋喷桩无法直接支承墙基。该工程的基础底面的附加压力经砾质土扩散，若按扩散角 22°计算，到砾质土底面应力影响范围有 10 ~ 13 m，而墙基内外侧旋喷桩的桩心距仅 2.1 m，完全在应力传递范围以内。另外，在旋喷桩布置较密的情况下，砾质土厚度与桩距之比为 2.5 ~ 4.0，不可能产生冲切破坏。因此，该工程中砾质土层实际起到桩基承台作用，旋喷桩顶部要嵌入砾质土硬壳层 1 ~ 3 m，而不直接支承墙基，可简化施工和降低造价。

旋喷桩桩长按穿过淤泥质黏土进入坚实的凝灰岩风化残积土或石灰岩来设计，控制了砾质土与凝灰岩风化残积土之间高压缩性淤泥质黏土的变形。旋喷桩实际起支承桩的作用，所以在设计计算中，按支承桩估计(共用 104 根旋喷桩，实际有成效的 2 根；旋喷桩直径 0.6 m，单桩承载力为 424.5 kN)。

该工程地基经旋喷桩加固处理，效果明显。对原有的墙面裂缝灌浆处理后，两年内未再出现任何裂缝，说明沉降已停止发展。

三、某综合楼钻孔灌注桩质量通病实例分析

(一)工程概况

深圳某 15 层综合楼采用钻孔灌注桩。主楼部分 99 根，直径 1 000 mm；辅楼部分 23 根，直径 800 mm。设计单桩承载力分别为 4 500 kN 和 3 200 kN，设计桩长 47 m，要求进入中风化花岗岩不少于 1 m。桩顶混凝土应浇筑至设计桩顶标高以上 0.5 ~ 0.8 m。施工采用黄河钻，正循环泥浆护壁钻孔，导管水下浇筑混凝土成桩。

该场地土层自上而下为：①填土，未经压实的亚黏土，厚 2 ~ 4m；②淤泥，软—流塑状，高压缩性，厚 2 ~ 4 m；③淤泥质土，软塑，高压缩性，厚 3 ~ 5 m；④可塑性黏土及少量砂层；⑤地下水埋深 2 m，蕴藏量丰富。

(二)质量问题概况

桩施工后发现有 21%混凝土试块未达到设计强度要求，抽测 25 根直径 1 000 mm 的桩，其中有局部断裂、泥质夹层、承载力低的三类桩 6 根，有其他局部问题的二类桩 7 根。

开挖检查，36 号及 39 号桩挖至−7.5 m 桩顶设计标高处无混凝土，其中 36 号桩在 13 m 处、39 号桩在 11.7 m 处始遇硬物。对 7 根桩进行钻探抽芯检查发现：有 5 根桩尖未进入中风化花岗岩层；有 5 根桩孔底部沉渣超厚；有 4 根桩有一处以上桩芯破碎不连续；有 1 根为断桩；桩身普遍局部含泥、砂，骨料松散(设计要求混凝土为 C28，个别芯样混凝土抗压强度只有 16.8 MPa)。

对质量问题严重的 31 号及 107 号桩进行单桩静载试验：31 号桩压至 5 400 kN 破坏，容许承载力为 2 250 kN，其中摩擦力约占 90%；107 号桩压至 6 400 kN 破坏，容许承载力 2 800 kN，摩擦力占 70%。说明这些桩只能起摩擦桩作用，且均未达到 4 500 kN 的设计承载力要求。

(三)原因分析

(1)入岩程度判断失误。由于停钻前终孔采样中已含有中风化颗粒，误认为已进入中风化层而停钻。经抽芯鉴定，桩尖只是接近而未进入中风化层，离设计要求甚远。

(2)沉渣超厚普遍。由于孔深在 45 m 以上，孔径大，扩孔要求高，泥浆泵能量低(泵量 180 m^3/h)，泥浆循环速度慢(泵入泥浆经 15 min 才能返回地面)，排渣困难，以至于从提升钻具至下导管浇筑混凝土前的一段时间内，会在孔底沉淀不少渣土。

(3)桩芯破碎及断桩。由于导管埋管及拆管长度控制不严，有时导管埋入深度不够或埋入混有泥浆的浮浆层(从凿开桩头时看，有的浮浆层竟有 2 m 厚)，有时拆管过快或几节一起拆(导致混凝土侧压力不足，被泥浆挤入)，造成桩身夹泥、混凝土松脆破碎及断桩等现象。

(4)桩顶未达设计标高。其原因有三：①由于所浇筑的混凝土不断上升，混凝土面以上的泥浆不断被挤出孔外，使所剩的泥浆变稠甚至形成泥团，受到侧边钢筋笼的阻滞，上升的混凝土难以进入混凝土保护层内，形成大体以钢筋笼为边界的假桩侧壁，这时测得混凝土面的标高为假标高；待浇筑完混凝土后，初凝前混凝土内的侧压力增加。它与桩壁间的侧压力差 Δp 会使混凝土又挤入保护层，使混凝土面的标高下降 δ，见图 2-4。②导管埋入混凝土太深，拔出后造成混凝土顶面下降。③混凝土的侧压力大于淤泥孔壁压力，会使混凝土挤向四周，形成鼓肚使混凝土顶面下降。

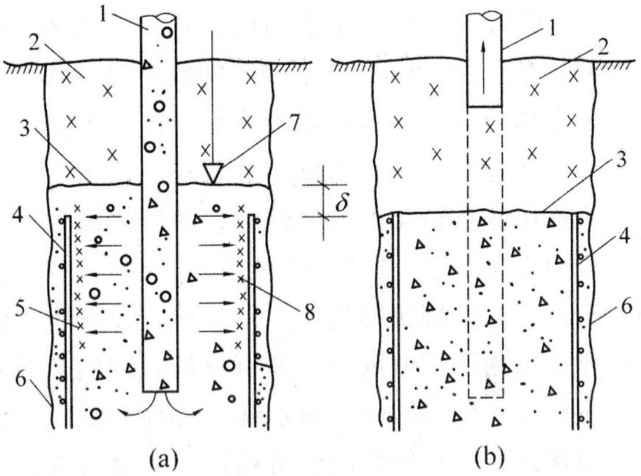

图 2-4　钻孔灌注桩混凝土顶面下降原因示意

1—导管；2—泥浆；3—混凝土面；4—钢筋笼；5—被钢筋笼阻滞的泥团；6—孔壁；7—测锤；8—侧压力差 Δp

(5)桩身混凝土强度低。其原因有二：①由于要使混凝土充填钻孔，必须增加混凝土的流动性，提高其水灰比，必然会降低强度。②由于混凝土内混有泥浆也必然会降低强度。

(四)事故处理措施

(1)考虑到有相当部分的桩未按设计要求进入中风化花岗岩层、桩底沉渣过厚、试桩承载力过低(试验结果与摩擦桩承载力相当)等原因，决定上部由 15 层减至 10 层。

(2)减层后的桩基尚需做如下加固处理：①挖除桩顶积土，支模板接桩至设计标高。②通过钻探抽芯孔，以清水高压清洗桩身混凝土破碎带，压灌水灰比为 0.5 的纯水泥浆进入裂隙及芯孔。③设法加固各桩之间的承台和承台梁，使它们尽可能连成一个整体，调整各桩间可能产生的不均匀沉降。

第三章 砌体结构工程质量通病分析与防治

长期以来，我国工业与民用建筑的墙体材料仍以小块黏土砖为主，其用量约占墙体材料消耗量的98%，黏土砖墙的缺点是操作劳动强度大、生产效率低、施工进度慢，黏土砖墙体自重大。因此以小块黏土砖为墙体材料的混合结构建筑体系远远不能适应我国社会主义建设发展的需要。近年来，我国采用新型墙体材料建成了一大批具有不同风格和不同墙体构造类型的建筑物，使墙体改革工作发展到了一个新阶段。砌块建筑墙体是采用由粉煤灰（或其他工业废渣）、混凝土为主要原材料制作的中小型块体代替普通黏土砖的建筑物。砌块的生产工艺简单、投资少、收效快，成本可接近或低于黏土砖，而且可以大量利用工业废渣，节省耕地，因此具有较高的经济效益。

尽管砖砌体和砌块有这样或那样的缺点，但砖砌体或砌块可就地取材，是目前最经济的建筑，具有较好的经济指标。因此砖及砖砌体建筑是目前最为普及的建筑。

在工程实践方面，砖砌体或砌块工程中也出现了这样或那样的工程质量问题，有些具有普遍性。在这些质量问题中，有设计问题，也有材料问题，更多的是施工问题。因此，必须在工程中给予重视。

第一节 砖石砌体墙体裂缝分析与防治

由于受地基不均匀沉降和温度变化的影响，以及墙体局部受压承载力不足，构造与施工等原因，常使砖石砌体墙表面产生不同性质的裂缝。裂缝不仅影响建筑物美观，而且给建筑物带来一定程度的危害。由于地基不均匀沉降或温度变化引起的一般性裂缝不危及结构安全和使用，往往被人们忽视，致使这类裂缝时有发生，在地震或其他荷载作用下，引起破坏。对于墙体因局部受压承载力不足引起的裂缝，常会造成墙体倒塌破坏。因此须高度重视。鉴于裂缝形态各异，原因复杂，一旦发现裂缝，就应定期观测，及时分析，采取必要的应急措施。

一、地基不均匀沉降产生的墙体裂缝

（一）现象

（1）斜裂缝一般发生在纵墙的端部、底层墙体，向上逐渐减少，裂缝宽度下大上小。多数裂缝通过窗口的两个对角，在紧靠窗口处缝较宽，向两边和上下逐渐缩小，其走向往往是由沉降小的一边向沉降较大的一边逐渐发展（图3-1）。横墙由于刚度较大（门窗洞口较少），一般不会产生太大的相对变形，故很少出现这种裂缝。

（2）竖向裂缝多发生在纵墙中央的顶部和底层窗台处，裂缝上部宽，向下逐渐减小，当纵墙顶层有钢筋混凝土圈梁时，顶层中央顶部竖直裂缝减少，同时，除上述裂缝外，

在纵横墙交接处，当地基不均匀沉降时，也易产生竖向裂缝。

(3)水平裂缝有两种。一种是窗间墙上的水平裂缝，一般都在每个窗间墙的上下两对角处成对出现，沉降大的一边裂缝在下，沉降小的一边裂缝在上(图 3-2)。另一种水平裂缝发生在地基局部塌陷时。

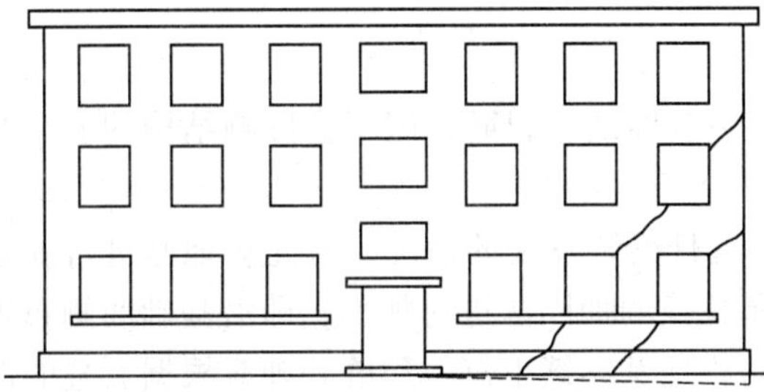

图 3-1　斜裂缝情况

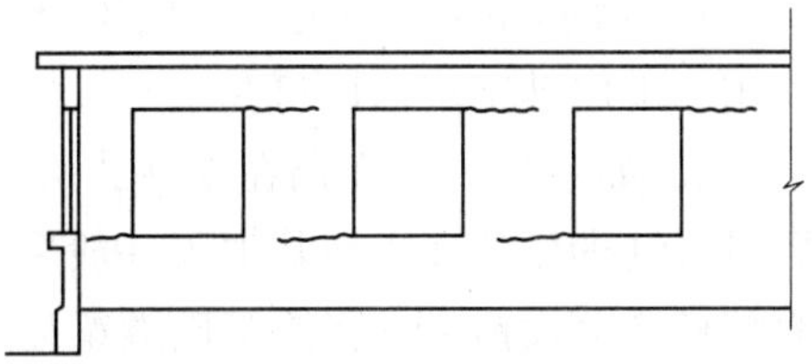

图 3-2　窗间墙水平裂缝

(二)原因分析

(1)斜裂缝主要发生在软土地基上的墙体中，由于地基不均匀下沉，使墙体承受较大的剪切力，当结构刚度较差，施工质量和材料强度不能满足要求时，导致墙体开裂。

(2)房屋底层窗台下竖向裂缝，是由于窗间墙下基础的沉降量大于窗台墙下基础的沉降量，使窗台墙产生反向弯曲变形而开裂，特别是较宽大的窗口或窗口墙承受较大的集中荷载情况下，窗台墙因反向变形过大而开裂，严重时还会挤坏窗口，影响窗扇开启。此外，建在冻土层上的地基，由于冻胀作用也可能在窗台处发生裂缝。建筑物顶部的竖向裂缝，往往是由于在地基突变处，建筑物另一端沉降量大，使墙顶产生较大的拉应力而开裂。纵横墙交接处裂缝是由于地基不均匀下沉时，因建筑变形，有时在纵墙转折处产生水平推力，形成力偶而产生的。

(3)窗间墙水平裂缝产生的原因是，在地基不均匀变形，或沉降部分的上部被顶住后(沉降缝处理不当时常有这种现象)，窗间墙上受到较大的水平剪力，引起反弯曲破坏而产生上下位置的水平裂缝。此外，由于地基局部塌陷，例如湿陷性黄土浸水，地基下有暗井暗沟、古墓等。在这种条件下，有时会产生局部水平裂缝。

(三)预防措施

(1)加强地基探槽工件。对于较复杂的地基在基槽开挖后应进行普遍钎探，待对探出的较弱部位进行加固处理后，方可进行基础施工。

(2)合理设置沉降缝。凡不同荷载(高差悬殊房屋)、长度过大，平面形状较复杂(建筑平面为“L”形、“山”形、“工”形)，同一建筑物地基处理方法不同和有部分地下室的房屋，都应从基础开始分成若干份，设置沉降缝使其各自沉降。同时，设置沉降缝时要有足够的宽度，防止砖头、砂浆等建筑垃圾落入缝内及浇筑圈梁时将断开处浇在一起，以免房屋不能自发沉降而使墙体拉裂。

(3)窗台部位不宜使用过多的半砖砌筑，为避免多层房屋底层窗台下出现裂缝，除加强基础的整体性外，也采取通长配筋的方法来加强。对于宽大窗口下部应考虑设混凝土梁或反砖碹，防止窗台处产生竖向裂缝。

(4) 加强上部结构的刚度，提高墙体的抗剪强度。设计时，应控制建筑物长高比不应过大。在基础顶面（± 0.000）处及各楼层门窗上部设置圈梁，减少建筑物端部门窗数量。施工中严格执行规范规定，对砖浇水润湿程度、砂浆和易性、强度进行严格控制，在施工临时间断处留斜槎。对于非抗震设防地区房屋，如需留直槎，也应留成阳槎，并设拉结筋，坚决消灭阴槎和无拉结筋的做法。

(四)治理方法

(1) 对于沉降差不大，且已不再发展的一般性细小裂缝，因不会影响结构的安全和使用，采用砂浆堵抹即可。

(2) 如不均匀沉降仍在发展，裂缝较严重且继续发展的情况，应先对地基进行加固后对裂缝进行处理。地基加固一般采用桩基托换的加固法进行加固，即沿基础两侧布置灌柱桩，上设抬梁，将原基础圈梁托起，防止地基继续下沉。裂缝处理应根据裂缝的严重程度分别采用灌浆充填法（1∶2 水泥砂浆）、钢筋网片加固法（250 mm × 250 mm，ϕ4 ~ ϕ6 钢筋网用穿墙拉筋法固定于墙体两侧，上抹 35 mm 厚 M10 水泥砂浆或 C20 细石混凝土）、拆砖重砌法（拆去局部砖墙，用高于原砂浆强度等级一级的砂浆重新砌筑）进行处理。

二、温度变化引起的墙体裂缝

(一)现象

(1) 斜裂缝。其形态有三种，即正八字形、倒八字形和 X 形。其中以正八字缝最常见。裂缝一般出现在顶层纵墙两端的 1 ~ 2 个开间内，严重时可发展到房屋 1 / 3 长度内（见图 3-3），有时在横墙上也可能发生，裂缝一般呈对称形。裂缝宽度一般中间大、两端小。当外纵墙两端有窗口时，则裂缝通过窗口的两对角，裂缝的数量不一，有时每端仅有一条，有时则数条成组出现，有时仅一端有。裂缝一般仅顶层有，严重时也可发展至以下几层。除屋顶下的斜裂缝外，寒冷地区的房屋，由于纵墙较长，未设温度缝，同时又无取暖条件时，易在一层窗台墙的收缩缝和外纵墙墙角部位的门窗洞口对角发生斜裂缝。

(2) 竖向裂缝。其形态有三种。房屋过长，又未设置伸缩缝时，在墙体门窗口边或楼梯间某薄弱部位产生贯通房屋全高竖向裂缝，裂缝宽度中间大、两端小。此外还有房屋檐口下的竖向裂缝和底层窗台墙上的竖向裂缝及现浇钢筋混凝土梁端处墙面竖向裂缝。

(3) 水平裂缝。一是屋顶下的水平缝；二是外纵墙窗口处的水平缝；三是单层厂房与生活间连接处的水平缝。屋顶下水平裂缝一般在平屋顶下或屋顶圈梁下 2 ~ 3 皮砖的灰缝中，裂缝一般沿外墙顶部断续分布，两端较中间严重，有时形成水平包角缝，裂缝向中部逐渐减小，且渐成断续状态（图 3-4）。

(4) 女儿墙裂缝。在屋盖产生过大温度变形时，使女儿墙根部受到向外水平推力或拉力时，往往导致墙体开裂。有时，当屋盖收缩时可使女儿墙偏心受压，从而造成墙顶竖向裂缝。

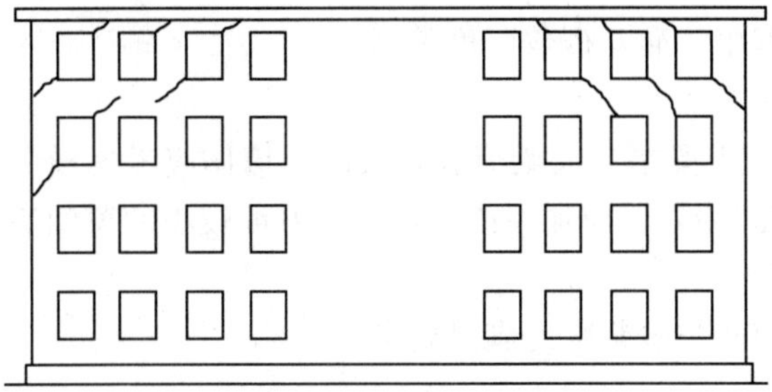

图 3-3　八字裂缝情况

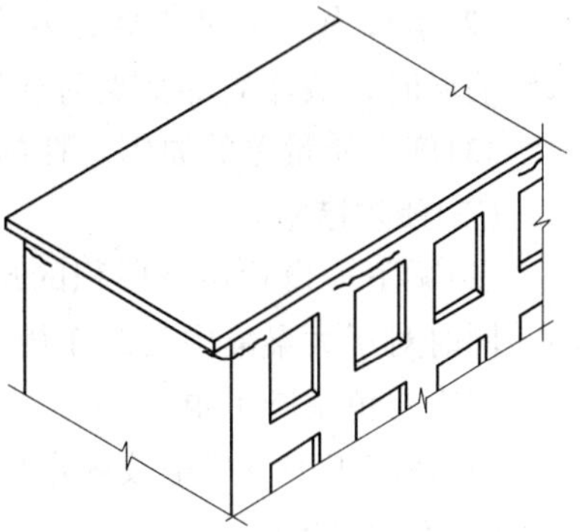

图 3-4　水平裂缝情况

(5) 上述裂缝多出现在房屋建成后 1 ~ 2 年内，具有南面、西南面重，北面、东面轻的特点，大多数裂缝经过夏季或冬季出现。

(二)原因分析

(1) 斜裂缝一般发生在平屋顶房屋顶层纵墙面上，其主要原因是由于屋盖与墙之间存在温度差，钢筋混凝土的线膨胀系数比砖砌体大一倍，在较大温差作用下，屋盖下的砖墙顶部产生了剪应力，就在砌体中形成了主拉应力，当应力超过砌体的抗拉强度时，就产生了正八字的裂缝。相反，当屋盖产生较大的收缩时，与之相连墙体就可能产生倒八字裂缝。无保温屋盖的房屋，经夏冬季气温变化后易产生裂缝。裂缝之所以发生在顶层，是由于顶层墙体承受的压应力较其他层小，砌体抗剪强度比其他各层要低的缘故。

(2) 纵墙上的竖向裂缝。较长房屋、楼梯间处、楼梯休息平台与楼板连接部位发生的竖向裂缝，屋顶下的水平裂缝、包角裂缝，其产生原因与上述原因相同。

(三)预防措施

(1) 按规定设置伸缩缝，伸缩缝内应清理干净，避免碎砖或砂浆等杂物填入缝内。

(2) 合理安排屋面保温层的施工，由于屋面结构层施工完毕至做好保温层，中间有一段时间间隔，因此屋面施工应尽量避开高温季节，同时应尽量缩短时间间隔。

(3) 屋面挑檐可采用分块预制或者在顶层圈梁与墙体间设置滑动层。

(四)治理方法

由于温度裂缝 2 ~ 3 年将趋于稳定，且一般不会危及结构安全，因此对此类裂缝可待其基本稳定后再处理，处理方法同“地基不均匀下沉引起墙体裂缝”基本相同。

三、大梁处的墙体裂缝

(一)现象

大梁底部的墙体产生局部竖向裂缝，有时也可呈 45°左右斜裂缝。

(二)原因分析

(1) 温度变化原因。由于钢筋混凝土与墙体温度变形不同及混凝土干缩而造成墙体裂缝。

(2)承载力不足而产生的裂缝。如大梁未设梁垫或梁垫面积不足，墙体厚度不足或未砌墙垛时，墙体局部承受荷载过大所引起。

(3)施工质量差的原因。在施工过程中，砖与砂浆强度偏低。

(三)预防措施

(1)梁下应设置足够面积的现浇混凝土梁垫，大梁荷载较大时，墙体应考虑横向配筋，同时对于大梁集中荷载作用下的窗间墙处，应加厚或加垛。对宽度较小的窗间墙，施工中应避免留脚手眼。

(2)在施工中应严格按规定操作，使砖与砂浆强度满足要求。

(四)治理方法

由于此类裂缝属受力裂缝，将危及结构安全。一旦发现，尽快由设计部门根据砖与砂浆的实际强度，结合施工质量情况进行复核验算，如果局部受压仍不能满足要求，可会同施工部门采取加固措施。加固时一般先加固结构，后处理裂缝，对于情况严重者，必要时在处理前采取临时加固措施，以防墙体突然破坏。

第二节 砌筑砂浆质量通病与防治

砌筑砂浆是砌体结构的组成材料之一，对其质量具有重要的影响。然而，在实际施工中，由于人们对砂浆配比、计量、搅拌、试块制作及养护等缺乏足够的重视，从而经常产生一些质量的通病。

一、砂浆强度匀质性差

(一)现象

常用砂浆的强度波动性较大，匀质性差，其中低强度等级砂浆特别严重，强度低于设计情况较多。

(二)原因分析

(1)影响砂浆强度的主要因素是计量不准。多数工地对砂浆的配合比使用体积比，未按重量比计量，凭经验且没有准确地按重量比折算和严格计量。同时，由于砂子含水率的变化和运料途中丢失，常使砂浆用砂量变化幅度达 10%～20%。

(2)砂浆搅拌时间不足或人工拌和不均匀，机械搅拌投料顺序颠倒，致使无机掺合料未散开，影响砂浆的匀质性和和易性。

(3)水泥混合砂浆中的石灰膏、电石膏和粉煤灰等无机掺合料质量不佳，如石灰膏含有较多的灰渣或已有干燥结硬等情况，使砂浆中含有较多的软弱颗粒，降低了砂浆强度。

(4)水泥混合砂浆中无机掺合料的掺量常超过规定用量，无机掺合料的掺量的增加会使砂浆和易性好，但掺量如超过规定的一倍，砂浆强度约下降 40%。

(5)水泥砂浆中掺入的微沫剂使用不当，掺量往往超过规定用量，严重降低了砂浆的强度。

(6)砂浆试块的取样制作养护方法及强度取值等没有按规范标准执行，致使测定的砂浆强度缺乏代表性，与实际砂浆强度不符。

(三)预防措施

(1)建立施工计量工具校验、维修、保管制度，严格控制砂浆配合比。如砂浆的组成材料有变更时，要进行试配，严格套用配合比，如用水泥砂浆代替同标准的水泥混合砂浆，应考虑砌体强度要降低15%的不利影响。

(2)砂浆的配合比应用重量比。石灰膏、电石膏等湿料，使用时的用量应按试配时的稠度予以调整，砂的含水率应做测定，并及时调整配合比，不得用增加微沫剂掺量等方法来改善砂浆的和易性。水泥、微沫剂和冬季施工中掺用的氯盐等配料精确度应控制在±2%以内，砂、灰膏等配料精确度应控制在±5%以内，对于无机掺合料(石灰膏等)的计量，应将其调成标准稠度(12 cm)时进行称重计量，如小于12 cm时，应调成标准稠度，或进行折算后称重计量。

(3)砂浆搅拌时应注意其搅拌时间。砂浆应采用机械拌和，拌和时间自投料算起，不得少于1.5 min，掺入微沫剂的砂浆，必须采用机械拌和，拌和时间自投料完算起为3～5 min，如用人工拌和时要充分搅拌均匀，如砂浆出现泌水现象，应在砌筑前再次拌和，拌和后和使用时，均应盛入储灰器内(灰槽)，并在规定时间内使用完，严禁随意加水拌和后再用，以免降低砌体强度。

(4)砂浆搅拌机搅拌时应分两次投料，先加入部分砂子、水及全部无机掺合料，等将无机掺合料打开后，再投入其余砂子和全部水泥。人工搅拌应设有和灰池，先在池内放水，并将无机掺合料打开至不见疙瘩，另在池边干拌水泥和砂子至颜色均匀时，用铁锨将拌好的水泥、砂子撒入池内，同时用三刺铁耙来回耙动，直到拌和均匀为止。

(5)试块的制作养护和抗压强度值，应按《建筑砂浆基本性能试验方法》(JGJ70—90)规定执行。

二、砂浆和易性不好

(一)现象

(1)砂浆和易性不好，砌筑时铺摊和挤浆都较困难，影响灰缝砂浆的饱满度，同时也使砂浆与砖的黏结力减弱。

(2)砂浆保水性差，易产生沉淀泌水现象，或灰槽中砂浆存放时间过长，砂浆沉底结硬，无法砌筑。

(二)原因分析

(1)强度等级低的水泥砂浆由于采用高标号水泥和过细的砂子，使砂子颗粒间起润滑作用的胶结材料——水泥用量少，因而砂子间摩擦力较大，砂浆和易性较差，砌筑时，挤浆压薄灰缝十分费劲，且由于砂子颗粒之间没有足够的胶结材料起悬浮支托作用，砂浆易产生沉淀和表面泌水现象。

(2)掺入水泥混合砂浆中的无机掺合料(石灰膏等)含杂质多，质量差，或因保存不好发生干燥结硬，不能起到改善砂浆和易性的作用。

(3)砂浆搅拌时间短，拌和不均匀。

(4)拌好的砂浆存放时间过久，或灰槽中的砂浆长时间不清理，使砂浆沉底结硬。

(5) 拌制砂浆时无计划，使砂浆积剩过多，在规定时间内无法用完，造成剩余砂浆隔日加水捣碎拌和后继续使用。

(三)预防措施

(1) 低强度等级砂浆(M2.5 或 M2.5 以下)必须使用混合砂浆，如使用时确有困难，可通过掺微沫剂或掺水泥用量 5%～10%的粉煤灰，达到改善和易性的目的。

(2) 水泥混合砂浆中的无机拌和料(石灰膏等)，应符合实验室试配时的材质要求，现场存放的石灰膏、黏土膏等，应放在灰池中妥善保管，防止暴晒，风干结硬，并应经常浇水保持湿润。

(3) 水泥品种和标号应根据砌体部位及所处环境选择，一般宜采用强度等级较低的水泥和中砂拌制砂浆，不宜选用标号过高的水泥和过细的砂子拌制砂浆，施工时严格执行配合比，保证搅拌时间。

(4) 灰槽中的砂浆，使用时应经常用铲翻拌，清底时应将灰槽内边角处砂浆刮净，推于一侧继续使用或与新拌砂浆混合在一起使用。

(5) 砂浆的拌制需有计划性，每日拌制量应根据所砌筑部位决定，应做到随拌随用，严禁使用隔夜或已经凝结的砂浆。砂浆的使用时间与砂浆品种、气温条件等有关，一般气温条件下，水泥砂浆和水泥混合砂浆，必须在 3～4 h 内使用完毕，如最高气温超过 30℃，可以控制在 2～3 h 内使用完毕，掺入微沫剂的砂浆应在拌成后 2 h 内使用完毕。超过上述时间的多余砂浆，不得再继续使用。

第三节　砖砌体质量通病与防治

一、砖砌体砂浆不饱满，砂浆与砖黏结不良

(一)现象

(1) 砌体水平灰缝砂浆饱满度低于 80%，砂浆饱满度不合格，竖缝内无砂浆(瞎缝)，特别是空心砖墙，常出现较多的透明缝。

(2) 砌筑清水墙采用大缩口铺灰，缩口缝深度大于 2 cm 以上，影响砂浆饱满度。

(3) 砖在砌筑前未浇水湿润，干砖上墙，或铺灰长度过大，致使砂浆与砖黏结不良。

(二)原因分析

(1) 低强度等级的砂浆，如使用水泥砂浆，因水泥砂浆和易性差，砌筑时挤浆费劲，操作者用大铲或瓦刀铺刮砂浆后，由于铺灰不匀，使底灰产生空穴，砂浆不饱满，砖与砂浆黏结不牢。

(2) 用铺浆法砌筑，铺灰过长，砌筑速度慢，砂浆中的水分被底砖吸收，使砌上的砖层与砂浆失去黏结。

(3) 砌筑时未采用“三一”砌砖法，而使用抠心法，打碰头灰或没有揉挤顶碰头灰等错误，使砖与砂浆黏结面两边有粘接，中间空心或竖缝内无砂浆。

(4) 砌清水墙时，为了省去刮缝工序，采取大缩口的铺灰方法，使砌体砖缝缩口深度达 2～3 cm，既降低了砂浆饱满度，又增加了勾缝工作量。

(5) 用干砖砌筑，使砂浆脱水、干硬而降低强度，削弱了砖与砂浆层的黏结。

(三)防治措施

(1) 改善砂浆和易性是确保灰缝砂浆饱满度和提高黏结强度的关键。具体详见“砂浆和易性不好”的预防措施。

(2) 改进砌筑方法，不宜采取铺浆法或摆砖砌筑，应推广“三一”砌砖法，即一铲灰，一块砖，一挤揉的砌砖法。如采用铺浆法时，常温下控制铺浆长度不超过 75 cm，气温超过 30℃时，铺浆长度不超过 50 cm。

(3) 砌筑前 1 ~ 2 d 将砖浇水湿润，一般以水浸入砖四边 1.5 cm 为宜，使砌筑时黏土砖和多孔砖的含水率达到 10% ~ 15%；灰砂砖和粉煤砖的含水率达 8% ~ 12%。常温施工时严禁干砖砌墙。

(4) 冬期施工时，在正温条件下应将砖面适当湿润后再砌筑，负温下施工无法浇砖时，砂浆稠度应适当增大。对于 9 度抗震设防地区，在严冬无法浇砖时，不能进行砌筑。

二、砖砌体组砌方法混乱

(一)现象

(1) 混水墙面组砌方法混乱，碎砖集中使用，砌层间相互搭接小于 25 mm，出现直缝和“二层皮”。

(2) 砖柱采用包心砌法，里外皮砖层互不相咬，形成周围通天缝，降低了砌体强度和整体性。

(3) 砖规格尺寸误差对清水墙面的影响较大，如组砌方法不当，形成竖缝宽窄不均，影响美观。

(二)原因分析

(1) 因混水墙面要抹灰，操作人员容易忽视组砌形式，因此，出现了多层砖的直缝和“二层皮”现象。

(2) 砌筑砖柱需要大量的七分砖来满足内外砖层错缝要求，打制七分砖会增加工作量，对砖消耗大，且影响砌筑效率。当操作人员思想不够重视，又缺乏严格督促情况下，三七砖柱习惯于包心砌法。

(三)防治措施

(1) 加强对操作人员的技能培训和考核，达不到技能要求者，不能上岗操作。

(2) 应使操作者了解砖墙组砌形式不单是为了清水墙美观，同时也是为了满足传递荷载的需要。因此，墙体中砖缝搭接不得少于 1 / 4 砖长；内外皮砖层最多隔 20 cm 就应有一层丁字砖拉结。为了节约，允许使用半砖或破损砖，但应分散砌于受力较小的砌体中和墙心。

(3) 砖柱组砌方法，应根据砖柱断面尺寸和实际使用情况统一考虑，但不允许采用包心砌法。砖柱所需异形尺寸砖，宜采用无齿锯切割或砖厂生产。砖柱横竖向灰缝都必须饱满，每砌完一层砖，都要进行一次竖缝刮浆塞缝工作，以提高砌体强度。

(4) 墙体组砌形式的选用，可根据受力性能和砖的尺寸误差确定。一般清水墙面常选用一顺一丁和梅花丁组砌方法；双面清水墙，如工业厂房围护墙、围墙等，可采取三七缝组砌方法。由于一般砖长度正偏差、宽度负偏差较多，采用梅花丁组砌形式，可使所砌墙面竖缝宽度均匀一致。在同一栋号工程中，应尽量使用同一砖厂的砖，以避免因砖规格尺寸误差而经常变动组砌方法。

(5)每层承重墙的最上一皮砖，应用丁砖层砌筑。隔墙或填充墙的顶面与上部结构接触处宜用侧砖或立砖斜砌挤紧。砌筑空心砖砌体时，砖的孔洞应垂直于受压面，砌筑前应试摆，在不够整砖处，如无辅助规格，可用模数相符的普通砖外砌。

三、“螺丝”墙及墙面不平整

(一)现象

(1)砌完一个层高的墙体时，同一砖层的标高差一皮砖的厚度，不能交圈，影响圈梁断面尺寸及下道工序施工。

(2)混水墙面舌头灰未刮净，墙面平直度偏差较大。

(二)原因分析

(1)皮数杆标计不明，立皮数杆时手不准或皮数杆未固定好、错位。

(2)砌筑时，没有按皮数杆控制砖的层数。当砌至基础顶面和在预制混凝土楼板上砌砖墙时，由于标高偏差大，皮数杆与砖层往往不能吻合，需要在砌筑中用灰缝厚度逐步调整。

(3)砌同一层砖时，起线不一致，拉线错行，误将负偏差当做正偏差，砌砖时反而压薄灰缝，在砌至层高赶上皮数杆时，与相邻位置砖墙正好差一皮砖，形成“螺丝”墙。

(4)混水墙舌头灰未刮干净及砌三七墙不双面挂线，砌二四墙不用外手挂线，造成墙面平直度偏差大。

(三)预防措施

(1)皮数杆标记要清楚，立皮数杆标高要准，安装牢固，便于观测，并应逐个进行检验合格后方可使用。画皮数杆时应注意砖砌体的水平缝厚度和竖直缝宽度一般为10 mm，但不应小于8 mm，也不应大于12 mm，注意灰缝均匀。

(2)砌墙前应先测定所砌部位基面标高误差，通过调整灰缝厚度，调整墙体标高。调整同一墙面标高误差时，可采取提(或压)缝的办法，注意灰缝均匀，标高误差应分配在一步架的各层砖缝中，逐层调整。

(3)挂线两端应相互呼应，注意同一条平线所砌砖的层数是否与皮数杆上的砖层数相符。

(4)在墙体一步架砌完前，应进行抄平弹500 mm线，用500 mm线向上引尺检查标高误差，墙体基面的标高误差，应在一步架内调整完毕。

(5)在内外墙有高差，砖层数不好对照时，应以窗台为界由上向下倒清砖层数，当砌至一定高度时，可检查与相邻墙体水平线平行度，以便及时发现标高误差。

(6)砌三七墙必须挂双面线，如长墙几个人使用一根通线，则中间应设几个支线点，小线要拉紧，每层砖都要穿线看平，水平缝均匀一致，平直通顺。砌二四混水墙时宜采用外手挂线。砌清水墙应随砌随划缝，缝深为 8~10 mm，深浅一致，清扫干净，混水墙应随砌随将舌头灰刮净。

四、墙体留槎、接槎不符合要求，拉结筋错放少放

(一)现象

(1)砌筑时随意留槎，且多留置阴槎，槎口部分用砖渣填砌，留槎部位接槎砂浆不密实，灰缝不顺直，使墙体拉结性能严重削弱。

(2)墙体内拉结筋错放少放，影响墙体整体强度。

(3)留置构造柱位置尺寸不准，不留大马槎或不是先退后进，清理不净等。

(二)原因分析

(1)操作人员对留槎问题缺乏认识，认为留斜槎费事，技术条件高，不如留直槎方便，且多留阴槎。有时由于施工操作不利，如外脚手砌墙，横墙留斜槎较困难而留直槎。

(2)斜槎留置方法不统一，留置大斜槎工作量大，斜槎灰缝平直度难以控制，使接槎部位不顺线。

(3)施工洞口随意设置，运料小车将混凝土、砂浆撒落到洞口留槎部位，影响接槎质量。填砌施工洞口的砖色泽与原墙不一致，影响清水墙面美观。

(4)后砌 120 mm 隔墙留置阳槎不正不直，接槎时由于咬槎深度较大，使接槎砖上部灰缝不易塞严。

(5)施工组织不当，造成留槎过多。由于重视不够，留槎时往往漏放拉结筋,或拉结筋长度、间距未按规范执行，拉结筋部位砂浆不饱满，使钢筋锈蚀。

(6)未重视构造柱的作用，没能按规定进行构造柱施工。

(三)预防措施

(1)在安排施工组织计划时，对施工留槎应作统一考虑。砖墙体转角处和交接处应同时砌筑，尽量不留槎，以利于加强房屋的整体性。外墙大角尽量做到同步砌筑不留槎，或一步架留槎，二步架改为同步砌筑。对于纵横墙交接处，尽可能安排同步砌筑，如外脚手砌纵墙，横墙可与此同步砌筑，互不干扰。

(2)对抗震设防地区建筑物不得留直槎，需留斜槎时，斜槎长度不应小于墙体高度的 2/3，分段位置宜留在变形缝处或门窗口角处。为防止因操作不熟练而使槎子不能保证平直通顺，可以加立小皮数杆，以控制标高。

(3)非抗震设防区，当留斜槎确有困难时，应留引出 120 mm 直槎，并加设拉结筋，拉结筋数量为每 120 mm 墙厚放置 1 根 $\phi 6$ 钢筋，间距沿墙高不得超过 500 mm；埋入长度从墙的留槎处算起，每边均不应小于 500 mm，末端应有 90°弯钩。

(4)后砌非承重隔墙，可于墙中引出凸槎，对抗震设防地区还应按规定设置拉结筋，非抗震设防地区的 120 mm 隔墙，可采用在墙面上榫式槎做法。

(5)外清水墙施工洞口(竖井架上料口)留槎部位，应加以保护和遮盖，防止碰撞槎子和撒落混凝土、砂浆造成污染。同时施工洞口附近应保存一部分原砌墙用砖，供填砌洞口使用。

(6)应注意接槎质量。首先应将接槎处清理干净，浇水湿润，接槎时，槎面应填实砂浆，保持灰缝平直。

(7)拉结筋位置应正确平直，其外露部分不得任意弯折，拉结筋不得穿过烟道和通

气孔道，如遇烟道或通气孔道时，拉结筋应分成两股沿孔道两侧平行设置。

(8)凡设有钢筋混凝土构造柱的工程，在砌砖前，先根据设计图纸要求在构造柱位置弹线，并把构造柱插筋处理顺直，砖墙与构造柱连接处应砌成大马牙槎，每一马牙槎沿高度方向尺寸不宜超过 300 mm，大马牙槎应先退后进、上下顺直。砖墙与构造柱间应沿墙每 500 mm 设置不少于 2 根 $\phi 6$ 水平拉结筋，每边深入墙内不应少于 1 m。同时施工时应将柱根及砖槎上残留砂浆清理干净。

五、配筋砌体钢筋遗漏和锈蚀

(一)现象

(1)配筋砌体(水平配筋)中的钢筋在操作时漏放，或没有按规定放置。

(2)配筋砖缝中砂浆不饱满或厚度不够，钢筋年久遭到严重锈蚀而失去作用，致使配筋砌体强度大幅度降低。

(二)原因分析

(1)由于操作疏忽，致使配筋砌体钢筋漏放。由于管理不善，待配钢筋砌体砌完后，才发现钢筋网片有剩余，此时已无法查对，造成砌体强度不足。

(2)配筋砌体灰缝厚度不够，特别是有的部位(窗间墙)有配筋，有的部位无配筋时，当处于同一灰缝中，且皮数杆灰缝若按无筋砌体划制，就会造成配筋部位灰缝厚度偏小，使配筋在灰缝层中没有保护层，或局部未被砂浆包裹，造成钢筋锈蚀。

(三)预防措施

(1)砌体中的配筋属于隐蔽工程项目，应加强检查，并填写检查记录存档。施工中，对所砌部位需要配筋的应一次备齐，以便检查有无遗漏。砌筑时，钢筋端头应从砖缝处露出，作为配筋标志。

(2)砌筑配筋砌体时，应适当增大灰缝厚度(以钢筋网片厚度上下各有 2 mm 保护层为宜)。如同一标高墙面有配筋和无配筋两种情况，可划分两种皮数杆。一般配筋砌体最好为外抹水泥砂浆混水墙，这样就不会影响墙体美观。

(3)配筋宜采用冷拔钢丝点焊网片，通常应将钢筋网片刷水泥净浆来确保砖缝中钢筋保护层质量。网片放置前，底面砖层纵横灰缝应用砂浆填实。配筋砌体一般均使用强度等级较高的水泥砂浆，为了使挤浆平实，严禁用干砖砌墙。应采用满铺满挤，使钢筋能很好地被包裹。

(4)条件许可时，可在钢筋表面涂刷防腐涂料或防锈剂。

六、预留孔洞及预埋件位置不符合要求

(一)现象

(1)门窗洞口尺寸标高不准，影响门窗框安装及抹灰。

(2)预留孔洞位置不准或漏留后剔凿。

(3)施工临时洞口位置不符合规定，洞口顶部未放过梁。墙体预留洞口宽度超过 300 mm 顶部未设过梁。过梁安装坐灰不饱满，夹杂砖渣、木块等或坐灰高度超过 20 mm 而不用豆石砖铺垫。

(4)预埋件位置不准或漏放。

(5)预埋木砖数量不足，位置不准，顺纹安装，大头向外，不做防腐处理，固定无效。

(二)原因分析

(1)未能有效控制门窗洞口尺寸，或留置洞口尺寸与设计采用门窗外形尺寸不符。

(2)为省钱省事，不能严格按照规范执行，未设置临时洞口及预留洞口。

(3)管理不严格或各工种之间配合不好，造成预埋件位置不准或漏放，并造成木砖错放等错误。

(三)预防措施

(1)设置要求的门窗洞口、管道、沟槽、洞口等应在施工之前统一规定好尺寸位置，并在施工放线时一次标注清楚，应按位置线上下挂线，保证截面尺寸正确。

(2)准备好所需门窗框、预制过梁插筋、预埋件等所用材料及工具并做好安排，及时送到现场。

(3)施工中需要砖墙中留置的临时洞口，其侧边离交接处的墙角不应小于500 mm。宽度超过300 mm的洞口顶部应设置过梁，抗震设计烈度为9度的建筑物，临时洞口的留置应会同设计单位确定。

(4)砌体中预埋件应做好防腐处理，木砖预埋时应小头在外、大头在内，数量按洞口高规定，洞口高1.2 m以内，每边放2块，高1.2～2 m，每边放3块，高2～3 m，每边放4块。预埋木砖位置一般为上3皮砖下4皮砖中均分，木砖要提前做好防腐处理，应与钉子垂直。

(5)除设计规定外，不得在下列墙体或有关部位设置脚手眼：120 mm厚砖墙，料石清水墙和砖石独立柱，宽度小于1 m的窗间墙，砖过梁上与过梁成60°角的范围内，梁或梁垫下及其左右各500 mm范围内，砖砌体门窗洞口两侧180 mm和转角处430 mm范围内。

第四节　石砌墙体质量通病与防治

石砌墙体是指用砂浆砌筑各种石材形成的墙体。为确保砌筑质量，砌筑前应做好选材、测量、立皮数杆、挂线砌筑等各项准备工作。但是，由于准备工作疏漏及违规操作，造成石砌墙体质量通病较常见。

一、石砌墙体组砌不良

(一)现象

(1)毛石墙上下皮的石缝连通，形成垂直通缝，尤其在墙角及丁字墙接槎处多见。

(2)石墙体各皮砌体中石块互不连结，自成一体，形成两片薄墙，稳定性差，施工中易出现坍塌。

(二)原因分析

(1)砌筑时没有针对已有砌体状况，选用了不适当体形的石块或对形状不良的石块砌筑前没有加工。

(2)选料不当，石块体形过小，每皮石块压搭过少，并且未设拉结石。

(3)石块砌筑方法不正确，造成墙体稳定性降低(见图 3-5)。

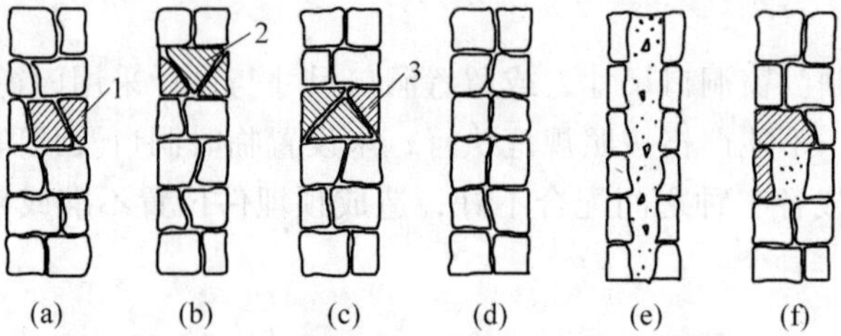

图 3-5 不正确的砌筑方法

(a)翻槎面；(b)斧刃面；(c)铲口面；(d)双合面；(e)填心；(f)桥式
1—翻槎石；2—斧刃石；3—铲口石

(三)预防措施

(1)加强石块的挑选和加工工作，毛石过分凸出的尖角部分应用锤打掉；斧刃石必须加工后方可使用；对于毛石墙第一皮及转角处、交接处及洞口处，应取块体较大、体形较方整长直的平毛石砌筑。

(2)要注意大小石块搭配使用，立缝要小，避免将大石块全部砌在外面，而墙心用小石块填充。

(3)毛石砌体必须设置拉结石。拉结石应均匀分布，相互错开，每 0.7 m^2 墙至少设置一块，同皮内间距不应大于 2 m。拉结石的长度，当墙厚不大于 400 mm 时，应满墙，且上下皮错开，当墙厚大于 400 mm 时，可用两块拉结石内外搭接，搭接长度不应小于 150 mm，且其中一块长度不应小于墙厚的 2 / 3。

(4)砌乱毛石墙时，毛石宜平砌，不宜立砌。每一砌块要与左右、上下砌块有叠靠，与前后砌块有交搭，砌缝要错开，使每一砌块既稳定又与其四周其他砌块交错搭接，不能有松动、孤立的砌块。

二、石块黏结不牢

(一)现象

(1)砌体中石块与砂浆间有明显分离现象，石块叠砌面的粘灰面积小于 80%，石块之间无砂浆，形成“瞎缝”。

(2)石块与砂浆粘不牢，个别石块会出现松动，将大大降低墙体的承载能力。

(二)原因分析

(1)石块表面有风化层剥落，或表面有泥垢、水锈等，影响石块与砂浆的黏结。

(2)石材在砌筑前未洒水，造成砂浆过早失水，影响砌体整体作用，导致砌体强度降低。

(3)砌体灰缝过大，砂浆收缩后形成缝隙。

(4)采用不适当的砌筑方法。毛石砌体不用铺浆法砌筑，而用铺石灌浆法，还有的采用先摆碎石块后塞砂浆或干填碎石块的方法，造成砂浆不饱满，石块黏结不牢。料石砌体采用铺浆加垫法砌筑，由于砌体以垫片来支承石块和控制砂浆层厚度，当砂浆凝固后产生收缩，使料石与砂浆层间出现缝隙。

(5) 砌筑砂浆凝固后，碰撞或移动已砌筑石块。

(6) 砌体一次砌筑高度控制不严，往往一次砌筑过高，造成石缝错动。

(三)防治措施

(1) 石砌体所用石块质地坚实，无风化剥落和裂纹。石块表面的泥垢和影响黏结的水锈等杂质应处理干净。

(2) 砌筑前应视石材质量和气候情况，适当浇水润湿，此外，由于石材吸水率小，要保持灰缝一定厚度和平直度，必须控制砂浆的稠度。

(3) 应严格按照施工规范要求控制灰缝厚度。对于规格石材应先立皮数杆拉线，然后跟线砌筑；对于毛石也应粗略跟线砌筑。各种石砌体灰缝厚度大致为：毛石砌体的灰缝厚度宜为 20 ~ 30 mm；料石砌体的灰缝厚度按不同种类料石分别不宜大于下述数值：细料石≤5 mm，半细料石≤10 mm，粗料石和毛料石≤20 mm。

(4) 石砌体应采用铺浆法砌筑。砂浆须饱满且饱满度大于 80%。毛石墙砌筑时，平缝应先铺砂浆，后放石块；竖缝必须先刮碰头灰，然后从上往下灌满浆；毛石墙石块间灰缝不大于 35 mm 时，可用砂浆填满，大于 35 mm 时，应用小石块填满填牢，同时填满砂浆，不得留有空隙，严禁用成堆小石块填塞。料石砌筑时不准用铺浆加垫法砌筑。

(5) 砌筑砂浆凝固后，不得再移动或碰撞已砌筑石块。如必须移动，应将原砂浆清理干净，后铺砂浆砌筑。

(6) 毛石砌体每日砌筑高度不得高于 1.2 m，并应大致找平。料石砌体每日砌筑高度原则上不宜超过一步架，但若有支撑措施，可放宽到两步架高。

三、墙面凹凸不平

(一)现象

(1) 墙表面凹凸不平，表面平整度超过规范规定值。

(2) 墙面垂直度偏差超过规范规定值。

(二)原因分析

(1) 砌墙时未挂线，砌乱毛石墙时，未精心挑选平整大面摆放在正面，或将大石块全部砌在外面，里面全用小石块，以致墙里面灰缝过多，造成墙面向内倾斜。

(2) 在浇筑混凝土构造柱或圈梁时，未进行加固，致使部分石砌体外挤，造成墙面倾斜。

(3) 砌筑时没有随时检查砌体表面垂直度，以致出现偏差后，未能及时纠正。

(三)预防措施

(1) 砌筑时必须认真跟线。在满足墙体里外皮错缝搭接前提下，尽可能将石块较平整大面朝外砌筑。球形、蛋形、粽子形或过于扁薄石块未经加工不得使用。砌筑毛石墙时，禁止外表面全用大石块和里面用小石块填心的做法，应将大小石块搭配使用。

(2) 浇筑混凝土构造柱和圈梁时，必须加好支撑，要坚持分层浇灌制度，振捣不得过度。

(3) 砌筑中随时认真检查墙面垂直度，发现偏差过大时，应及时纠正。

四、墙身标高误差过大

(一)现象

层高或圈梁标高误差过大，门和洞口标高偏差过大。

(二)原因分析

(1) 皮数杆固定不牢固，错位变形；安装的起始标高不准。

(2) 砌料石墙时，不按规定设置皮数杆，或皮数杆计算或画法错误，标记不清。

(3) 砌筑时，未按皮数杆控制层数。

(4) 乱毛石墙没有分层砌筑，或分层高度控制失误。

(三)防治措施

(1) 皮数杆安装标高要准确，安装应牢固，经逐个检查合格后方可砌筑。立皮数杆前先测出所砌部位基面标高误差，当第一层灰缝厚度大于 20 mm 时，应用细石混凝土铺垫。

(2) 皮数杆标记要清楚，画皮数杆前，应根据图纸要求、石块厚度和灰缝最大厚度限值，计算出适宜的灰缝厚度。砌料石墙时，砂浆铺设厚度应略高于规定灰缝厚度值，其高出厚度为 3 ~ 5 mm，粗料石和毛料石为 6 ~ 9 mm。

(3) 砌筑时应严格按照皮数杆拉线控制标高。

(4) 在墙体第一步架砌完前，应弹出地面以上 500 mm 线，用来检查复核墙体标高误差，使误差在本步架标高内予以调整。

(5) 砌毛石墙接近平口时，应先量好离平口处有多高，然后选择大小和厚度适当的石块砌筑，以控制标高准确，墙顶面基本平整。

五、勾缝砂浆黏结不牢

(一)现象

勾缝砂浆与砌体黏结不牢，甚至开裂和脱落，严重时造成渗水漏水。

(二)原因分析

(1) 砌筑或勾缝砂浆所用砂子含泥量过大，致使砂浆黏结不牢。

(2) 砌体的灰缝过宽，且勾缝时采取一次成活的做法，致使勾缝砂浆在自重的作用下滑坠开裂。同时，由于雨水或湿气渗入促使硬结后勾缝砂浆从砌体上脱落。

(3) 砌石过程中未及时刮缝，影响了勾缝挂灰。由于从砌石到勾缝，间隔时间过长，勾缝前未清扫干净灰缝内积灰，影响了勾缝砂浆的黏结。

(4) 勾缝砂浆水泥含量过大，勾缝后养护不及时，易发生干裂脱落。

(三)预防措施

(1) 严格控制勾缝砂浆配合比，宜用 1 : 1.5 水泥砂浆，禁止使用不合格的材料(含泥量过大的砂子)，宜使用中粗砂。勾缝砂浆稠度一般为 4 ~ 5 cm。

(2) 勾缝前要进行检查，刮缝深度宜大于 2 cm，如有空洞应填浆加塞适量石块修补，并先洒水润湿后，方可勾缝。

(3)勾缝时，凸缝应分两次勾成，平缝应顺石缝进行，缝与石面抹平。

(4)勾缝后要在早期洒水养护，以防开裂脱落。

六、勾缝不符合要求，墙面污染

(一)现象

(1)勾缝深浅不一致，搭接不平整。

(2)料石墙勾缝横平竖直偏差过大，毛石墙勾缝与自然砌合缝不一致。

(3)石墙表面污染严重。

(二)原因分析

管理不严，施工中未按设计要求及施工规范规定施工，且操作马虎。

(三)防治措施

(1)墙面勾缝时不得有丢缝、开裂等现象，勾缝时应深浅一致，搭接平整并压实抹光。

(2)当设计无特殊要求时，石墙勾缝应采用凸缝或平缝，料石墙勾缝应横平竖直，毛石墙勾缝应与自然砌合缝一致。

(3)勾缝完毕，应顺缝清扫墙面。

第五节 小型砌块砌体质量通病与防治

目前常用的小型砌块有混凝土小型空心砌块(以下简称“混凝土小砌块”)、轻骨料混凝土小型空心砌块(以下简称“轻质小砌块”)。混凝土小砌块多用在建造多层建筑，也可在砌体内配钢筋成为配筋砌体，建造中、小高层建筑，轻质小砌块大多在填充墙上使用。

砌块施工工艺与砖墙施工工艺有许多相同之处，如都是手工操作，砌筑时要求错缝搭接，操作施工程序也基本相同等。但是，由于砌块使用的材料与黏土砖不同，因此工程中质量通病也有其特殊性，现就其施工质量通病介绍如下。

一、混凝土小砌块砌体质量通病

混凝土小砌块是用混凝土制成的一种空心、薄壁的硅酸盐制品。小砌块标准块外形尺寸为 390 mm × 190 mm × 190 mm，并备有辅助规格砌块。另外小砌块也可分为单排孔和多排孔两种。混凝土小砌块砌体是由小砌块和混凝土芯柱共同组成的。因小砌块在外形尺寸和材性方面与黏土砖有较大差异，故混凝土小砌块工程的质量通病与砖砌体工程不同。

(一)砌体强度低

1. 现象

混凝土小砌块墙体抗压强度偏低，施工过程中或使用后产生墙体局部压碎或断裂，造成结构破坏。

2. 原因分析

(1)混凝土小砌块强度偏低，不符合设计要求；混凝土小砌块断裂，缺棱掉角。

(2)砂浆及原材料质量差，如石灰膏中有生石灰块、水泥安定性不合格、砂子偏细且含泥量过多等，都会影响砂浆的强度，造成砂浆强度低于设计强度。另外，由于配制砂子时计量不严格和未采用机械搅拌，造成砂浆强度波动大，和易性和保水性差，都会直接影响砌体的强度。

(3)由于操作工艺不合理，如铺灰面过大，砂浆失去塑性，造成水平灰缝不密实；竖缝没有采用加浆法砌筑，竖缝砂浆不饱满，影响砌体强度。

(4)混凝土小砌块排列不合理，组砌混乱。上下皮砌块没有对孔错缝搭接，纵横墙没有交错搭砌；与其他墙体材料混砌，造成砌体整体性差，降低了砌体的承载能力，在外力作用下易导致破坏。

(5)墙体上随意留洞和打凿，由于小砌体壁肋较薄，必然严重削弱墙体受力的有效面积，并增大偏心距，影响墙体的承载能力。

(6)混凝土小砌块砌体不能满足砌体截面局部均匀压力，特别是梁端支承处砌体局部受压，在集中荷载作用下，砌体的局部受压强度不能满足承载力的要求。

(7)芯柱混凝土在砌体抗压强度中起主导作用，但芯柱混凝土质量差，也直接影响砌体抗压强度。

(8)冬期施工未采取防冻等措施，砌体在未达到一定强度时受冻而影响强度。

3. 预防措施

(1)认真做好混凝土小砌块、水泥、石子、砂、石灰膏和外掺剂等原材料的质量检验。在砌筑过程中，外观和尺寸不合格的混凝土小砌块要剔除，使用在主要受力部位的混凝土小砌块要经过挑选。

(2)混凝土小砌块一般应优先采用集装箱或集装托板装车运输，要求装车均匀、平整、防止运输过程中小砌块相互碰撞而损坏。小砌块运到工地后，不允许翻斗倾卸和任意抛掷，避免造成混凝土小砌块缺棱掉角和产生裂缝。现场堆放场地应平整、坚实，并有排水。混凝土小砌块堆放高度不宜超过 1.6 m；当采用集装箱或集装托板时，其叠放高度不宜超过二箱或二格(每格 5 皮小砌块)。

(3)砂浆配合比应用重量比控制，做到盘盘称量；砂浆要采用机械搅拌，并且要搅拌均匀，随拌随用，并在初凝前用完。砂浆出现泌水现象时，要在砌筑前再次拌和。水泥砂浆和水泥混合砂浆应分别在拌成后 3～4 h 内用完；当最高气温超过 30℃时，必须分别在 2～3 h 内用完。严禁使用隔夜砂浆(商品砂浆除外)。砂浆除满足强度要求外还应有良好的和易性，一般应为 50～70 mm。

(4)混凝土小砌块底部的肋略厚，上部的肋较薄，砌筑时为便于铺放砂浆，应底面朝上砌筑(即反砌)；铺灰过大，宜控制在 800 mm 内，灰缝厚度控制在 8～12 mm；砌好一定面积后用厚浆勾缝。

灰缝应横平竖直，全部灰缝均应铺填砂浆。水平缝宜用坐浆法，垂直灰缝应采用加浆法，即小砌块上墙后在垂直缝的凹缝内加砂浆用泥刀捣实。要求水平灰缝砂浆饱满度不低于 90%；竖缝的砂浆饱满度不得低于 80%；同时，不得出现瞎缝、透明缝。

(5)砌墙前应根据小砌块尺寸和灰缝厚度设计好砌块排列图和皮数杆。建筑尺寸与砌块模数不符，需要镶砌时，应用与砌块强度等级相同的混凝土块，不可与其他墙体材料混砌，也不可用断裂砌块。

(6)使用单排孔小砌块时，上下皮小砌块孔对孔、肋对肋错缝搭接。试验证明，错孔砌筑要比对孔砌筑时的强度降低20%。使用多排孔小砌块时，也应错缝搭接。搭接长度均不应小于90 mm。个别部位墙体达不到上述要求时，应在灰缝设置拉结筋或焊接网片，钢筋和网片两端距离垂直缝不小于400 mm，但竖向通缝仍不能超过二皮小砌块。

(7)内外墙要同时砌筑，外墙转角处和纵横墙交接处的小砌块应分皮咬槎，交叉搭砌。墙体的临时间断处应设置在门窗洞口处或砌成阶梯形斜槎，斜槎长度不应小于高度的2／3。接槎时，必须将接槎处表面清理干净，填实砂浆，保持灰缝平直。需要留设施工临时通道时，其通道侧边距交接处的墙面不应小于 600 mm，并在顶部设过梁，填砌通道时砌筑砂浆强度等级要提高一级。

(8)预留孔洞应在砌筑时预先留置，并在洞周围采取加强措施。小砌块施工用内脚手，宜采用工具式高凳和脚手板搭设，不宜在砌体内留设脚手眼，如果必须设置时，要留在设计和规范允许的部位，具体方法可用 190 mm×190 mm×190 mm 小砌块侧砌，利用其孔洞做脚手眼，砌体完工后用C15混凝土填实。

(9)砌体受集中荷载处应加强。在砌体受局部均匀压力或集中荷载(例如梁端支承处)作用时，应根据设计要求用与小砌块强度等级相同的混凝土(不低于C15)填实一定范围内的砌块孔洞；如设计无规定，梁的支承处灌实宽度不应小于 600 mm，高度不应小于190 mm。

(10)冬期施工不得使用水浸后受冻的小砌块，并且不得采用冻结法施工，不得使用受冻的砂浆。每日砌筑后，应使用保温材料覆盖新砌的砌体。解冻期间应对砌体进行观察，发现异常现象，应及时采取措施。

4. *治理方法*

(1)对已砌筑于砌体中的不合格砌块，如条件许可时，应拆除重砌。特别是在受力部位，即使上部结构已经完成，但砌的数量不多，面积不大时，一般应在做好临时支撑后，将不合格砌块拆除，重新砌筑；待砌体达到一定强度以后，方能撤去临时支撑。

(2)如果砌体中已砌进较多的不合格砌块或分布面较广，又难以拆除时，需要在结构验算后，进行加固补强。补强时，一般应铲除原有粉刷层，清理干净后，采用钢筋混凝土增大结构断面的方法。

(二)墙体裂缝，建筑物整体性差

1. *现象*

混凝土小砌块砌体的抗剪能力差，因此在水平力的作用下或其他因素的影响下，墙体容易产生各种裂缝，如水平裂缝、竖向裂缝、阶梯形裂缝和砌块周边裂缝。一般情况下，在顶部内外纵墙及内墙端部出现正八字裂缝；窗台左右角部位和梁下部局部受压部位出现裂缝，裂缝主要是沿灰缝开展；在顶层屋面板底、圈梁底出现水平裂缝(见图3-6)。这些裂缝影响建筑物的整体性，对抗震不利，损坏建筑物的美观，严重的墙面会出现渗水现象。

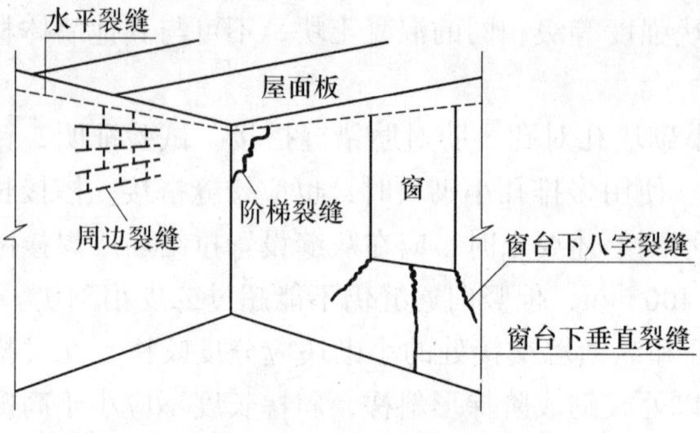

图 3-6　墙面裂缝示意

2. 原因分析

(1) 混凝土小砌块及砌筑砂浆的原材料不符合质量要求，来源既广又杂，其性能不够稳定，较难把握和管理，使砌体容易产生裂缝。

(2) 混凝土小砌块砌体的抗剪强度低，易产生裂缝。混凝土小砌块块体比黏土砖大，灰缝相应少，竖缝仅19 cm高，砂浆难以嵌填饱满，影响抗剪强度；混凝土小砌块表面沾有黏土、浮灰等污物，砌筑前没有清理干净，在砂浆和小砌块间形成隔离层，影响小砌块砌体的抗剪强度；混凝土小砌块外形尺寸不符合要求，尺寸误差大，引起水平灰缝弯曲和波折，使小砌块受力不均匀，砌体抗剪能力大为减弱，容易产生裂缝。

(3) 干缩是混凝土小砌块的重要特征，一般干缩值为0.40 mm / m。经过28 d自然养护后，其收缩值约完成60%，尚有40%需在施工现场完成，因此这样的小砌块上墙后就难免引起墙体裂缝。如果遇砌筑砂浆强度不足、黏结力差或某部位灰缝不饱满，此时收缩应力大于砌体的抗拉和抗剪强度，小砌块墙体就必然产生裂缝。另外，小砌块在现场淋雨后，没有充分干燥，含水率高，砌到墙体上后，小砌块会在墙体中继续失水而再次产生干缩，收缩值为第一次干缩值的80%左右。因此，施工中用雨水淋湿的小砌块砌筑墙体容易沿砌块周边灰缝出现细小裂缝。

(4) 小砌块之间黏结不牢，甚至在灰缝中形成初期裂缝。砂浆质量差造成小砌块间黏结不良；砂浆中有较大的石子，造成灰缝不密实；砌筑时铺灰长度太长，砂浆失水，影响黏结；小砌块就位校正后，又受到碰撞、撬动等，影响砂浆与小砌块的黏结。

(5) 小砌块排列不合理，在窗口的竖向灰缝正对窗角，裂缝容易从窗角处的灰缝向外延伸。

(6) 室内与室外、屋面与墙体存在温差，小砌块墙体因温差变形差异而引起裂缝。屋面的热胀冷缩对砌体产生很大的推力，造成房屋端部墙体开裂。另外，顶层内外纵墙及内横墙端部产生正八字斜裂缝。还有，屋面板与圈梁之间、圈梁与梁底砌体之间，在温度作用下出现水平剪切，也会出现水平裂缝。

(7) 小砌块建筑因块体大，灰缝较少，对地基不均匀沉降特别敏感，容易产生墙体裂缝。建筑物的不均匀沉降会引起砌体结构内的附加应力，从而产生剪拉斜裂缝或垂直弯曲裂缝。此外，因窗间墙在荷载作用下沉降较大，而窗台墙荷载较轻，沉降较小，这样在房屋的底层窗台墙中部会出现上宽下窄的垂直裂缝。

(8) 墙体、圈梁、楼板之间没有可靠的连接，使某一构件或某一部位受力后，力不能传递，也就不能共同承受外力，很容易在局部破坏，产生裂缝甚至最后造成整个建筑物破坏。圈梁施工没有做好垃圾清理和浇水湿润，使混凝土圈梁与墙体不能形成整体，失去圈梁的作用。楼板安装前，没有做好墙顶或圈梁顶清理、浇水湿润、找平以及安装时的坐浆等工作，在温度应力作用下，容易在墙顶面或圈梁顶面产生水平裂缝。

(9)混凝土芯柱质量差，或者由于在砂浆强度底于 1 MPa 时就浇筑芯柱混凝土，造成墙体位移，产生初始裂缝。

3. 防治措施

(1)配制砌筑砂浆的原材料必须符合质量要求。做好砂浆配合比设计，砂浆应具有良好的和易性和保水性，故宜采用混合砂浆。混合砂浆的保水性较水泥砂浆好，砌筑时容易保证灰缝的饱满度。另外，混合砂浆的干缩性比水泥砂浆小，避免因砂浆干缩而引起裂缝。

(2)控制混凝土小砌块的含水率，改善砌块生产工艺，采用干硬性混凝土，减小水灰比；在混凝土配合比中多用粗骨料；小砌块生产中要振捣密实；生产后用蒸汽养护，混凝土小砌块在出厂时含水率控制在 45%以内。混凝土小砌块进场不宜贴地堆放，底部应架空垫高，雨天上部应遮盖。为了减少混凝土小砌块在砌体中收缩而引起的周边裂缝，小砌块应在厂内至少存放 28 d 后再送往现场，有条件的最好存放 40 d，使小砌块基本稳定后再上墙砌筑。

(3)混凝土小砌块吸水率很小，吸水速度缓慢，砌筑前不宜浇水；在天气特别炎热干燥时，砂浆铺摊后会失水过快，影响砌筑砂浆和小砌块的粘结，故在砌筑前要稍喷水湿润。控制铺灰长度、灰缝厚度和砂浆饱满度。

(4)选择合理的混凝土小砌块强度等级和砂浆强度等级，使之互相匹配，充分发挥小砌块的作用。当用强度等级低的砂浆砌筑时，在砌体受压时，砌体的变形主要发生在砂浆中，混凝土小砌块发挥不了作用，故应适当提高砂浆强度等级。

(5)绘制砌块排列图。

(6)为减少材料收缩温度变化等原因引起建筑物伸缩而出现裂缝，必须按规定设置伸缩缝。在墙面设控制缝，即在指定位置消除掉墙收缩时产生的应力和裂缝。控制缝应设在墙体收缩变形可能引起应力集中处，砌体产生裂缝可能性最大的部位，如墙高度、厚度变化处，门窗洞口处等。控制缝处可用弹性防水胶进行嵌缝。在炎热地区东、西山墙应考虑隔热措施，如外挂隔热板；在寒冷地区应考虑提高外墙保温性能，以减少墙体不同伸缩所造成的裂缝，或使裂缝控制在允许范围内。

(7)混凝土小砌块建筑可采用以下措施防止顶层墙体裂缝和渗水。①采用坡型屋面，减少屋面对墙面的水平推力，从而减少顶层墙体的裂缝。②钢筋混凝土屋盖可在适当位置设置分隔缝和在屋盖上设置保温隔热层，以减少屋面板热胀冷缩而产生的水平推力。③在非抗震区降低屋面板砂浆的砂浆强度或在板底设置“滑动层”。④屋顶优先选用外挑天沟。⑤在顶层端开间门窗洞口边设置钢筋混凝土芯柱，窗台下设置水平钢筋网片或现浇混凝土窗台板。⑥顶层内外墙适当增加芯柱，重点放在内外墙转角部位和东、西山墙。⑦顶层每隔 400 mm 高加通长 ϕ4 钢筋网片一道，也可在 1／2 墙高处增加一道 200 mm 高的现浇混凝土圈梁。⑧加强顶层屋面圈梁；适当提高顶层墙体砌筑砂浆强度等级，一般其强度等级大于 M5。⑨结构施工完毕后，及时进行屋面保温层施工；待保温层施工完后，再进行内外墙粉刷。

(8)建筑物设计时应采取措施减少不均匀沉降量，如对暗浜、明浜和软土地基进行适当的地基加固处理或打桩，并加强地基圈梁的刚度；提高底层窗台下砌筑砂浆的强度等级；设置水平钢筋网片或用 C15 混凝土灌实砌块孔洞；对荷载及体型变化复杂的建筑宜设置沉降缝；为保证结构的整体性，应按规范规定设置足够的圈梁和芯柱；施工过程中要加强管理，做好基坑验槽工作。

(9)为防止窗口下两侧产生垂直缝和八字缝，砌块排列时应注意窗口竖向灰缝不要正对窗角。另外，对窗下墙体采取加强措施，设置水平钢筋网片或钢筋混凝土窗台板带。

(10)为了使建筑物有较好的空间刚度和受力性能，要做好墙体、圈梁、楼板之间连接，包括有支承向板的锚固筋(即楼板搁置端)、非支承向板的锚固筋、阳台板的锚固筋等。支承向板端锚固筋可用 $\phi 8$ 钢筋放在板缝中，板端空隙应用 C20 细石混凝土灌实。非支承向板的锚固筋用于连接与楼板平行方向的小砌块砌体和楼板，锚固筋一般用 $\phi 8$，间距小于或等于 1 200 mm，非支承向楼板不允许进墙，避免削弱墙体局部承载力。

(11)预制楼板要安装牢固。预制楼板搁置在墙上或圈梁上的支承长度不应小于 80 mm。如果不能满足要求，应采取加固措施，如在与墙或梁垂直板缝内配置钢筋($\phi 6 \sim \phi 8$)，钢筋两端伸入板缝内的长度为 1／4 跨。板底缝隙一般不应小于 20 mm，在清理、湿润以后分两次进行灌缝；第一次用 1∶2 水泥砂浆灌 30 mm 左右，第二次用 C20 细石混凝土灌满缝隙，并捣实、压平。如果板缝过大，应加钢筋或网片，这样，不仅能提高楼面的整体性，也可防止板缝渗漏。圈梁应尽量设在同一水平面上，并与楼板同一标高，形成封闭状，以便对楼板平面起到紧固作用；如在构造上不许可时，也可设在楼板下。当不能在同一水平闭合时，应增设附加圈梁，其搭接长度不小于两倍圈梁的垂直距离，并不应小于 1 m。基础部位和屋盖处圈梁宜现浇，楼盖处圈梁可以用预制槽形底模整浇。有抗震设防要求的房屋内均应设现浇钢筋混凝土圈梁。

(三)墙体滑移、倒塌

1. 现象

砌筑过程中墙体滑移，造成墙体不垂直，影响墙体承载能力，严重时导致墙体倒塌。

2. 原因分析

(1)混凝土小砌块墙体较轻，对稳定性差的独立柱和窗间墙未加临时支撑或没有及时浇筑圈梁，遇大风墙体易失稳，造成倒塌。

(2)大雨天施工，混凝土小砌块吸水率较小，砌筑时易产生“走浆”现象，使墙体稳定性差，影响灰缝砂浆饱满度和砌体的拉剪强度；砌好后，大雨天未对墙体进行遮盖，灰缝砂浆被雨水冲刷流失，造成墙体滑移。

3. 防治措施

(1)对稳定性较差的窗间墙和独立柱，在大风时应加设临时支撑或及时浇筑圈梁。当遇大风时，对墙和柱的允许自由高度进行控制：一般 6～7 级大风时，高度不宜超过 1.4 m；8 级大风时，高度不宜超过 1.1 m；9 级大风时，高度不宜超过 0.7 m。

(2)雨期施工时，对进入现场的混凝土砌块要采取防雨措施，如上面覆盖塑料薄膜或其他防水卷材。混凝土小砌块现场堆放要符合要求，不得任意堆放。当雨量较大时应停止砌筑，并将墙体顶部覆盖，以免雨水浸入；继续施工时，需复核墙体垂直度，如发现垂直度超过规范要求，应拆除重新砌筑。

(四)墙体层高超高

1. 现象

层高实际高度与设计高度的偏差超过允许偏差(±15 mm)。

2. 原因分析

(1)混凝土小砌块几何尺寸偏差超过规定，特别是小砌块的高度和顶面相对两棱边的高低偏差值(即倾斜)过大。

(2)操作人员未按皮数杆高进行砌筑，水平灰缝超厚。砌筑砂浆中有石块、硬物等造成砌块倾斜。

(3)楼面标高找平不准，或砌筑时误差过大；混凝土小砌块块体大，水平灰缝少，可供调整高度的机会和次数少。

(4)梁、圈梁、楼板等构件超厚、翘曲或搁置不平，造成找平层超厚。

3. 预防措施

(1)配制砌筑砂浆的原材料，必须符合质量要求；砌筑砂浆用砂必须过筛，筛去砂中的碎石和其他硬物，并且控制铺灰厚度和长度。

(2)砌筑前应根据混凝土小砌块、梁、板的尺寸和规格，计算砌块皮数，绘制皮数杆；砌筑时立皮数杆，控制每皮砌筑高度；而且应先砌转角砌块或定位砌体，再拉线控制其他小砌块的砌筑。对于原楼地面的标高误差，可在砌筑灰缝或圈梁、楼板找平层的允许误差内逐皮调整。

(3)每层楼面标高应从基准点正确引用，平整度应用水平仪找平，并用水泥砂浆或细石混凝土做好找平层。

(4)加强对梁、楼板以及混凝土小砌块的验收工作，如果尺寸偏差过大或允许偏差超过要求时，应剔除或集中使用在同一层或同一部位。

(5)圈梁、楼板等预制构件安装时，除控制标高准确外，还应做好找平、坐灰浆等工作，尽量减少安装过程中造成的不平整现象。

二、混凝土小砌块配筋砌体质量通病

混凝土小砌块配筋砌体是与钢筋混凝土类似的配筋构件，起承重结构的作用。目前，国内混凝土小砌块配筋砌体形式有两种：一种是水平筋放在水平灰缝内，垂直筋插在小砌块孔洞内，孔洞内再浇筑混凝土；另一种是小砌块横肋上有凹槽，水平筋放在凹槽中，垂直筋也是插在小砌块孔洞内，小砌块水平凹槽和垂直孔洞内都浇筑混凝土，使砌体内形成网格式现浇混凝土结构。因此，混凝土小砌块配筋砌体的施工方法，既不同于一般的小砌块砌体，又不同于现浇钢筋混凝土结构，故有其特殊的质量通病。

(一)砌体抗压强度低

1. 现象

配筋砌体抗压强度低，墙面出现裂缝和局部压碎现象，不能满足设计要求，影响房屋安全，严重时造成房屋倒塌。

2. 原因分析

(1)配筋砌体的抗压强度取决于混凝土小砌块和灌芯混凝土强度。混凝土小砌块强度或灌芯混凝土强度达不到设计要求，造成砌体强度达不到设计值；或者是设计的灌芯混凝土强度等级与混凝土小砌块强度等级不匹配。虽然混凝土和小砌块分别达到设计强度的要求，但砌体强度达不到设计强度。例如小砌块设计强度要求偏低，造成小砌块在未达到砌体强度要求前，先于灌芯混凝土破坏，造成砌体未达到设计强度就破坏，芯柱混凝土未充分发挥作用。

(2)混凝土小砌块配筋砌体内水平和垂直方向都配有钢筋，施工较困难，如果灌芯混凝土性能不好、坍落度较小、保水性差等，使灌芯混凝土不容易浇捣密实，出现空洞现象，或由于灌芯混凝土有灰渣层，影响芯柱的局部强度。

(3)混凝土小砌块组砌不合理，没有全部做到肋对肋、孔对孔、错缝搭接，使灌芯混凝土无法贯通。

(4)其他抗压强度低原因同混凝土小砌块“砌体强度低”的有关内容。

3. 预防措施

(1)灌芯混凝土强度与混凝土小砌块强度要相匹配，应通过砌体抗压强度试验来确定混凝土小砌块和灌芯混凝土各自的最佳设计强度值。

(2)灌芯混凝土的配合比应根据施工现场经验和试验室试配来设计；试配值应根据砌体试验和混凝土强度试验来确定。混凝土要求有良好的性能，即要求坍落度大，一般为 250 ± 20 mm，坍落度损失小，流动性好；保水性、黏聚性良好，无离析，泌水少。另外，混凝土 28 d 强度不仅要达到设计强度要求，并要有一定的强度保证率，长期强度稳定，不回缩，与钢筋黏结牢固，与混凝土小砌块共同工作性能良好。

(3)为了使灌芯混凝土有良好性能，混凝土应掺外加剂，搅拌混凝土时宜采用后掺外加剂的工艺。后掺外加剂可更有效地起到减水作用，在用水量不变的情况下坍落度可增加 50 mm，并且保水性良好，粗骨料与水泥砂浆无离析；在坍落度相同的情况下，后掺外加剂混凝土强度有明显提高。所以搅拌混凝土时，应先放石子，后放水泥、粉煤灰和砂子，加水搅拌 2 ~ 3 min，再加外掺剂搅拌 2 ~ 3 min，然后出料。同时在搅拌混凝土过程中要增加检查混凝土坍落度的次数，发现偏差要及时更正。

(4)为了便于浇筑和确保灌芯混凝土密实，宜在砌完一个楼层后，再浇筑灌芯混凝土，并分两次连续浇筑，第一次浇至窗台顶面，第二次浇至顶皮砌块面下 10 mm，采用插入式振动器逐孔振捣。

(5)配筋砌体使用砂浆要求黏结性好、流动性低、和易性好、保水性强和强度高(一般在 M20 以上)，为减少由于石灰膏计量不准而产生砂浆强度的波动，宜选用保水塑化材料代替传统的石灰膏。

(6)配筋砌体的混凝土小砌块排列与一般小砌块建筑不同，一定要保证上下皮混凝土小砌块孔对孔、肋对肋、错缝搭接；当块型不能满足要求，小砌块无法排列时，墙体空缺部分需另支模板，用现浇混凝土填充，与灌芯混凝土一起浇筑。如果小砌块模数不符，可在墙的端头采用支模现浇的方法。

(7)混凝土小砌块砌筑要求同“混凝土小砌块砌体”中的有关要求。当采用有现浇混凝土水平带的小砌块配筋砌体时，为保证小砌块竖缝灌实，竖缝中间不能有砂浆夹渣堵塞，故宜采用在小砌块端头披头缝上墙的砌筑方法。即小砌块端头不是满抹砂浆，而是在两侧竖肋上抹浆，在砌上墙后，要随砌随将竖缝中的多余砂浆清除，要求只确保竖缝两侧肋上砂浆饱满，中间不能留有砂浆；但砌体也应无瞎眼缝和空头缝。

(8)其余见混凝土小砌块“砌体强度低”预防措施的相关内容。

(二)水平钢筋安放不符合要求

1. 现象

检查已施工好的水平钢筋时，发现水平钢筋放置混乱，钢筋漏放、漏绑扎、规格不符、放置位置不对和搭接长度不符合要求的现象，或砌体砌好后发现原配的水平钢筋有剩余。水平钢筋施工质量不好，直接影响配筋砌体的受力性能。

2. 原因分析

(1)技术交底不清，操作人员不清楚水平钢筋设置的部位、搭接长度等；施工过程中管理不严格，未进行钢筋验收，发生钢筋漏扎、漏放等现象。

(2)使用污染和有锈的钢筋造成钢筋与砂浆或混凝土结合不好，影响钢筋性能发挥。

(3)钢筋未按图纸加工，尺寸不足或短筋长用，造成钢筋搭接倍数不够。

(4)设置在水平灰缝中的钢筋，未居中放置，钢筋在砂浆中的保护层厚度不够或暴露在外面，不利于钢筋保护，造成钢筋锈蚀，影响结构的耐久性。

3. 预防措施

(1)混凝土小砌块排列图上应标明水平钢筋长度、规格和搭接长度等；施工前应对操作人员进行详细的技术交底。由于小砌块配筋砌体水平钢筋的施工是与小砌块砌筑交叉进行的，在砌体砌筑后，钢筋就难以进行检查和校正，因此与一般工程不同，水平钢筋应分皮进行隐蔽工程验收，质量检查人员要跟班检查。

(2)设置在砌体水平灰缝内的钢筋应进行适当保护，可在其表面涂刷钢筋防腐涂料或防锈剂。

(3)根据设计图编制钢筋加工单，钢筋的规格、尺寸和弯钩，应符合设计和规范要求，加工好的钢筋应编号，写好使用部位后，再运往楼面，避免操作人员用错部位。

(4)设置在水平灰缝内的钢筋或网片，应居中放在砂浆层中。当用钢筋时，水平灰缝厚度应超过钢筋直径 6 mm 以上；当用钢筋网片时，水平灰缝应超过网片厚度 4 mm 以上，但水平灰缝总厚度不宜超过 15 mm。使用钢筋时，2 根水平钢筋之间的距离要满足设计要求，要用 S 形钩绑扎固定。若使用钢筋网片时，网片要平整。

(三)竖向钢筋产生位移

1. 现象

竖向钢筋不在芯洞中间，偏向一侧；严重的与上部钢筋搭接不上，使钢筋一侧混凝土保护层厚度不足，削弱了混凝土和钢筋共同工作的能力，也不利于荷载传递。

2. 原因分析

(1)由于竖筋一般是一层一根，由上面插入，钢筋在根部搭接绑扎。因绑扎不牢或漏绑，在浇捣混凝土时将钢筋挤向一边，造成一边混凝土保护层不够，或钢筋本身不直、弯曲或歪斜，一面紧靠小砌块。

(2) 钢筋上部未进行固定，混凝土浇捣完，初凝前，未对竖向钢筋进行整理。

3. 预防措施

(1) 混凝土小砌块第一皮要用 E 形或 U 形小砌块砌筑，保证每根竖筋的部位都有缺口，利于钢筋绑扎；钢筋搭接处绑扎不能少于两点，而且要绑扎牢固；混凝土浇捣时，振动棒不允许碰竖向钢筋。

(2) 竖筋上部在顶皮小砌块面上点焊固定在一根统长的水平筋（$\phi 10$）上，使其位置固定。混凝土浇捣完，在初凝前，对个别移位的钢筋进行校正，确保钢筋位置准确。

三、轻质混凝土小砌块填充墙质量通病

(一)墙体整体性差

1. 现象

墙体沿灰缝产生裂缝或在外力作用下造成墙体损坏，影响墙体的整体性。

2. 原因分析

(1) 砌块含水率过大，砌上墙后，砌块逐渐干燥而收缩，体积不稳定。此外，由于砌体块体大，灰缝少，抗剪能力差，在外界因素影响下（如温差、干缩等），容易沿灰缝产生裂缝。

(2) 因轻质混凝土小砌块强度低，承受剧烈碰撞能力差，往往墙底部容易损坏，影响墙体的整体性。

(3) 砌块施工未预先绘制砌块排列图，使砌块排列混乱，造成砌块搭接长度不符合要求，灰缝过厚等现象，引起沿灰缝产生裂缝。

(4) 在抗震设防区，未按抗震要求对墙体采取加强措施。遇地震，墙体整体性差，出现裂缝，甚至倒塌。

(5) 过梁支承处轻质混凝土小砌块孔洞未用混凝土填实，造成砌块压碎。

(6) 随意凿墙破坏墙体整体性。

3. 预防措施

(1) 砌体砌筑前，块材应提前 2 d 浇水湿润，使块料与砌筑砂浆有较好的黏结；轻质小砌块含水率控制在 5%～8%。因砌块在龄期达到 28 d 之前，自身的收缩较大，为控制砌体收缩裂缝，要求砌块砌筑时龄期应超过 28 d。

(2) 砌块墙底部应砌筑烧结普通砖、多孔砖、预制混凝土块或现浇混凝土，其高度不小于 200 mm。

(3) 砌块砌筑前应绘制砌块排列图，并设计皮数杆，砌筑时应上下错缝搭接，轻质混凝土小砌块搭接长度不应小于 90 mm；如不能满足，应在灰缝中加 $\phi 4$ 钢筋网片,网片长度不应小于 700 mm。

(4) 轻质混凝土小砌块保证砂浆饱满的措施同普通混凝土小砌块，要求灰缝应横平竖直，不得有亮眼。水平灰缝和垂直灰缝的厚度和宽度应均匀，轻质混凝土小砌块灰缝厚度和宽度为 8～12 mm。

(5) 在抗震设防地区应采取相应的加强措施，砌筑砂浆的强度等级不应低于 M5。当填充墙长度大于 5 m 时，墙顶部与梁应有拉接措施，如在梁上预留短钢筋，以后砌入墙

的垂直灰缝内。当墙高度超过 4 m 时，宜在墙高的中部设置与柱连接的通长钢筋混凝土水平墙梁。

(6) 过梁支承处的轻质小砌块孔洞，用 C15 混凝土灌实一皮。

(7) 不可随意凿墙。

4. 治理方法

(1) 粉刷前，发现灰缝中有细裂缝时，可将灰缝砂浆表面清理干净后，重新用水泥砂浆嵌缝。裂缝严重的要拆除重砌。

(2) 压碎和损坏的墙体，应拆除重砌。

(二)填充墙与混凝土柱、梁、墙连接不良

1. 现象

填充墙与柱、梁、墙连接处出现裂缝，严重的受冲撞时倒塌。

2. 原因分析

(1) 混凝土柱、墙、梁未按规定预埋拉结筋，或偏位、规格不符，或砌填充墙时未将拉结筋调直或未放在灰缝中，影响钢筋的拉结能力。

(2) 钢筋混凝土梁、板与填充墙之间未楔紧，或没有用砂浆嵌填密实。

3. 预防措施

(1) 轻质混凝土小砌块填充墙应沿墙高每隔 600 mm 与柱或承重墙内预埋的 2 根 ϕ6 拉结钢筋，拉结钢筋伸入填充墙内长度不应小于 600 mm。填充墙砌至拉结筋部位时，将拉结筋调直，平铺在墙身上，然后铺灰砌墙，严禁把拉结筋折断或未进入墙体灰缝中。

(2) 填充墙砌完后，砌体还将有一定的变形，因此要求填充墙砌到梁、板底留一定的空隙，在抹灰前再用侧砖、立砖或预制混凝土块斜砌挤紧，其倾斜度为 60°左右。砌筑砂浆要饱满。另外，在填充墙与柱、梁、板接合处须用砂浆嵌缝，这样使填充墙与梁板柱结合紧密，不易开裂。

4. 治理方法

(1) 柱、梁、板或承重墙内漏放拉结筋时，可在拉结筋部位将混凝土保护层凿除，将拉结筋按规范要求的搭接倍数焊接在柱、梁、板或承重墙钢筋上。

(2) 柱、梁、板或承重墙与填充墙之间出现裂缝，可凿除原有嵌缝砂浆，重新嵌缝。

第六节 某单身宿舍纵墙裂缝工程实例分析

一、工程与事故概况

某职工宿舍为 3 层砖混结构，纵墙承重。楼面为预制钢筋混凝土槽形板，支承在现浇钢筋混凝土横梁上。屋盖为双曲扁壳。承重墙厚为一砖，标号为 75 号。宿舍工程 6 月初开工，7 月中旬开始砌墙，9 月第一层楼砖墙砌完，10 月接着施工第二层，12 月屋面部分的砖薄壳砌完。

当三楼砖墙未砌完，屋面砖薄壳尚未开始砌筑，横隔墙也未砌筑时，在底层内纵墙(走道墙)上，发现若干条裂缝。裂缝的形状上大下小，始于横梁支座处，并略呈垂直状向下，一直延伸至地坪面约 1 m 处为止，长达 2 m 多。裂缝宽度最大为 1 ~ 1.5 mm，有两处裂缝略呈“八”字形向下延伸。外纵墙的梁支座下面，同样发现一些形状相仿的裂缝，但不甚明显，也没有内纵墙那样普遍和严重。

二、原因分析

(1) 该工程设计套用标准图，但是砌筑砂浆原设计为 25 号(M2.5)混合砂浆，实际使用的是石灰砂浆。按照当时的砖石结构设计规范进行验算，施工中砖砌体抗压强度仅达到原设计的 50%左右。

(2) 由于取消了原设计的梁垫，造成砌体局部承压能力下降了 60%左右。

(3) 砌筑质量低劣，如灰缝过厚且不均匀，灰浆不饱满，砌体组砌质量差，横平竖直不符合要求等。当砌体负荷后，灰缝产生过大的压缩变形，也促使墙面裂缝。

三、事故处理

发现裂缝后，即暂缓施工上层的楼层及屋面。经观察与分析，裂缝不致造成建筑物倒塌，故未采用临时支撑等应急措施。但该裂缝的产生是由于承载力不足，因此必须进行加固处理。处理方法是用混凝土扩大原基础，然后紧贴原砖墙增砌扶壁柱，并在柱上浇筑混凝土梁垫。

四、处理效果

经处理后继续使用，房屋交工使用一年后再检查，未见新的裂缝和其他问题。

第四章　钢筋混凝土结构工程质量通病分析与防治

第一节　概　述

钢筋混凝土结构工程的质量通病与其在材料、构件、结构、施工成型等方面的特点有关。钢筋混凝土工程的“材料”，是由混凝土和钢筋两种材性相补并能够协同受力的材料黏结而成的，它既受到水泥、骨料、钢材的化学性能影响，也受到混凝土、钢筋以及它们间黏结的物理性能影响。钢筋混凝土工程的“构件”，可以做成承受拉伸、压缩、弯曲、剪切、扭转等各种受力状态的构件，以剪弯构件和压弯构件为主，它们中的多数是带裂缝工作的构件。钢筋混凝土工程的“结构”具有可模性好但构件截面尺寸较大、整体性强但容易因次应力引起裂缝、刚度较大但对约束变形敏感、耐久耐火性好但对侵蚀性介质抵抗力弱等优缺点，这些优缺点主要和混凝土的性能有关。钢筋混凝土工程的“成型”是一个包含模板的制作和装设，混凝土的拌制、灌筑和养护，以及钢筋的加工和配制的多边复杂过程，工种、成型方法、工序繁多，受气候、时间和环境的影响显著。

钢筋混凝土工程的质量通病涉及的方面也很广泛，按其形成的先后，有材料选配不当、施工违反操作规程的种种做法、结构受力(含约束、外加变形引起的受力)超越材料承受能力、受环境因素影响等几个方面。它们主要表现为外观缺陷、隐蔽缺陷、结构构件的裂缝等。

第二节　钢筋混凝土结构的外观及隐蔽缺陷

钢筋混凝土结构的缺陷可分为外观缺陷和隐蔽缺陷两类。外观缺陷有：蜂窝、麻面、露筋、孔洞、层隙、胀裂、掉角、磨损、风化、表面腐蚀、制作及安装偏差、构件的变形及倾斜等。隐蔽缺陷有：混凝土强度不足，抗渗等级不够，抗冻等级不足，内部空洞、蜂窝，钢筋的型号数量和位置不对，焊接质量不良，混凝土保护性能不良，钢筋锈蚀等。

钢筋混凝土结构的缺陷会对结构的强度、刚度、抗裂性及稳定性带来不利影响，应尽量防止。

一、外观缺陷

(一)蜂窝

1．现象

蜂窝是指混凝土表面无水泥浆，露出石子的深度大于 5 mm，但小于保护层厚度的缺陷。混凝土结构局部酥松，砂浆少、石子多，石子之间出现类似蜂窝状的大量空隙、窟窿，使结构受力截面受到削弱，强度和耐久性降低。

2. 原因分析

(1)混凝土配合比不当，或砂、石子、水泥材料计量错误，加水量不准确，造成砂浆少、石子多。

(2)混凝土搅拌时间不足，未拌均匀，和易性差，振捣不密实。

(3)混凝土下料不当，一次下料过多或过高，未设串筒，使石子集中，造成石子与砂浆离析。

(4)混凝土未分段分层下料，振捣不实或靠近模板处漏振，或使用干硬性混凝土，振捣时间不够，或下料与振捣未很好配合，未及时振捣就下料，因漏振而造成蜂窝。

(5)模板缝隙未堵严，振捣时水泥浆大量流失；或模板未支牢，振捣混凝土时模板松动或位移，或振捣过度造成严重漏浆。

(6)结构构件截面小，钢筋较密，使用的石子粒径过大或坍落度过小，混凝土被卡住，造成振捣不实。

3. 预防措施

(1)认真设计并严格控制混凝土配合比，加强检查，保证材料计量准确。

(2)混凝土应拌和均匀，坍落度应适宜。

(3)混凝土下料高度如超过 2 m，应设串筒或溜槽。

(4)浇筑应分层下料，分层捣固，浇筑层的厚度不得超过表 4-1 的数值，并防止漏振。

表 4-1 混凝土浇筑层的厚度 （单位：mm）

项次	捣实混凝土的方法		浇筑层的厚度
1	插入式振捣		振动器作用部分长度的 1.25 倍
2	表面振动		200
3	人工捣固		
	(1)在基础、无筋混凝土或配筋稀疏的结构中		250
	(2)在梁、板、墙、柱结构中		200
	(3)在配筋密集的结构中		150
4	轻骨料混凝土	插入式振捣	300
		表面振动(振动时需加荷)	200

(5)混凝土浇筑宜采用带浆下料法或赶浆捣固法。捣实混凝土拌和物时，插入式振捣器移动间距不应大于其作用半径的 1.5 倍；振捣器至模板的距离不应大于振捣器有效作用半径的 1/2。为保证上下层混凝土良好结合，振捣棒应插入下层混凝土 5 cm；平板振捣器在相邻两段之间应搭接振捣 3 ~ 5 cm。

(6)混凝土每点的振捣时间，根据混凝土的坍落度和振捣有效作用半径参考表 4-2 采用，合适的振捣时间一般是：当振捣到混凝土不再显著下沉出现气泡和混凝土表面出浆呈水平状态，并将模板边角填满密实即可。

表 4-2　混凝土振捣时间与混凝土坍落度、振捣有效作用半径的关系

坍落度(mm)	0～30	40～70	80～120	130～170	180～200	200 以上
振捣时间(s)	22～28	17～22	13～17	10～13	7～10	5～7
振捣有效作用半径(cm)	25	25～30	25～30	30～35	35～40	35～40

(7)模板缝应堵塞严密。浇筑混凝土过程中，要经常检查模板、支架、拼缝等情况，发现模板变形、走动或漏浆，应及时修复。

4. 治理方法

(1)对小蜂窝，用水洗刷干净后，用 1∶2 或 1∶2.5 水泥砂浆压实抹平。

(2)对较大蜂窝，先凿去蜂窝处薄弱松散的混凝土和突出的颗粒，刷洗干净后支模，用高一强度等级的细石混凝土仔细强力填塞捣实，并认真养护。

(3)较深蜂窝如清除困难，可埋压浆管和排气管，表面抹砂浆或支模灌混凝土封闭后，进行水泥压浆处理。

(二)孔洞

1. 现象

孔洞是指深度超过保护层厚度，但不超过截面尺寸 1/3 的缺陷。混凝土结构内部有尺寸较大的窟窿，局部或全部没有混凝土；或蜂窝孔隙特别大，钢筋局部或全部裸露。

2. 原因分析

(1)在钢筋较密的部位或预留孔洞和预埋件处，混凝土下料被搁住，未振捣就继续浇筑上层混凝土，而在下部形成孔洞。

(2)混凝土离析、砂浆分离，石子成堆，严重跑浆，又未进行振捣，从而形成特大的蜂窝。

(3)混凝土一次下料过多、过厚或过高，振捣器振动不到，形成松散孔洞。

(4)混凝土内掉入工具、木块、泥块等杂物，混凝土被卡住。

3. 预防措施

(1)在钢筋密集处及复杂部位，采用细石混凝土浇筑，使混凝土易于充满模板，并仔细振捣密实，必要时辅以人工捣实。

(2)预留孔洞、预埋铁件处应在两侧同时下料，下部浇筑应在侧面加开浇灌口下料；振捣密实后再封好模板，继续往上浇筑，防止出现孔洞。

(3)采用正确的振捣方法，防止漏振。插入式振捣器应采用垂直振捣方法，即振捣棒与混凝土表面垂直或成 40°～45°角斜向振捣。插点应均匀排列，可采用行列式或交错式顺序移动，不应混用，以免漏振。每次移动距离不应大于振捣棒作用半径的 1.5 倍。一般振捣棒的作用半径为 30～40 cm。振捣器操作时应快插慢拔。

(4)控制好下料，混凝土自由倾落高度不应大于 2 m(浇筑板时为 1.0 m)，大于 2 m 时应采用串筒或溜槽下料，以保证混凝土浇筑时不产生离析。

(5)砂石中混有黏土块、模板、工具等杂物掉入混凝土内，应及时清除干净。

(6)加强施工技术管理和质量控制工作。

4. 治理方法

(1)对混凝土孔洞的处理，应经有关单位共同研究，制订修补或补强方案，经批准后方可处理。

(2)处理现浇混凝土梁柱的孔洞应首先采取安全措施，在梁底用支撑支牢，然后将孔洞处不密实的混凝土和凸出的石子颗粒剔凿掉，要凿成斜形，避免有死角，以便浇筑混凝土。为使新旧混凝土结合良好，应将剔凿好的孔洞用清水冲洗，或用钢丝刷仔细清刷，并充分湿润，保持湿润 72 h 后，用比结构高一强度等级的半干硬性豆石混凝土仔细分层浇筑，强力捣实并养护。为避免新旧混凝土接触面上出现收缩裂缝，可掺膨胀剂补偿收缩。凸出结构面的混凝土，须待达到50%强度后再凿去，表面用 1∶2 水泥砂浆抹光。如图 4-1。

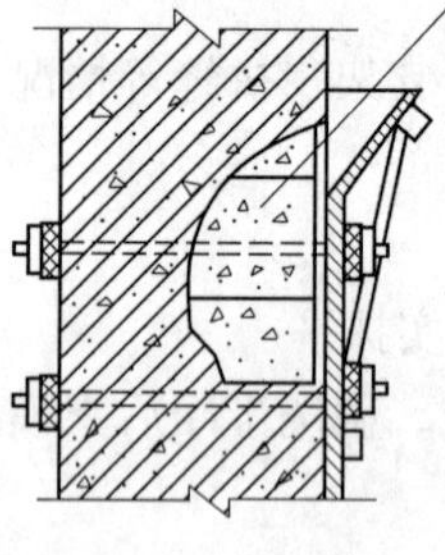

图 4-1　混凝土孔洞处理示意图

(3)对面积大而深进的孔洞，按(2)项清理后，在内部埋压浆管、排气管，填清洁的碎石(粒径 10～20 mm)，表面抹砂浆或浇筑薄层混凝土，然后用水泥压力灌浆方法进行处理，使之密实。

(三)麻面

1. 现象

麻面是指混凝土表面出现缺浆和许多小凹坑与麻点，形成粗糙面，影响外表美观，但无钢筋外露现象。

2. 原因分析

(1)模板表面粗糙或黏附有水泥浆渣等杂物未清理干净，或清理不彻底，拆模时混凝土表面被黏坏而出现麻面。

(2)木模板未浇水湿润或湿润不够，混凝土构件表面的水分被吸去，使混凝土失水过多而出现麻面。

(3)模板拼缝不严，局部漏浆，使混凝土表面沿模板缝位置出现麻面。

(4)模板隔离剂涂刷不匀，或局部漏刷或隔离剂变质失效，拆模时混凝土表面与模板黏结，造成麻面。

(5)混凝土未振捣密实，气泡未排出，停留在模板表面形成麻点。

(6)拆模过早，使混凝土表面的水泥浆粘在模板上，也会产生麻面。

3. 预防措施

(1)模板表面应清理干净，不得粘有干硬水泥浆等杂物。

(2)浇筑混凝土前，模板应浇水充分湿润，并清扫干净。

(3)模板拼缝应严密，如有缝隙，应用油毡纸、塑料条、纤维板或腻子堵严。

(4)模板隔离剂应选用长效的，涂刷要均匀并防止漏刷。

(5)混凝土应分层均匀振捣密实，严防漏振，每层混凝土均应振捣至排除气泡为止。

(6)拆模不应过早。

4. 治理方法

(1) 表面尚需做装饰抹灰的，可不做处理。

(2) 表面不再做装饰的，应在麻面部分浇水充分湿润后，用原混凝土配合比(去石子)砂浆，将麻面抹平压光，使颜色一致。修补完后，应用草帘或草袋进行保湿养护。

(四)露筋

1. 现象

露筋是指钢筋混凝土结构内部的主筋、副筋或箍筋等裸露在表面，没有被混凝土包裹。

2. 原因分析

(1) 浇筑混凝土时，钢筋保护层垫块位移，或垫块太少甚至漏放，致使钢筋下坠或外移紧贴模板面外露。

(2) 结构、构件截面小，钢筋过密，石子卡在钢筋之间，使水泥砂浆不能充满钢筋周围，造成露筋。

(3) 混凝土配合比不当，产生离析，靠模板部位缺浆或模板严重漏浆。

(4) 混凝土保护层厚度太小或保护层处混凝土漏振，或振捣棒撞击钢筋或踩踏钢筋，使钢筋位移，造成露筋。

(5) 木模板未浇水湿润，吸水黏结或脱模过早，拆模时缺棱、掉角，导致露筋。

3. 预防措施

(1) 浇筑混凝土，应保证钢筋位置和保护层厚度正确，并加强检查，发现偏差及时纠正。受力钢筋的保护层厚度如设计图中未注明时，可参照表 4-3 的要求执行。

表 4-3　钢筋的混凝土保护层厚度　(单位：mm)

环境与条件	构件名称	混凝土强度等级		
		低于 C25	C25 ~ C30	高于 C30
室内正常环境	板、墙、壳	15	15	15
	梁和柱	25	25	25
露天或室内高湿度环境	板、墙、壳	35	25	15
	梁和柱	45	35	25
有垫层	基　础	35	35	35
无垫层		70	70	70

注：1. 轻骨料混凝土的钢筋保护层厚度应符合国家现行标准《轻骨料混凝土结构设计规程》的规定。
2. 钢筋混凝土受弯构件钢筋端头的保护层厚度一般为 10 mm。
3. 板、墙、壳中分布钢筋的保护层厚度不应小于 10 mm；梁柱中箍筋和构造钢筋的保护层厚度不应小于 15 mm。

(2) 钢筋密集时，应选用适当粒径的石子。石子最大颗粒尺寸不得超过结构截面最小尺寸的 1／4，同时不得大于钢筋净距的 3／4。截面较小、钢筋较密的部位，宜用细石混凝土浇筑。

(3) 混凝土应保证配合比准确和良好的和易性。

(4) 浇筑高度超过 2 m，应用串筒或溜槽下料；以防止离析。

(5) 模板应充分湿润并认真堵好缝隙。

(6) 混凝土振捣严禁撞击钢筋，在钢筋密集处，可采用直径较小或带刀片的振动棒进行振捣；保护层处混凝土要仔细振捣密实；避免踩踏钢筋，如有踩踏或脱扣等应及时调直纠正。

(7)拆模时间要根据试块试压结果正确掌握，防止过早拆模，损坏棱角。

4. 治理方法

(1)对表面露筋，刷洗干净后，用 1∶2 或 1∶2.5 水泥砂浆将露筋部位抹压平整，并认真养护。

(2)如露筋较深，应将薄弱混凝土和凸出的颗粒凿去，刷洗干净后，用比原来高一强度等级的细石混凝土填塞压实，并认真养护。

(五)缺棱掉角

1. 现象

缺棱掉角是指结构构件边角处或洞口直角边处，混凝土局部脱落，造成截面不规则，棱角缺损。

2. 原因分析

(1)木模板在浇筑混凝土前未充分浇水湿润或湿润不够；混凝土浇筑后养护不好，棱角处混凝土的水分被模板大量吸收，造成混凝土脱水，强度降低，或模板吸水膨胀将边角拉裂，拆模时棱角被粘掉。

(2)冬期低温下施工，过早拆除侧面非承重模板，或混凝土边角受冻，造成拆模时掉角。

(3)拆模时，边角受外力或重物撞击，或保护不好，棱角被碰掉。

(4)模板未涂刷隔离剂，或涂刷不均。

3. 预防措施

(1)木模板在浇筑混凝土前应充分湿润，混凝土浇筑后应认真浇水养护。

(2)拆除侧面非承重模板时，混凝土应具有 1.2 MPa 以上强度。

(3)拆模时注意保护棱角，避免用力过猛、过急；吊运模板时，防止撞击棱角；运料时，通道处的混凝土阳角用角钢、草袋等保护好，以免碰损。

(4)冬期混凝土浇筑完毕，应做好覆盖保温工作，防止受冻。

4. 治理方法

(1)较小缺棱掉角，可将该处松散颗粒凿除，用钢丝刷刷干净，清水冲洗并充分湿润后，用 1∶2 或 1∶2.5 的水泥砂浆抹补整齐。

(2)对较大的缺棱掉角，可将不实的混凝土和凸出的颗粒凿除，用水冲刷干净湿透，然后支模，用比原混凝土高一强度等级的细石混凝土填灌捣实，并认真养护。

(六)松顶

1. 现象

松顶是指混凝土柱、墙、基础浇筑后，在距顶面 50 ~ 100 mm 高度内出现粗糙、松散现象。有明显的颜色变化，内部呈多孔性，基本上是砂浆，无石子分布其中，强度较下部低，影响结构的受力性能和耐久性，经不起外力冲击和磨损。

2. 原因分析

(1)混凝土配合比不当，砂率不合适，水灰比过大，混凝土浇捣后石子下沉，造成上部松顶。

(2)振捣时间过长，造成离析，并使气体浮于顶部。

(3)混凝土的泌水没有排除，使顶部形成一层含水量大的砂浆层。

3. 预防措施

(1)设计的混凝土配合比，水灰比不要过大，以减少泌水性，同时应使混凝土拌和物有良好的保水性。

(2)在混凝土中掺加加气剂或减水剂，减少用水量，提高和易性。

(3)混凝土振捣时间不宜过长，应控制在 20 s 以内，不使其产生离析。混凝土浇筑至顶层时，进行二次振捣和二次抹面，并排除其水分。

(4)连续浇筑高度较大的混凝土结构时，随着浇筑高度的上升分层减水。

(5)采用真空脱水工艺。

4. 治理方法

将松顶部分砂浆层凿去，刷洗干净充分润湿后，用高一强度等级的细石混凝土填筑密实，并认真养护。

(七)缝隙、夹层

1. 现象

缝隙、夹层是指混凝土内成层存在水平或垂直的松散混凝土或夹杂物，使结构的整体性受到破坏。

2. 原因分析

(1)施工缝或后浇带，未经接缝处理，将表面水泥浆膜和松动石子清除掉，或未将软弱混凝土层及杂物清除，并充分湿润，就继续浇筑混凝土。

(2)大体积混凝土分层浇筑，在施工间歇时，施工缝处掉入锯末、泥土、木块、砖块等杂物，未认真检查清理或未清除干净就浇混凝土，使施工缝处成层夹有杂物。

(3)混凝土浇筑高度过大，未设串筒或溜槽下料，造成底层混凝土离析。

(4)底层交接处未灌接缝砂浆层，接缝处混凝土未很好振捣密实；或浇筑混凝土接缝时，留槎或接槎时振捣不足。

(5)柱头浇筑混凝土时，当间歇时间很长，常掉进杂物，未认真处理就浇筑上层柱，常造成施工缝处形成夹层。

3. 预防措施

(1)认真按施工验收规范要求处理施工缝表面及后浇带两侧面；接缝处的锯末、木块、泥土、砖块等杂物必须彻底清除干净，并将接缝表面洗净。

(2)混凝土浇筑高度大于 2 m 时，应设串筒或溜槽下料。

(3)在施工缝或后浇带处继续浇筑混凝土时，应注意以下几点：①浇筑柱、梁、楼板、墙、基础等，应连续进行，如间歇时间超过表 4-4 的规定，则按施工缝处理，应在混凝土抗压强度不低于 1.2 MPa 时，才允许继续浇筑。②大体积混凝土浇筑，如接缝时间超过表 4-4 规定的时间，可采取对混凝土进行二次振捣，以提高接缝的强度和密实度。方法是对先浇筑的混凝土终凝前后(4 ~ 6 h)再振捣一次，然后再浇筑上一层混凝土。③在已硬化的混凝土表面上，继续浇筑混凝土前，应清除水泥薄膜和松动石子以及软弱混凝土层，并加以充分湿润和冲洗干净，且不得积水。④接缝处浇筑混凝土前应铺一层水泥浆或浇 5 ~ 10 cm

厚与混凝土内成分相同的水泥砂浆，或 10～15 cm 厚减半石子混凝土，以利良好接合，并加强接缝处混凝土振捣使之密实。混凝土施工缝处理方法与抗拉强度关系如表 4-5 所列。⑤在模板上沿施工缝位置通条开口，以便于清理杂物和冲洗。全部清理干净后，再将通条开口封板，并抹水泥浆或减石子混凝土砂浆，再浇筑混凝土。

表 4-4 混凝土运输、浇筑和间歇的允许时间 （单位：min）

项 次	混凝土强度等级	气 温	
		不高于 25℃	高于 25℃
1	不高于 C30	210	180
2	高于 C30	180	150

注：当混凝土中掺有促凝或缓凝型外加剂时，其允许时间应根据试验结果确定。

表 4-5 施工缝处理方法与抗拉强度的关系

名称	处理方法	抗拉强度百分率(%)
水平缝	不除去旧混凝土上的水泥薄膜(浮浆)	45
	铲去约 1 mm 浮浆，直接浇筑新混凝土	77
	铲去约 1 mm 浮浆，施工缝上铺水泥浆	93
	铲去约 1 mm 浮浆，施工缝上铺水泥砂浆	96
	铲去约 1 mm 浮浆，施工缝上铺水泥浆，约 3 h 后再振捣一次	100
垂直缝	用水冲洗接槎	60
	接槎面浇水泥砂浆或素水泥浆	80
	铲去约 1 mm 浮浆，浇素水泥浆或砂浆	85
	铲平接槎凹凸处，浇素水泥浆或砂浆	90
	接槎面浇水泥砂浆或素水泥浆，在混凝土塑性状态最晚期(3～6 h)再振捣	100

注：假定无接缝的混凝土抗拉强度为 100%。

(4)承受动力作用的设备基础，施工缝要进行下列处理：①标高不同的两个水平施工缝，其高低结合处应留成台阶形，台阶的高宽比不得大于 1.0。②垂直施工缝处应加插钢筋，其直径为 12～16 mm，长度为 500～600 mm，间距为 500 mm，在台阶式施工缝的垂直面也应补插钢筋。③施工缝的混凝土表面应凿毛，在继续浇筑混凝土前，应用水冲洗干净，湿润后在表面抹 10～15 mm 厚与混凝土内成分相同的一层水泥砂浆。

4. *治理方法*

(1)缝隙夹层不深时，可将松散混凝土凿去，刷洗干净后，用 1∶2 或 1∶2.5 水泥砂浆强力填嵌密实。

(2)缝隙夹层较深时，应清除松散部分和内部夹杂物，用压力水冲洗干净后支模，强力灌细石混凝土捣实，或将表面封闭后进行压浆处理。

二、隐蔽缺陷

由隐蔽缺陷的内容可知，其多数缺陷都会牵涉到混凝土拌和物的和易性，也就是说混凝土拌和物和易性的好坏会直接或间接地影响到混凝土强度、抗渗、抗冻性能、内部孔洞和蜂窝、混凝土保护性能不良和钢筋锈蚀等。

(一)混凝土拌和物的和易性

1. 现象

和易性是混凝土拌和物的一种综合性技术性质，主要通过混凝土流动性、黏聚性和保水性来综合反映。具有良好和易性的混凝土拌和物，在运输时不易分层离析，浇筑时容易捣实，成型后容易修整抹平，且硬化后均匀密实，强度较高，耐久性较好。混凝土拌和物的和易性不好时，拌和物松散，不易黏结；拌和物黏聚力大、成团，不易浇筑；拌和物中水泥砂浆填不满石子间的孔隙；在运输、浇筑过程中分层离析。

2. 影响混凝土拌和物和易性的主要因素

(1)水泥浆量。在一定范围内，水泥浆量越多，混凝土拌和物流动性越大。但若浆量过多，不仅流动性无明显增大，反而加大泌水率，降低黏聚性，影响施工质量。

(2)水灰比。水灰比不同，水泥浆的稀稠程度也不同。在一般水泥浆量不变的条件下，增大水灰比即减少水泥用量或增加用水量时，水泥浆就变稀，使水泥浆的黏聚性降低，流动性增大。如水灰比过大，使水泥浆的黏聚性降低过多，保水性差，就会出现泌水现象，影响混凝土质量。反之，如水灰比过小，水泥浆较稠，采用一般施工方法时也难以灌筑、捣实，所以水灰比不能过大，也不能过小。

(3)砂率。指砂的用量占砂石总用量的百分数。在一定水泥浆量条件下，如砂率过大，则砂石总表面积及孔隙率增大，混凝土拌和物就显得干稠，流动性小；如砂率过小，砂浆量不足，不能在石子周围形成足够的砂浆层起润滑作用，也会使坍落度降低，并影响黏聚性和保水性，使拌和物显得粗涩，石子离析，水泥浆流失。因此，砂率不能过大，也不能过小，应通过试验确定最佳砂率。

此外，水泥种类和细度、石子种类及其粒形与级配，以及外加剂等，都对拌和物和易性有影响。

3. 混凝土拌和物和易性不好的预防措施

(1)混凝土配合比设计、计算和试验方法，应符合有关技术规定，混凝土最大水灰比和最小水泥用量应符合表4-6的要求。

表4-6 混凝土最大水灰比和最小水泥用量

项次	混凝土所处环境条件	最大水灰比	最小水泥用量(kg/m^3)			
			普通混凝土		轻骨料混凝土	
			配筋	无筋	配筋	无筋
1	不受雨雪影响的混凝土	不作规定	250	200	250	225
2	(1)受雨雪影响的露天混凝土 (2)位于水中及水位升降范围内的混凝土 (3)在潮湿环境中的混凝土	0.70	250	225	275	250
3	(1)寒冷地区水位升降范围内的混凝土 (2)受水压作用的混凝土	0.65	275	250	300	275
4	严寒地区水位升降范围内的混凝土	0.60	300	275	325	300

注：1. 本表所列水灰比，普通混凝土系指水与水泥(包括外掺混合材料)用量之比；轻骨料混凝土系指水与水泥的净水灰比(不包括轻骨料1 h吸水量和外掺混合材料)。

2. 表中最小水泥用量(普通混凝土包括外掺混合材料；轻骨料混凝土不包括外掺混合材料)，当用人工捣实时，应增加25 kg/m^3，当掺用外加剂，且能有效地改善混凝土的和易性时，水泥用量可减少25 kg/m^3。

3. C10及C10以下的混凝土，其最大水灰比和最小水泥用量可不受本表限制。

4. 寒冷地区系指最冷月份的月平均温度在−5～−15℃之间；严寒地区系指最冷月份的月平均温度低于−15℃。

(2)泵送混凝土配合比应根据泵的种类、泵送距离、输送管径、浇筑方法、气候条件等确定，并应符合下列规定：①碎石最大粒径与输送管内径之比，宜小于或等于1∶3；卵石宜小于或等于1∶2.5，通过0.315 mm筛孔的砂应不少于15%，砂率宜控制在38%~45%。②最小水泥用量宜为300 kg/m^3。③混凝土的坍落度宜为100~180 mm。④混凝土内宜掺加适量的外加剂。⑤泵送轻骨料混凝土选用原材料及配合比，应通过试验确定。

(3)应合理选用水泥强度等级，使水泥强度等级与混凝土设计强度等级之比控制在13~20之间。客观情况做不到时，可采取在混凝土拌和物中掺加混合材料(如粉煤灰等)或减水剂等技术措施，以改善混凝土拌和物的和易性。

(4)原材料计量应建立岗位责任制，计量方法力求简便易行、可靠。水的计量，应制作标准计量水桶，外加剂应用小台秤计量。

(5)在混凝土拌制和浇筑过程中，应按规定检查混凝土组成材料的质量和用量，每一工作班应不少于2次。

(6)在拌制地点及浇筑地点检查混凝土的坍落度或工作度，每一工作班至少检查2次。混凝土浇筑时的坍落度可按表4-7的规定采用。

(7)在一个工作班内，如混凝土配合比受外界因素影响而有变动时，应及时检查、调整。

(8)随时检查混凝土搅拌时间，混凝土延续搅拌最短时间按表4-8采用。

表4-7 混凝土浇筑时的坍落度

名称	结构种类	坍落度(mm)
1	基础或地面等的垫层，无配筋的大体积结构(挡土墙、基础等)或配筋稀疏的结构	10~30
2	板、梁和大型及中型截面的柱子等	30~50
3	配筋密列的结构(薄壁、斗仓、筒仓、细柱等)	50~70
4	配筋特密的结构	70~90

注：1. 本表系采用机械振捣混凝土时的坍落度，当采用人工捣实混凝土时其值可适当增大。
2. 当需要配制大坍落度混凝土时，应掺用外加剂。
3. 曲面或斜面结构混凝土的坍落度应根据实际需要另行选定。
4. 轻骨料混凝土的坍落度，宜比表中数值减少10~20 mm。

表4-8 混凝土延续搅拌的最短时间 (单位：s)

混凝土坍落度(mm)	搅拌机机型	搅拌机出料量(L)		
		<250	250~500	>500
≤30	强制式	60	90	120
	自落式	90	120	150
>30	强制式	60	60	90
	自落式	90	90	120

注：1. 混凝土搅拌的最短时间系指自全部材料装入搅拌筒中起到开始卸料止的时间。
2. 当掺有外加剂时，搅拌时间应适当延长。

4. 治理方法

不应将和易性不好的混凝土拌和物用于重要构件。一般情况下，将和易性不好而影响浇筑质量的混凝土拌和物仅用于次要构件(如沟盖板等)；和易性严重不好者应做报废处理。

(二)匀质性差，强度达不到要求

1. 现象

同批混凝土试块抗压强度平均值低于 0.85 或 0.9 设计强度等级，或同批混凝土中个别试块抗压强度值过高或过低，出现异常。

2. 原因分析

(1)水泥过期或受潮，活性降低；砂、石骨料级配不好，孔隙率大，含泥量和杂质超过规定或有冻块混入；外加剂使用不当，掺量不准确。

(2)混凝土配合比不当，计量不准，袋装水泥欠重，计量器具失灵，施工中随意加水，或没有扣除砂、石的含水量，使水灰比和坍落度增大。

(3)混凝土加料顺序颠倒，搅拌时间不够，拌和不匀。

(4)冬期低温施工，未采取保温措施，拆模过早，混凝土早期受冻。

(5)混凝土试块没有代表性，试模保管不善，混凝土试块制作未振捣密实，养护管理不当，或养护条件不符合要求；在同条件养护时，早期脱水、受冻或受外力损伤。

(6)混凝土拌和物搅拌完至浇筑完毕的延续时间过长，振捣过度，养护差，使混凝土强度受到损失。

3. 预防措施

(1)水泥应有出厂质量合格证，并应加强水泥保管工作，要求新鲜无结块，过期水泥经试验合格后才能使用。对水泥质量有疑问时，应进行复查试验，并按试验结果的强度等级使用。

(2)砂石粒径、级配、含泥量等应符合要求。

(3)严格控制混凝土配合比，保证计量准确，及时测量砂、石含水率并扣除用水量。

(4)混凝土应按顺序加料、拌制，保证搅拌时间和拌匀。

(5)冬期施工，应根据环境大气温度情况，保持一定的浇灌温度，认真做好混凝土结构的保温和测温工作，防止混凝土早期受冻。在冬期条件下养护的混凝土，在遭受冻结前，硅酸盐或普通硅酸盐水泥配制的混凝土，应达到设计强度等级的 30%以上，矿渣硅酸盐水泥配制的混凝土，应达到 40%以上，C10 及 C10 以下的混凝土不得低于 5 MPa。

(6)按施工验收规范要求认真制作混凝土试块，并加强对试块的管理和养护。

4. 治理方法

(1)当试块试压结果与要求相差悬殊，或试块合格而对混凝土结构实际强度有怀疑，或出现试块丢失、编号错乱、忘记做试块等情况，可采用非破损方法(如回弹仪法、超声波法)来测定结构的实际强度，如强度仍不能满足要求，应经有关人员研究，查明原因，采取必要措施进行处理。

(2)当混凝土强度偏低，不能满足要求时，可按实际强度校核结构的安全度，研究处理方案，采取相应的加固或补强措施。

(3)冬期施工，如发现混凝土早期强度增长过慢，可采取加强保温以及采取通蒸汽、用热砂覆盖、电热毯加温或生火炉加温等措施。

(三)保护性能不良

1. 现象

钢筋混凝土结构的混凝土保护层遭受破坏，或混凝土的保护性能不良，钢筋发生锈蚀，铁锈膨胀引起混凝土开裂。

2. 原因分析

(1)施工时造成的混凝土表面缺陷，如缺棱掉角、露筋、蜂窝、孔洞和裂缝等没有处理或处理不良，在外界不良环境条件作用下，使钢筋锈蚀、膨胀剥落。

(2)钢筋混凝土内掺入过量的氯盐外加剂，或在不允许使用氯盐的环境中使用了含有氯盐成分的外加剂，造成钢筋锈蚀，混凝土沿钢筋产生裂缝、剥落。

(3)冬期施工混凝土结构构件未保温，混凝土早期遭受冻结，使表层出现裂缝、剥落、钢筋锈蚀。

3. 预防措施

(1)混凝土施工形成的表面缺陷应及时仔细地进行修补，并应确保修补质量。

(2)冬期施工时，钢筋混凝土中氯盐(按无水状态计算)掺量不得超过水泥重量的1%。掺氯盐的混凝土必须振捣密实，并且不宜采用蒸汽加热养护。

(3)在下列情况下，不得在钢筋混凝土结构中掺氯盐：①在高湿度空气环境中使用的结构，如排出大量蒸汽的车间、澡堂、洗衣房和经常处于空气相对湿度大于80%的房间，以及有顶盖的钢筋混凝土蓄水池等。②结构处于水位升降的部位。③露天结构或经常受水淋的结构。④与镀锌或铅铁接触的部位，以及有外露钢筋、预埋件而无防护措施的结构。⑤与含有酸碱或硫酸盐等侵蚀性介质相接触的结构。⑥使用过程中环境温度经常处于60℃以上的结构。⑦使用冷拉钢筋和冷拔低碳钢丝的结构。⑧薄壁结构，或重级工作制吊车梁、屋架、落锤或锻锤基础等结构。⑨电解车间和直接靠近直流电源的结构。⑩直接靠近高压电源(发电站、变电所)的结构。⑪预应力混凝土结构。

4. 治理方法

(1)一般混凝土裂缝可用环氧胶泥封闭；对较宽较深的裂缝，用环氧砂浆补缝或再加贴环氧玻璃布处理。

(2)对于已锈蚀的钢筋，应彻底清除铁锈，凿除与钢筋结合不牢固的混凝土和软弱颗粒，用清水冲洗充分湿润后，再用比原混凝土高一强度等级的细石混凝土填补密实，并认真养护。

(3)大面积钢筋锈蚀膨胀引起的裂缝，应会同设计等单位研究制订处理方案，经批准后再进行处理。

(四)预埋铁件空鼓

1. 现象

混凝土结构预埋铁件钢板与混凝土之间存在空隙，用小锤轻轻敲击时，发出“当当”

鼓音，影响铁件的受力、使用功能和耐久性。

2. 原因分析

(1)混凝土浇筑时在铁件与混凝土之间没有很好捣实或辅以人工捣实。

(2)混凝土水灰比和坍落度过大，混凝土干缩后在铁件与混凝土之间形成空隙。

(3)浇筑方法不当，使预埋铁件背面的混凝土气泡和泌水无法排出，形成空鼓。

3. 预防措施

(1)预埋铁件背面的混凝土应仔细振捣并辅以人工捣实。水平预埋铁件下面的混凝土应采用赶浆法浇筑，由一侧下料振捣，另一侧挤出，并辅以人工横向插捣，使达到密实、无气泡为止。

(2)预埋铁件背面的混凝土应采用较干硬性混凝土浇筑，以减少干缩。

(3)水平预埋铁件应在钢板上钻 1 ~ 2 个排气孔，以利气泡和泌水的排出。

4. 治理方法

(1)如在浇筑时发现空鼓，应立即将未凝结的混凝土挖出，重新填充混凝土并插捣，使饱满密实。

(2)如在混凝土硬化后发现空鼓，可在钢板外侧凿 2 ~ 3 个小孔，用二次压浆法压灌饱满。

(五)钢筋生锈

1. 现象

(1)混凝土保护层发生沿钢筋长度方向的顺筋开裂，裂缝宽度可达 1 ~ 2 mm 以上。

(2)混凝土保护层局部剥落，锈蚀钢筋外露。

(3)钢筋在混凝土内有效截面减小，最严重的损失率可达 40%以上，这时混凝土构件表面虽无明显开裂迹象，但钢筋已与混凝土脱开。

(4)由于钢筋受蚀截面变小，致使构件截面承载力不足，发生局部破坏或过大变形。

2. 原因分析

铁锈即氢氧化铁[$Fe(OH)_3$]，一般来讲，它是钢筋在水、氧具备的条件下产生的。在钢筋混凝土结构中，由于水泥水化时生成的氢氧化钙[$Ca(OH)_2$]，当混凝土具有某种湿度时，钢筋周围的这些水分可以看做饱和 $Ca(OH)_2$ 的电解质，其碱度较高，pH 值在 12 ~ 14 之间。钢筋在这种介质表面会形成钝化膜[$Fe(OH)_2$]，可以抑制钢筋的腐蚀过程。但如果混凝土密实性不够或保护层太薄，空气中的二氧化碳(CO_2)容易渗入混凝土内部而引起中性化(又称碳化)，使混凝土碱性降低，减弱了对钢筋的保护作用，容易导致钢筋腐蚀。同时还由于水分和空气容易渗入混凝土内部，当到达钢筋表面时就会引起腐蚀。

当钢筋周围氯化物浓度达到某个临界值时，氯离子(Cl^-)容易渗入钝化膜，与亚铁离子 Fe^{2+} 结合成为铁与氯化物的复合物，即绿锈；这种绿锈又能渗出钝化膜，遇到氯浓度较高的介质时又会分解为 $Fe(OH)_3$，即铁锈。

因此，空气中的 CO_2 和钢筋受到氯化介质侵蚀是使握裹在混凝土里的钢筋生锈的重要前提。钢筋锈蚀后对钢筋混凝土构件的影响如表 4-9。

表 4-9　钢筋锈蚀对钢筋混凝土构件的影响

钢筋锈度		Ⅰ	Ⅱ	Ⅲ和破坏期
钢筋减重(截面损失)		0 ~ 1%	1% ~ 5%	5% ~ 20%；甚至达 40%
混凝土裂缝		无	开始出现层裂	顺筋裂缝；混凝土保护层脱落；钢筋与混凝土脱离
铁锈扩散		有锈斑	铁锈开始在混凝土中扩散	铁锈沿混凝土裂缝扩散，并向混凝土表面渗出
握裹力	变形钢筋	无变化	无变化	减重少时无变化；减重多时将严重降低
	光圆钢筋	提高 1.34 倍	提高 1.66 倍	减重少时可提高 1.39 倍；减重多时将严重降低
钢筋屈服点	变形钢筋	无明显变化	无明显变化	减重少时无明显变化；减重多时降低
	光圆钢筋	基本无变化	基本无变化	随减重而降低
钢筋抗拉强度		基本无变化	略减少，可忽略不计	降低，或作试验判断

3. 预防措施

预防钢筋受腐蚀可从三方面着手。

(1) 从防止钢筋混凝土构件表面过快碳化考虑。其影响因素有混凝土的密实性和渗透性(密实性差或渗透性大时碳化速度快)、空气中 CO_2 浓度(CO_2 浓度 A 愈高碳化速度 B 愈快，$B \propto \sqrt{A}$)、周围环境的温湿度(最适宜碳化的相对湿度为 50% ~ 80%，湿度相同时温度愈高碳化愈快，频繁干湿交替的环境会加速碳化)三方面。故预防措施是：①混凝土必须密实，不得有孔洞、蜂窝和麻面。如已有的，必须妥善修补后方能装修。②混凝土水灰比宜较小，水泥用量宜较多(水灰比愈小，混凝土的抗渗性愈好)；对混凝土的湿养护时间也与水灰比有关，如水灰比为 0.4 时湿养护时间宜为 3 d；水灰比为 0.5 时湿养护时间宜为 14 d；而水灰比为 0.6 时湿养护时间宜为 18 d。③对在硅酸盐水泥中混合料(如高炉矿渣粉、粉煤灰、火山灰等)的掺入量应有限制(如处于浪溅区的港口工程，建议的混合料掺量用普通硅酸盐水泥时不大于 15%，用于矿渣硅酸盐水泥时不大于 10%)。④混凝土保护层的厚度必须符合相应结构的设计规范和规程的要求。⑤钢筋混凝土构件的外形宜简单，凹凸棱角愈少愈好(凹处易应力集中，也易积水、受潮；凸处易被侵蚀物质渗入)。

(2) 从提高钝化膜抗氯离子渗透性出发考虑，可使用预防盐污染混凝土引起钢筋腐蚀的阻锈剂，如亚硝酸钠 $NaNO_2$、亚硝酸钙 $Ca(NO_2)_2$ 等。

(3) 注意防冻混凝土原材料的质量。①水。海水可用于拌制素混凝土，但不得用于拌制钢筋和预应力混凝土(包括有饰面要求的混凝土)。钢筋混凝土中氯离子(Cl^-)含量应小于 1 200 mg / L，预应力混凝土中其相应值应小于 500 mg / L；钢筋混凝土中硫酸盐(SO_4^{2-})含量应小于 2 700 mg / L，预应力混凝土中其相应值应小于 600 mg / L。②砂。海砂可用于拌制素混凝土，但用于拌制钢筋混凝土时其氯离子含量不应大于 0.06%(以干砂重量的百分率计)，并不宜用于拌制预应力混凝土。③防冻剂。氯盐类防冻剂仅适用于素混凝土，含足够阻锈剂的氯盐类防冻剂可用于一般钢筋混凝土，而不能用于预应力混凝土。无氯盐类防冻剂可用于钢筋和预应力混凝土；但含硝酸盐、亚硝酸盐、碳酸盐类防冻剂不得用于预应力混凝土。掺防冻剂混凝土宜选用不过期的、等级不低于 32.5 的硅酸盐或普通硅酸盐水泥。掺防冻剂混凝土的搅拌要求同冬期施工时的要求；可在规定的负温(–5 ~ –15℃)条件下养护，但不得浇水，外露表面必须覆盖。

4. *治理方法*

钢筋锈蚀膨胀裂缝，应把主筋周围含盐混凝土凿除，铁锈以喷砂法清除，然后用喷浆或加围套方法修补。其他参见“混凝土裂缝治理方法”中有关大面积裂缝的治理方法。

第三节　钢筋混凝土结构的裂缝

一、钢筋混凝土结构裂缝的产生原因、特征和表现

钢筋混凝土结构在设计、施工、使用过程中，由于材料选配不当、施工违反操作规程、构件受力或变形使内应力超越材料强度和环境因素影响均可造成裂缝。裂缝的具体原因、特征、表现如表 4-10 ~ 表 4-13 所示。

表 4-10　钢筋混凝土结构裂缝原因、特征和表现(材料)

序号	原因	缺陷特征	裂缝表现
1	使用过期水泥	混凝土强度降低，构件承载力和刚度减弱	出现表 4-12 所示各种受力裂缝
2	水泥、骨料中含过量有害物质如游离的 SO_3 等	随时间而增长的混凝土酥裂	先出现不规则网状裂缝，继而混凝土脱落
3	骨料含泥土过量	随混凝土凝结和气候干燥产生不规则网状干裂缝，使混凝土强度降低	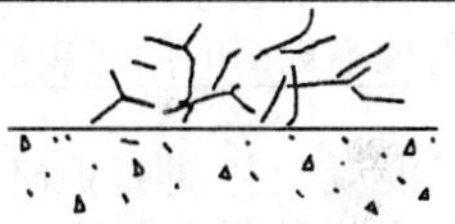
4	骨料含活性 SiO_2，水泥中含碱量过高	随时间而增长的混凝土胀裂，裂缝呈龟背纹状，约成 120° 裂缝多出现在潮湿部位，且有渗出物出现 裂缝多出现在不受约束(无筋或少筋)处 由于开裂部位有局部体积膨胀，裂缝两侧有时并不平整	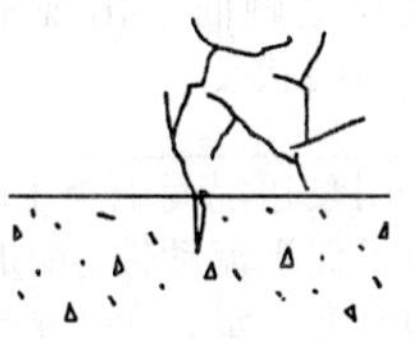
5	骨料含石灰石	待混凝土凝固后生成导致混凝土崩裂的“爆瘤”	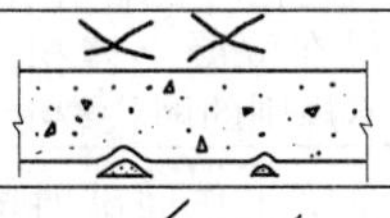
6	水泥水化热	大体积混凝土浇筑后数日内出现等距离的直线形裂缝，有表面的，也有贯通的	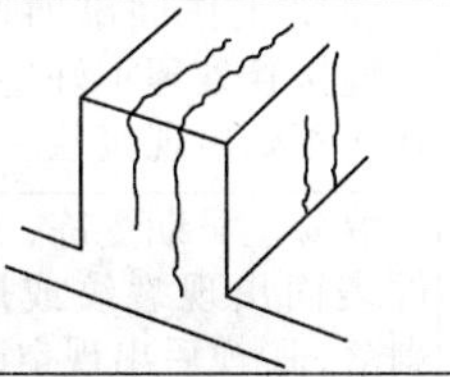
7	用含氯盐类外加剂拌和混凝土	钢筋锈蚀后体积膨胀，胀裂混凝土；或钢筋锈蚀后截面减小，造成混凝土内空鼓	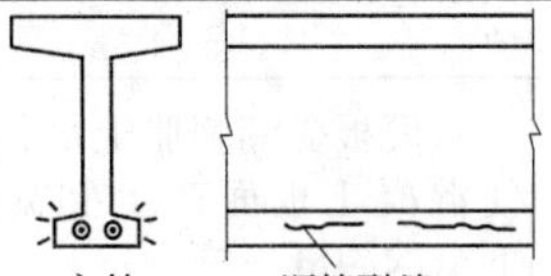

表 4-11　混凝土缺陷原因、特征和裂缝表现（施工）

序号	原因和缺陷特征	裂缝表现	预防措施
1	塑性混凝土下沉，被顶部钢筋所阻，形成沿钢筋的裂缝（通长或断续）	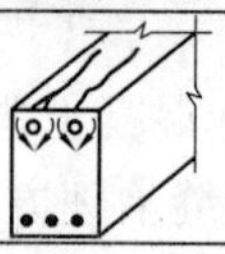	改善水灰比，减少泌水，加强自然养护，增加混凝土保护层厚度
2	乱踩已绑扎的上层钢筋，使承受负弯矩的受力筋的混凝土保护层加大，构件有效高度减小，形成沿构件支承边缘的垂直于受力筋的裂缝	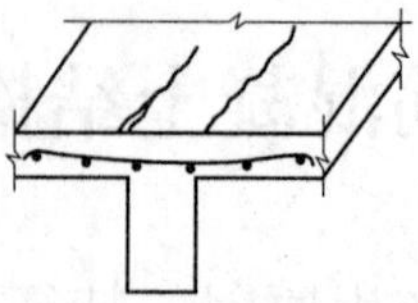	构件顶部承受弯矩的钢筋直径不宜过细（$\geqslant \phi 8$） 施工时禁止在顶部钢筋上走动；必要时设置铁支架支住负弯矩筋
3	混凝土振捣不密实，出现蜂窝，易形成各种受力裂缝的起点	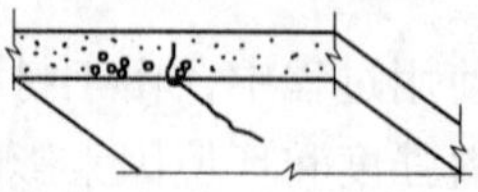	保证混凝土拌制、浇筑和振捣质量；采用对混凝土蜂窝的补强措施
4	混凝土浇筑速度过快，容易在浇筑 1～2 h 后发生在板与墙、梁，梁与柱交接部位的纵向裂缝	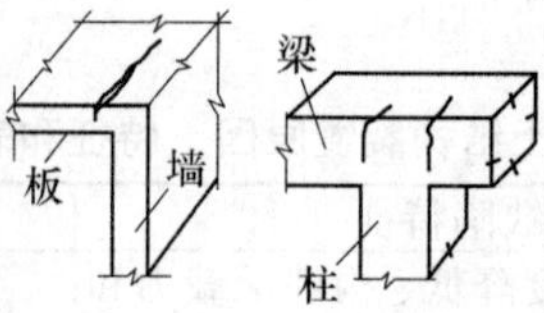	在浇筑与柱和墙整体连接的梁和板时，应在柱和墙浇筑混凝土完毕后停歇 1～1.5 h，使其获得初步沉实，再继续浇筑板、梁的混凝土
5	混凝土搅拌、运输时间过长，使水分蒸发，引起混凝土浇筑时坍落度过低，使得在混凝土体积中出现不规则的网状裂缝		如混凝土的坍落度损失过多（对板、梁、柱，当坍落度<3 cm 时），应在浇筑前进行二次搅拌
6	混凝土初期养护时急骤干燥使得在混凝土与大气接触面上出现不规则的网状裂缝	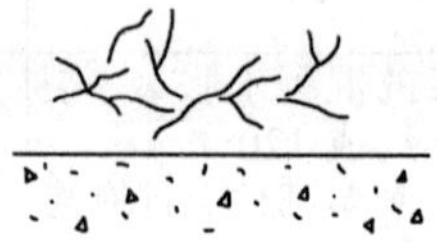	加强早期养护，减少水分蒸发
7	用泵送混凝土施工时，为了保证流动性，增加水和水泥用量，导致混凝土凝结硬化时收缩量增加，使得在混凝土体积中出现不规则的网状裂缝		水泥用量不宜超过 550 kg / m^3；水灰比不应大于 0.7（其中水泥重量包括外掺混合材料和塑化剂） 砂率可以提高至 40%～50%
8	灌筑工作间歇时的施工缝接茬处理不好，容易在接茬处出现接茬裂缝	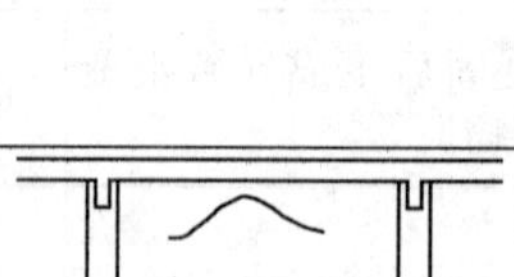	按照混凝土工程施工规范要求做好施工缝的留置和接茬处的处理
9	混凝土早期受冻，使构件表面出现裂纹或局部剥落，脱模后出现空鼓现象		按照冬期混凝土施工要求保护混凝土不受冻 在预期早期受冻的混凝土中掺入防冻剂或引气剂
10	木模板受潮膨胀上拱，使混凝土板面产生上宽下窄的裂缝	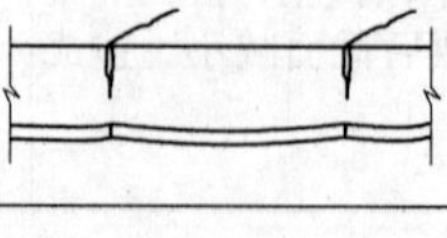	避免采用过分干燥的木材做模板

续表 4-11

序号	原因和缺陷特征	裂缝表现	预防措施
11	模板刚度不够，在刚浇筑塑性混凝土的（侧向）压力作用下发生变形，影响混凝土构件出现与模板变形一致的裂缝	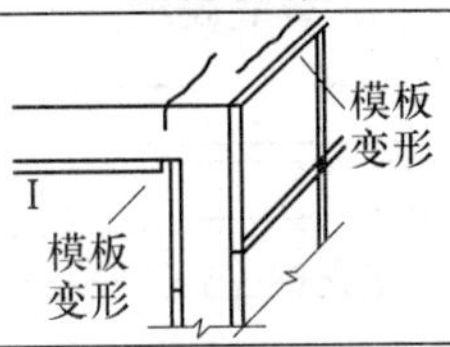	加强模板的侧向刚度
12	模板支撑下沉或局部失稳，造成已浇筑成型的构件产生相应部位的裂缝		保证模板支撑的总体承载力、刚度和稳定 支撑应设置在坚固可靠平坦的支承面上
13	已凝结硬化的混凝土，在尚未建立足够强度以前，受到模板被振的影响产生相应裂缝	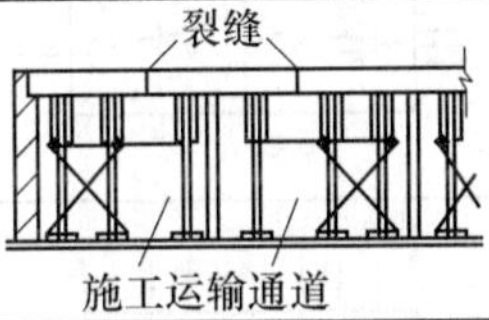	应在施工期间避免这种现象的发生
14	过早拆模，混凝土尚未建立足够强度，构件在实际施加于自身的重力荷载作用下，容易发生各种受力裂缝		跨度 $l \leqslant 2$ m 的构件，达到混凝土设计强度 50%时，可拆模 跨度 2 m$<l<$8 m 的构件，达到混凝土设计强度 70%时，可拆模 跨度 $l \geqslant 8$ m 的构件，达到混凝土设计强度 100%时，可拆模

表 4-12　钢筋混凝土构件裂缝原因、特征、表现形态（受力、变形）

原因		一般裂缝特征	裂缝表现	临近破坏前裂缝特征（除裂缝加宽外有以下特征）
荷载作用下	(1)中心受拉	裂缝贯穿构件全截面，大体等间距（垂直于受力方向）；用螺纹筋时，裂缝间出现位于钢筋附近的次裂缝	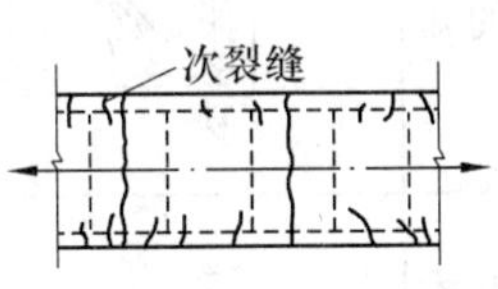	出现沿钢筋的纵向裂缝
	(2)中心受压	沿构件出现短而密的平行裂缝（平行于受力方向）	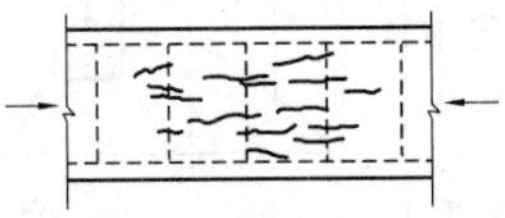	混凝土保护层脱落，箍筋内混凝土压酥，箍筋间纵向受力筋外鼓
	(3)受弯	弯矩最大截面附近从受拉边缘开始出现横向裂缝，逐渐向中和轴发展；用螺纹筋时，裂缝间可见短向次裂缝	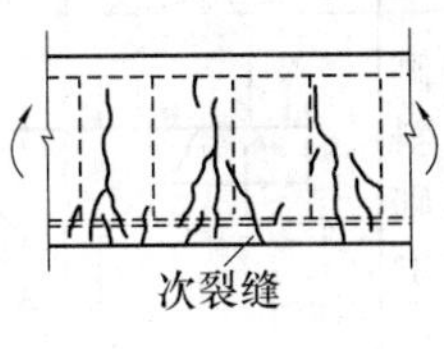	横向裂缝向压区延伸，压区出现短而密的纵向裂缝，压区混凝土和箍筋间纵向受压筋外鼓 梁高较大的 T 形梁或工形梁中，次裂缝可发展成与主裂缝相交的枝状裂缝

续表 4-12

原因		一般裂缝特征	裂缝表现	临近破坏前裂缝特征（除裂缝加宽外有以下特征）
荷载作用下	(4)大偏心受压	类似(3)	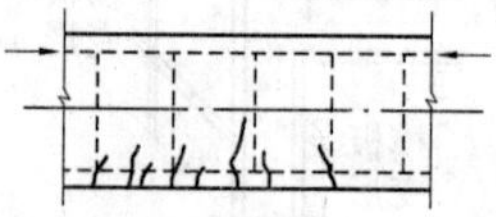	类似(3)
	(5)小偏心受压	类似(2)，但发生在压力较大一侧	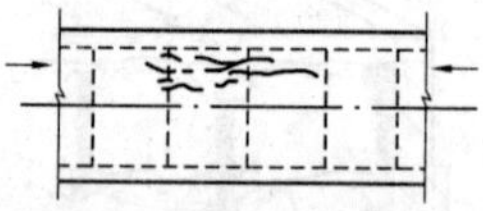	类似(2)，但发生在压力较大一侧
	(6)局部受压	在局部受压区出现大体与压力方向平行的多条短裂缝	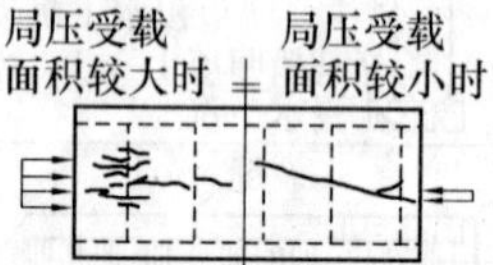	或裂缝加密，混凝土压酥；或发生一条集中开展的主裂缝，混凝土劈裂
	(7)受剪（剪压）(当箍筋适当时)	沿梁端中下部发生约 45°方向相互平行的斜裂缝		斜裂缝发展至梁顶部，同时沿梁下主筋发生斜脚裂缝
		沿悬臂剪力墙支承端受力一侧中下部发生一条约 45°方向的斜裂缝	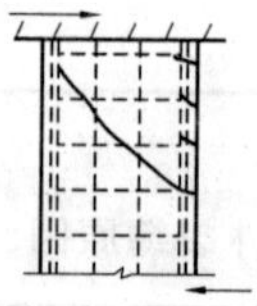	这条斜裂缝发展至墙端另一侧边缘
	(8)受剪（斜压）(当箍筋太密时)	沿梁端腹部发生大于 45°方向的短而密的斜裂缝	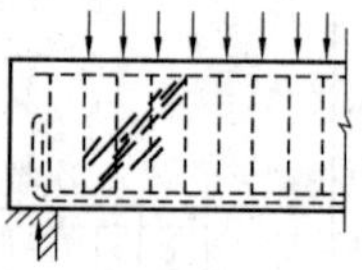	斜裂缝处混凝土酥裂
	(9)受冲切	主次梁交接处未设附加箍筋，次梁下端的主梁上发生45°方向斜裂缝；也可能主梁一侧的斜裂缝越过次梁上端	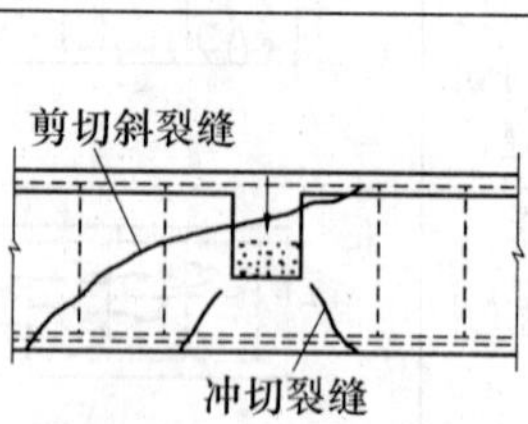	次梁下端斜裂缝有穿透全截面的趋势 次梁上端斜裂缝有劈拉破坏趋势
		沿柱头板内四侧发生 45°方向的斜裂缝；沿柱下基础体内柱边四侧发生45°方向斜裂缝	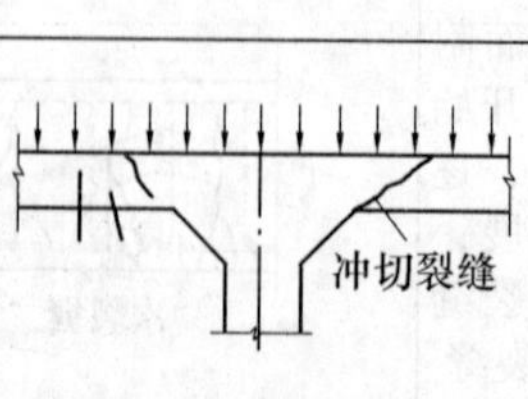	斜裂缝有穿透构件全截面的趋势

续表 4-12

原因		一般裂缝特征	裂缝表现	临近破坏前裂缝特征（除裂缝加宽外有以下特征）
荷载作用下	(10) 受扭力矩	某一面腹部先出现多条约45°方向斜裂缝，向相邻面以螺旋方向展开	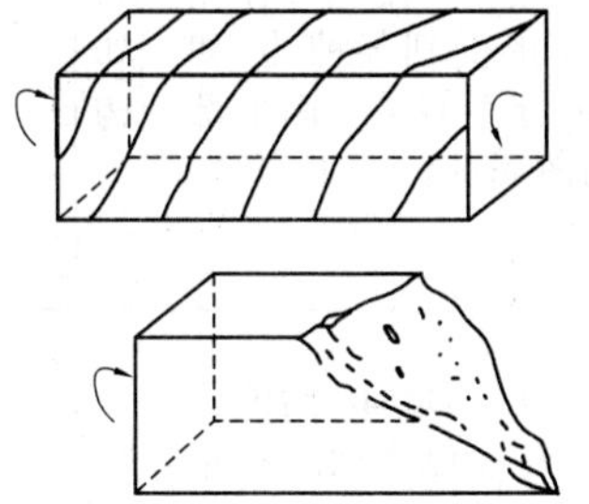	在第4个面上形成45°方向的与斜裂缝发展方向相垂直的短而密的斜裂缝
荷载作用下	(11) 单跨框架梁、柱受弯	框架梁的跨中裂缝自下而上，两端裂缝自上而下；每侧框架柱都可能有水平裂缝，但上下两截面水平裂缝发展的方向相反	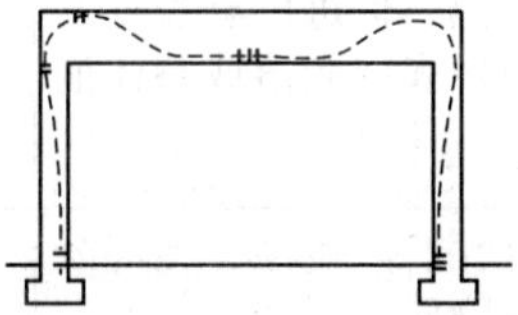	类似(3)、(4)
外加变形或约束变形作用下	(12) 框架结构一侧下沉过多	框架梁两端发生裂缝的方向相反（一端自上而下，另端自下而上）；下沉柱上的梁柱接头处可能发生细微水平裂缝	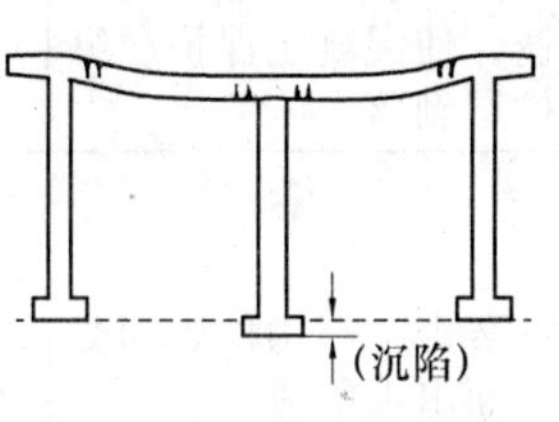	
外加变形或约束变形作用下	(13) 梁的混凝土收缩和温度变形	沿梁长度方向的腹部出现大体等间距的横向裂缝，中间宽、两头尖，呈枣核形，至上下纵向钢筋处消失	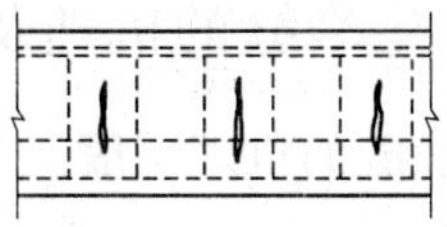	
外加变形或约束变形作用下	(14) 板的混凝土收缩和温度变形	沿板长度方向出现与跨度方向一致的大体等间距的平行裂缝	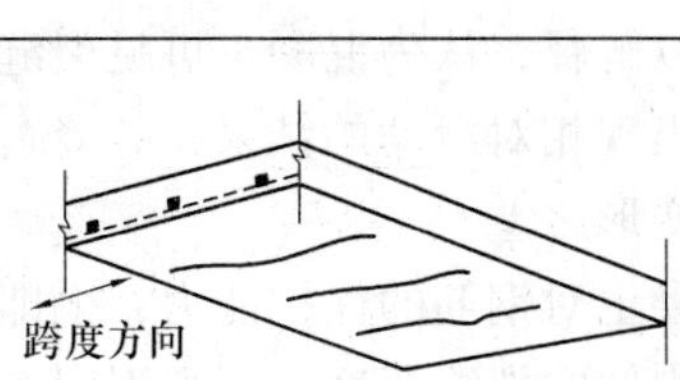	

表 4-13　钢筋混凝土结构缺陷原因、特征和裂缝表现（环境）

序号	原因和缺陷特征	裂缝表现
1	在大气温湿度变化（冷热、干湿循环作用）下，当纵向很长的构件的变形受到某种约束时（如气温有变化时，基础部分不伸长，而上部结构伸长），就会在构件的薄弱部位产生裂缝	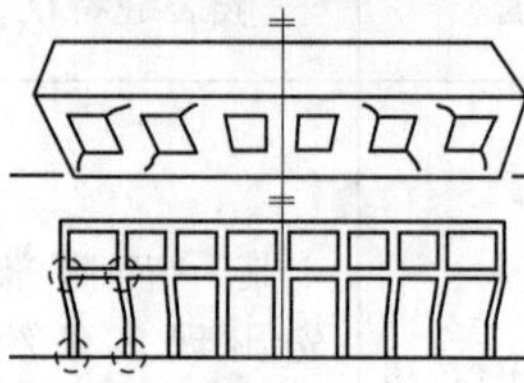 ○裂缝可能发生部位
2	当钢筋混凝土构件（一般为墙体）两侧面的温度、湿度差值过大时，在一侧表面或拐角处容易发生裂缝	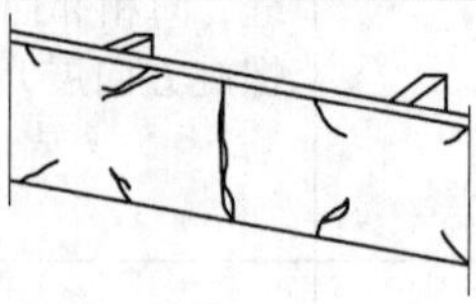
3	钢筋混凝土构件多次受冰冻—融解循环作用，使混凝土中产生内应力，促进已有裂缝发展，结构疏松，表面龟裂，表层剥落或整体崩溃	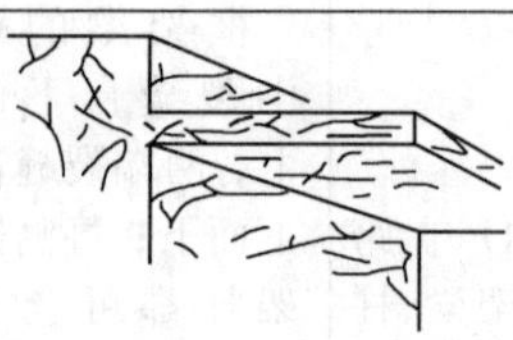
4	受酸类介质（如硫酸、盐酸等）侵蚀，在混凝土体内生成会膨胀的有害物质 受盐类介质（如钠盐、镁盐等）侵蚀，在混凝土体内生成凝胶性化合物，促使混凝土组织松散，发生扁片剥落 受含氯离子介质（如海洋环境下）侵蚀，使握裹在混凝土里的钢筋生锈，使混凝土保护层纵向劈裂，甚至大面积保护层剥落	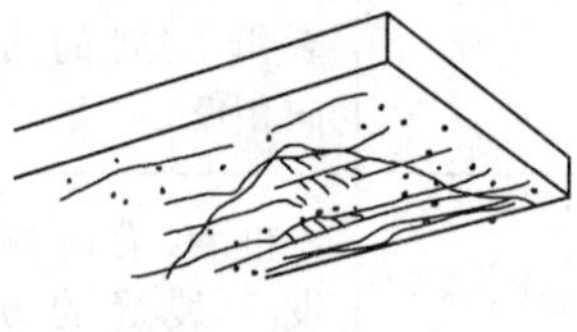
5	钢筋混凝土构件受火灾袭击，或构件表面受加热影响，使构件整个表面出现龟裂	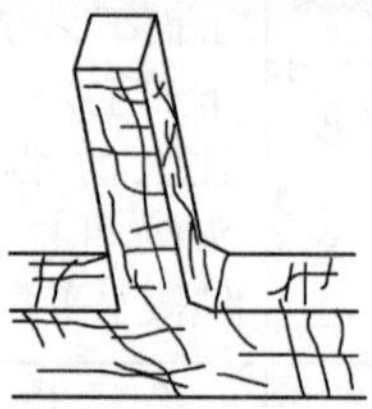

二、钢筋混凝土构件产生裂缝的机理及裂缝宽度

就混凝土自身而言，产生裂缝的机理一般认为是因混凝土材料（包括水泥石和粗细骨料）变形受约束所引起的内应力大于材料抗拉强度的缘故。

至于钢筋混凝土构件因受力、变形、某些环境因素影响而产生的裂缝，则一般可用“黏结—滑动”的机理加以解释，认为混凝土可见裂缝的发生和开展，是钢筋与混凝土间不能再保持变形协调而出现相对滑动的结果，裂缝宽度本质上是裂缝之间受拉混凝土拉伸变形和受拉钢筋拉伸变形之差。

裂缝宽度直接影响混凝土对钢筋的保护能力，也即直接影响钢筋混凝土构件和结构的承载能力。钢筋混凝土构件的裂缝宽度与下列因素有关：受拉钢筋直径愈粗，裂缝宽

度愈大；受拉钢筋若为光圆钢筋，比螺纹筋及其他变形钢筋裂缝宽度大；受拉钢筋的拉应力愈大，裂缝宽度愈大；裂缝间距愈长，裂缝宽度愈大；受拉钢筋的混凝土保护层愈厚，裂缝宽度愈大。

《混凝土结构设计规范》(GBJ10—89)计算的裂缝宽度是最大裂缝宽度 ω_{max}。实测表明，裂缝宽度有很大离散性，通常取最大裂缝宽度的超越概率为 5%，也即算得的 ω_{max} 的保证率为 95%。我国规范的裂缝最大宽度极限值见表 4-14。

表 4-14　钢筋混凝土结构构件最大裂缝宽度允许值

类别	结构构件所处条件	允许裂缝宽度(mm)
因荷载变化要求控制的裂缝宽度	按裂缝出现设计(不允许出现裂缝的工程)	不允许
	烟囱、用于贮存松散体的筒仓	0.2
	处于液体压力而无专门保护措施的结构构件	0.2
	处于正常条件下的一般构件	0.3
因持久强度(钢筋不致受腐蚀条件)要求控制的裂缝宽度	严重侵蚀条件下，有防渗要求混凝土纯自防水，有防渗要求的地下、屋面工程，非高压水条件	0.1
	轻微侵蚀条件下，无防渗要求	0.2
	处于正常条件下的结构构件，无防渗要求	0.3

三、钢筋混凝土结构裂缝的治理方法

混凝土结构或构件出现裂缝，有的破坏结构整体性，降低刚度，使变形增大，不同程度地影响结构承载力、耐久性；有的虽对承载力无多大影响，但会引起钢筋锈蚀，降低耐久性，或发生渗漏，影响使用。因此，应根据裂缝发生原因、性质、特征、大小、部位，结构受力情况和使用要求，区别情况，及时地进行治理。一般常用的治理方法有以下几种。

(一)表面修补法

表面修补法适用于对承载能力无影响的表面及深进的裂缝，以及大面积细裂缝防渗漏水的处理。

1. 表面涂抹砂浆法

表面涂抹砂浆法适用于稳定的表面及深进裂缝的处理。处理时将裂缝附近的混凝土表面凿毛，或沿裂缝(深进的)凿成深 15 ~ 20 mm、宽 100 ~ 150 mm 的凹槽，扫净并洒水湿润，先刷水泥净浆一遍，然后用 1 : 1 ~ 1 : 2 水泥砂浆分 2 ~ 3 层涂抹，总厚为 10 ~ 20 mm，并压光。有渗漏水时，应用水泥净浆(厚 2mm)和 1 : 2 水泥砂浆(厚 4 ~ 5 mm)交替抹压 4 ~ 5 层，涂抹 3 ~ 4 h 后，进行覆盖洒水养护。

2. 表面涂抹环氧胶泥(或粘贴环氧玻璃布)法

表面涂抹环氧胶泥(或粘贴环氧玻璃布)法适用于稳定的、干燥的表面及深进裂缝的处理。涂抹环氧胶泥前，将裂缝附近表面灰尘、浮渣清除，洗净并干燥。油污应用有机溶剂或丙酮擦洗净。如表面潮湿，应用喷灯烘烤干燥、预热，以保证胶泥与基层良好的黏结。基层干燥困难时，则用环氧煤焦油胶泥(涂料)涂抹。较宽裂缝先用刮刀堵塞环氧胶泥，涂刷时用硬毛刷或刮板蘸取胶泥，均匀涂刮在裂缝表面，宽 80 ~ 100 mm，一般涂刷两遍。贴环氧玻璃布时，一般贴 1 ~ 2 层，第二层布的周边应比下面一层宽 10 ~ 15 mm，以便压边。环氧胶泥、环氧煤焦油胶泥配合比及技术性能见表 4-15。

表 4-15　环氧浆液、腻子、胶泥的配合比及技术性能

材料名称	重量配合比						技术性能		备注
	环氧树脂(g)	燃焦油(g)	邻苯二甲酸二丁酯(mL)	二甲苯(mL)	乙二胺(mL)	粉料(g)	混凝土黏结强度(MPa)	抗拉强度(MPa)	
环氧浆液	100		10	40 ~ 50	8 ~ 12		2.7 ~ 3.0	5	注浆用
环氧腻子	100		10		10 ~ 12	50 ~ 100	2.7 ~ 5.0	5	固定灌浆嘴、封闭裂缝用
环氧胶泥	100		10	30 ~ 40	8 ~ 12	25 ~ 45			涂面和粘贴玻璃布用
环氧煤焦油胶泥	$\frac{100}{100}$	$\frac{100}{50}$	$\frac{5}{5}$	$\frac{50}{25}$	$\frac{12}{12}$	$\frac{100}{100}$			潮湿基层涂面和粘贴玻璃布用

注：1. 二甲苯、乙二胺、粉料的掺量，可视气温和施工操作具体情况适当调整。
2. 环氧煤焦油胶泥配合比，分子用于底层，分母用于面层。
3. 二甲苯有毒，不利于环保，建议改用其他无毒溶剂，以下同。

3. *表面凿槽嵌补法*

表面凿槽嵌补法适用于独立的裂缝宽度较大的死裂缝和活裂缝的处理。沿混凝土裂缝凿一条宽 5 ~ 6 mm V 形、╲＿╱形或⊔形槽，槽内嵌入刚性材料(如水泥砂浆或环氧胶泥)或填灌柔性密封材料(如聚氯乙烯胶泥、沥青油膏、聚氨酯以及合成橡胶等)密封。表面做砂浆保护层或不做保护层，具体构造处理见图 4-2。槽内混凝土面应修理平整并清洗干净，不平处用水泥砂浆填补。嵌填时槽内用喷灯烘烤使其干燥。嵌补前，槽内表面涂刷嵌填材料稀释涂料。对修补活裂缝仅在两侧涂刷，槽底铺一层塑料薄膜缓冲层，以防填料与槽底混凝土黏合导致裂缝上应力集中，将填料撕裂。然后用抹子或刮刀将砂浆(或环氧胶泥柔性填料)嵌入槽内并使饱满压实，最后用 1 : 2.5 水泥砂浆抹平压光(对活裂缝不做砂浆保护层)。

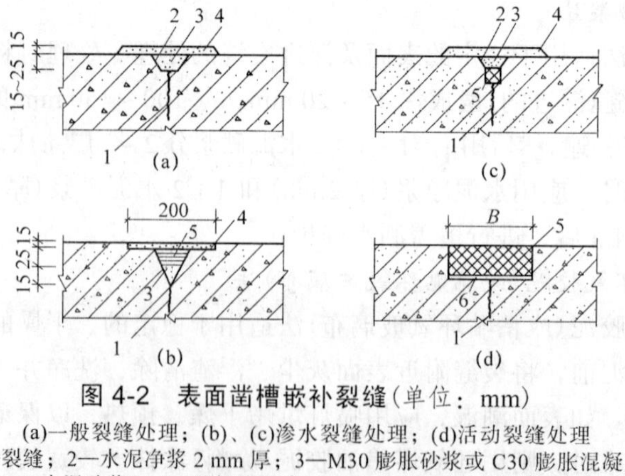

图 4-2　表面凿槽嵌补裂缝(单位：mm)

(a)—一般裂缝处理；(b)、(c)渗水裂缝处理；(d)活动裂缝处理
1—裂缝；2—水泥净浆 2 mm 厚；3—M30 膨胀砂浆或 C30 膨胀混凝土(或 1 : 2 水泥砂浆)；4—环氧胶泥或 1 : 2.5 水泥砂浆(或刚性五层抹面)；5—聚氯乙烯胶泥等密封材料；6—隔离缓冲层；*B*—槽宽

(二)内部修补法

适用于对结构整体性有影响，或有防水、防渗要求的裂缝修补。

1. 注射法

当裂缝宽度小于 0.5 mm 时，可用医用注射器压入低稠度、不掺加粉料的环氧树脂胶粘剂。注射时，应在裂缝干燥或用热烘烤使缝内不存在湿气的条件下进行，注射次序从裂缝较低一端开始，针头尽量插入缝内，缓慢注入，使环氧胶粘剂在缝内向另一端流动填充，便于缝内空气排出。注射完毕在缝表面涂刷环氧胶泥两遍或再加贴一层环氧玻璃布条盖缝。

2. 化学注浆法

化学灌浆具有黏度低、可灌性好、收缩小以及有较高的黏结强度和一定的弹性等优点，恢复结构整体性的效果好。适用于各种情况下的裂缝修补及堵漏、防渗处理。

灌浆材料应根据裂缝的性质、缝宽和干燥情况选用。常用的灌浆材料有环氧树脂浆液(能修补缝宽 0.05 ~ 0.15 mm 以下的干燥裂缝)、甲凝(能灌 0.03 ~ 0.1 mm 的干燥细微裂缝)、丙凝(用于渗水裂缝的修补、堵水和止漏，能灌 0.1 mm 以下的湿细裂缝)等。其中环氧树脂浆液因具有化学材料较单一、来源广、施工操作方便、黏结强度高、成本低等优点，应用最广。

环氧树脂浆液系由环氧树脂(胶粘剂)、邻苯二甲酸二丁酯(增塑剂)、二甲苯(稀释剂)、乙二胺(固化剂)及粉料(填充料)等配制而成。其浆液配合比参见表 4-15。环氧浆液灌浆工艺流程及设备如图 4-3(a)所示。

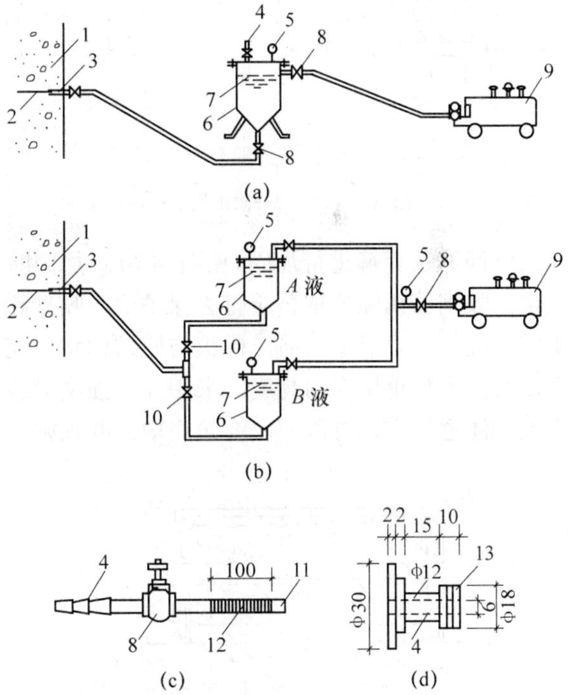

图 4-3　灌浆工艺流程及设备(单位：mm)

(a)环氧(甲凝)浆液灌浆工艺流程及设备；(b)丙凝浆液灌浆工艺流程及设备；(c)楔入式注浆嘴；(d)贴面式注浆嘴

1—混凝土结构；2—裂缝；3—注浆嘴；4—进浆口；5—压力表；6—风压罐；7—浆液；8—阀门；9—空气压缩机；10—逆止阀；11—出浆口；12—麻丝；13—丝扣

灌浆一般采取骑缝直接施灌。表面处理用环氧胶泥表面涂抹，灌浆嘴为带有细丝扣的活接头，用环氧腻子固定在裂缝上，间距 400 ~ 500 mm，贯通缝应在两面交叉设置。裂缝表面用环氧胶泥(或腻子)封闭。硬化后，先试气了解缝面通顺情况，气压保持 0.2 ~ 0.3 MPa，垂直缝从下往上，水平缝从一端向另一端。如漏气，可用石膏快硬腻子封闭。灌浆时，将配好的浆液注入压浆罐内，先将活接头接在第一个灌浆嘴上，开动空压机送气(气压一般为 0.3 ~ 0.5 MPa)，即将环氧浆液压入裂缝中。待浆液从邻近灌浆嘴喷出后，即用小木塞将第一个灌浆孔封闭，以便保持孔内压力。然后同法依次灌注其他灌浆孔，直至全部灌注完毕。环氧浆液一般在 20～25℃下经 16～24 h 即可硬化，可将灌浆嘴取下重复使用。在缺乏灌浆设备时，较宽的平、立面裂缝也可用手压泵进行。甲凝灌浆与环氧灌浆工艺方法相同，丙凝灌浆多采用双液注浆工艺方法(见图 4-3(b))。

(三)结构加固法

结构加固法适用于对结构整体性、承载能力有较大影响的，表面损坏严重的，表面、深进及贯穿性裂缝的加固处理，一般方法有以下几种。

1. 围套加固法

在周围空间尺寸允许的情况下，在结构外部一侧或三侧外包钢筋混凝土围套(见图 4-4(a)、(b))，以增加钢筋和截面，提高其承载能力。对构件裂缝严重，尚未破碎裂透或一侧破裂的，将裂缝部位钢筋保护层凿去，外包钢丝网一层。如钢筋扭曲已达到流限，则加焊受力短钢筋及箍筋(或钢丝网)，重新浇筑一层 3.5 cm 厚细石混凝土加固(见图 4-4(c))。大型设备基础一般采取增设围套或钢板带套箍(见图 4-5)，增加环向抗拉强度的方法处理。对于基础表面的裂缝，一般在设备安装的灌浆层内放入钢筋网及套箍进行加固(见图 4-6)。加固时，原混凝土表面应凿毛洗净，或将主筋凿出；如钢筋锈蚀严重，应打去保护层，喷砂除锈。增配的钢筋应根据裂缝程度由计算确定。浇筑围套混凝土前，模板与原结构均应充分浇水湿润。模板顶部设八字口，使浇筑面有一个自重压实的高度。采用高一强度等级的细石混凝土，控制水灰比，加适量减水剂，注意捣实，每段一次浇筑完毕，并加强养护。

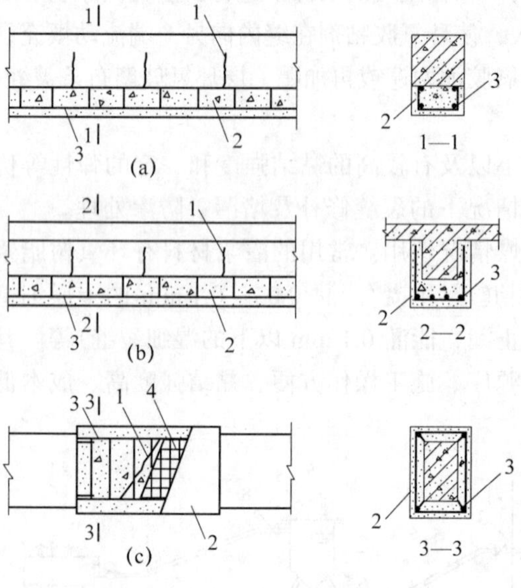

图 4-4　钢筋混凝土围套加固

1—裂缝；2—钢筋混凝土围套；3—附加钢筋；4—钢丝网

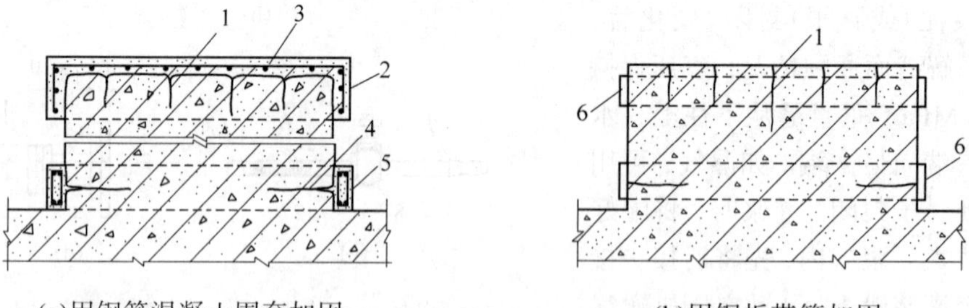

(a)用钢筋混凝土围套加固　　(b)用钢板带箍加固

图 4-5　设备基础裂缝加固处理

1—裂缝；2—混凝土加固层；3—钢筋网片；4—涂环氧树脂浆液，并灌细石混凝土；
5—钢筋混凝土围套；6—8 mm 厚钢板套箍(用 JGN 建筑结构胶黏结)或钢板套用钢楔打紧后灌浆

2. 钢箍加固法

钢箍加固法是指在结构裂缝部位四周用U形螺栓或型钢套箍(见图 4-7)将构件箍紧，

以防止裂缝扩大，提高结构的刚度和承载力。加固时，应使钢套箍与混凝土表面紧密接触，以保证共同工作。

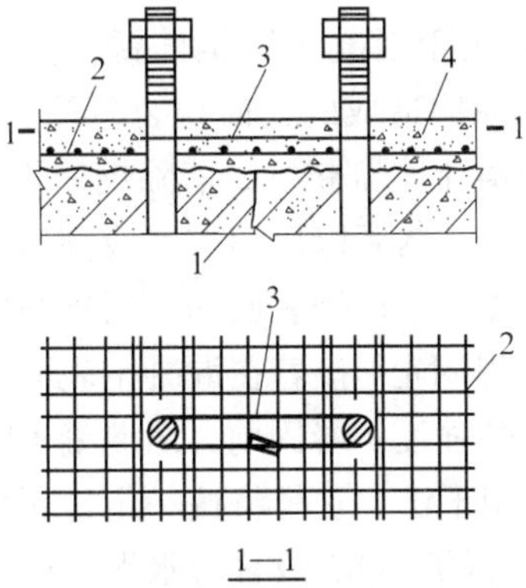

图 4-6　设备基础地脚螺栓中间裂缝加固

1—裂缝；2—钢筋网片；3—钢筋套箍；4—二次混凝土灌浆层

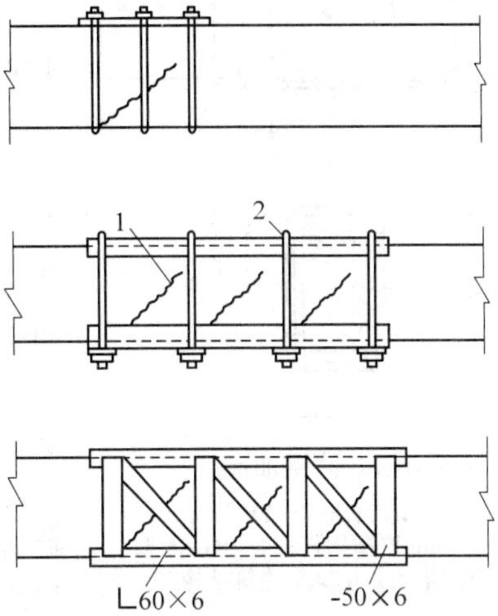

图 4-7　钢套箍加固(单位：mm)

1—裂缝；2—钢套箍

3．预应力加固法

在梁、桁架下部增设新的支点和预应力拉杆，以减小裂缝宽度(甚至闭合)，提高结构承载能力(见图 4-8(a)、(b))，拉杆一般采用电热法建立预应力，也可用钻机在结构或构件上垂直于裂缝方向钻孔，然后穿入钢筋施加预应力使裂缝闭合(见图 4-8(c))。钢材表面应涂刷防锈漆两遍。

4．粘贴加固法

粘贴加固法是将 3～5 mm 厚钢板用 JGN–I 或 JGN–Ⅱ型胶粘剂(或 JG–86 型动荷结构胶、AC、JGN 型、JG · JGN 建筑结构胶或 YJS–1 型建筑结构胶粘剂)粘贴到结构构件混凝土表面，使钢板与混凝土结合成整体共同工作。

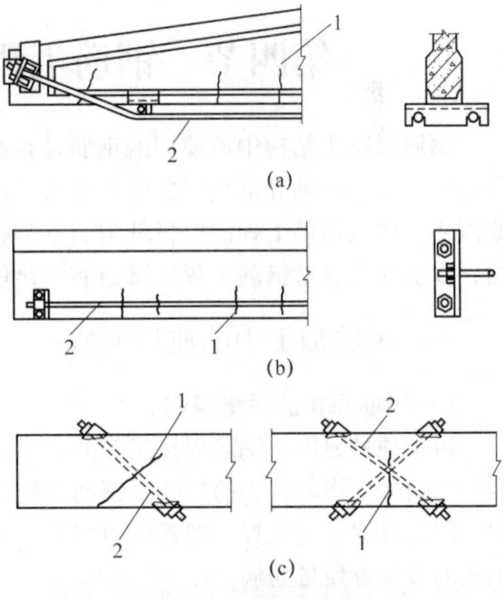

图 4-8　预应力加固

(a)、(b)预应力拉杆加固；(c)预应力筋加固

1—裂缝；2—预应力拉杆或预应力钢筋

加固时将裂缝部位凿毛，刷洗干净，将钢板按要求尺寸剪切好，在粘贴一面除锈，用砂轮打毛(或喷砂处理)，在混凝土和钢板粘贴面两面涂覆，胶层厚 0.8～1.0 mm。然后将钢板粘贴在裂缝部位表面，0.5 h 后在四周用钢丝缠绕数圈，并用木楔楔紧，

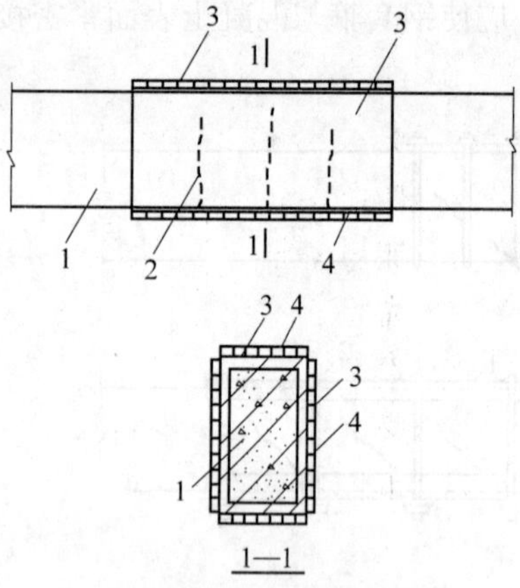

图 4-9　粘钢加固

1—梁结构件；2—裂缝；
3—3～5 mm 厚薄钢板；4—JG-86 型
动荷结构胶或 JGN 型建筑结构胶

将钢板固定(见图 4-9)。胶粘剂为常温固化，一般 24 h 可达到胶粘剂强度的 90%以上，72 h 固化完成，卸去夹紧用钢丝、木楔。加固后，表面刷与混凝土颜色相近的灰防锈漆。

5. 喷浆加固法

喷浆加固法适用于混凝土因钢筋锈蚀、化学反应、腐蚀、冻胀等原因造成的大面积裂缝补强加固。先将裂缝损坏的混凝土全部铲除，清除钢筋铁锈，严重的采用喷砂法除锈，然后以压缩空气或高压水将表面冲洗干净并保持湿润，在外表面加一层钢筋网或钢筋网与原有钢筋点焊固定，接着在混凝土表面涂一层水泥素浆以增强黏结强度。凝固前，用混凝土喷射机喷射混凝土，一般用干法，它是将按一定比例配合搅拌均匀的水泥、砂、石子(52.5 级普通水泥：中粗砂：粒径 0.3～0.7 cm 的石子为 1：2：1.5～2)干拌和料送入喷射机内，利用压缩空气(风压为 0.14～0.18 MPa)将拌和料经软管压送到喷枪嘴，在喷嘴后部与通入的压力水(水压为 0.3 MPa)混合，高速度喷射于补缝结构表面，形成一层密实整体外套。混凝土水灰比控制在 0.4～0.5，混凝土厚度为 30～75 mm。混凝土抗压强度为 30～35 MPa，抗拉强度为 2 MPa，黏结强度为 1.1～1.3 MPa。

第四节　钢筋工程的质量通病与防治

钢筋混凝土结构中所使用的钢筋是否符合材料标准，配筋量是否符合设计规定，钢筋的位置是否准确等都直接影响着建筑物的安全。国内外许多重大工程质量事故的重要原因之一就是钢筋工程的质量低劣。本节就钢筋工程中一些经常遇到的主要问题进行介绍，以引起大家对钢筋工程质量通病的足够重视。

一、钢筋加工中的质量通病

(一)钢筋焊接的质量通病

由于种种原因，钢筋焊接接头的形成条件往往偏离正常状态，致使钢筋焊口或近缝区产生缺陷，影响接头的性能。钢筋焊接的工艺很多，如电阻点焊、电弧焊、电渣压力焊、闪光对焊、气压焊、埋弧压力焊等。这里主要介绍闪光对焊和电渣压力焊两种焊接工艺的最常见质量通病。

1. 钢筋闪光对焊

钢筋闪光对焊焊接工艺中产生的质量通病主要有未焊透、接头弯折或偏心，大直径钢筋焊接缺陷。

1)未焊透

(1)现象。焊口局部区域未能相互结晶，焊合不良，接头镦粗变形量很小，挤出的金属毛刺极不均匀，多集中于上口，并产生严重的胀开现象，从断口上可看到如同有氧化膜的黏合面存在。

(2) 原因分析。①焊接工艺方法应用不当。比如，对断面较大的钢筋理应采取预热闪光焊工艺施焊，但却采用了连续闪光焊工艺。②焊接参数选择不合适。特别是烧化留量太小，变压器级数过高以及烧化速度太快等，造成焊件端面加热不足，也不均匀，未能形成比较均匀的熔化金属层，致使顶锻过程生硬，焊合面不完整。

(3) 防治措施。①适当限制连续闪光焊工艺的使用范围。②重视预热作用，掌握预热要领，力求扩大沿焊件纵向的加热区域，减小温度梯度。需要预热时，宜采用电阻预热法。③采取正常的烧化过程，使焊件获得符合要求的温度分布，尽可能平整的端面，以及比较均匀的熔化金属层，为提高接头质量创造良好的条件。④避免采用过高的变压器级数施焊，以提高加热效果。

2) 接头弯折或偏心

(1) 现象。接头处产生弯折，折角超过规定(见图 4-10(a))，或接头处偏心，轴线偏移大于 0.1d 或 2 mm(见图 4-10(b))。

(a) 弯折　　(b) 偏心

图 4-10　接头弯折和偏心

(2) 原因分析。①钢筋端头歪斜。②电极变形太大或安装不准确。③焊机夹具晃动太大。④操作不注意。

(3) 防治措施。①钢筋端头弯曲时，焊前应予以矫直或切除。②经常保持电极的正常外形，变形较大时应及时修理或更新，安装时应力求位置准确。③夹具如因磨损晃动较大，应及时维修。④接头焊毕，稍冷却后再小心地移动钢筋。

3) 大直径钢筋焊接缺陷

(1) 现象。大直径钢筋焊接缺陷往往导致接头抗拉强度不够或产生脆断。

(2) 原因分析。①焊机选择不当。②焊接工艺及参数选择不合理。③钢筋端部弯折或端面不平。

(3) 防治措施。①宜采用 UN2–150 型对焊机(电动机凸轮传动)或 UN17–150–1 型对焊(气—液压传动)。②钢筋端头弯折应调直，钢筋下料宜采取锯割或气割方式对钢筋端面进行平整处理。③宜选用预热闪光焊工艺。④变压器级数应较高，并选择较快的凸轮转速，确保闪光过程有足够的强烈程度和稳定性。⑤采取垫高顶锻凸块等措施，确保接头处获得足够的镦粗变形。⑥准确调整并严格控制各过程的起止点，保证夹具的释放和顶锻机构复位及时工作。

2. 钢筋电渣压力焊

电渣压力焊操作简单，用料省，工效高，接头质量优良，有良好的技术经济效益。

但在焊接过程中如果操作不当或焊接工艺参数选择不好，也会产生各种缺陷(见图4-11)。

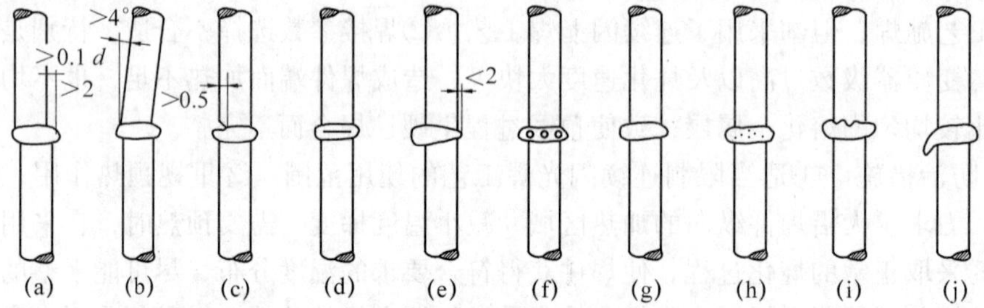

图 4-11　电渣压力焊接头缺陷(单位：mm)

(a)偏心；(b)倾斜；(c)咬边；(d)未熔合；(e)焊包不匀；(f)气孔；(g)烧伤；(h)夹渣；(i)焊包上翻；(j)焊包下流

1) 接头偏心和倾斜

(1) 现象。①焊接接头的轴线偏移大于 0.1d 或超过 2 mm(见图 4-11(a))。②接头弯折角度大于 4°(见图 4-11(b))。

(2) 原因分析。①钢筋端部歪扭不直，在夹具中夹持不正或倾斜。②夹具长期使用磨损，造成上下不同心。③顶压时用力过大，使上钢筋晃动和移位。④焊后夹具过早放松，接头未及冷却，使上钢筋倾斜。

(3) 防治措施。①钢筋端部歪扭和不直部分在焊前应采用气割或矫正，端部歪扭的钢筋不得焊接。②两钢筋夹持于夹具内，上下应同心；焊接过程中上钢筋应保持垂直和稳定。③夹具的滑杆和导管之间如有较大间隙，造成夹具上下不同心时，应修正后再用。④钢筋下送加压时，顶压力应适当，不得过大。⑤焊接完成后，不能立即卸下夹具，应在停焊后约 2 min 再卸夹具，以免钢筋倾斜。

2) 咬边

(1) 现象。咬边的缺陷症状如图 4-11(c)所示。主要发生于上钢筋。

(2) 原因分析。①焊接时电流太大，钢筋熔化过快。②上钢筋端头没有压入熔池中，或压入深度不够。③停机太晚，通电时间过长。

(3) 防治措施。①钢筋端部熔化到一定程度后，上钢筋迅速下送，适当加大顶压量，以便使钢筋端头在熔池中压入一定深度，保持上下钢筋在熔池中有良好的结合。②焊接电流和通电时间是电渣压力焊焊接的重要参数。不同直径钢筋焊接时，应按较小直径钢筋选择参数，焊接通电时间可延长。

3) 未熔合

(1) 现象。上下钢筋在接合面处没有很好地熔合在一起，即为未熔合(见图 4-11d)。

(2) 原因分析。①焊接过程中上钢筋提升过大或下送时速度过慢；钢筋端部熔化不良或形成断弧。②焊接电流小或通电时间不够，使钢筋端部未能得到适宜的熔化量。③焊接过程中设备发生故障，上钢筋卡住，未能及时压下。

(3) 预防措施。①在引弧过程中应精心操作，防止操纵杆提得太快和过高，以免间隙太大发生断路灭弧；但也应防止操纵杆提得太慢，以免钢筋粘连短路。②适当增大焊接电流和延长焊接通电时间，使钢筋端部得到适宜的熔化量。③及时修理焊接设备，保证正常使用。

(4)治理方法。发现未熔合缺陷时，应切除重新焊接。

4)焊包不匀

(1)现象。焊包不匀包括两种情况：一种是被挤出的熔化金属形成的焊包很不均匀，大的一面熔化金属很多，小的一面其高度不足 2 mm；另一种是钢筋端面形成的焊缝厚薄不匀，如图 4-11(e)所示。

(2)原因分析。①钢筋端头倾斜过大而熔化量又不足，加压时熔化金属在接头四周分布不匀。②采用铁丝圈引弧时，铁丝圈安放不正，偏到一边。③焊剂填装不均。

(3)防治措施。①当钢筋端头倾斜过大时，应事先把倾斜部分切去才能焊接，端面力求平整。②焊接时应适当加大熔化量，保证钢筋端部均匀熔化。③采用铁丝圈引弧时，铁丝圈应置于钢筋端部中心，不能偏移。④填装焊剂尽量均匀。

5)气孔

(1)现象。在焊包外部或焊缝内部由于气体的作用形成小孔眼，即为气孔(见图 4-11(f))。

(2)原因分析。①焊剂受潮，焊接过程中产生大量气体渗入熔池。②钢筋锈蚀严重或表面不清洁。③焊接处在焊剂中埋入深度不足。

(3)防治措施。①焊剂在使用前必须烘干，否则不仅降低保护效果，且容易形成气孔。焊剂一般需经 250℃烘干，时间不少于 2 h。②焊前应把钢筋端部铁锈及油污清除干净，避免在焊接过程中产生有害气体，影响焊接质量。③均匀填装焊剂，保证焊剂的埋入深度。

6)钢筋表面烧伤

(1)现象。钢筋夹持处产生许多烧伤斑点或小弧坑(见图 4-11(g))。Ⅱ、Ⅲ级钢筋表面烧伤后在受力时容易发生脆断。

(2)原因分析。①钢筋端部锈蚀严重，焊前未除锈。②夹具电极不干净。③钢筋未夹紧，顶压时发生滑移。

(3)防治措施。①焊前应将钢筋端部 120 mm 范围内的铁锈和油污清除干净。②夹具电极上黏附的熔渣及氧化物应清除干净。③焊前应把钢筋夹紧。

7)夹渣

(1)现象。焊缝中有非金属夹渣物，即为夹渣(见图 4-11(h))。

(2)原因分析。①通电时间短，上钢筋在熔化过程中还未形成凸面即进行顶压，熔渣无法排出。②焊接电流过大或过小。③焊剂熔化后形成的熔渣黏度大，不易流动。④顶压力太小。⑤上钢筋在熔化过程中气体渗入熔池，钢筋锈蚀严重或表面不清洁。

(3)防治措施。①应根据钢筋直径大小选择合适的焊接电流和通电时间。②更换焊剂或加入一定比例的萤石，以增加熔渣的流动性。③适当增加顶压力。④焊前将钢筋端部 120 mm 范围内铁锈和油污清除干净。

8)成形不良

(1)现象。接头成形不良，一种是焊包上翻(见图4-11(i))，另一种是焊包下流(见图4-11(j))。

(2)原因分析。①焊接电流大，通电时间短，上钢筋熔化较多，如顶压时用力过大，上钢筋端头压入熔池较多，挤出的熔化金属容易上翻。②焊接过程中焊剂泄漏，熔化铁水失去约束，随焊剂泄漏下流。

(3)防治措施。①为了防止焊包上翻，应适当减小焊接电流或加长通电时间，加压时用力适当，不能过猛。②焊剂盒的下口及其间隙用石棉垫塞好，防止焊剂泄漏。③避免焊后过快回收焊剂。

(二)钢筋机械连接的质量通病

钢筋机械连接的工艺很多，如带肋钢筋套筒挤压连接、钢筋锥螺纹连接和钢筋直螺纹连接等。这里主要介绍带肋钢筋套筒挤压连接和钢筋锥螺纹连接两种连接工艺的最常见质量通病。

1. 带肋钢筋套筒挤压连接

1)压空、压痕分布不均

(1)现象。①钢筋插入钢套筒的长度不够。②压痕明显不均。

(2)原因分析。①没有检查钢筋伸入套筒的长度。②未按钢筋伸入位置标志挤压。③套筒上未标明压痕标志线，或挤压时压模与检查标志不对正(见图4-12)。

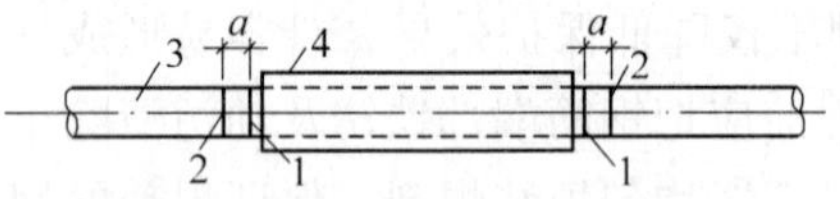

图4-12 钢筋定位标志和检查标志

1—定位标志；2—检查标志；3—钢筋；4—钢套筒

(3)防治措施。①施工前，在钢筋上做好定位标志和检查标志。定位标志距钢筋端部的距离为套筒长度的一半，检查标志与定位标志距离为a，当钢套筒的长度小于200 mm时，a取10 mm；当钢套筒长度等于或大于200 mm时，a取15 mm。②严格按套筒上的压痕分格线挤压，挤压时，压钳的压接应对准套筒压痕标志，并垂直于被压钢筋轴线，挤压应从套筒中央逐道向端部压接。

2)偏心、弯折

(1)现象。偏心、弯折主要表现为被连接钢筋的轴线与套筒的轴线不在同一轴线上，接头处弯折大于4°。

(2)原因分析。①压接时钢筋没有摆正。②未切除或调直钢筋弯头。

(3)防治措施。①摆正钢筋，使被连接钢筋处于同一轴线上，调整压钳，使压模对准套筒表面的压痕标志，并使压模压接方向与钢套筒轴线垂直，钢筋压接过程中，始终注意接头两端钢筋轴线应保持一致。②切除或调直钢筋弯头。

3)套筒外径变形过大、裂纹

(1)现象。钢套筒压痕深度不够或超深并产生裂纹。

(2)原因分析。①未根据不同型号的挤压设备选择合适的压接参数，使压接力过大或过小。在压接力过大时，使套筒过度变形而导致接头强度降低(拉伸时在套筒压痕处破坏)；压接力过小，则接头强度或残余变形量不能满足要求。②钢套筒材料不符合要求。③有下列情况之一时，未对挤压机的挤压力进行标定：新挤压设备使用前；旧挤压设备大修后；油压表受损或强烈振动后；挤压的接头数超过 500 个；挤压设备使用超过一年；套筒压痕异常且查不出其他原因。④压模不合格。

(3) 预防措施。①根据不同型号的挤压设备，选择合适的压接参数。②对Ⅱ、Ⅲ级带肋钢筋挤压接头采用轴间挤压工艺，钢套筒的材质、力学性能必须符合下列检验标准。ⓐ外观：表面光滑，无裂缝、折叠、锈迹等缺陷，表面经防锈处理。ⓑ力学性能见表 4-16。ⓒ质量检查：抽样 10%，有 1 根不符合上述要求，加倍抽查，仍不合格者，逐个检查，不合格者不得使用。③出现原因分析中第 3 种情况时，对挤压机的挤压力重新标定。④更换新的压模。

表 4-16　套筒材料的力学性能

项　目	力学性能指标
屈服强度(N/mm^2)	225 ~ 350
抗拉强度(N/mm^2)	375 ~ 500
延伸率δ_5(%)	≥20
硬度(HRB)	60 ~ 80
或(HB)	102 ~ 133

(4) 治理方法。钢套筒接头压痕深度不够时应补压，经过两次补压仍达不到要求的压模，不得再继续使用，超压者应切除重新挤压。

4) 被连接钢筋两纵肋不在同一平面

(1) 现象。被连接钢筋两纵肋不位于同一平面。

(2) 原因分析。压模运动方向与钢筋两纵肋所在的平面不垂直。产生的原因很多，如被连接前未调到同一平面，下料打拐时未计算好纵肋方向。

(3) 防治措施。按照套筒压痕位置标记，对正压模位置，并使压模的运动方向与钢筋纵肋所在平面相垂直，即保证最大接触面在钢筋的横肋上。

2. 钢筋锥螺纹连接

1) 钢筋套丝缺陷

(1) 现象。钢筋的牙形与牙形规不吻合，其小端直径在卡规的允许误差范围之外；套丝丝扣有损坏。

(2) 原因分析。①操作工人未经培训或操作不当。②操作工人未按机床操作规程操作。

(3) 防治措施。①套丝必须用水溶性切削冷却润滑液，不得用机油润滑或不加润滑油套丝。②钢筋套丝质量必须用牙形规与卡规检查，钢筋的牙形必须与牙形规相吻合，其小端直径必须在卡规上标出的允许误差之内，锥螺纹丝扣完整牙数不得小于表 4-17 的规定。③应用砂轮片切割机下料以保证钢筋断面与钢筋轴线垂直，不宜用气割切断钢筋。④钢筋套丝质量必须逐个用牙形规与卡规检查，检查方法见图 4-13。经检查合格后，应立即将其一端拧上塑料保护帽，另一端按规定的力矩数值，用扳手拧紧连接套。⑤对丝扣有损坏的，应将其切除一部分或全部重新套丝。⑥对操作工人进行培训，取得合格证后再上岗，操作时加强其责任心。

表 4-17 锥螺纹丝扣最小完整牙数规定值

钢筋直径(mm)	完整牙数不小于(个)	钢筋直径(mm)	完整牙数不小于(个)
16～18	5	32	10
20～22	7	36	11
25～28	8	40	12

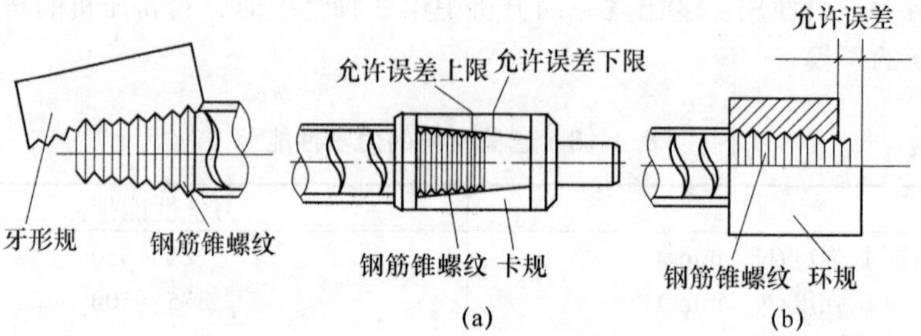

图 4-13 丝扣检验方法示意

2) 套筒缺陷

(1) 现象。有裂纹，长度及内外径尺寸不符合设计要求。锥螺纹塞规拧入连接套后，连接端边缘不在螺纹塞规端的缺口范围内。

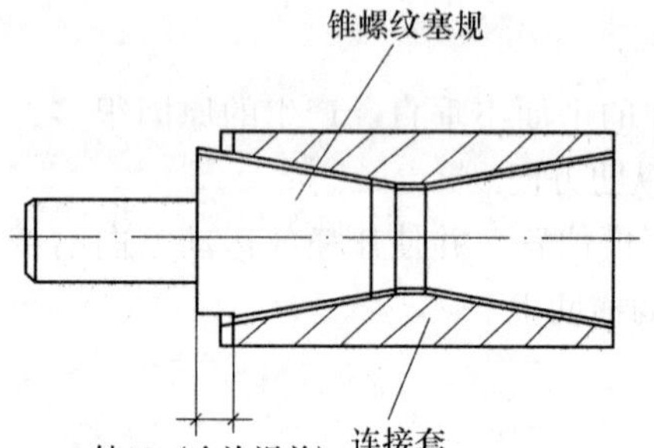

图 4-14 套筒检验方法示意

(2) 原因分析。①套筒无出厂合格证，而且进场未检验。②套筒进场后随意丢放。

(3) 防治措施。①套筒应有产品合格证，两端锥孔应有密封盖；套筒表面应有规格标记。②套筒进场后施工单位应进行复检，其允许误差必须符合有关规程规定，其检查方法见图 4-14。③套筒进场后应妥善保管，防止雨淋、碰撞、油污及泥浆沾污。

3) 接头露丝

(1) 现象。接头露丝是指拧紧后外露丝扣超过一个完整扣。

(2) 原因分析。接头的拧紧力矩值没有达到标准或漏拧。

(3) 防治措施。①同径或异径接头连接时，应采用二次拧紧连接方法；单向可调和双向可调接头连接时，应采用三次拧紧方法。连接水平钢筋时，必须先将钢筋托平对正，用手拧紧，再按规定的力矩值，用力矩扳手拧紧接头。②连接完的接头必须立即用油漆作上标记，防止漏拧。③对外露丝扣超过一个完整扣的接头，应重新拧紧接头或进行加固处理，可采用电弧焊贴角焊缝加以补强。补焊的焊缝高度不小于 5 mm，焊条可选用 E5015，当连接钢筋为Ⅲ级钢时，必须先做可焊性试验，经试验合格后，方可采用焊接补强方法。

(三)钢筋代换

在钢筋加工时,经常会遇到钢筋代换问题，为了保证工程质量,在代换钢筋方面必须注意以下几点。

(1)用光圆钢筋代换规律变形钢筋时,应增设弯钩。

(2)注意不同级别钢筋需要的搭接长度、锚固长度的不同，代换后，应根据现行规范的规定，将钢筋延长或缩短。

(3)用较小直径钢筋代换粗钢筋后，根数增加，间距减小，要注意钢筋净间距问题。例如原为一排钢筋,代换后需要变为两排钢筋,这时构件截面有效高度变小,需重新验算。

(4)代换后钢筋面积乘强度设计值，与原来钢筋面积乘强度设计相比，不允许有负偏差。

(5)用光圆钢筋代替规律变形钢筋时，对变形和裂缝有要求的构件，一定要进行相应的验算。

二、钢筋安装的质量通病

(一)质量通病

钢筋混凝土结构的钢筋安装有下列质量通病。

(1)钢筋骨架外形尺寸不准。即在模板外绑扎的钢筋骨架，往模板内安放时发现放不进去或划刮模板。

(2)绑扎的钢筋网片歪斜、扭曲。

(3)平板钢筋的保护层不准。

(4)钢筋骨架吊装变形。

(5)柱外伸钢筋错位。

(6)框架梁插筋错位。

(7)同一截面受力钢筋接头过多。

(8)露筋。

(9)钢筋代换后截面不足。

(10)交叉杆件主筋位置有误，如图4-15。

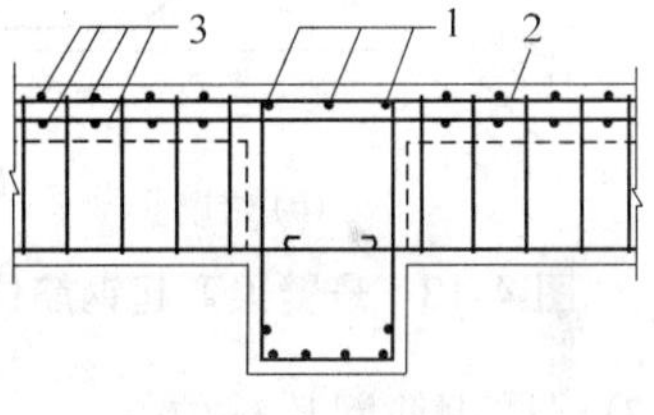

图 4-15　梁板交叉部位配筋安装顺序

1—主梁钢筋；2—次梁钢筋；3—板的钢筋

(11)箍筋间距不一致。

(12)绑扎搭接接头松脱。

(13)柱箍筋接头位置同向，即重复交搭于一根或两根纵筋上。如图 4-16。

(14)梁箍筋被该钢筋骨架重量压弯。

(15)肋形楼板穿筋困难(由忽视钢筋安装顺序所造成)，如图 4-17 中 4 号钢筋穿筋困难。

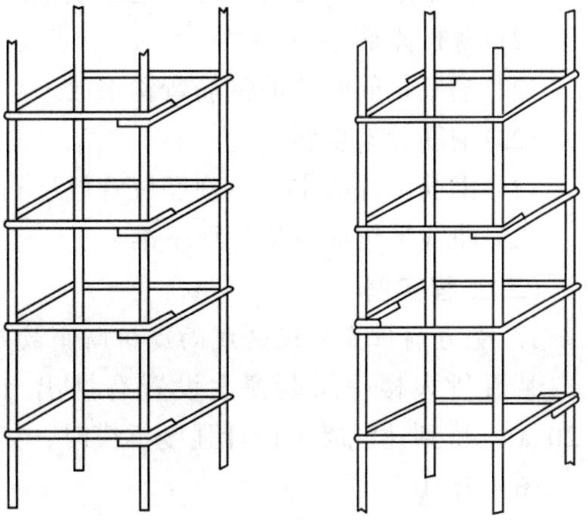

(a) 错误　　(b) 正确

图 4-16　柱箍筋接头位置

(16)弯起钢筋方向错误。如图 4-18、

图 4-19 中(a)误为(b)。

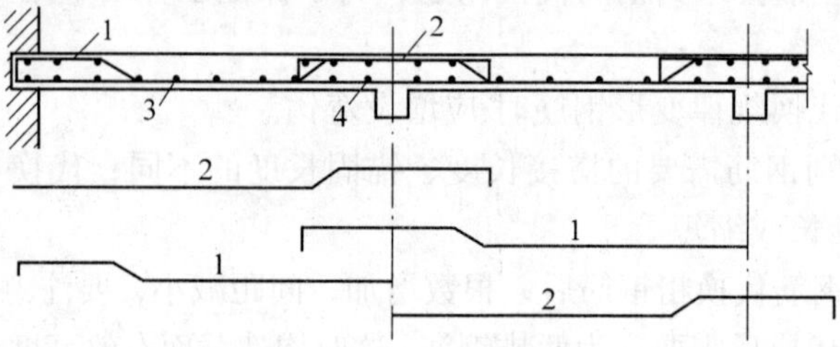

图 4-17　肋形楼盖钢筋布置

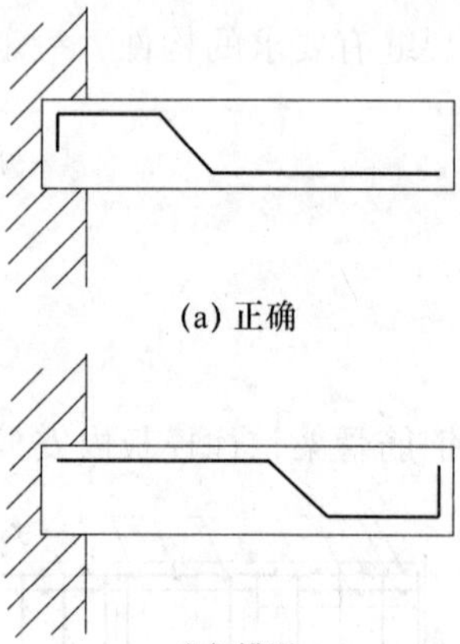

(a) 正确

(b) 错误

图 4-18　悬臂梁弯起钢筋位置

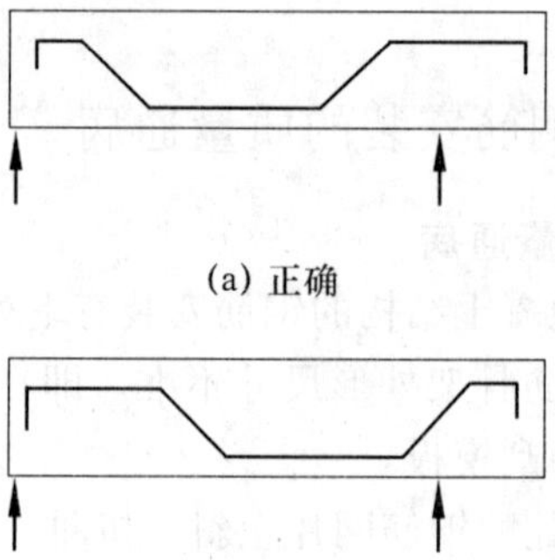

(a) 正确

(b) 错误

图 4-19　悬伸梁弯起钢筋位置

(17)双层钢筋网片移位。

(18)遗漏钢筋。

(19)钢筋绑扎节点松扣。

(20)柱钢筋弯钩方向不对，超出模板范围。

(21)薄板露筋。

(22)基底钢筋网片的钢筋弯钩平放。

(23)钢筋骨架歪斜。

(24)钢筋网片的主筋、副筋位置放反。

(25)曲线形钢筋骨架外形不准。

(二)工程实例

1. 受力筋位置失误造成雨篷折断事故及分析

某百货大楼一层橱窗上设置有挑出 1 200 mm 通长现浇钢筋混凝土雨篷，如图 4-20(a)。待到达混凝土设计强度拆模时，突然发生从雨篷根部折断的质量事故，呈门帘状如图 4-20(b)。

事故后对残存部分进行分析，发现是受力筋放错了位置(离模板只有 20 mm，如图 4-20(c)所示。原来受力筋按设计布置,钢筋工绑扎好后就离开了。打混凝土前，一些“好心人”看到雨篷钢筋浮搁在过梁箍筋上，受力筋又放在雨篷顶部(传统的概念总以为受力筋就放在构件底面)，就把受力筋临时改放到过梁的箍筋里面，并贴着模板。打混凝土时，现场人员没有对受力筋位置进行检查，于是发生上述事故。

2. 受力筋锚固不足导致厂房局部倒塌事故及分析

某锻工车间屋面梁为 12 m 跨度的 T 形薄腹梁(见图 4-21(a))。在车间建成使用不久，发生由于大梁支承端头突然断裂，造成厂房局部倒塌事故。经检查发现，大梁支承端钢筋锚固长度太少是该事故的主因。该梁设计要求锚固长度至少 150 mm，实际上不足 50 mm；图上标明钢筋端头至梁端至少 400 mm，实际上却只有 140～150 mm(见图 4-21(b))。因此，梁端与柱的连接近于素混凝土结点。此外，该厂房投产后，锻锤振动很大，也在一定程度上增加了梁的负荷，并使梁柱连接处的构造做法更加恶化。

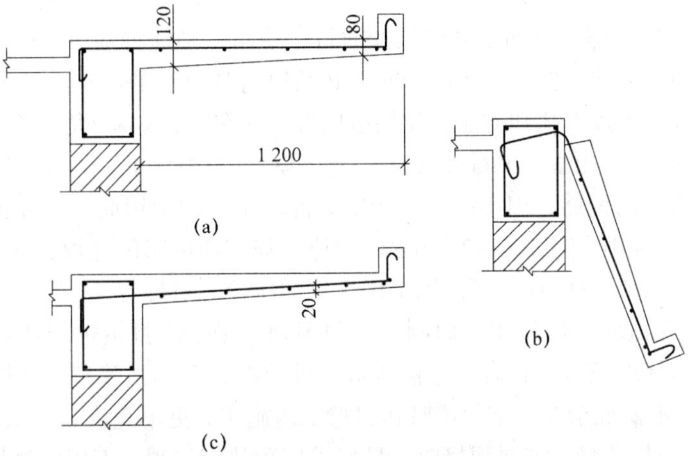

图 4-20　悬臂板受力筋错误位置及其造成破坏情况(单位：mm)

(a)原设计；(b)拆模后倒塌如门帘；(c)受力筋错误位置

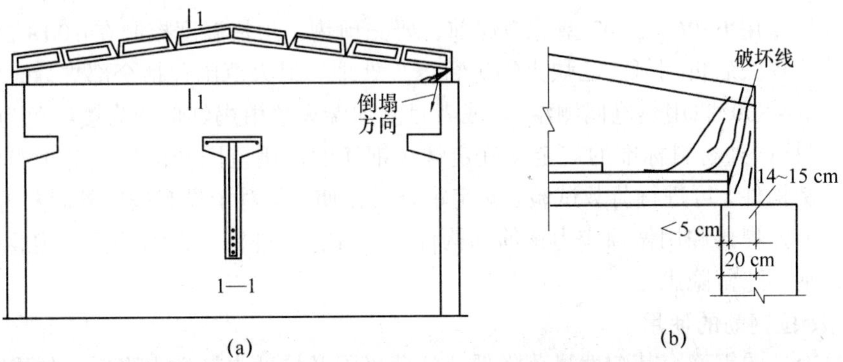

图 4-21　受力筋锚固长度不合要求产生的后果

(a)厂房剖面和屋面梁倒塌方向；(b)梁、柱结头处钢筋锚固实况

三、钢筋使用上应注意的问题

钢筋是建筑工程中不可缺少的重要材料，它的使用稍不注意，就有可能发生问题。

如对进场钢筋的验收、冷拉钢筋的使用场所、进口钢筋的使用等不加注意，就会发生工程事故。这里主要介绍进口钢筋和冷拉钢筋的使用。

(一)进口螺纹钢筋的使用注意问题

随着我国建筑业的迅猛发展，最近这些年，我国从德国、日本、法国、意大利、美国、巴西、西班牙、阿根廷、新加坡、澳大利亚等国进口了一些钢筋，大部分用于普通钢筋混凝土和预应力混凝土构件。由于对进口钢筋的机械性能、化学成分、焊接方法和工艺了解不够，与国产钢筋混同，施工时套用我国规范有关规定，发生过张拉断裂、弯曲及焊接后脆断等工程事故。

各国进口钢筋的材料标准不同。标准不同，螺纹钢筋的机械性能、化学成分、适用范围、焊接方法和工艺等也不相同。即使同一型号的进口钢筋，因炉号、批量不同，性能也有差别。

要正确使用进口螺纹钢筋，确保工程质量，使用中必须特别注意以下几个问题。

(1)掌握进口钢筋特性。从材料标准上必须搞清楚钢筋的产地、种类、型号、机械性能、化学成分、焊接工艺和方法、使用范围等。如在FDIN488(德、荷、法、意、阿)、ASTMA615—76a(美、巴)、JISG3112(日、新、澳)等材料标准中，都规定只适用做普通钢筋混凝土结构中的钢筋，而不能用做预应力混凝土结构中钢筋。另外还规定了焊接方法，如FDIN488标准中对BST42／50RU钢筋，规定用电阻闪光焊；在JISG3112标准中，对SD35、SD40、SD60钢筋，规定用气体加压接触对焊等。

(2)坚持“先试验、后使用”原则。按照国别、型号、批量进行抽样试验，将结果与国外相应材料标准核对，符合后才能验放。堆放时，要加强管理，严格按照国别、种类、型号堆放，不要混杂在一起。严禁边试验、边施工，更不允许未经试验就盲目使用。

(3)要确保焊接质量。需要焊接时，最好采用预热闪光焊，不用电弧焊。要进行“可焊性”试验，按进口螺纹钢筋的性能，直接选择焊接工艺和技术参数，并检验焊缝和热影响区是否有裂纹或脆化现象，试验合格取得经验后，才能正式进行焊接。

(4)对于装配式钢筋混凝土框架结构梁、柱的连接，如果只能采用电弧焊时，要进行试焊，焊条用E506、E507型。施焊前，要先预热，预热温度控制在100～250℃，然后再焊接。焊完后再用氧、乙炔火焰进行退火处理。退火范围包括全部焊缝，钢筋表面温度为600～800℃(用热电偶测温)。或者目测加温火色由褐红色变为樱红色为止。

(5)根据国外材料标准的规定，确定螺纹钢筋的使用范围和部位。对于未使用到工程上的预制构件，可进行荷载试验、鉴定审查后再使用。对于没有按国外材料标准规定，已经采用电弧焊接和用做预应力钢筋的构件和工程，要进行检查和试验，然后再确定处理方案，绝不遗留隐患。

(二)冷拉钢筋的使用

经过冷拉的钢筋，其塑性显著降低，疲劳极限及抗冲击韧性也降低。如果将它用于承受冲击荷载的动力设备基础，则会因为这种钢筋稍受冲击就容易断裂而发生事故。对于吊环而言，亦会因吊装构件时偶然碰撞而发生脆断，尤其是在低温环境下更易脆断，所以，承受冲击荷载的动力设备基础和吊环不得使用冷拉钢筋。

第五节　模板工程的质量通病与防治

模板的制作与安装质量，对于保证混凝土、钢筋混凝土结构与构件的外观平整和几何尺寸的准确，以及结构的强度和刚度等将起重要的作用。由于模板尺寸错误、支设不牢而造成工程质量问题时有发生，应引起高度的重视。

一、模板工程的一般质量通病

(一)轴线位移

1. 现象

轴线位移主要表现为混凝土浇筑后拆除模板时，发现柱、墙实际位置与建筑物轴线位置有偏移。

2. 原因分析

(1)翻样不认真或技术交底不清，模板拼装时组合件未能按规定到位。

(2)轴线测放产生误差。

(3)墙、柱模板根部和顶部无限位措施或限位不牢，发生偏位后又未及时纠正，造成累积误差。

(4)支模时，未拉水平、竖向通线，且无竖向垂直度控制措施。

(5)模板刚度差，未设水平拉杆或水平拉杆间距过大。

(6)混凝土浇筑时未均匀对称下料，或一次浇筑高度过高造成侧压力过大挤偏模板。

(7)对拉螺栓、顶撑、木楔使用不当或松动造成轴线偏位。

3. 防治措施

(1)严格按 1／10～1／50 的比例将各分部、分项翻成详图并注明各部位编号、轴线位置、几何尺寸、剖面形状、预留孔洞、预埋件等，经复核无误后认真对生产班组及操作工人进行技术交底，作为模板制作、安装的依据。

(2)模板轴线测放后，组织专人进行技术复核验收，确认无误后才能支模。

(3)墙、柱模板根部和顶部必须设可靠的限位措施，如采用现浇楼板混凝土上预埋短钢筋固定钢支撑，以保证底部位置准确。

(4)支模时要拉水平、竖向通线，并设竖向垂直度控制线，以保证模板水平、竖向位置准确。

(5)根据混凝土结构特点，对模板进行专门设计，以保证模板及其支架具有足够强度、刚度及稳定性。

(6)混凝土浇筑前，对模板轴线、支架、顶撑、螺栓进行认真检查、复核，发现问题及时处理。

(7)混凝土浇筑时，要均匀对称下料，浇筑高度应严格控制在施工规范允许的范围内。

(二)标高偏差

1. 现象

标高偏差主要表现为测量时发现混凝土结构层标高及预埋件、预留孔洞的标高与施工图设计标高之间有偏差。

2. 原因分析

(1)楼层无标高控制点或控制点偏少，控制网无法闭合；竖向模板根部未找平。

(2)模板顶部无标高标记，或未按标记施工。

(3)高层建筑标高控制线转测次数过多，累积误差过大。

(4)预埋件、预留孔洞未固定牢，施工时未重视施工方法。

(5)楼梯踏步模板未考虑装修层厚度。

3. 防治措施

(1)每层楼设足够的标高控制点，竖向模板根部须做找平。

(2)模板顶部设标高标记，严格按标记施工。

(3)建筑楼层标高由首层±0.000标高控制，严禁逐层向上引测，以防止累积误差。当建筑高度超过30 m时，应另设标高控制线，每层标高引测点应不少于2个，以便复核。

(4)预埋件及预留孔洞，在安装前应与图纸对照，确认无误后准确固定在设计位置上，必要时用电焊或套框等方法将其固定，在浇筑混凝土时，应沿其周围分层均匀浇筑，严禁碰击和振动预埋件与模板。

(5)楼梯踏步模板安装时应考虑装修层厚度。

(三)结构变形

1. 现象

结构变形主要表现为拆模后发现混凝土柱、梁、墙出现鼓凸、缩颈或翘曲现象。

2. 原因分析

(1)支撑及围檩间距过大，模板刚度差。

(2)组合小钢模，连接件未按规定设置，造成模板整体性差。

(3)墙模板无对拉螺栓或螺栓间距过大，螺栓规格过小。

(4)竖向承重支撑在地基土上未夯实，未垫平板，也无排水措施，造成支承部分地基下沉。

(5)门窗洞口内模间对撑不牢固，易在混凝土振捣时模板被挤偏。

(6)梁、柱模板卡具间距过大，或未夹紧模板，或对拉螺栓配备数量不足，以致局部模板无法承受混凝土振捣时产生的侧向压力，导致局部爆模。

(7)浇筑墙、柱混凝土速度过快，一次浇灌高度过高，振捣过度。

(8)采用木模板或胶合板模板施工，经验收合格后未及时浇筑混凝土，长期日晒雨淋而变形。

3. 防治措施

(1)模板及支撑系统设计时，应充分考虑其本身自重、施工荷载及混凝土的自重及浇捣时产生的侧向压力，以保证模板及支架有足够的承载能力、刚度和稳定性。

(2)梁底支撑间距应能够保证在混凝土重量和施工荷载作用下不产生变形，支撑底部若为泥土地基，应先认真夯实，设排水沟，并铺放通长垫木或型钢，以确保支撑不沉陷。

(3)组合小钢模拼装时，连接件应按规定放置，围檩及对拉螺栓间距、规格应按设计要求设置。

(4)梁、柱模板若采用卡具时，其间距要按规定设置，并要卡紧模板，其宽度比截面尺寸略小。

(5)梁、墙模板上部必须有临时撑头，以保证混凝土浇捣时，梁、墙上口宽度。

(6)浇捣混凝土时，要均匀对称下料，严格控制浇灌高度，特别是门窗洞口模板两侧，既要保证混凝土振捣密实，又要防止过分振捣引起模板变形。

(7)对跨度不小于 4 m 的现浇钢筋混凝土梁、板，其模板应按设计要求起拱；当设计无具体要求时，起拱高度宜为跨度的 1 / 1 000 ~ 3 / 1 000。

(8)采用木模板、胶合板模板施工时，经验收合格后应及时浇筑混凝土，防止木模板长期暴晒雨淋发生变形。

(四)接缝不严

1. 现象

接缝不严主要表现为由于模板间接缝不严有间隙，混凝土浇筑时产生漏浆，混凝土表面出现蜂窝，严重的出现孔洞、露筋。

2. 原因分析

(1)翻样不认真或有误，模板制作马虎，拼装时接缝过大。

(2)木模板安装周期过长，因木模板干缩造成裂缝。

(3)木模板制作粗糙，拼缝不严。

(4)浇筑混凝土时，木模板未提前浇水湿润，使其胀开。

(5)钢模板变形未及时修整。

(6)钢模板接缝措施不当。

(7)梁、柱交接部位，接头尺寸不准、错位。

3. 防治措施

(1)翻样要认真，严格按 1 / 10 ~ 1 / 50 比例将各分部分项细部翻成详图，详细编注，经复核无误后认真向操作工人交底，强化工人质量意识，认真制作定型模板和拼装。

(2)严格控制木模板含水率，制作时拼缝要严密。

(3)木模板安装周期不宜过长，浇筑混凝土时，木模板要提前浇水湿润，使其胀开密缝。

(4)钢模板变形，特别是边框外变形，要及时修整平直。

(5)钢模板间嵌缝措施要控制，不能用油毡、塑料布、水泥袋等去嵌缝堵漏。

(6)梁、柱交接部位支撑要牢靠，拼缝要严密(必要时缝间加双面胶纸)，发生错位要校正好。

(五)模板支撑选配不当

1. 现象

模板支撑选配不当是由于模板支撑体系选配和支撑方法不当，混凝土浇筑时产生变形。

2. 原因分析

(1) 支撑选配马虎，未经过安全验算，无足够的承载能力及刚度，混凝土浇筑后模板变形。

(2) 支撑稳定性差，无保证措施，混凝土浇筑后支撑自身失稳，使模板变形。

3. 防治措施

(1) 模板支撑系统根据不同的结构类型和模板类型来选配，以便相互协调配套。使用时，应对支承系统进行必要的验算和复核，尤其是支柱间距应经计算确定，确保模板支撑系统具有足够的承载能力、刚度和稳定性。

(2) 木质支撑体系如与木模板配合，木支撑必须钉牢楔紧，支柱之间必须加强拉结连紧，木支柱脚下用对拔木楔调整标高并固定，荷载过大的木模板支撑体系可采用枕木堆塔方法操作，用扒钉固定好。

(3) 钢质支撑体系其钢楞和支撑的布置形式应满足模板设计要求，并能保证安全承受施工荷载，钢管支撑体系一般宜扣成整体排架式，其立柱纵横间距一般为 1 m 左右（荷载大时应采用密排形式），同时应加设斜撑和剪刀撑。

(4) 支撑体系的基底必须坚实可靠，竖向支撑基底如为土层时，应在支撑底铺垫型钢或脚手板等硬质材料。

(5) 在多层或高层施工中，应注意逐层加设支撑，分层分散施工荷载。侧向支撑必须支顶牢固，拉结和加固可靠，必要时应打入地锚或在混凝土中预埋铁件和短钢筋头做撑脚。

二、工程实例

(一)支承处强度不够导致模板塌陷事故及分析

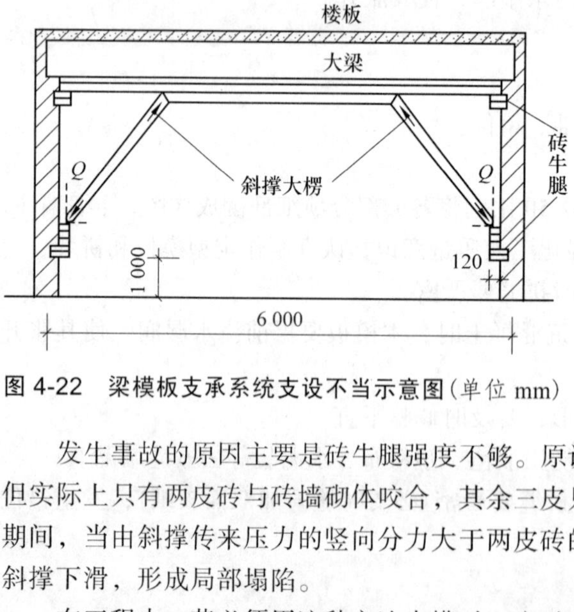

图 4-22 梁模板支承系统支设不当示意图(单位 mm)

某工程为三层混合结构，现浇钢筋混凝土梁、板，房间跨度为 6 m。为了浇筑混凝土楼盖时不影响地面工程施工，决定在支楼盖模板时不用立柱，改用斜支撑。在距地面 1 m 高的砖墙上预挑出 12 cm 的砖牛腿，五皮砖高，作为支承斜支撑的支座（见图 4-22）。在浇筑大梁混凝土的过程中发生砖牛腿被压坏，模板局部塌陷的事故，严重影响了结构质量，后来不得不临时改用立柱。

发生事故的原因主要是砖牛腿强度不够。原认为斜撑支承处的砖牛腿有五皮挑砖，但实际上只有两皮砖与砖墙砌体咬合，其余三皮只起到垫块的作用。在浇筑楼盖混凝土期间，当由斜撑传来压力的竖向分力大于两皮砖的抗剪能力时，砖牛腿就从根部切断，斜撑下滑，形成局部塌陷。

在工程中，若必须用这种方法支模时，应对砖牛腿的抗剪强度进行验算，而且要保证实际砖牛腿的砌筑情况与验算时的要求一致。由于砖砌体砌筑质量的离散性较大，以不用砖牛腿为宜，较好的办法是施工时从墙体内挑出木块，将斜撑支承在木块上。

(二)施工振动导致梁体裂缝实例及分析

某厂同时建造三个仓库，结构形式相同，外墙为承重砖墙，中部为现浇钢筋混凝土梁和柱，屋面板为预制板。第一个仓库施工时，当梁柱拆模后，发现部分梁上有裂缝，位置在跨度的 1／3 处。起初认为这种裂缝是由于模板立柱下陷引起的，所以在第二个仓库施工时，将立柱下面进行适当加固。但是拆模后，仍发现有与前一仓库相同的裂缝。

后来，经过详细检查，才发现在施工过程中，当运混凝土的小推车经过模板立柱下面的横向垫木时，经常发生振动(见图 4-23)，这种振动又通过立柱传给了大梁模板，使刚凝固的大梁混凝土受振而产生了裂缝。在第三个仓库施工时，针对这个原因采取了相应的措施，将垫木断开，使小车压不上，裂缝就不再出现了。

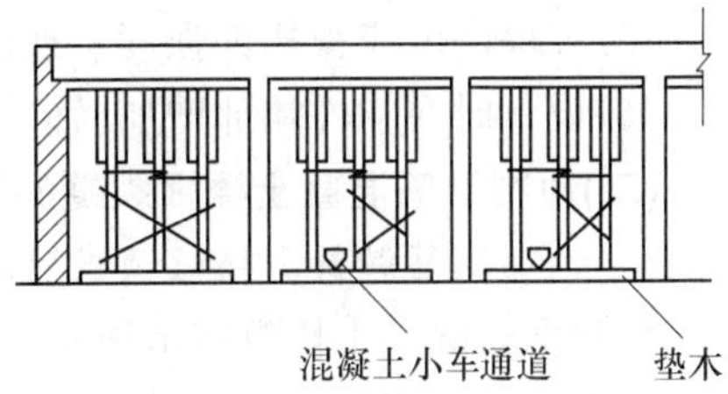

图 4-23　小车通道的垫木措施

第六节　钢筋混凝土基本构件的质量通病与防治

一、钢筋混凝土楼板的质量通病分析与防治

(一)预制钢筋混凝土楼板在运输、堆放中常见问题分析

预制钢筋混凝土楼板在运输、堆放过程中产生下列质量问题。

(1)由于运输或堆垛时悬臂部分过长，负弯矩过大，在板端上部产生横向水平裂缝(如图 4-24(a))。

(2)由于堆垛时垫木位置不正确、堆放方法不妥当或堆放场地不平整等原因，使板面上产生横向水平裂缝、斜向水平裂缝或纵向水平裂缝，如图 4-24(b)、(c)、(d)所示。

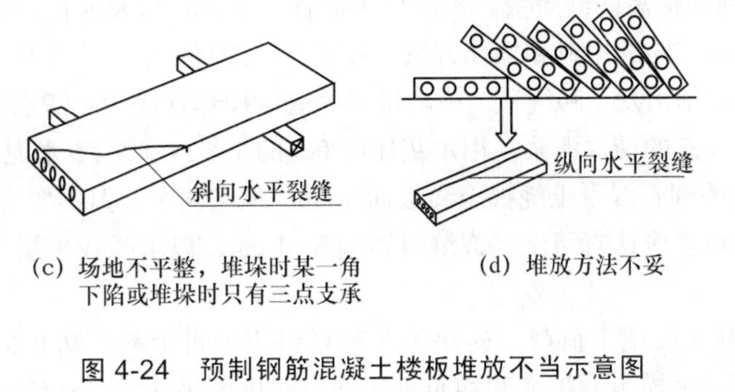

图 4-24　预制钢筋混凝土楼板堆放不当示意图

为了防止这类裂缝，构件的运输与堆放应符合“钢筋混凝土工程施工及验收规范”的要求。大体有以下几点。

(1) 构件支承位置不应引起混凝土产生过大的拉应力。

(2) 堆放场地应平整夯实，应有排水措施。

(3) 宜水平分层堆放，层间用垫木隔开，不宜侧立堆放。

(4) 堆放时垫木要规整，各层垫木位置要在一条垂直线上。

(5) 堆垛高度应视构件强度、地面耐压力、垫木强度及堆垛稳定性而定。

(6) 设计时在构件端部增加横向钢箍，增加板面纵筋。

(二)预制钢筋混凝土楼板裂缝的预防和治理

1. 预制钢筋混凝土楼板顺板缝方向裂缝的预防和治理

预制钢筋混凝土楼板常出现有规律的顺预制板拼缝方向的通长裂缝，这种裂缝有时在工程竣工前就产生，一般是上下裂通，严重时水能通过裂缝往下渗漏。

1) 产生原因

产生这种裂缝的原因主要是：嵌缝质量粗糙、低劣，降低或丧失了板缝协同工作的效果，成为楼面薄弱部位，当某一板面上受到较大荷重时，在有一定弯曲变形的情况下，就会出现顺板缝方向的通长裂缝。造成嵌缝质量粗糙、低劣的原因有以下几点。

(1) 对嵌缝时间安排、用料规格、质量要求、技术措施等不明确交待，亦不重视检查验收，甚至采用错误做法，如用石子、碎砖、水泥袋纸等杂物先填塞缝底，再在上面浇筑混凝土，嵌缝上实下空，大大降低了板缝有效断面。

(2) 预制楼板安装后未立即进行嵌缝。

(3) 不选用水泥砂浆或细石混凝土，而用普通混凝土嵌缝。

(4) 板件侧壁倾角太小，难以进行嵌缝。

(5) 嵌缝前不浇水湿润板缝，嵌缝后不及时进行养护，且立即上砖、上料，准备砌墙，致使强度尚低的灌缝混凝土与楼板之间产生缝隙，失去嵌缝的传力效果。

(6) 在沿板缝走线暗敷电线管时处理不当，使嵌缝砂浆或细石混凝土只能嵌固于管子上面，管子下面部分形成空隙，楼面一旦负荷，嵌缝错动而产生裂缝。

(7) 预制板件刚度有差别，刚度小的板件两侧易出现裂缝。

(8) 安装预制板时，两块板紧靠在一起，形成“瞎缝”，不坐浆或坐浆不实。

2) 预防措施

(1) 必须重视和提高嵌缝质量。预制楼板搁置完毕后，应及时进行嵌缝，并根据拼缝的宽窄情况，采用不同的用料和操作方法。板缝浇灌混凝土前，应在板底支模，过窄的板缝应适当放宽，严禁出现“瞎缝”。一般拼缝的嵌缝操作程序为：清水冲洗板缝，略干后刷水灰比为 0.4 ~ 0.5 的纯水泥浆，用水灰比约 0.5 的 1 : 2 ~ 1 : 2.5 水泥砂浆灌 2 ~ 3 cm，捣实后再用 C20 的细石混凝土浇捣至离板面 1 cm，捣实压平，但不要光，然后进行养护。做面层时，缝内垃圾应认真清洗。嵌缝时留缝深 1 cm，以增强找平层与预制楼板的黏结力。

(2) 严格控制楼面施工荷载。砖块等各种材料应分批上料，防止荷载过于集中，必要时可在砖块下铺设模板，扩大和均布承压面。在用塔吊作垂直运输上料时施工荷载往往会超过楼板的使用荷载。因此，必须在楼板下加设临时支撑，以保证楼板质量和安全生产。

(3) 板缝中暗敷电线管时，应将板缝适当放大。板底托起模板，使电线管道包裹于嵌缝砂浆及混凝土中，以确保嵌缝质量。

(4) 改进预制楼板侧边的构造，如采用键槽形式等，有效地提高嵌缝质量和传力效果。

(5) 如果预制楼板质量较差，刚度不够，楼板安装后相邻板间出现高差，可在面层下做一层厚约 3 cm 的细石混凝土找平层，既可使面层厚薄一致，又能增强楼面的整体作用，防止裂缝出现(但应注意复核做找平层后板的强度是否满足要求)。对于面积较大或楼面荷重分布不均匀的房间，在找平层中宜设置一层双向钢筋网片（ф 5 ~ ф 6，@50 ~ 200 mm）。

(6) 安装预制楼板时应坐浆、搁平、安实。

3) 治理方法

(1) 如果裂缝数量较少，且裂缝较细，楼面又无水或其他液体流淌时，可不做修补。

(2) 如果裂缝数量虽少，且裂缝较细，但经常有水或其他液体流淌时，则应进行修补。修补方法是：①将裂缝的板缝凿开，并凿进板边 30 ~ 50 mm，接合面呈斜坡形，坡度 h/b=1：1 ~ 1：2，如图 4-25 所示。预制楼板面和板侧面适当凿毛，并清理干净。②修补前 1 ~ 2 d，用清水冲洗，使其充分湿润，修补时达到面干饱和状态。③补缝时，先在板缝内刷水灰比为 0.4 ~ 0.5 的纯水泥浆一遍，然后随即浇捣细石混凝土，第一次浇捣板缝深度的 1/2，稍等吸水，进行第二次浇捣。如板缝较窄，应先用 1：2 ~ 1：2.5 的水泥砂浆(水灰比为 0.5 左右)浇 2 ~ 3 cm，捣实后再浇 C20 的细石混凝土，捣至离板面 1 cm 处，捣实压平，但不要压光，养护 2 ~ 3 d。养护期间，严禁上人。

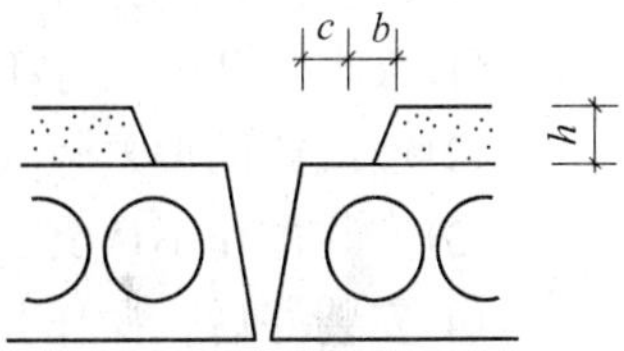

图 4-25　板缝修补示意

(3) 如房间内裂缝较多，则应将面层全部凿掉，并凿进板缝深 1 ~ 2 cm，在上面满浇一层厚度不小于 3 cm 的钢筋混凝土整浇层，内配一层双向钢筋网片（ф 5 ~ ф 6，@150 ~ 200 mm)，浇捣不低于 C20 的细石混凝土，随捣随抹。(表面略加适量的 1：1.5 水泥砂浆)，按要求清洗、刷浆、养护。

2. 预制钢筋混凝土楼板顺其搁置方向裂缝的预防及治理

预制钢筋混凝土楼板顺其搁置方向的裂缝主要发生在两间以上的大房间，裂缝位置较固定，一般均在预制楼板支座搁置位置的正上方。当走廊用小块楼板作横向搁置时，房间的门口处也往往发生这种裂缝。这种裂缝一般出现较早，上宽下窄，上口宽度有的达 3 mm 以上。

1) 产生原因

(1) 楼板受荷载后，跨中挠度最大而使板端上翘，板端上部则易出现裂缝。

(2) 楼板的纵向温度收缩，导致板端开裂。

(3) 横隔墙承载较大，出现较大沉降，使楼板在搁置端自由转动，表面出现较大拉应力而产生裂缝。

(4) 安装板时坐浆不实或不坐浆，顶端接缝处嵌缝质量差。

2)预防措施

(1)在支座搁置处设置能承受负弯矩的钢筋网片。钢筋网片位置应在离面层上表面15~20 mm处，施工中要切实注意它不被踩到下面。

(2)设计上应尽量使房屋基础均匀沉降，特别应避免支承楼板的横隔墙沉降量过大。

(3)安装预制楼板时应坐浆，浆要平、实，嵌缝要密实。

3)治理方法

(1)如果裂缝较细，楼面又无水或其他液体流淌，一般可不修补。

(2)如果裂缝较粗，或虽然裂缝较细，但楼面经常有水或其他液体流淌，则应进行修补。修补的方法是：①房间外观质量要求不高时，可用凿子凿成一条线槽后，采用屋面用胶泥(或油膏)嵌补。凿槽应整齐，槽宽约10 mm，深约20 mm，嵌缝前应将缝清理干净，胶泥应填补平实。②如果房间外观质量要求较高，则可顺裂缝方向凿除部分面层(有找平层时一起凿除，底面适当凿毛，宽度为100~1 500 mm。用不低于C20的细石混凝土填补，并增设钢筋网片。

(三)预制钢筋混凝土楼板板端搭接不当的原因及预防

1. 板端搭接不当的原因

预制钢筋混凝土楼板板端搭接不当是指板两端搭接长度不均匀、位移偏差超过允许值。造成这种情况的原因是：

(1)板本身几何尺寸不符合设计要求。

(2)墙或梁的偏差较大。

(3)安装操作不认真。

(4)安装好后，操作其他工序时挪动了板的位置。

(5)梁上叠合部分箍筋相撞。

2. 预防措施

(1)吊装前应做好板、墙及梁的预检工作，发现问题应会同设计人员进行研究后认真处理。

(2)安装板前，应在板两端画出搭接长度线，安装在砖墙或混凝土梁上时，板的搭接长度一般应等于板厚，并不得少于70 mm。

(3)安装好的板不得随意挪动。

二、钢筋混凝土梁的质量通病分析与防治

钢筋混凝土梁的种类较多，如吊车梁、薄腹梁、墙梁、矩形梁等，它们在设计、制作、安装、使用过程中有许多质量通病，现分析如下。

(一)钢筋混凝土梁裂缝的分析及防治

钢筋混凝土梁出现裂缝的原因很多，有材料或气候因素造成的；有施工不当造成的；有设计或施工错误，或使用不合理造成的等。对于因材料、气候造成的一般的水化热裂缝、干缩裂缝等，在不降低梁的承载能力的情况下，可按照前面有关章节所介绍的方法进行处理。如果裂缝的出现影响了梁的承载能力，就必须采取加固的办法进行补强处理。这是因为这类裂缝的出现，表明梁的受拉区工作已由钢筋承受，随着裂缝的开展与延伸，

梁截面处中和轴亦随之上移，当钢筋屈服后，受压区混凝土应变量亦增大，这时梁的刚度大大降低，构件则达到破坏状态。所以，钢筋混凝土梁上裂缝的出现和开展，不仅是其他症害的预告，而且有导致结构破坏的可能。

1. 梁裂缝的原因分析

钢筋混凝土梁出现结构裂缝的原因，一是设计或施工造成的；一是使用不合理造成的。现将钢筋混凝土梁出现结构裂缝的原因分析如下。

(1)由于设计欠周密，如梁的截面不够，跨度过大，高度偏小，或者由于计算错误，受力钢筋钢号或截面面积不够，以及配筋位置不当，节点处理不合理等，都会导致梁出现结构裂缝。

(2)由于施工质量不好，致使混凝土的强度达不到设计要求，就会出现受拉区的钢筋尚未达到设计强度，而受压区的混凝土则因强度过低而破坏。

(3)由于施工错误，受力主钢筋的规格截面小于设计要求，造成梁的承载能力不够。

(4)由于施工控制不严，钢筋混凝土梁上部的楼板等超厚、超重，造成梁的承载能力不够。

(5)在使用管理方面，对建筑物使用不当，增大梁上的荷载，或者由于房屋的用途改变，如屋面上再加一层建筑，把办公室改为书库等，都会造成梁的承载能力不够。

(6)施工中管理不善，现浇混凝土模板支撑下沉，或者过早地拆除梁底模板和支撑，致使混凝土在未达到一定强度前过早地受力，就会导致梁的裂缝。

(7)钢筋混凝土预制梁在运输、吊装过程中，由于支垫不合理、吊点位置不对以及较大的振动或冲击荷载等，也会使梁产生裂缝。

2. 梁裂缝的预防措施

1)设计方面

(1)钢筋混凝土梁的构造要合理，受力钢筋的截面必须满足承载能力的要求。

(2)加强设计审核工作，避免截面尺寸及配筋计算错误。

(3)设计变更时注意梁的截面形状和高度变化。

2)施工方面

(1)加强施工管理工作，严格按设计图纸规定的梁截面，混凝土强度等级，钢筋等级、直径、数量、位置进行施工。

(2)如果没有符合设计要求的钢筋等级、直径，而需用其他等级、直径的钢筋代换时，必须经过钢筋代换计算，并征得设计单位的同意。钢筋绑扎完后，应由质量检查人员进行检查验收，以尽量消除差错。

(3)必须事先进行混凝土配合比设计。现场拌制混凝土应确保混凝土的强度。

(4)在浇筑混凝土时，要随时检查模板支撑，防止下沉。拆模不能过早，必须达到规范规定的强度后方可拆模。

(5)施工中要严格控制加于梁上的各种临时施工荷载，以免超载而使梁出现裂缝。

(6)预制钢筋混凝土梁在运输和吊装过程中，要按要求支垫平稳、牢靠，起吊或落构件时要轻起轻放，防止突然冲击。

3) 使用管理方面

(1) 不能随意加大梁上的荷载，并随时注意避免增大梁上荷载的可能。如有的车间因屋面积灰过厚超载等，就要及时进行清扫处理。

(2) 不能随意改变房屋的用途，如必须改变房屋用途、增大梁上荷载，则必须进行严格的计算，并采取相应的加固措施。

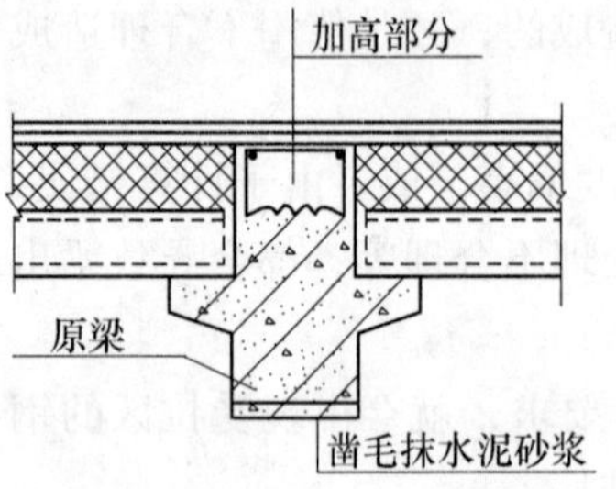

图 4-26　反梁加强示意图

3. 梁裂缝的处理方法

1) 钢箍加固法

详见本章第三节裂缝治理方法。

2) 反梁加强法

用环氧树脂把梁的裂缝填实，把原梁的断面上部加高，增大梁的有效高度 h，成为反梁（见图 4-26）。这种方法适用于顶层的矩形梁和花蓝梁补强。

3) 预应力拉杆加固法

预应力拉杆加固可在基本上不增加梁截面高度的条件下，提高梁的抗弯、抗剪承载力和改善使用性能。其基本工艺是：将在需加固的受拉区段外面加预应力拉杆；拉杆锚固在梁的端部，并对其施加预应力。拉杆的张拉方法有以下两类。

(1) 千斤顶张拉法。千斤顶在拉杆的顶端进行张拉，施工简便。当在梁端放置千斤顶有困难时，可采用外拉式千斤顶在梁的中间部位张拉。

(2) 横向收紧法。这是一种横向预加应力的方法。其原理是在加固筋两端被锚固的情况下，利用扳手和螺栓等简易工具，迫使加固拉杆由直变曲，产生拉伸应变，从而在加固拉杆中建立预应力。

4) 粘贴钢板加固法

这是一种结构加固的新方法,它具有传统加固方法不可取代的优点，其优点主要有：①黏结剂硬化速度快、工期短。②工艺简单、施工方便，可以不动火。③黏结剂的黏结强度高于混凝土、石材等，可以使加固体系与原构件形成一个良好的整体。受力均匀，不会在混凝土中产生应力集中现象。④粘贴钢板所占的空间小，几乎不增加被加固构件的断面尺寸和重量。⑤可大幅度提高结构构件的抗裂性，抑制裂缝开展，提高承载能力。

粘贴钢板加固法的施工要求主要有以下 6 个方面：

(1) 施工工艺流程。粘贴钢板加固法施工工艺流程如图 4-27 所示。

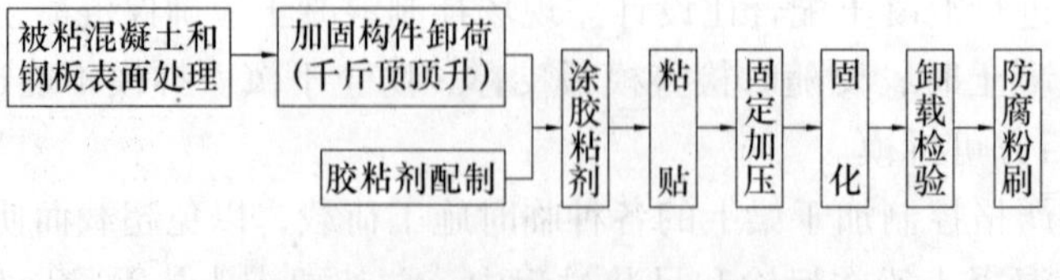

图 4-27　粘贴钢板加固法工艺流程

(2) 构件表面处理方法。①新混凝土黏合面，先用钢丝刷将表面松散浮渣刷去，并用硬毛刷蘸洗涤剂洗刷表面。然后用有压冷水冲洗。稍干后以30%左右浓度的盐酸溶液涂敷，于常温下放置15 min。再用硬尼龙刷刷除表面产生的气泡，并用冷水冲洗；用3%的氨水中和，最后用有压冷水冲洗干净，待完全干燥后即可涂胶粘剂。②对于较干净的新混凝土表面，可用钢丝刷刷去松浮物，用脱脂棉或棉纱蘸丙酮擦拭，除去油污。如黏合面较大，则在刷去松浮物后，应以无油压缩空气除尘，或用压力水冲洗干净，待完全干燥后再用脱脂棉沾丙酮除去油污。③对于龄期在3个月以内，或湿度较大的混凝土构件，尚须进行人工干燥处理。

(3)钢板粘贴前的处理。①钢板粘贴面须打磨粗糙和进行除锈处理，然后用脱脂棉蘸丙酮擦拭干净。如钢板未生锈或轻微锈蚀，可用喷砂、砂布或砂轮打磨，直至出现金属光泽；如钢板锈蚀严重，须先用适度盐酸浸泡20 min，使锈层脱落，再用石灰水冲洗，中和酸离子，最后用平砂轮打磨出纹道。打磨粗糙度越大越好，打磨纹路应与钢板受力方向垂直。②粘贴钢板前，应对被加固构件卸荷。如采用千斤顶顶升方式卸荷。对于承受均布荷载的梁，应采用多点(至少两点)均匀顶升；对于有次梁作用的主梁，每根次梁下需设一台千斤顶。顶升吨位以顶面不出现裂缝为准。

(4)胶粘剂的制备。JGN胶粘剂为甲、乙两组分。使用前需进行现场质量检验，合格后方能使用。使用时将甲、乙两组分按说明书规定的配比混合，并用转速为100～300 r/min的锚式搅拌器搅拌至色泽均匀(10～15 min)为止。容器内不得有油污，搅拌时应同一方向搅拌，以免带入空气形成气泡。

(5)钢板粘贴。①胶粘剂配制好后，用抹刀同时涂抹在已处理好的混凝土表面和钢板面上，厚度1～3 mm(中间厚、边缘薄)。②将钢板粘贴在涂刷胶粘剂的混凝土表面。若是立面粘贴，为防止流淌，可加一层脱蜡玻璃丝布。粘好钢板后，用锤沿粘贴面轻轻敲击钢板。如有空洞声，应剥下钢板重新粘贴。③钢板粘好后，应立即用特制U形夹具夹紧或用支撑顶撑。压力保持在0.05～0.1 MPa，以胶液刚从钢板边缘挤出为度。

(6)粘贴后的工作。①JGN型胶粘剂在常温下固化(保持在20℃以上)，24 h即可拆除夹具或支撑，3 d后可受力使用。若低于15℃，应采取人工加温，一般用红外线灯加温。②构件加固后，钢板表面应粉刷水泥砂浆保护。如钢板面积较大，可采用钢丝网水泥砂浆保护。

粘贴钢板加固法的构造要求有以下几点。

(1)粘贴钢板的基层混凝土强度等级不应低于C15。

(2)粘贴钢板的厚度以2～6 mm为宜。

(3)对于受压区粘贴钢板的加固，当采用梁侧粘贴钢板时，钢板宽度不宜大于梁高的1/3；对于受拉区梁侧粘贴钢板时，钢板宽度不宜大于100 mm。

(4)在加固点外的黏结钢板锚固长度，对于受拉区，不得小于200 t(t为钢板厚度)，亦不得小于600 mm；对于受压区，不得小于160 t，亦不得小于480 mm。对于大跨结构或可能经受反复荷载的结构，锚固区宜增设附加锚固措施(如螺栓)。

(5)钢板表面须用M15水泥砂浆抹面，其厚度对于梁不应小于20 mm，对于板不应小于15 mm。

(6)连续梁支座处负弯矩受拉区的加固，应根据该区段有无障碍物，分别采用不同的黏结方法。当连续梁上表面、侧面均有障碍物时，可于梁根部按 1∶3 坡度将钢板弯折绕过柱子，并在弯折处设垫板，用螺栓紧固(如图 4-28 所示)，钢板与梁柱角形成的三角空隙，应用环氧砂浆填实。

研究表明，粘贴钢板存在着应力滞后。施工时原构件的负载越大，应力滞后越多。

此外，施工质量和黏结剂质量对加固效果有较大的影响。虽然许多试验表明，粘贴钢板加固破坏梁时，钢板可以达到屈服强度，但是，也有部分试验结果证明，粘贴钢板在达到屈服强度前，其端部与混凝土之间出现撕脱，导致粘贴钢板的强度不能充分发挥。

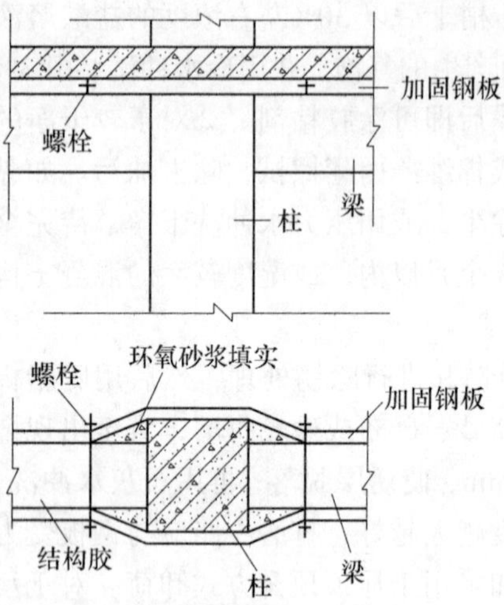

图 4-28　框架梁支座区粘贴钢板加固

(二)钢筋混凝土吊车梁安装质量通病分析及防治

1. 钢筋混凝土吊车梁安装质量通病

(1)两排吊车梁跨不相等。

(2)单排吊车梁水平呈波浪形或中心线呈折线形。

(3)吊车梁垂直偏差超过允许值。

2. 通病产生的原因及防治措施

(1)吊车梁跨距不等。这是由于安装位置线量测不准或钢尺拉得不紧造成的。预防措施是：当柱杯口混凝土达到设计强度后，应将下面的正确轴线点反到柱牛腿面上，用有弹簧秤的钢尺校核跨距无误后再进行安装。

(2)吊车梁标高偏差或扭曲。这是由于柱牛腿标高误差、吊车梁本身制作偏差、以及吊车梁中心线校正工艺不合理造成的。预防措施是：①做好预检工作，如杯口标高、柱牛腿标高、吊车梁几何尺寸等。在安装过程中，吊车梁两端不平时，应用合适的铁楔及时找平。②对较重的 T 形截面吊车梁，要随安装随校正，并用经纬仪支在一端打通线校正。对鱼腹式吊车梁或较轻的 T 形截面梁，单排吊车梁安装完毕后，在两端轴线点上拉通长铅丝(一般用 20 号铅丝)逐根校正。

(3)吊车梁垂直偏差超过允许值。对于鱼腹式吊车梁来说，是由于两端不平使腹部垂直偏差过大造成的；对于 T 形截面吊车梁来说，是由于两吊车梁距离很近，只能用线锤找另一端垂直，当吊车梁本身扭曲较大时很难准确控制所造成的。预防措施是：①吊车梁中心线与垂直偏差校正应同时进行。②对于鱼腹式吊车梁，可用 F 形专用标尺近似地校正腹部垂直偏差。③对于 T 形截面吊车梁，扭曲不大时，可用一端挂线锤的办法校正；扭曲较大时，也可用 F 形专用标尺校正。

三、钢筋混凝土柱的质量通病分析与防治

钢筋混凝土柱是结构的主要受压构件，根据不同的受力情况，一般分为轴心受压

和偏心受压两大类。轴压破坏时，一般是纵筋先达到屈服强度，随之混凝土达到最大应力值而使柱子破坏。偏心受压破坏有两种情况：一是相对偏心距较大，受拉钢筋配置不足而发生受拉破坏；二是偏心距较小，或受拉钢筋配置较多，就可能发生受压破坏。

要想保证钢筋混凝土柱的正常使用，就必须保证其有一定的纵向刚度和足够的强度。这里主要讲述其强度、刚度方面的质量通病与防治。

(一)钢筋混凝土柱的强度不够的分析与防治

1. 原因分析

(1)设计错误。如柱子断面或柱中钢筋截面偏小，降低了柱子的允许承载能力。

(2)柱顶位移，柱身侧弯，在柱的一侧出现横向裂缝。这是由于地基下沉或地震、大风等自然灾害对结构影响所造成的，严重降低了柱子的应有强度。

(3)柱沿主筋出现纵向裂缝，或者局部保护层剥落，甚至露出钢筋，从而降低了承载能力。这主要是水泥质量不好，混凝土质量低劣或者由于在混凝土中掺了过量的混凝土附加剂，引进氯离子，造成钢筋锈蚀，体积膨胀，使混凝土沿钢筋产生裂缝。

(4)施工控制不严，材料计量不准确，使混凝土强度偏低。对于高强混凝土，当粗骨料不好时，也会出现强度不够的现象。

(5)柱子在长期使用过程中，受酸、碱类的化学侵蚀，加上因渗水、受冻、受热等作用，加速了混凝土的变质，破坏了混凝土的结构，严重降低柱子的承载能力。

(6)由于生产发展，工艺改变，柱子上的荷载增加，柱子的承载能力不能满足要求。

2. 预防措施

首先应精心设计，精心施工，严格控制原材料(钢筋和混凝土)的质量；其次，在使用过程中防止过大的超荷现象。在遭受意外荷载的冲击后，应及时检查及时维修。

3. 治理方法

1)柱子四周增加钢筋混凝土套箍法

此法适用于原柱的强度或刚度与设计要求相差较大的情况。具体做法参见本章第三节裂缝治理方法。

2)柱子单侧或双侧加大断面法

这种加固方法适用于柱子强度与设计要求相差不大，在受力方向偏心较大，或者由于空间尺寸限制不便于制作钢筋混凝土围套(如温度伸缩缝柱、部分伸入墙砌体内的外排柱)等情况。一般有两种做法。

(1)在柱子的受力方向(单侧或两侧)凿掉钢筋保护层，新加的纵向钢筋用 ϕ 25 长 50 mm、间距 500 mm 的短钢筋作媒介与原柱内纵向钢筋焊在一起，然后抹上 1∶1 水泥砂浆或者浇捣混凝土。这种做法电焊工作量大，焊接时钢筋扭曲变形较大，同时对原有钢筋损伤较严重(见图 4-29)。

(2)在原柱的单侧或双侧增加 100 mm 以上的断面。新加的钢箍与原有钢筋焊接，将新加的纵向钢筋与原有钢筋连接在一起，钢箍的间距与柱内原钢箍相同，但需交错布置。这种做法施工较为方便，又能更显著地增加柱子的承载能力，故较常使用(图 4-30)。

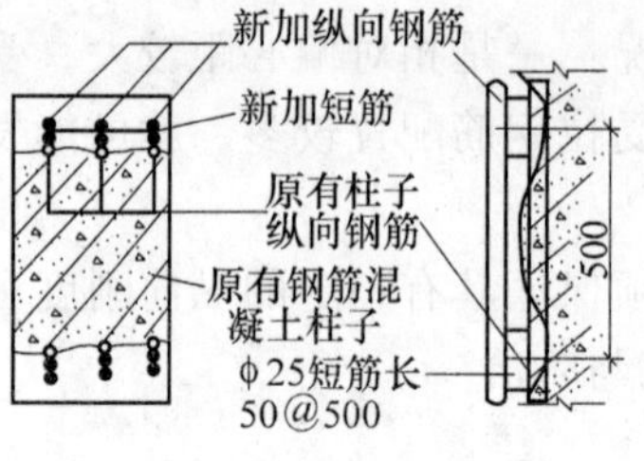

图 4-29　用ϕ25 短筋作媒介连接新旧钢筋（单位：mm）

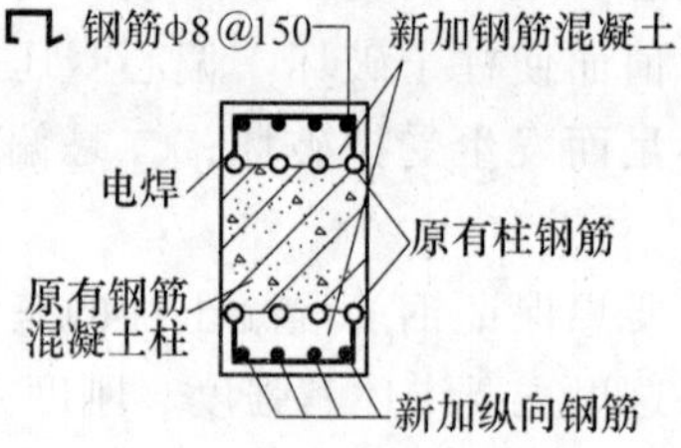

图 4-30　柱双侧加大断面（单位：mm）

3）柱子一侧或两侧加设预应力撑杆结构法

预应力撑杆加固结构的优点是可以预先制造，然后在现场安装，安装时，只需凿掉安装撑杆的支座处混凝土表层即可。另外，这种撑杆占地小，柱子宽度只增加几厘米，利用结构本身施加预应力，方法简便。施加预应力能使撑杆的端头与补强构件紧密接触，保证撑杆有效地参加受力，分担柱子部分荷载。

预应力撑杆结构加固有双侧及单侧两种。双侧补强撑杆适用于提高轴心受压以及有正负弯矩的偏心或小偏心的偏心受压构件。二者的区别是：单侧撑杆只在柱的一侧有撑杆。单侧撑杆安装在偏心受压柱的受压一侧。

具体方法这里就不再介绍，需用者可参考有关书籍和资料。

4）外包钢加固法

外包钢加固就是在构件外包以型钢的一种加固方法。习惯上将其分为干式外包钢加固和湿式外包钢加固两种。所谓干式外包钢加固，就是把型钢直接外包于原构件（与原构件间没有黏结），或虽填塞有水泥砂浆，但不能保证结合面剪力有效传递的外包钢加固方法。所谓湿式外包钢加固，就是在型钢与原柱间留有一定间隔，并在其间填塞乳胶水泥浆或环氧砂浆或浇灌细石混凝土，将两者黏结成一体的加固方法。外包钢加固的优点是：构件的尺寸增加不多，但其承载力和延性却可大幅度提高。

通常，对柱常用双面外包钢加固。外包钢加固柱的构造要求和施工注意事项主要有以下几点。

（1）加柱的外包角钢的边长不宜小于 75 mm；缀板截面不宜小于 25 mm × 3 mm，间距不宜大于 $20r$（r 为单根角钢截面的最小回转半径），同时不宜大于 500 mm。

（2）加固柱的外包角钢须通长、连续，在中间穿过各层楼板时不得断开；角钢下端应伸到基础顶面，用环氧砂浆加以黏锚；角钢上端应有足够的锚固长度，如有可能，应在上端设置柱帽，并与角钢焊接。

（3）当采用环氧树脂化学灌浆外包钢加固时，缀板应紧贴混凝土表面，并与角钢平焊连接。焊好后，用环氧胶泥将型钢周围封闭，并留出排气孔，然后进行灌浆黏结。

（4）当采用乳胶水泥砂浆粘贴外包钢时，缀板可焊于角钢外面。乳胶含量应不少于 5%。

（5）型钢表面宜抹厚 25 mm 的 1∶3 水泥砂浆保护层，亦可采用其他饰面防腐材料加以保护。

5）粘贴钢板加固法

可参考梁裂缝治理中的粘贴钢板加固法。

（二）柱子纵向刚度不够的原因分析与防治

柱子的刚度不够，常影响建筑物的正常使用，甚至是造成失稳倒塌的重要因素。因此，应引起足够重视。

1. 造成纵向刚度不够的原因

（1）设计失误，包括断面过小、长度过大等，直接影响了柱子的刚度。

（2）稳定条件差，如柱子纵向长度过大，而柱间又未按规定设置支撑；柱子断面形状设计欠妥；荷载情况发生变化等均会造成柱子刚度不够。

（3）柱子中钢筋横截面积太小，或者施工中钢筋种类、规格、数量差错，造成柱子的纵向刚度不够。

（4）由于施工质量不好，混凝土的强度未达到设计强度等级；导致柱的强度及弹性模量减小，降低了柱子的刚度。

2. 纵向刚度不够的治理方法

（1）加设钢筋混凝土柱间支撑法。支撑材料一般用 C20 混凝土，Ⅰ级钢筋，焊条用 E43 型的。按选好的位置将柱子混凝土保护层凿掉，使露出原柱内纵筋，然后将连接钢筋焊在柱子钢筋上。支撑主筋与连接钢筋采用搭接接头，搭接长度应不小于 l_1。最后支模浇灌混凝土，构造如图 4-31。

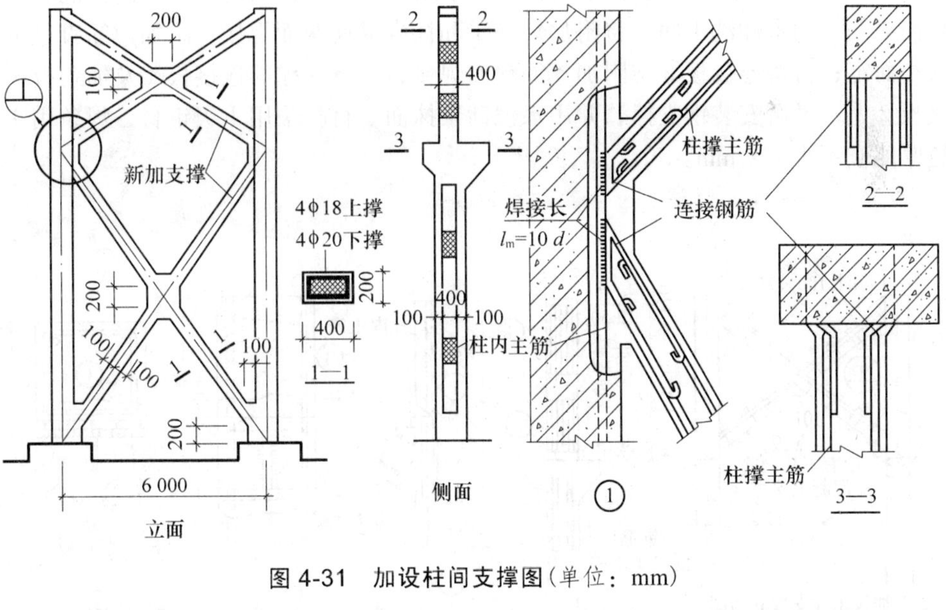

图 4-31　加设柱间支撑图（单位：mm）

（2）柱子上部加设钢支撑，下部加设钢筋混凝土支撑法。先在柱上部支撑位置凿去混凝土保护层，使露出纵筋并冲洗干净，焊上角钢及连接板，再将钢支撑焊在连接板上。柱下部则在柱的纵筋上焊以连接板及连接钢筋；然后搭接支撑内筋，最后浇灌混凝土。钢筋混凝土支撑内的钢筋必须伸至基础顶部。材料用 C20 混凝土；Ⅰ级钢材；焊条 E43，焊缝要求厚 8 mm。构造如图 4-32。

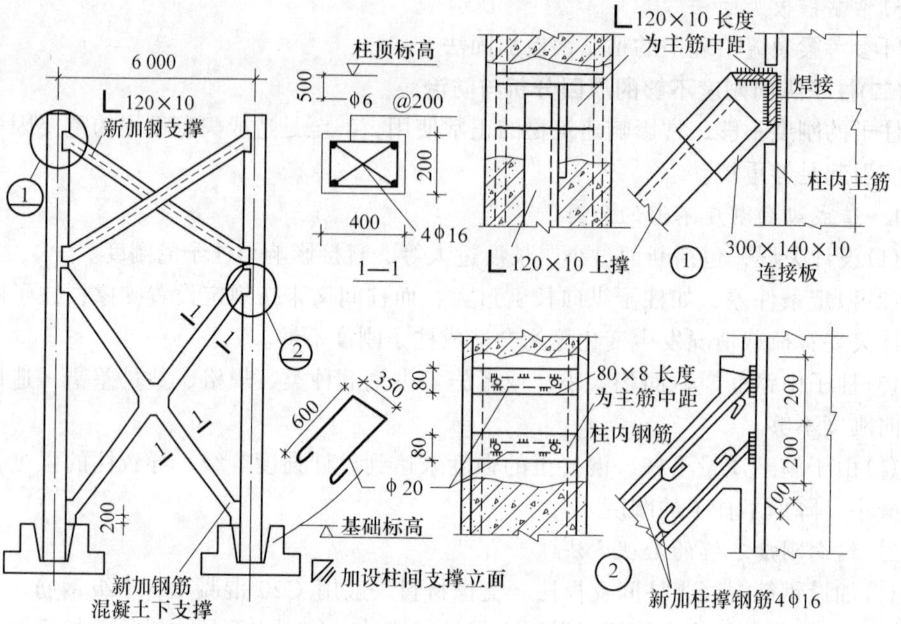

图 4-32 加设钢支撑图(单位：mm)

(3)柱上部加角钢垂直支撑法。此法构造如图 4-33。按确定的位置凿掉混凝土，露出柱内纵筋，用水冲洗干净，将附加短筋①和柱内纵筋两面焊接；附加短筋直径可视主筋大小而定；再将连接板②与附加短筋单面焊接，并将支撑的连接板④及加劲板③焊在连接板②上，最后安装钢支撑，并用水泥砂浆抹面。材料采用Ⅰ级钢材，焊条用 E43，焊缝厚度应不小于 6 mm。

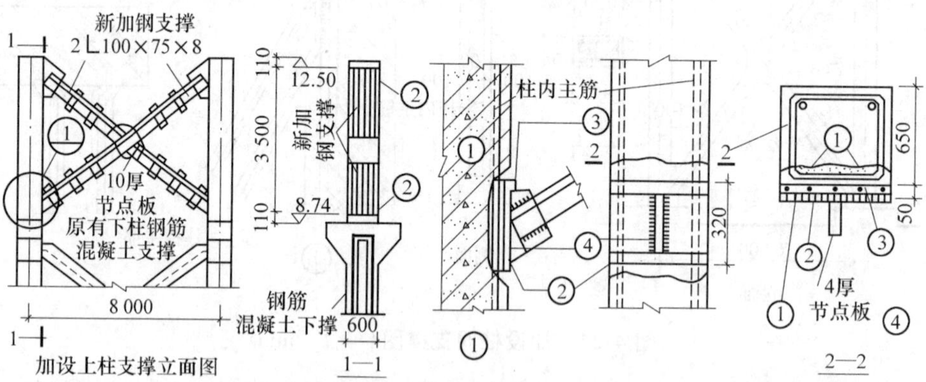

图 4-33 加设角钢垂直支撑图(单位：mm)

(4)柱间加设钢支撑法。此法除参照(2)、(3)法构造外，柱间加设的钢支撑与柱的连接系采用ϕ19 螺栓，焊缝厚度为 6 mm，焊缝长度按实际情况决定。所有铁件在安装完毕后，均需涂以油漆防止锈蚀。构造如图 4-34。

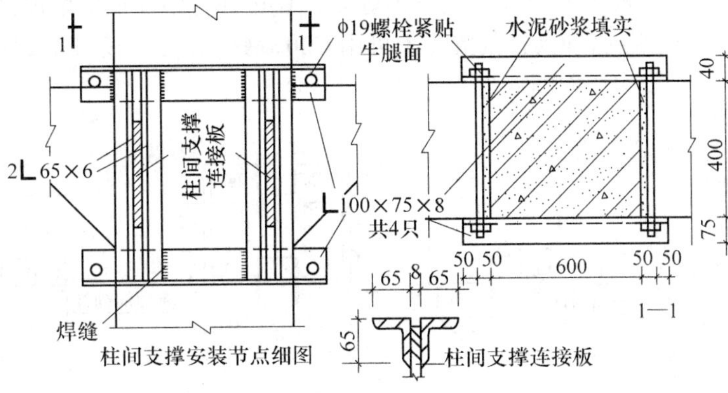

图 4-34　加设钢支撑与柱连接的节点构造图（单位：mm）

(5) 增加纵向垂直支撑补强法。此法系采用钢筋混凝土垂直支撑及钢支撑将悬臂吊车之水平力传至基础上；钢支撑每根杆件上部采用两根∟ 90×8 的等边角钢，下部采用两根∟ 150×10 的等边角钢，中间夹以 15 mm 厚垫板，其与钢筋混凝土柱之连接可参照方法(4)。钢筋混凝土支撑分别用于伸缩缝及非伸缩缝处。构造如图 4-35。

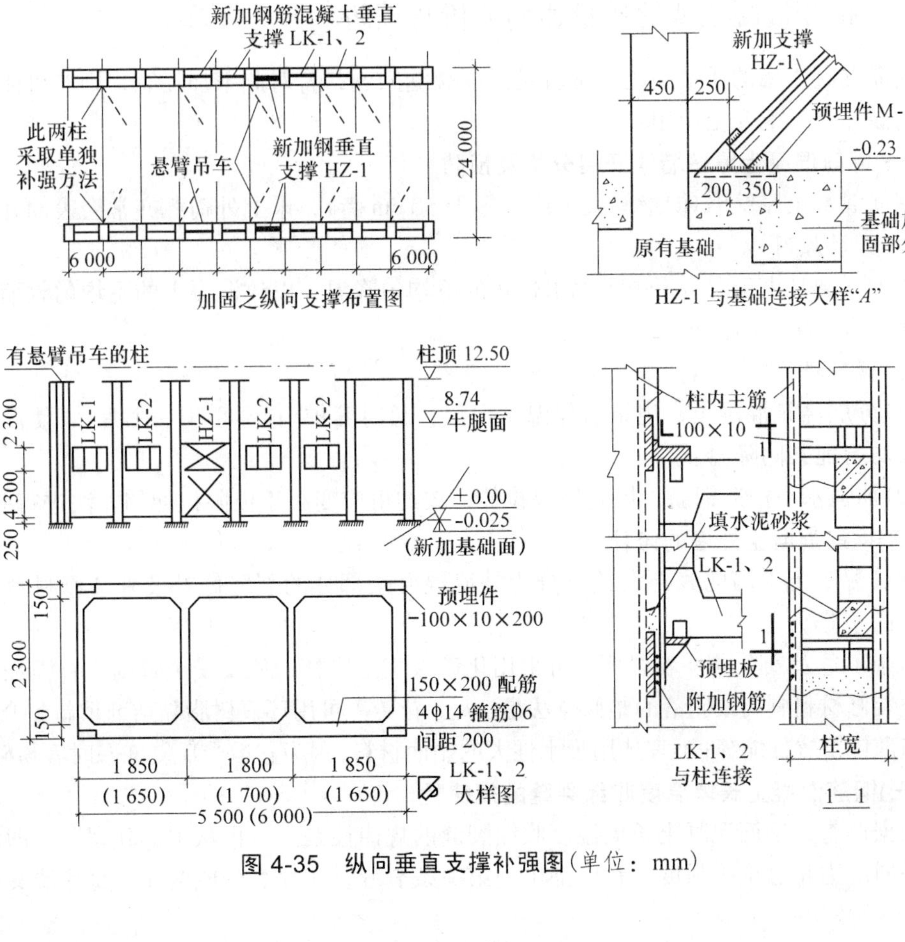

图 4-35　纵向垂直支撑补强图（单位：mm）

(6)柱顶增设加劲杆法。此法适用于厂房系采用钢筋混凝土屋架，柱顶未设置纵向加劲杆，而大型屋面板与屋架焊接质量不好时，在边柱与中柱顶部增加钢筋混凝土加劲杆，以保证柱子纵向刚度，加劲杆的混凝土可用C20，钢材Ⅰ级，焊条E43，焊缝厚度6 mm。加劲杆与柱子的连接构造如图4-36。

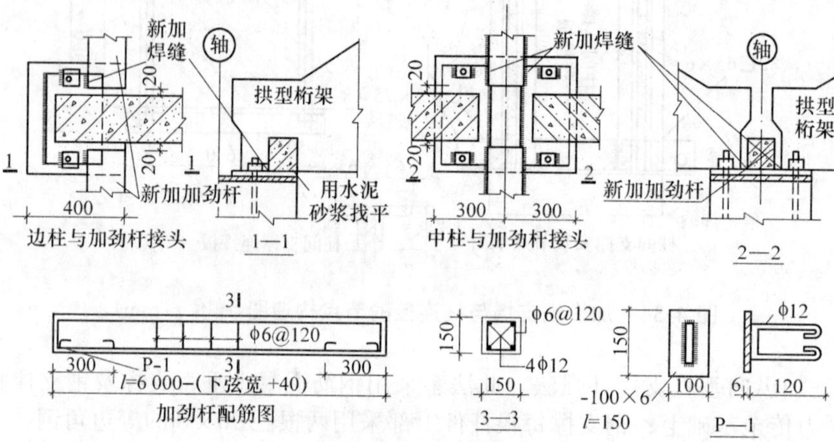

图4-36 柱顶增设加劲杆图(单位：mm)

四、钢筋混凝土墙的质量通病分析与预防

钢筋混凝土墙的质量问题通常就是温度裂缝问题，若对此不加注意，则有可能导致结构的破坏，影响安全使用。

(一)钢筋混凝土厚壁墙的开裂分析及预防

钢筋混凝土厚壁墙(即壁厚大于或者等于50 cm者)，未上外荷载亦常会表面开裂。

1. 开裂原因

这种开裂是由于混凝土中水泥水化热的不均匀降温，以致混凝土的不均匀收缩，引起显著的自约束应力。

2. 预防措施

(1)分层浇筑混凝土，浇筑后保温、保湿，长时养护(宜不小于一个月)，使混凝土内外较均匀地共同降温。

(2)加强水平构造钢筋，提高极限拉伸，按约束应变小于极限拉伸的方法进行验算。

(二)钢筋混凝土外墙的修补

钢筋混凝土外墙的修补大致可分为外墙混凝土部分的裂缝修补及外装修材料剥离或剥落的整修。

对于不危及安全的外墙裂缝，可采用化学灌浆法修补；危及安全者则应补强加固。对于外装修材料剥离或剥落的整修方法是：瓦、花砖等可用环氧树脂黏结剂重新黏合，并在适当部位留置伸缩缝；不宜选用吸水性大的贴面材料，因为它遭受反复冻融时容易破坏。

(三)钢筋混凝土长墙温度收缩裂缝的规律性

根据调查，钢筋混凝土长墙温度收缩裂缝的规律性是“一再从中部开裂”，即墙的水平法向应力超过抗拉强度，在中部出现第一条裂缝，一片墙分成两片，每片墙又有自己的水平应力分布，其最大值由于墙长减少一半而减小，如果该值仍然超过抗拉强度，则形成第二批裂缝，每片再分成两片，共四片墙三条裂缝，如此继续，直至那片墙中部最大水平应力小于或等于抗拉强度，裂缝便稳定，不再增加。但是，由于混凝土抗拉强度不均匀，所以裂缝部位有时不完全在正中。在地基约束很大的情况下，剪应力会引起墙端部出现斜裂缝。由于墙较高，裂缝由下向上发展，如果墙上、下端均具有约束构造(如肋、配筋等)，或具有收缩差，墙中部的裂缝则呈梭形。

第七节　钢筋混凝土结构工程质量通病实例分析

一、某剧场眺台混凝土结构外观缺陷实例分析

(一)工程及缺陷概况

某剧场眺台平面和柱截面配筋如图 4-37(a)、(b)所示。在 14 根钢筋混凝土柱子中有 13 根有严重的蜂窝现象。具体情况是：柱全部侧面积 142 m^2，蜂窝面积有 7.41 m^2，占 5.2%，其中最严重的是 *K*4，仅蜂窝中的露筋面积就有 0.56 m^2。露筋位置在地面以上 1 m 处，正是钢筋的搭接部位(见图 4-37(c))。

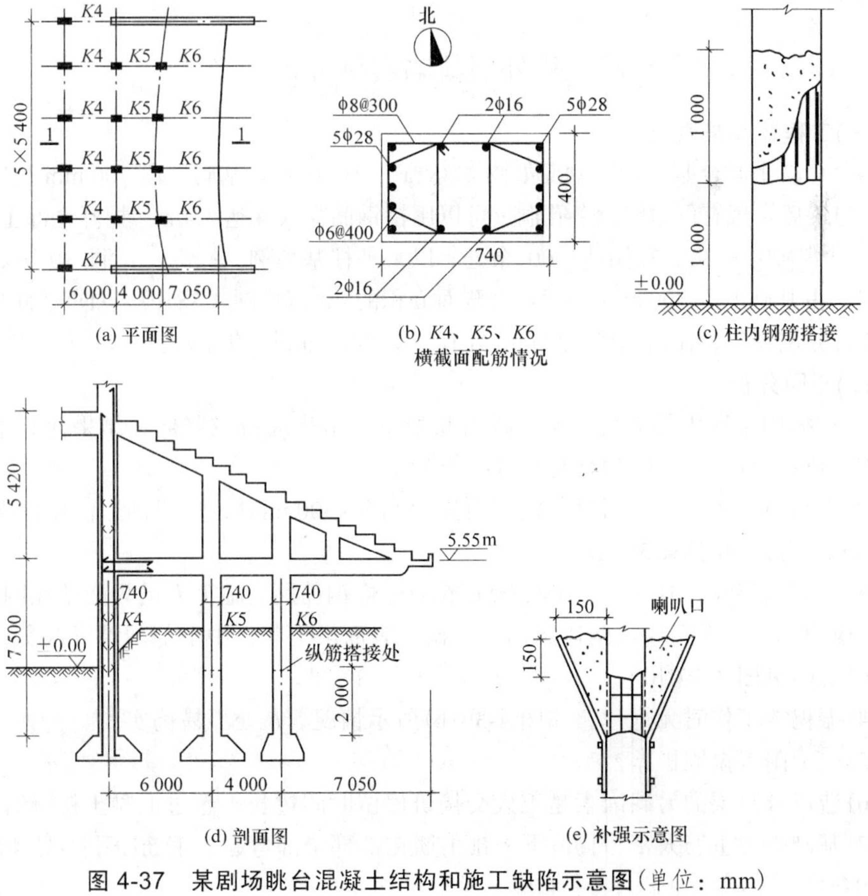

图 4-37　某剧场眺台混凝土结构和施工缺陷示意图(单位：mm)

(二)原因分析

造成如此严重的蜂窝现象与下列因素有关。

(1)混凝土灌筑高度太高。7 m 多高的柱子在模板上未留灌筑混凝土的洞口，倾倒混凝土时未用串筒、溜管等设施，违反施工验收规范中关于"混凝土自由倾落高度不宜超过 2 m"及"柱子分段灌筑高度不应大于 3.5 m"的规定，使混凝土在灌筑过程中已有离析现象。

(2)灌筑厚度太厚，捣固要求不严。施工时未用振捣棒，而采用 6 m 长的木杆捣固，并且错误地规定每次灌筑厚度以一车混凝土为准(约厚 40 cm)，灌筑后捣固 30 下即可。此规定违反施工验收规范中关于"柱子灌筑层厚度不得超过 20 cm"的界限。

(3)柱子钢筋搭接处的设计净距太小，只有 31～37.5 mm，小于设计规范规定柱纵筋净距应≥50 mm 的要求，实际上有的露筋处净距为 0 或 10 mm。

(三)治理方法

本例的补强方案是：剔除全部蜂窝四周的松散混凝土；用湿麻袋塞在凿剔面上，经 24 h，使混凝土洇透厚度至少 40～50 mm；按照蜂窝尺寸支以有喇叭口的模板，如图 4-37(e)；灌筑加有早强剂的 C30(旧混凝土为 C20)豆石混凝土；养护 14 昼夜；拆模后将喇叭口上的混凝土凿除。除以上补强措施外，还应对柱体进行超声波探伤，查明是否还有隐患。

二、某厂房联合基础工程外观缺陷实例分析

(一)工程及缺陷概况

某厂房 7 个联合基础的平剖面如图 4-38(a)、(b)所示。基础下段 700 mm 高度内采用土模。施工后发现有严重蜂窝、孔洞，可以用粗钢筋穿入深达 1.4 m。挖开全部土模检查，发现 7 个基础中蜂窝、孔洞达 100 余处。以某一柱基为例，蜂窝、孔洞 20 处，总面积 7.83 m^2，占基础下段 700 mm 高度 4 个侧面面积的 40%(见图 4-38(c)～(f))。此外，有的基础还有分层现象，在离基底 300 mm 处有一层 140 mm 厚的分离层，如图 4-38(g)所示。

(二)原因分析

(1)在捣固基底中部混凝土时，没有将最下一节串筒拉成竖向，结果使石子滚向前方，砂浆留在后面，形成蜂窝(见图 4-39(a))。

(2)供料时急时缓，急时堆成的混凝土过高(>500 mm)，形成两边高中间低，水泥浆石子分离尤甚(见图 4-39(a))。

(3)基础顶部设置有 125 mm×300 mm 的方格钢筋网，施工人员只能站在网上操作。捣固底板中部时，振捣棒从两边斜插入振捣，表面虽出浆，中下部却难以振实，*A* 处质量无法保证(见图 4-39(b))

(4)振捣棒工作时无规律，如图 4-39(b)所示情况，*B* 处不易捣实。

(5)土模附近捣固极差。

(6)造成分离层的另一因素是工人交接班停留时间过长，超过混凝土初凝时间。

(7)基础受力主筋太密，且最下一排主筋在端部全部弯起，钢筋净距不足 40 mm(见图 4-40(a))。

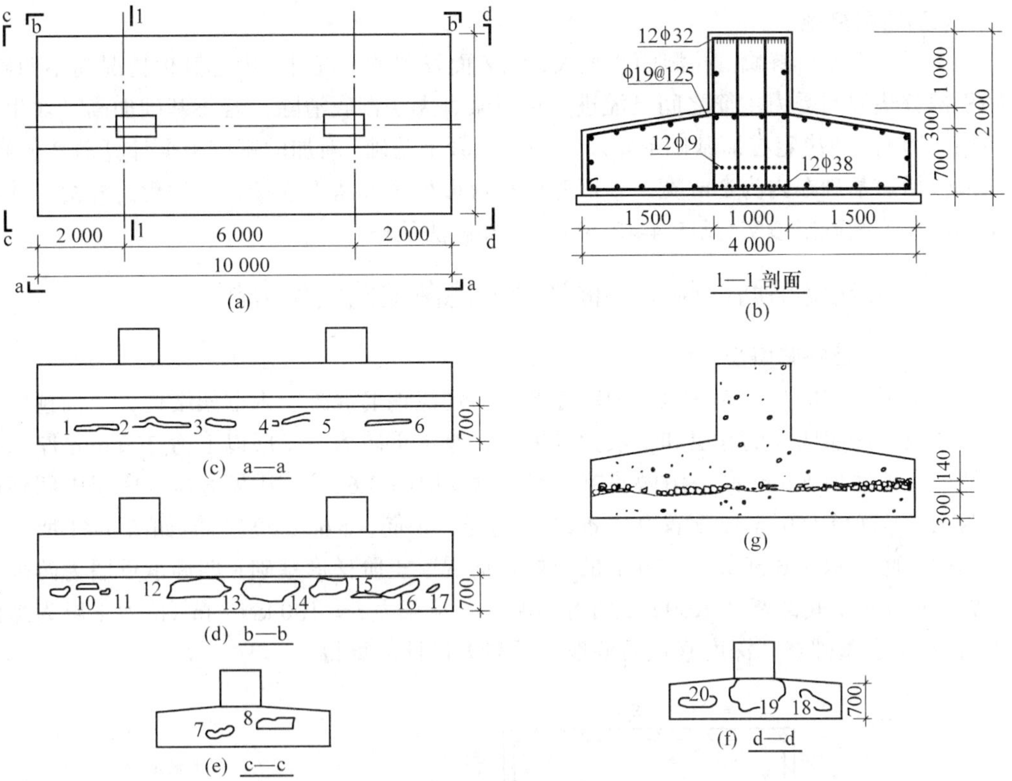

图 4-38　某柱基蜂窝、空洞实测情况(单位：mm)

(a)平面图；(b)剖面图；(c)～(f)该柱基 4 个侧面；(g)另一柱基底部分离层情况

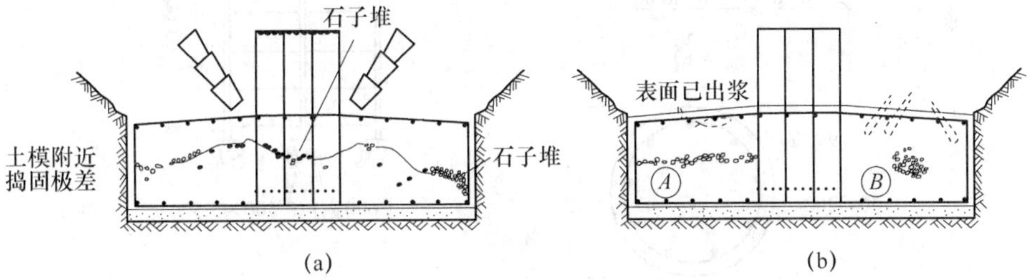

图 4-39　基础混凝土施工过程示意

(a)错误地倾倒混凝土；(b)错误地振捣

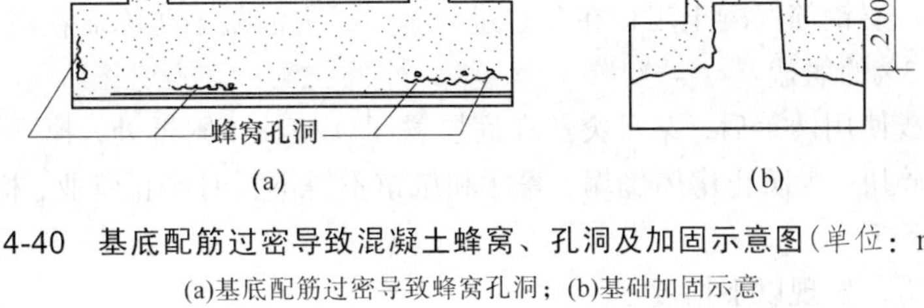

图 4-40　基底配筋过密导致混凝土蜂窝、孔洞及加固示意图(单位：mm)

(a)基底配筋过密导致蜂窝孔洞；(b)基础加固示意

(三)加固措施

考虑到旧基础蜂窝、孔洞面积太大，除表面发现的情况外，内部其他情况尚不明确；底板部分垫层与受力主筋之间已灌进大量泥浆、无法彻底清除；若将基础加高，对生产使用无影响，故决定在旧基础上重新做钢筋混凝土基础。新加的基础根据计算需 2 m 高，肋部包括旧基础在内为 2 m 宽。新旧基础接触面处全部凿毛连接，已发现的蜂窝、孔洞全部用高等级砂浆填实(见图 4-40(b))。细部做法从略。

三、某现浇钢筋混凝土内框架结构隐蔽缺陷实例分析

(一)工程及缺陷概况

北京某旅馆的某区为一六层两跨连续梁的现浇钢筋混凝土内框架结构，上铺预应力空心楼板，房屋四周的底层和二层为 490 mm 厚承重砖墙，二层以上为 370 mm 厚承重砖墙。全楼底层 5.0 m 高，用做餐馆，底层以上层高 3.60 m，用做客房。底层中间柱截面为圆形，直径 550 mm，配置 9 根 ϕ22 纵向受力钢筋，ϕ6@200 箍筋(如图 4-41 所示)。柱基础的底面积为 3.50 m×3.50 m 的单柱钢筋混凝土阶梯形基础；四周承重墙为砖砌大放脚条形基础，底部宽度 1.60 m，两者均取地基承载力 f_k=180 kN / m^2(持力土层为黏性土)，并考虑基础宽、深度修正后的地基承载力设计值算得。

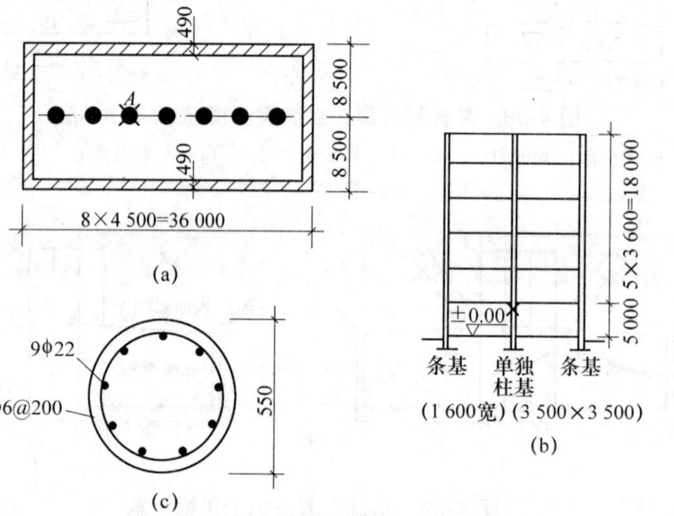

图 4-41　其框架结构平面、剖面及底层柱截面示意图(单位：mm)

(a)平面；(b)剖面；(c)底层钢筋混凝土柱截面

该房屋的一层钢筋混凝土工程在冬季进行施工，为混凝土防冻而在浇筑混凝土时掺入了水泥用量 3%的氯盐。

该工程建成使用两年后，某日突然在底层餐厅 *A* 柱柱顶附近处，掉下一块约 40 mm 直径的混凝土碎块。为防止房屋倒塌，餐厅和旅馆不得不暂时停止营业，检查事故原因。

(二)原因分析

经检查分析，发现以下情况。

(1)在该建筑物的结构设计中，对两跨连续梁施加于柱的荷载，均是按每跨 50%的全部恒活荷传递给柱估算的(另 50%由承重墙承受)，与理论上准确的两跨连续梁传递给柱的荷载相比，少算 25%的荷重。

(2)柱基础和承重墙基础虽均按 $f_k=180\ \text{kN}/\text{m}^2$ 设计，但经复核，两侧承重墙下条形基础的计算沉降量估计在 45 mm 左右，显然大于钢筋混凝土柱下基础的计算沉降量(估计在 34 mm 左右)。虽然，它们间的沉降差为 $11\ \text{mm}<0.002L=0.002\times7\,000=14\ \text{mm}$，是允许的；但是，由于支承连续梁的承重墙相对"软"(沉降量相对大)，而支承连续梁的柱相对"硬"(沉降量相对小)，致使楼盖荷载往柱的方向调整，使得中间柱实际承受的荷载比设计值大，而两侧承重墙实际承受的荷载比设计值要小。

(1)和(2)项累计，柱实际承受的荷载将比设计值要大得多。

(3)柱虽按 ϕ550 圆形截面钢筋混凝土受压构件设计，配置 9 根 ϕ22 纵向钢筋($A_s=3\,421\ \text{mm}^2$，含钢率 1.44%)，从截面承载力看是足够的，但箍筋配置不合理，表现为箍筋截面过细、间距太大、未设置附加箍筋，也未按螺旋箍筋考虑，致使箍筋难以约束纵向受压钢筋承受压力后的侧向压屈。

(4)底层混凝土工程是在冬季施工的，混凝土在浇筑时掺加了氯盐防冻剂，对混凝土有盐污染作用，对混凝土中的钢筋腐蚀起催化作用。实际上，从底层柱破坏处的钢筋实况分析，纵向钢筋和箍筋均已生锈，箍筋直径原为ϕ6，锈后实为 ϕ5.2 左右，截面损失率约为 25%。如此细又如此稀的箍筋难以承受柱端截面上 9 根 ϕ22 纵筋侧向压屈所产生的横拉力，其结果必然使箍筋在其最薄弱处断裂，断裂后的混凝土保护层剥落，混凝土碎块下掉。

(三)加固措施

这起质量事故主要是由于设计粗糙(在静力分析、沉降估算以及配箍设计等三方面均考虑不周)以及施工时混凝土加氯盐防冻而对钢筋则未加任何阻锈措施的双重原因引起的。幸好问题暴露及时，引起使用者的高度重视，立即停止营业，卸去使用活荷载，采取预防倒塌的临时加固措施，同时进行检查分析，并根据诊断原因对症下药进行已有柱的外包钢筋混凝土的加固措施，使房屋倒塌事故得以避免。

第五章 钢筋混凝土结构特殊工艺施工质量通病分析与防治

钢筋混凝土结构特殊工艺施工，是指区别于传统的钢筋混凝土施工(即常规的支模板、绑钢筋、浇混凝土)的方法，多用于高层建筑结构的大模板施工、升板法施工、滑动模板施工以及装配式框架结构施工等。这些施工方法与传统的施工工艺有很大的区别，其施工质量的控制重点也不尽相同，所反映出来的施工质量通病也各不一样。

第一节 大模板施工质量通病与防治

大模板是一种大尺寸工具式模板，通常一块墙面用一块大模板，因为其质量大，故装拆皆需起重机械吊装。大模板施工法可提高机械化程度，减少用工量和缩短工期，所以现在广泛应用于剪力墙和筒体体系的高层建筑施工。但因施工的不良习惯或施工人员的违规操作，易发生一些质量通病，严重的还会造成质量事故。

一、钢筋混凝土结构大模板施工的质量通病

大模板施工时常见的质量通病有：墙体烂根，墙面粘连、缺棱掉角，现浇内墙高于外墙板，楼梯间墙体错台和漏浆，墙体裂缝，墙体垂直偏差大，墙体凹凸不平，墙体钢筋移位，门(洞)口位移，口角蜂窝、麻面、露筋，墙体混凝土起泡，墙体混凝土强度不均匀，阴角不方正、不垂直，楼板端头节点处理质量差，楼板安装不平、压墙长度不足，阳台安装不顺线、锚固钢筋不牢，等等。

二、钢筋混凝土结构大模板施工质量通病的防治

(一)墙体烂根的预防和治理

墙体烂根，即混凝土墙根与楼板接触部位出现蜂窝、麻面或露筋，墙根内夹有木片、水泥袋纸等杂物。

1. 预防措施

(1)支模前应在模板下脚相应的楼板位置上抹水泥砂浆找平层，但应注意勿使砂浆找平层进入墙体内。

(2)模板下部的缝隙应用木条等塞严，但切忌将木条等伸入混凝土墙体位置内。

(3)可增设导墙，或在模板底面放置充气垫或海绵胶垫等。

(4)浇筑混凝土前先浇一层 5 ~ 10 cm 厚的砂浆(其成分与混凝土内砂浆成分相同)，但砂浆不宜铺得太厚，并禁止用料斗直接浇筑。

(5)坚持分层浇筑混凝土，第一层浇筑厚度必须控制在 50 cm 以内。

2. 治理方法

(1)对于烂根较严重的部位，应先将表面蜂窝、麻面部分剔除，再用1∶1水泥砂浆分层抹平。此项工作必须在拆模后立即进行。

(2)对于已夹入木片、纸或草绳等的烂根部位，在拆模后应立即将夹杂物彻底剔除，然后捻入高一强度等级的干硬砂浆，必要时砂浆中可稍掺加豆石。

(二)墙面粘连、缺棱掉角的预防和治理

1. 预防措施

(1)严格控制混凝土质量，混凝土应有良好的和易性，禁止采取用振捣棒赶送混凝土的振捣方法。

(2)墙体混凝土强度达到0.981 MPa后才能拆模；拆模方法应合理，禁止用大锤等敲击模板，以防损伤混凝土棱角。

(3)认真清理大模板和涂刷隔离剂，并应有专人检查验收，不合格的要重新刷涂。

2. 治理方法

(1)严重的大面积粘连、麻面，必须在拆模后随即修补。可先将浮面松动的渣子清理干净，然后用1∶1水泥砂浆分层抹平，并将表面认真压光，达到要求的平整度。

(2)小面积的粘连麻面，可在拆模后立即用107胶水泥浆腻子刮1~2道找平。

(3)缺棱掉角亦宜在拆模后立即修补，先刷一道水泥素浆，然后用水泥砂浆分层补平。

(三)现浇内墙高于外墙板的预防和治理

1. 预防措施

(1)内墙大模板的设计高度宜比楼层净高低2 cm。

(2)楼板安装必须平整(尤其是第一层)，高低差不能过大，控制超厚楼板的使用。

(3)严格控制外墙板的坐浆厚度及水平缝的大小。

2. 治理方法

发现层高超高后，立即采取上述预防措施，在上一层施工时加以纠正，避免造成内、外墙高差累积。

(四)楼梯间墙体错台和漏浆的预防

1. 预防措施

(1)直接从楼梯间墙向上引测控制轴线，然后再向两侧引出其他墙体轴线，避免误差累积。

(2)在支楼梯间墙圈梁模板时，要特别注意靠楼梯间一侧的模板，必须拉线找平、找直，楼梯间圈梁侧模必须用水平支撑成对顶牢。为了避免外鼓，可以将圈梁侧模缩进5 m，拆模后再修补抹平。

(3)为了防止漏浆，可在楼梯间临时平台上加铺一块脚手板，大模板放置于脚手板上，中间的空隙用木条塞紧。

(4)楼梯间圈梁模板改用特制的钢模。具体做法是把24号槽钢切割成高140 mm及100 mm的上下两段搭接焊接而成，焊接处下边，用螺栓和3 mm厚的扁钢固定b字形橡皮条两条。钢模端部根据平台形状做成企口，并留出20 mm空隙以便于支拆模板。为了便于根据圈梁尺寸更换梁模板，圈梁模板宜用螺栓与大模板连接固定，连接处的缝隙应用环氧树脂腻子嵌平。圈梁模板与楼梯平台相交处做法如图 5-1 所示。

(五)墙体裂缝的预防和治理

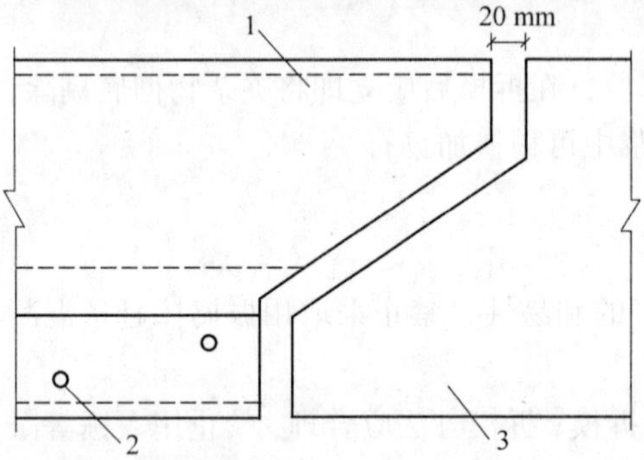

图 5-1　圈梁模板与楼梯平台板相交处做法

1—用 24 号槽钢改制的圈梁模板，长度按楼梯段定　2—ϕ6.5 螺孔@150；3—楼梯平台板

1. 预防措施

(1)浇筑混凝土后应随即将模板外和模板底部溢浆清除干净，防止粘连模板。

(2)保证混凝土拆模强度不低于 0.981 MPa。

(3)拆模时可用撬棍将模板上下或左右轻缓撬动，不得采取摇晃大模板碰撞墙体的方法来松动模板；拆除门口、洞口模板时不得用锤猛击。

(4)起吊已拆除的大模板必须缓慢、垂直，吊钩应落在模板重心部位，不得碰撞墙体。

(5)墙体脱模后，常温下要立即浇水养护。养护时间一般不少于 3 昼夜，保持混凝土经常处于湿润状态。

2. 治理方法

(1)裂缝较大者(缝宽超过 0.25 mm)，可用环氧腻子或 107 胶水泥浆腻子压进缝隙内封闭。

(2)关键部位或严重开裂的裂缝，应用环氧树脂灌浆方法进行补强封闭，但宜在裂缝开展稳定后再进行。

(六)墙体垂直偏差大的预防和治理

1. 预防措施

(1)支模过程中要反复用线锤靠吊。先安装正面大模板，通过地脚螺栓调整，用线锤靠吊垂直后再安装反面大模板，然后在反面模板外侧用线锤再校核，最后用穿墙螺栓固定正、反大模板，并随着用线锤校核其垂直度。

(2)支模完毕经校正后如遇有较大冲撞，应重新用线锤复核校正。

(3)日久失修变形严重的大模板不得继续使用，应由工厂进行修理，符合要求后再用。

2. 治理方法

(1)垂直偏差在 3 mm 以下的，可将部分墙面剔毛，用 107 胶水泥浆刮平；垂直偏差在 3～15 mm 以内的，将部分墙面剔毛后，宜用水泥砂浆找平。此项治理工作应在拆模后立即进行。

(2)垂直偏差严重者(即全高垂直偏差超过 30 mm)，应在拆模后立即将混凝土凿掉，重新支模浇筑混凝土。

(3)如墙体垂直偏差大，楼板两端压墙长度不足 20 mm 时，应会同设计单位研究处理。

(七)墙体凹凸不平的预防和治理

1. 预防措施

(1)加强模板的维修。板面有缺陷时，应随时进行修理，严重的应更换板面钢板；

每个工程完工后，应对模板检修一次。

(2)刚度不足的大模板，可加密背面钢龙骨，即在原来两根之间再加一根，或在原来两根水平槽钢之间再加一道垂直方向的短龙骨。

(3)不得用振捣器猛振大模板或用大锤、撬棍击打钢模。

(4)穿墙螺栓部位的钢板宜适当加固，可用贴上一块小的方形厚垫板(贴在板面的反面)或在孔口两侧加焊型钢的方法。

2. 治理方法

(1)对凹凸的墙面应在拆模后立即修补。修补方法是：先剔毛表面，将鼓起部分凿掉，然后用水泥砂浆或107胶水泥浆找平。

(2)对大面积波形墙面，可增抹靠骨灰(无底灰的罩面灰)找平。靠骨灰可以是混合灰，也可以是纸筋白灰(加胶料)。

(八)墙体钢筋移位的预防和治理

1. 预防措施

(1)确保网片在堆放和吊运过程中不变形。

(2)严禁扳动墙体网片伸出筋。大模板上口最好设置卡子，固定墙体网片伸出钢筋的位置，防止伸出钢筋进入楼板压墙长度范围内。在浇筑混凝土时，应确保钢筋位置正确。

(3)网片上口多绑垫块，其间距不应大于1 m，垫块的大面要朝向模板面。

(4)绑扎门口两侧钢筋时，应用线锤吊直，保证钢筋位置和门口尺寸准确。

(5)双排网片要绑扎定位连接钢筋，单排网片也要绑扎“[”形定位钢筋(用ф8钢筋弯制)，确保网片位置正确。

2. 治理方法

调整影响楼板或其他构件安装部位的移位钢筋。方法是将钢筋根部下剔3~5 cm(根据移位大小决定)，然后按1：6坡度向所需弯折的方向弯折(见图5-2)，要轻轻地剔凿混凝土，防止墙体遭受破坏。

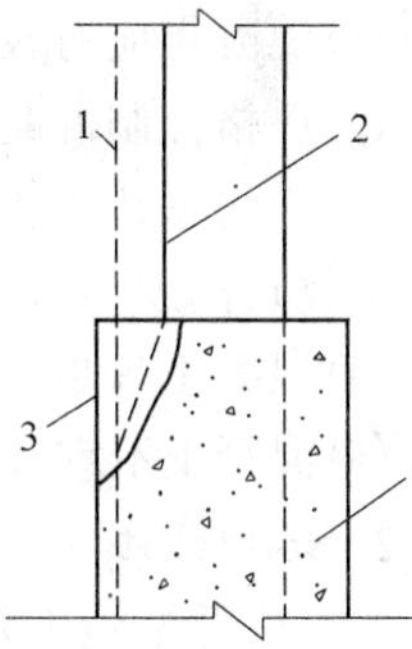

图5-2 移位钢筋的纠正

1—钢筋错误位置；2—纠正后位置；3—此部分剔去；4—混凝土墙

(九)门(洞)口位移，口角蜂窝、麻面、露筋的预防和治理

1. 预防措施

(1)采用先立口的工艺。在大模板上先划出门框位置，然后钻小孔，用钉子将门框牢牢固定在大模板上。门框两侧(或一侧)加木条，使其尺寸比墙厚大3~5 mm，整个门框应用水平支撑撑牢，防止门框两侧樘子向里侧位移变形。

(2)门(洞)口中间水平木支撑不得少于三道。如为后塞门框，宜采用金属制可伸缩式工具模板，保证拆模后棱角整齐。

(3)开始浇筑混凝土时，先用人工送料浇筑50~100 cm高度，然后再进行浇筑。浇筑时要从门口正上方缓慢下料，或从两侧同步下料。必要时(如门边钢筋过密)，门口两侧应浇筑豆石混凝土。

(4)采用后立口工艺时，最好多准备一个流水段的门口模板，隔一天再拆除假口，以保证门(洞)口棱角整齐。当门口两侧钢筋过密时，不宜预埋木砖，可采用射钉枪固定门框的做法。

2. 治理方法

(1)对于已造成位移、变形的门(洞)口，应将多余的混凝土凿至设计要求的位置，并达到质量评定标准。凿毛部位可用水泥砂浆或107胶水泥浆找平、顺直。此项修补工作宜在拆模后立即进行。

(2)先立口变形较大时，应剔掉门框四周混凝土，将门框取出并重新整修方正，同时将门框四周的混凝土剔凿找平，使洞口尺寸达到设计要求。待混凝土达到设计强度后，再用射枪将木门框固定在混凝土墙上。

(十)墙体混凝土起泡的预防和治理

1. 预防措施

(1)按规定正确掺加减水剂，最好不用发泡型减水剂。

(2)混凝土坍落度宜采用3～5 cm，最大不得超过8 cm(特殊情况下才用)。

(3)加强混凝土振捣，如混凝土内掺加减水剂，宜采用高频插入式振捣器振捣。振捣棒移动间距不得大于30 cm，拔出时速度要慢，振捣时间以表面不再冒气泡为度。

(4)混凝土每次铺设厚度以50 cm为宜。

2. 治理方法

将气泡表面酥皮铲掉，刮上腻子，将气泡堵死。一般只用大白腻子，不宜采用107胶水泥浆或其他腻子。

(十一)墙体混凝土不均匀的预防和治理

1. 预防措施

(1)混凝土应有较好的和易性。

(2)严格控制混凝土坍落度在3～5 cm。

(3)不得采用振捣器赶浆振捣的方法，应使料斗沿模板全长均匀下料，保持各部位混凝土浇筑高度一致。

(4)混凝土每步浇筑高度控制在50 cm以内。

(5)混凝土不宜过度振捣，尤其在模板上口部位，漏浆的混凝土料斗应及时进行修理。

2. 治理方法

冬季或低温施工阶段，混凝土强度偏低部位可采用远红外线辐射器烘烤等办法局部加热处理。

(十二)阴角不方正、不垂直的预防和治理

1. 预防措施

(1)及时修理好模板，尤其是小角模。

(2)支模时应保持轴线位置正确，努力减小模板垂直偏差。

(3)外砌内浇建筑，外墙与内墙模板交接处的小角模必须认真处理，固定牢靠，确保不变形。

2. 治理方法

拆完模板后立即进行修补。方法是先用靠尺、线锤及方尺检查，然后进行剔凿，再用 107 胶水泥浆补平压光。

(十三)楼板端头节点处理质量差的预防和治理

1. *预防措施*

(1)楼板圆孔堵头位置必须正确。可用预制砂浆块堵孔(将其塞进板孔 50 ~ 80 mm，并以火烧丝与板的胡子筋绑牢)，亦可用砂浆现堵(即用白铁皮做成长约 25 cm、直径比板孔略小的半圆形槽，将砂浆装进半圆形槽后，再用推把将砂浆推入板孔内)。

(2)楼板安装位置必须正确。预制楼板胡子筋应理顺直，按设计要求弯起，并与附加筋绑扎牢固。

(3)端头板缝宜用豆石混凝土(一般为 C30)浇捣密实，浇捣混凝土前必须将板缝预先用水湿润。

(4)常温施工时，板缝混凝土应浇水养护，待混凝土强度要达到 1.177 MPa 时，才可调整插筋位置和绑扎钢筋。

2. *治理方法*

(1)严重不符合设计要求的板缝应进行加固。加固方法是将圆孔两侧第二排端头 80 cm 处的圆孔凿开(每块各两道)，多加 2 根直径 12 mm 的钢筋，再用混凝土填满捣实。

(2)少量不符合设计要求的板缝，可凿掉重新浇捣混凝土。

(十四)楼板安装不平、压墙长度不足的预防和治理

1. *预防措施*

(1)墙体上应用水平仪找平，认真抹好找平层砂浆。

(2)最好采用硬架支撑(尤其是大模板)。先将楼板用硬架托起，再在下面勾好缝，然后浇灌混凝土至板端头缝。

(3)认真检查楼板尺寸，不合格者不上墙。

(4)严格按照规范规定控制墙面垂直偏差。

(5)楼板两端压墙应均匀，防止一端压墙太少，另一端压墙过多。每块楼板脱钩前应量测其两端压墙长度，均匀合格后(一般不少于 2 cm)再脱钩。

2. *治理方法*

楼板压墙长度小于 2 cm 时，应会同设计单位研究处理，或按图 5-3 所示方法处理。

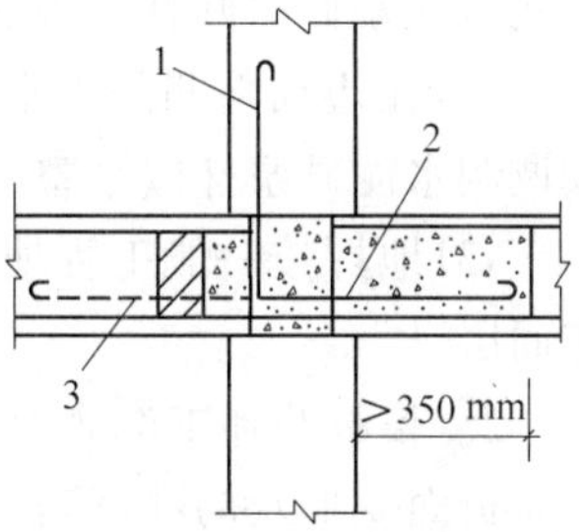

图 5-3　楼板加固示意图

1——端搭接偏小时向上弯；2—每隔一孔凿开，放入 ϕ 10 钢筋 l=800 mm，灌细石混凝土；3—两端楼板搭接偏小时，钢筋通长放置

(十五)阳台安装不顺线，锚固钢筋不牢的预防

(1)采取纵横控制线的办法。对平身阳台，将平行于外墙的阳台轴线向内返 1.5 m，弹通长横向控制线，据以控制阳台内侧距离，并利用临近阳台横墙墙身线作为纵向控制线，用以控制阳台左(右)侧的距离。对拐角阳台，用纵向控制线控制阳台外侧横向距离，同时控制横向挑出长度。同样，用横向控制线控制阳台纵向距离和纵向挑出长度。阳台下皮标高应按楼层标高控制(抹砂浆标高饼)。

(2)双阳台施工时，应将一个阳台边梁的锚固钢筋锚固在板缝内，另一个阳台的锚

固钢筋锚于上层墙体混凝土内，以保证板缝混凝土对阳台锚固筋有足够的锚固力。板式阳台内侧甩出的锚固钢筋，必须与圈梁钢筋绑扎牢固。

(3)阳台板下必须搭设临时支撑。支撑必须具有足够的强度和稳定性，并用水平拉杆将其与外墙拉接牢固，防止阳台移位。

第二节　升板法施工质量通病与防治

升板法施工是多层钢筋混凝土板柱结构体系的一种施工方法。其施工过程是先吊装柱子，再浇筑室内地坪，然后以地坪为胎膜就地叠浇各层楼板和屋面板，混凝土达到一定强度等级后，再在柱子上安设提升机，以柱作为支撑和导杆，当提升机沿着柱不断往上爬升时，即可通过吊杆将屋面板和各层楼板逐一交替地提升到设计标高，并加以固定。其常见的质量通病分析如下。

一、钢筋混凝土结构升板法施工质量通病及治理

(一)质量通病

钢筋混凝土升板法施工常见的质量通病有：地坪与现浇楼板板面不平整；楼板局部下沉弯曲；楼板板面粘连，局部破损与露筋；楼板超厚；密肋楼板肋部凹凸不平；肋梁弯曲不直，宽度不均，底面凹凸不平；无黏结预应力混凝土楼板的预应力钢筋隔离层损坏；预应力主筋位移；劲性钢筋混凝土柱抗剪齿槽损坏；突然升差使楼板出现裂缝；楼板提升环与柱焊接不良；楼板就位后水平移位等。

(二)治理方法

1. 地坪与板面不平整的治理方法

(1)分单元提升时，相邻楼板如出现永久性标高差异，板面可在做地面工程时找平，板底可在装修时修补。板底无装修要求时，应将高低接缝凿毛、补浆。

(2)孔边局部凹凸不平部分可用磨石机打磨；对留孔部位混凝土缺陷处，可用 107 胶调制水泥砂浆抹嵌平整。

(3)地坪按一般工程地面标准施工。若地面装修标准较高，可在全部楼板提升后再作面层。

2. 楼板局部下沉弯曲的治理方法

板面变形及局部沉陷，可在做地面工程时找平弥补；板底变形时，可将明显部分凿毛，补浆处理。

3. 板面粘连、局部破损与露筋的治理方法

楼板分开并提升到一定高度后，应及时处理掉黏结在板上的混凝土残块。板底黏结损坏部位可用水泥：纸筋灰：砂=1：1：4 的砂浆，或用水泥：纸筋灰：膨胀珍珠岩=1：3：8 的砂浆，按照损坏深度分层修补平整。露筋部分宜用水泥砂浆修补。板面如发生大面积粘连，宜在清洗板面后增抹水泥砂浆面层。局部小面积粘连，可用 107 胶拌制的水泥砂浆分层修补平整。

4. 楼板超厚的治理方法

板超厚较大时，需复核是否超过升板机的荷载，以防发生提升事故，并应复核原承重销能否承受楼板超厚的荷载，如超载，应更换相应的承重销。

5. 密肋楼板肋部凹凸不平的治理方法

铲平凹凸不平处，用同等强度砂浆修补。

6. 肋梁弯曲不直、宽度不均、底面凹凸不平的治理方法

铲除修平，严重者可采用增加平顶的方法弥补。

7. 预应力钢筋隔离层损坏的治理方法

(1)浇筑混凝土前，逐根检查钢筋涂层与保护层是否良好，如有破损应及时修补。

(2)张拉钢筋时如发现轻度粘连，可采用超张拉方法。如超张拉达到一定限值仍不能克服粘连时，此根钢筋应报废，并复核计算，减轻原设计楼面使用荷载。

8. 预应力主筋位移的治理方法

个别钢筋外伸长度过短时，应用有正反螺纹的厚螺母及螺杆接长后再进行张拉。个别钢筋外伸长度过长，钢筋上带螺纹的螺杆已全部露出楼板外，螺母接触不到混凝土板端时，应用数块较厚的带孔小铁垫板，张拉后垫在螺母前固定。

9. 劲性钢筋混凝土柱抗剪齿槽损坏的治理方法

(1)柱帽外露齿应修补平整、柱帽内漏齿应按设计要求凿出。

(2)大部分齿槽损坏时，可凿去齿槽部位的混凝土，按计算结果，在原齿槽部位柱四周加焊横向角钢，以承受剪力。

10. 突然升差使楼板出现裂缝的治理方法

(1)在靠近楼板底的柱上休息孔内插入承重销，销两端加对拔木楔卡紧楼板。

(2)严格控制升差。楼板就位后，对裂缝进行修整(对于微裂缝，在不影响承载能力的情况下，一般可做封闭处理)。

11. 楼板提升环与柱焊接不良的治理方法

漏焊或焊接不良的应重新补焊，超过楼面标高的连接件应拆除，并按规定重新焊接。柱上预埋铁件移位使焊接部分外露时，外露部位应做防腐处理，并用砂浆包裹。

12. 楼板就位后水平移位的治理方法

楼板搁置后如发现水平偏移应重新提起，调整提升环与柱四周的缝隙，并用木楔楔入所有较小的缝隙内进行调整。

二、升板结构群柱失稳的防治措施

升板结构的倒塌常是因为群柱失稳。其防治方法，除了在计算上应可靠之外，在设计、施工中尚应采取措施，以提高柱的稳定性。

(1)设计时应选择合适的长细比和合理的柱断面。结构布置应合理，应把楼梯间、电梯井等组合在升板结构中，并提前施工，做好楼板(柱)与它的连接，使之可作为增强升板柱刚度的结构，以改善柱的工作条件。

(2)提升时应选择合理的提升程序，尽量降低升板结构在提升状态和搁置状态时的荷载作用点，因此应尽量压缩板的提升间距，或采用一次提升多块板的施工工艺。同时

应使下面的楼板尽快就位，尽快制作柱帽，使板与柱形成刚性连接，以缩短柱在提升时的悬臂长度，改变计算简图。在提升过程中，应在板的四角挂线锤，或用经纬仪随时监视柱的偏差和摇晃情况，发现偏差过大或有异常情况时，应停止提升，分析情况，找出原因，采取措施后才能继续施工。

(3)板搁置后，应在柱的四边用木楔或钢楔楔紧。遇有大风时，可在板四角拉缆索，但缆索的拉力应相等，角度应适当，锚固点应牢靠。亦可在柱间的纵横两个方向加设临时支撑或柱顶支撑。但必须注意连接可靠，使之能承受弯矩和剪力。

(4)必须消除施工中的其他隐患，认真对待可能造成重大影响的其他问题，如提升差异过大，提升机丝扣或螺帽滑扣，就位孔或休息孔漏做或高低差过大，板搁置标高偏差过大，柱断面尺寸偏差过大或柱垂直度的偏差过大等。

第三节　滑动模板施工质量通病与防治

滑动模板(简称滑模)施工的工程质量同模板装置的制作和安装、混凝土浇筑、模板滑升以及精度控制(水平度和垂直度)等紧密相关。因此，在滑模施工中对上述关键工序进行严格控制，是保证滑模工程质量的先决条件。而采用薄层浇灌、均衡提升、减短提升间隔时间等措施，是保证滑模工程质量的重要环节。现将滑动模板施工中出现的质量通病和防治措施介绍如下。

一、钢筋混凝土结构滑动模板施工中的质量通病

钢筋混凝土结构滑动模板施工中常见的质量通病有：模板几何形状变形；支承杆弯曲；保护层厚度不匀；门窗口模板移位；水平、垂直位移；模板系统扭转；混凝土水平裂缝；混凝土局部坍塌；混凝土鱼鳞状外凸(出裙)；等等。

二、钢筋混凝土结构滑动模板施工中质量通病的防治

(一)模板几何形状变形的防治

(1)模板装置在制作和组装过程中，其各部构件和组装质量必须严格按规范要求进行控制。

(2)滑模施工前，应对模板装置进行全面检查，经验收合格后，方可进行滑模施工。

(3)对于圆形筒壁工程，应随时精确测出圆心至筒壁各点的误差情况，当发现超出规范的部位，应随时进行控制和调整。

(4)当模板的几何形状已出现拉长变形时，可采用加强型可调拉杆法进行纠正。即在模板拉长变形部位的两端加设直径较大的拉杆(或钢丝绳)和倒链，当模板空滑时，通过施加外力先将拉长部位的模板复位后，再将围圈和围梁等构件的接头处的螺栓拧紧焊牢。必要时，可在接头处增设连接板焊牢。

(二)支承杆弯曲的防治

(1)支承杆的制作必须符合技术规范的要求。在运输、存放及安装时应避免造成弯曲。

(2)施工中，支承杆的荷载应尽量均匀布置。当自由长度过大时，应及时进行加固处理，以防止支承杆失稳弯曲变形。

(3)支承杆在混凝土内部弯曲。对于已弯曲的支承杆，其千斤顶必须立即卸荷，然后，将弯曲处的混凝土挖洞清除。当弯曲程度不大时，可在弯曲处加焊一根与支承杆同直径的绑条，见图 5-4(a)；当弯曲长度较大或弯曲程度较严重时，应将支承杆的弯曲部分切断，在切断处加焊两根总截面积大于支承杆的绑条，见图 5-4(b)。加焊绑条时，应保证必要的焊缝长度。

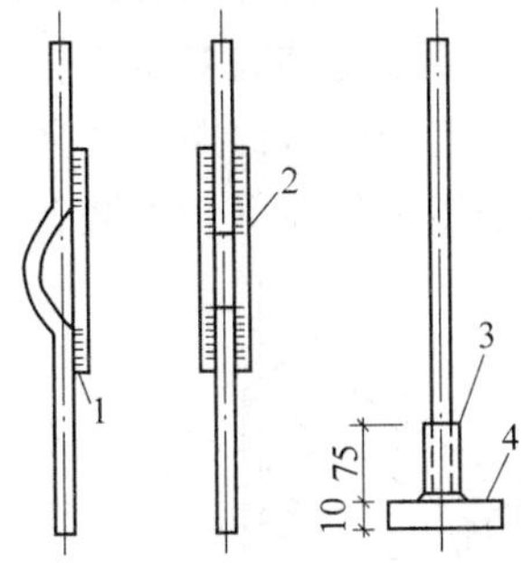

图 5-4　支承杆弯曲的处理(单位：mm)

(a)弯曲不大时；(b)弯曲较长时；(c)弯曲严重时
1—ϕ 25 钢筋；2—ϕ 22 钢筋；
3—ϕ 29 套管；4—钢垫板

(4)支承杆在混凝土外部弯曲。支承杆在混凝土外部易发生弯曲的部位，大多在混凝土的表面至千斤顶卡头之间或门窗洞口及框架梁下部等支承杆的脱空部位。当发现支承杆弯曲时，首先必须停止千斤顶工作并立即卸荷。对于弯曲不大的支承杆，可参照图 5-4(a)的做法；对于弯曲程度较大的支承杆，应将弯曲部分切断，采用一段钢套管在接头处将上下支承杆对头加套焊接；也可将弯曲的支承杆齐混凝土面切断，在混凝土表面原支承杆的位置上，加设一个由钢垫板及钢套管焊接的套靴，将上段支承杆插入套靴内顶紧即可，见图 5-4(c)。

(三)保护层厚度不匀的防治

(1)绑扎竖向钢筋时，应在提升架的上部设置竖向钢筋定位架(见图 5-5)。

(2)在模板与钢筋之间按保护层厚度加设垫块或在模板的上口设置保证钢筋保护层定位装置(见图 5-6)。

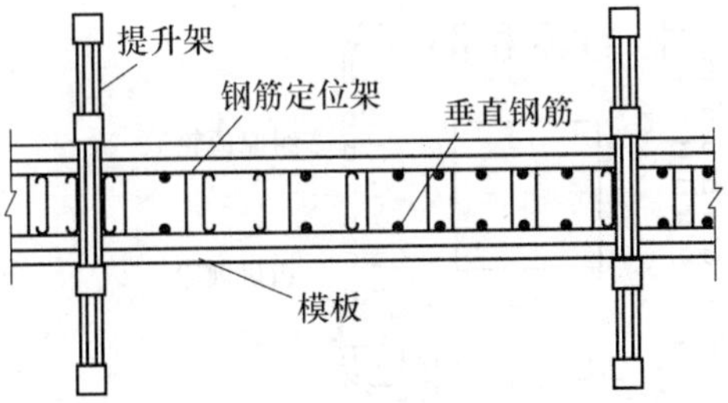

图 5-5　竖向钢筋定位架

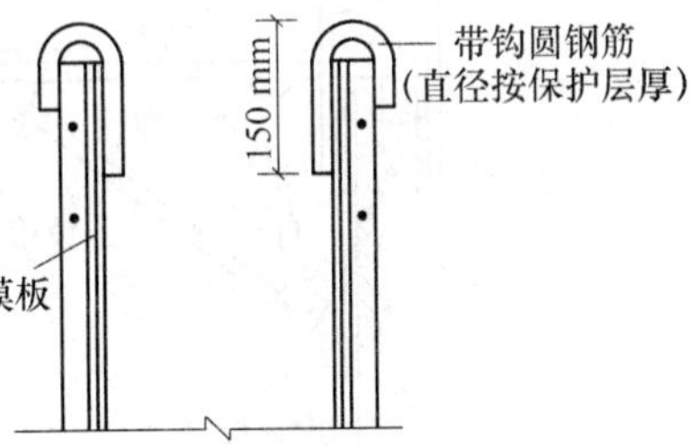

图 5-6　钢筋保护层定位装置

(3)浇筑混凝土时，防止振捣器碰撞钢筋和避免强力振捣。

(4)对造成保护层厚度不匀的位移钢筋，应按 1：6 坡度自位移处向上弯折就位。

(四)门窗口模板移位的防治

(1)严格控制门窗口框模的制作和安装质量，框模的宽度应比模板上口小 5 ~ 10 mm，并确保四角方正、尺寸和位置准确。

(2)门窗口框模应安装牢固，为防止模板滑升过程中将框模带起或振捣混凝土时使框模位移变形，可采用固定于支承杆或钢筋的螺栓对框模进行临时加固(见图 5-7)。

(3)严格控制浇灌层厚度(不大于 200 mm)，门窗洞口位置应对称浇筑。

(4)门窗口框模拆除后，对位移变形的部位应及时剔凿修理。

(五)水平、垂直位移的防治

(1)尽量均匀布置操作平台上的载荷，减小卸料时的冲击力。

(2)采用限位器等调平装置，保持千斤顶和滑模装置水平滑升。在正常情况下，这是保证建筑物水平和垂直精度的关键。

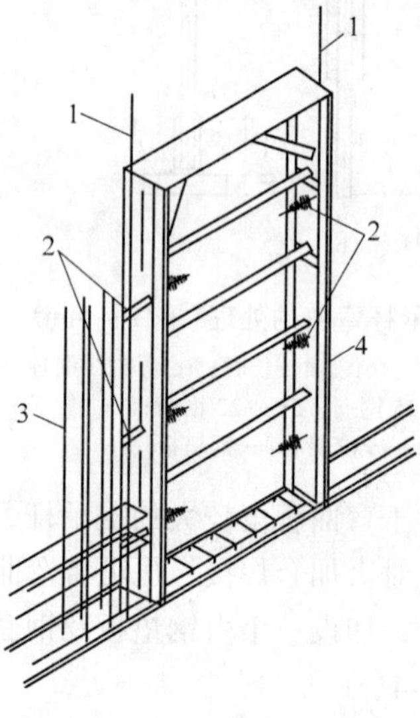

图 5-7　门口框模临时加固

1—支承杆；2—螺栓与支承杆或钢筋固定；3—钢筋；4—门口框模

(3)模板处于空滑状态时，应尽量减小风荷载和其他水平外力的影响。必要时，对滑模装置可采取防风或支顶、牵拉等临时加固措施。

(4)平台倾斜法。当发现滑模装置向一侧发生整体或局部位移时，可有意识地将位移一侧的操作平台抬起一定高度，使操作平台向位移的反方向倾斜，继续滑升一段高度，当位移偏差等逐步得到纠正后，恢复水平滑升。

(5)顶轮纠偏法。利用已脱出模板下口并具有一定强度的混凝土作为支点，通过顶轮施加外力，逐步顶移模板和操作平台，达到纠偏的目的。顶轮纠偏装置由撑杆顶轮和可调螺栓(或倒链)组成。撑杆的一端与平台梁(或桁架)铰接，另一端安装顶轮并顶在混凝土墙面上，在顶轮与墙面之间可铺一块木垫板。可调螺栓(或倒链)一端悬挂在平台梁上，另一端连接顶轮和撑杆。当拧紧可调螺栓(或倒链)时，撑杆的水平投影加长，使顶轮紧顶混凝土墙面，在墙面的反力作用下，操作平台与模板等向相反方向移位，见图 5-8。

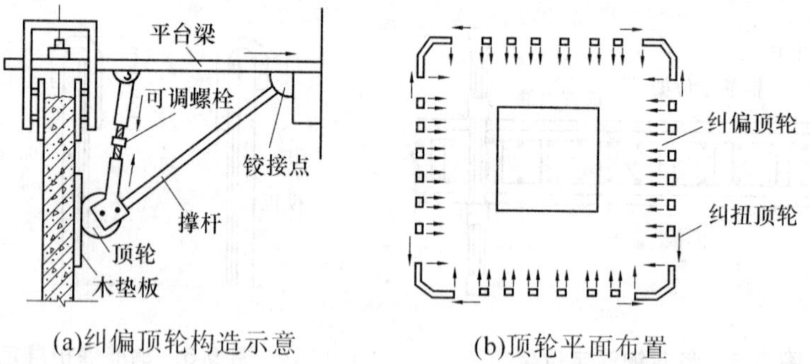

(a)纠偏顶轮构造示意　　(b)顶轮平面布置

图 5-8　顶轮纠偏示意图

(六)模板系统扭转的防治

(1)操作平台荷载尽量均匀布置，避免个别支承杆超载失稳弯曲。

(2)滑模装置结构设计及制作、组装质量应符合规范要求。同时，应随时纠正模板滑升中产生的变形。

(3)严格控制浇灌层厚度(不大于 200 mm)，并及时“均匀交圈”和“变换浇灌方向”

交替进行。

(4) 应尽量减小风荷载及其他外力影响。必要时，对滑模装置可采取一些防风或临时支顶和牵拉等加固措施。

(5) 支承杆设计时应有足够的安全储备。

(6) 当提升架上布置纠扭双千斤顶时，将双千斤顶中扭转反方向的千斤顶 B 油路关闭停止工作，只提升扭转一侧的千斤顶 A，这样提升几个行程后，扭转即可得到纠正（见图 5-9）。

(7) 当提升架只布置单千斤顶时，可在千斤顶靠近扭转一侧的底座部位，加设楔形钢垫板，使千斤顶向扭转的反方向倾斜爬升，扭转可逐步得到纠正。

(8) 当扭转程度较大时，可采用外力法进行纠扭。图 5-10 所示为一种采用钢丝绳和张紧器施加外力的纠扭方法。钢丝绳一端固定在提升架外侧立柱上，另一端沿扭转的反方向固定于筒壁的预埋件上，中部串接一个张紧器。施工中，通过张紧器对钢丝绳施加外力，扭转即可逐步得到纠正。

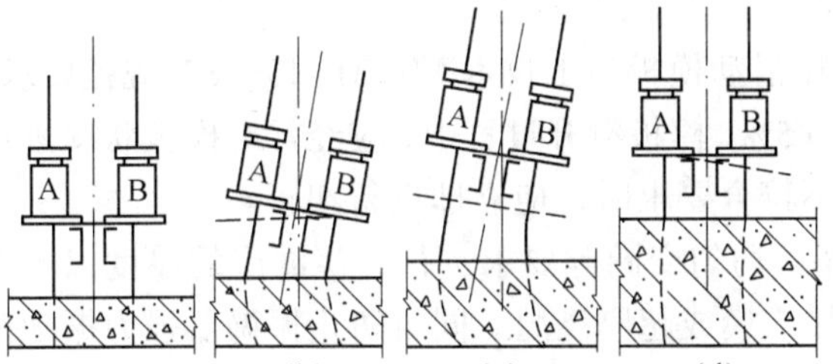

图 5-9　双千斤顶纠扭示意图

(a)模板扭转，支承杆随之倾斜；(b)提高千斤顶 A 高程，千斤顶 B 停止工作；(c)千斤顶 A 提升几个行程后，扭转得到纠正；(d)双千斤顶正常工作，恢复水平滑升

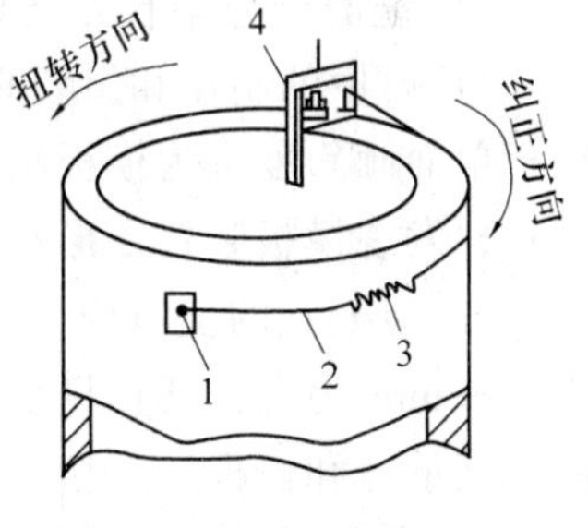

图 5-10　外力法纠扭示意图

1—筒体埋件；2—钢丝绳；3—张紧器；4—提升架

(七)混凝土水平裂缝的防治

(1) 控制模板装置的设计和制作组装质量，随时检查和纠正模板的变形，确保模板几何尺寸和倾斜度均符合《液压滑动模板施工技术规范》(GBJ 113—87)要求方可提升。

(2) 纠正偏差时，应循序渐进地进行，动作不可过猛、过急，一次纠偏幅度不可过大，以免将混凝土拉裂。

(3) 确定合理的滑升速度和严格控制混凝土浇灌层厚度（不大于 200 mm），缩短模板提升的间隔时间（不大于 0.5 h），加快模板的滑升频率。这样不仅可有效地减小滑升时的摩阻力，防止因模板与混凝土黏结而造成的水平裂缝，有利于提高滑模工程质量，同时，又可提高滑模施工速度。

(4) 加强对模板表面的清理与维修，保持模板表面的平整与光洁，以减小滑升时的摩阻力。

(5) 深度未超过混凝土保护层的微细裂缝，一般可采用人工抹 1 ~ 2 mm 水泥浆液进行表面压合封闭，以提高混凝土的防水和耐久性能。

(6) 断裂性裂缝应彻底处理。缝宽小于 0.3 mm 的贯穿性裂缝，一般采用灌注微膨胀水泥浆或低黏度环氧树脂等化学浆液封闭。缝宽大于 0.3 mm 的贯穿性裂缝，应将裂缝处混凝土凿掉，将松散部分清除后，需另外支模，并将模板的一侧做成高于上口 100 mm 的喇叭口，重新浇灌高一级强度等级的混凝土，使喇叭口处混凝土向外斜向加高 100 mm，拆模后将多余部分剔除。

(八)混凝土局部坍塌的防治

(1)合理控制滑模施工速度，当气温较低时，除适当降低滑模施工速度外，应通过掺加早强剂等措施控制混凝土的早期强度。

(2)混凝土浇筑时，应采取薄层浇灌、均匀交圈等措施，浇灌层厚度不大于 200 mm，使同一浇灌层的混凝土在最短时间均匀交圈，确保每个浇灌层混凝土脱模强度基本一致。

(3)振捣混凝土时，严格掌握振捣器的插入深度，长振捣棒的棒头 250 mm 处做出明显的标志，以防止插入过深或强力振动钢筋、支承杆和模板等。

(4)对局部保护层坍塌的部位，应及时将松散混凝土清除干净后，在坍塌部位用比原强度高一级的干硬性豆石混凝土进行修补。

(九)混凝土鱼鳞状外凸(出裙)的防治

(1)模板的制作和组装必须符合《液压滑动模板施工技术》(GBJ 113—87)规范要求，模板单面倾斜度宜为模板高度的 0.2% ~ 0.5%。模板滑升过程中，应经常对模板状况进行检查，发现模板装置变形和模板倾斜度不符合要求时，应立即进行纠正。

(2)混凝土的浇筑应严格按薄层浇灌、均匀交圈等要求进行，浇灌层的厚度以不大于 200 mm 为宜，禁止将吊罐混凝土直接入模或超厚浇灌。同时防止振捣器强力振动钢筋、支承杆和模板。

(3)当混凝土“出裙”不严重，且需做装修饰面的工程，可先将局部“出裙”凸出的部位剔凿至大致平整，表面用水泥砂浆抹平。当“出裙”比较严重且接槎处有麻面、漏浆等质量问题时，应在剔凿“出裙”凸出部位的同时，清理麻面和漏浆部位的浮渣后，表面用与混凝土同品种的水泥砂浆抹平。当麻面松散部位有一定深度时(如 20 mm 以上)，应采用豆石混凝土填实抹平。

第四节　预制装配式钢筋混凝土框架结构施工质量通病与防治

一、预制装配式钢筋混凝土框架结构施工质量通病

预制装配式钢筋混凝土框架结构施工质量的关键在于把好梁柱节点施工质量关。梁柱节点构造方式有多种，现以节点构造如图 5-11 所示框架为例，分析其施工质量通病，常见的有：柱平面位置扭转；柱子安装方向错误；柱子安装标高不准；柱子垂直偏差过大；梁伸入柱内尺寸不准(小于 50 mm，不符合设计要求)；梁标高不准；混凝土因主筋焊接不当而开裂；叠合梁箍筋缺陷(变形位移、间距不匀、形状歪扭、接头未按 135°弯钩成型等)；预制梁外皮不直；预制楼板安装不平；板缝跑浆和露筋；楼板出现纵、横

向裂缝；节点清理及处理不当(节点中有砂石、松散混凝土、隔离剂及其他脏物)；节点混凝土振捣不实；节点捻缝不实；预制外阳台安装缺陷(上下层阳台安装左右不齐、里出外进、不顺线，阳台存水或外墙根部渗水)等。

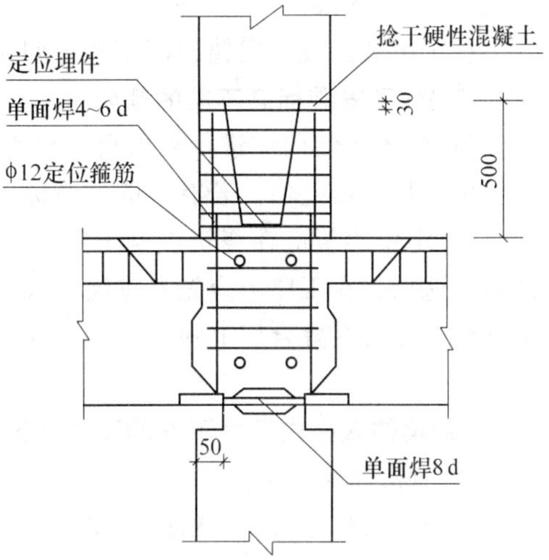

图 5-11　整体式柱梁接头构造详图(单位:mm)

二、预制装配式钢筋混凝土框架结构施工质量通病的防治

对上述这些通病，下面选择重要现象介绍其防治措施。

(一)柱平面位置扭转的预防和治理

1. 预防措施

(1)在柱上弹中线时，要根椐其部位不同进行。外墙柱一般应以外侧面为准定中线；内柱则应以柱面中线或轴线对中。弹出上表面中线，然后将长 1.2 ~ 1.5 m 两根直尺放于柱子两端，通过肉眼观察，使两直线处于一个平面，用木楔垫平后加以临时固定。如果柱子较长，两尺间可拉线作为基面，据此基面弹出的两侧立面中线必然平行。

(2)柱子吊装对中时，由三人同时各用一线锤校对楼面上中线，同时用两台经纬仪校对两条互相垂直面的中线，对直就位支牢后再脱钩。初校后，下方小柱头埋件与定位钢板点焊定位，然后进行主筋焊接和第二次校正。

(3)开工放线时，注意做好控制轴线引桩至建筑物的距离应大于建筑物高度。施工时应用经纬仪将轴线由一层引至施工层，由控制轴线引出全部轴线，每层轴线误差应消除在本层。

(4)柱上部应预卡角钢或方木，以便吊装时调整和临时固定。柱子固定应用刚性支撑，边角柱应同时采用拉、顶固定方法。

2. 治理方法

焊接后如发现柱子扭转(即中线非平行位移)较大，中线旋转位移大于 5 mm 或垂直偏斜超过允许偏差时，则应先将柱子上端支稳，然后通过下述方法治理。

(1)用气压焊加热钢筋，在钢筋红热状态下，用支顶等办法慢慢调整。

(2)不得已时，将钢筋焊口割开，重新焊接调整，注意焊接时对气割所造成的损伤应进行补强。

(二)柱子安装方向错误的预防和治理

1. 预防措施

(1)做好施工图纸会审工作，通过设计交底弄清各埋件的用途及其与邻柱的联系。

(2)吊装前在柱面上用醒目字样标出其方向。

(3)有条件时，可将埋件改为射钉枪固定工艺。

2. 治理方法

柱子吊装造成方向错误而不能挽回时，可用射钉枪、胀管螺栓等固定措施补救。

(三)柱子安装标高不准的预防

(1)柱子吊装前应进行外形尺寸检查，特别是长度的检查。长度误差超过规定时，应标出其长度误差值。若有可能，应标出其吊装位置，用定位钢板进行调整。

(2)定位钢板应在浇筑混凝土前与梁钢筋焊牢，使其标高和位置准确无误。为了保证做到这点，在工序上应先安排浇筑核心区以外的梁板叠合层混凝土，以便固定叠合梁负钢筋，并可在叠合层上弹出轴线。这样，定位钢板就有可靠的基础保证位置和标高的准确。

(四)梁伸入柱内尺寸不准的预防和治理

1. 预防措施

梁头弹出柱边线，严格按线安装。

2. 治理方法

若伸出尺寸不足，梁头抗剪强度可能不足，则应用支顶方法(直至核心区混凝土浇筑强度等级 C10 后)予以补救。

(五)梁标高不准的预防

根据施工图纸及梁、板、柱的大部分平均尺寸，调整定位钢板或钢板凳的标高。如长向预应力混凝土板，常超厚 10～20 mm，若不调整，楼板标高必然抬高。因此，吊装前要仔细做好实地调查，在浇筑节点核心混凝土前定出标高，固定好定位钢板或焊好钢板凳。

(六)混凝土因主筋焊接不当而开裂的预防

(1)采取合理的施焊顺序，配合吊装，使走道或边柱先组成框架，形成梁的刚性支点。施焊时先焊“刚端”，另一端可自由伸缩，避免梁、柱混凝土出现裂缝。

(2)避免采用暗牛腿及负筋预埋在梁内的节点形式(因易出现焊接裂缝及抗震性能差)，宜采用叠合梁的形式，使负筋焊接时可自由伸缩。因此，最好在跨中断开(即跨中另设一段架立钢筋相连)。

(七)叠合梁箍筋缺陷的预防和治理

1. 预防措施

(1)吊装前就将负筋穿入梁箍内，以免掰箍。负筋摆放前要按图纸计划好，以免重放、漏放和错放，并应注意防止吊装位置错误。

(2)预制梁时，箍筋上角应加绑临时架立筋。

(3)钢筋加工必须满足质量要求。

2. 治理方法

浇筑混凝土前，应派专人将倾倒歪斜的箍筋扳正，保证负筋位置正确。现场安装后，若箍筋弯钩不足 135°，可将箍筋点焊在架立筋上。

(八)预制梁外皮不直的预防

(1)对柱上方外伸筋位置应加强检查校正工作、保证柱子位置准确、使梁安装能顺利正确就位。

(2)梁安装前应弹中线，对正中线就位。

(3) 为了防止梁安装时端部外伸筋互相碰卡，预制梁时，梁端外伸筋水平位置应偏心设置；垂直位置主梁与次梁应相差 5 cm。先安装主梁后安装次梁。

(4) 在浇筑梁柱节点前，应拉通线检查纵横梁外皮是否顺直，并随时按线调直。

(九)预制楼板安装不平的预防

(1) 安装楼板时要边铺浆边安板，楼板要放平稳，防止碰掉找平层，待板两端压墙均匀后再脱钩。

(2) 楼板锚固筋要互相错开，有干扰时应适当拔开。楼板就位后应及时检查板底是否平整，不平处可用垫块垫平。

(3) 吊板后板底宜加设临时支撑，防止施工荷载使楼板产生过大挠度或裂缝。

(十)板缝跑浆和露筋的防治

(1) 做好支吊措施，准备好足够的支吊工具和垫块、垫木或角钢。

(2) 避免采用铅丝作吊杆，可采用如图 5-12 所示支吊措施，为了便于拔出螺栓，支吊螺栓下端设置铁圈。

(3) 坚持用垫块垫起钢筋，垫块应事先预制。

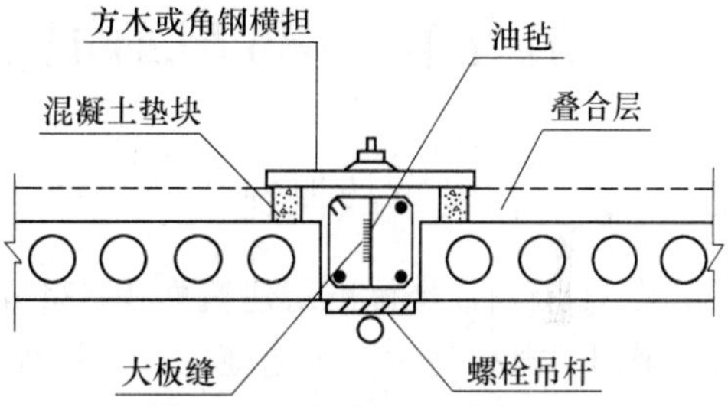

图 5-12　板缝模板支吊措施

(十一)楼板出现纵、横向裂缝的治理

(1) 板面出现顺板孔纵向裂缝时，一般可不做处理；但裂缝长度超过 1/3 板长时，应做破孔补强处理或在板缝中配置补强钢筋。

(2) 板面或板底发生垂直于板孔的横裂缝时，若伤及板肋，应在边肋各第二孔处做破孔补强处理。

(十二)节点清理及处理不当的预防

(1) 封闭节点模板前应认真清除节点内的杂物，有条件时最好用空压机进行风压清理。

(2) 吊装前检查梁柱节点隔离剂是否有碍混凝土黏结，必要时应进行表面凿毛，用钢模生产的构件，光滑表面最好也凿毛处理。

(3) 应提前数小时或一夜对节点洒水湿润，以保证新旧混凝土界面处有足够的保养水分。

(十三)节点混凝土振捣不实的预防

(1) 先浇灌叠合层混凝土，然后浇灌节点核心处混凝土。

(2) 应先用 50 型高频振捣棒，必须分层浇灌、分层振捣。

(3) 混凝土配合比应根据所需材料进行试配，并留有适当的强度储备。

(十四)节点捻缝不实的预防

(1) 严格掌握捻缝混凝土配合比和水灰比，捻缝材料应选用干硬性混凝土，以手捏成团为宜。

(2) 创造好操作条件，采用两面支模、两人同时对称向缝内装灰砸捣填严，角柱捻缝支设脚手架并采用相应的安全措施，以利装灰和砸捣。

(3) 加强节点部位的湿润养护，养护时间不少于 7 d。

(十五)预制外阳台安装缺陷的预防

(1) 阳台安装前，先弹好纵横向控制阳台位置线，在阳台上弹出挑出长度控制线，严格按线就位。阳台支撑标高要准确，防止左右顺斜或倒坡。

(2) 阳台安装时，应逐层用经纬仪或线锤进行检查，偏差大时应及时调整。

(3) 做好阳台上表面的泛水，使水流向两角的出水口。

(4) 安装出水管时，其下皮不能高于阳台上表面。

(5) 外墙与阳台板上口及板底交接平缝应通长嵌防水油膏。

第五节　某高层商住楼支承杆失稳实例分析

一、工程及事故概况

某 31 层商住楼标准层建筑面积 584 m^2，总建筑面积 17 987 m^2，为全现浇剪力墙结构，采用“滑一浇一”工艺施工。当模板滑升至第 9 层楼面以上约 500 mm 处，突然有 3 根φ25 mm 的支承杆失稳，当时虽及时采取支承杆加固措施，但仍未奏效，继续滑升时有 14 根支承杆出现明显的弯曲失稳，导致 1 / 4 平台区域滑升不动。当时虽采取果断措施及时割断失稳平台与整体平台的联系，试图继续滑升其他部分，但由于工字钢割断量大，混凝土已凝固于模板内，被迫中途停滑。

这是一起较典型的支承杆连锁失稳破坏。

二、原因分析

(1) 模板清理不彻底，模板变形，导致滑升摩阻力增大。

(2) 施工荷载超载。

(3) 千斤顶滑升不同步。

(4) 支承杆加固方法不当。

(5) 少数支承杆接长不牢固，甚至失效。

三、处理措施

(1)拆下围檩内侧钢模板，彻底清理并调整钢模板，割去弯曲支承杆，重新安插支承杆并辅以 6 t 的大千斤顶将失稳处平台空滑 300 mm，滑升后进行整体调整，模板拆除处凿除并清理混凝土疏松部分，重新立模补浇混凝土，最后再进行平台模板组装调平。

(2)加强对模板清理人员的管理，杜绝野蛮清模。严禁用铁锤、钢管等钝器敲打钢模外侧，以防钢模变形和形成倒锥，每滑升 5 层滑空后必须停滑 1 ~ 2 d，彻底清模一次。

(3)严格控制施工荷载，尤其是混凝土、钢筋等上料量应严格控制，混凝土上料堆积量不得超过 180 kN，钢筋一次上料不得超过 150 kN，且应均匀分布。

(4)加强滑升时的巡视工作，注意整体平台的偏斜和扭转，及时予以调整，严格控制千斤顶相邻高差不得超过 15 mm，整体平台高差控制在 30 mm 以内。

(5)重视支承杆加工接长问题，提高支承杆加工质量，不允许出现阴阳丝扣偏短、偏长或丝扣不对中现象。

(6)严格控制混凝土分层浇筑厚度及各层浇筑的间隔时间。

第六章 预应力混凝土工程质量通病分析与防治

预应力混凝土构件具有比普通钢筋混凝土高的抗裂度和刚度，并且材料省、自重轻、梁的竖向剪切力和主应力小、结构质量安全可靠，但是由于其施工工艺复杂，质量要求严格，如果施工稍有不当，就容易出现质量问题。

第一节 预应力混凝土大型屋面板施工质量通病与防治

预应力混凝土大型屋面板是单层工业厂房屋盖的常用构件，一般板长 5 970 mm，板宽 1 490 mm，纵肋高 240 mm、宽 65 mm，上板厚 25mm（见图 6-1）。其常见的质量通病有预埋件移位、板端及板面裂缝等。

一、预埋件移位

(一)现象

预埋件移位主要表现为预埋件中线与设计位置不符；预埋件向上移位，预埋件歪斜。

(二)原因分析

(1)在振动混凝土过程中，没有采取有效的固定预埋件的措施，预埋件被振动移位；采取下振动的生产工艺时，由于预埋件没有紧固在底模上，振动混凝土时，预埋件随同模板跳动，混凝土砂浆流进预埋件的底部，使预埋件上移。

(2)预埋件的插筋和屋面板纵肋的钢筋骨架以及端部钢筋网互相交错。在预埋件与钢筋骨架入模时，稍有不慎，就会造成预埋件歪斜。

(三)预防措施

(1)在屋面板钢模板纵肋放预埋件的位置处，加焊φ8～φ10 钢筋（见图 6-2）以阻挡预埋件沿纵肋纵向位移。

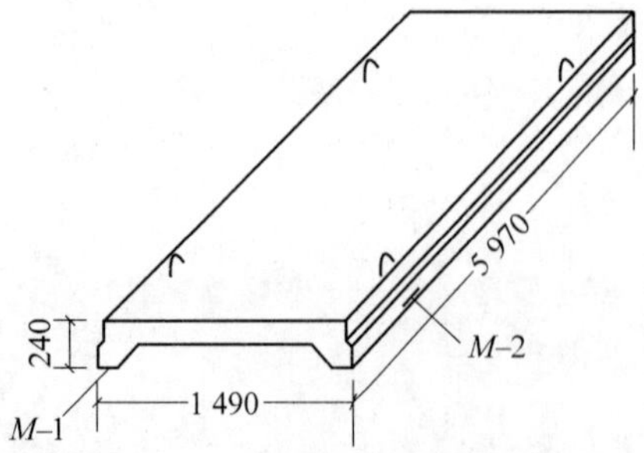

图 6-1 预应力混凝土大型屋面板（单位：mm）

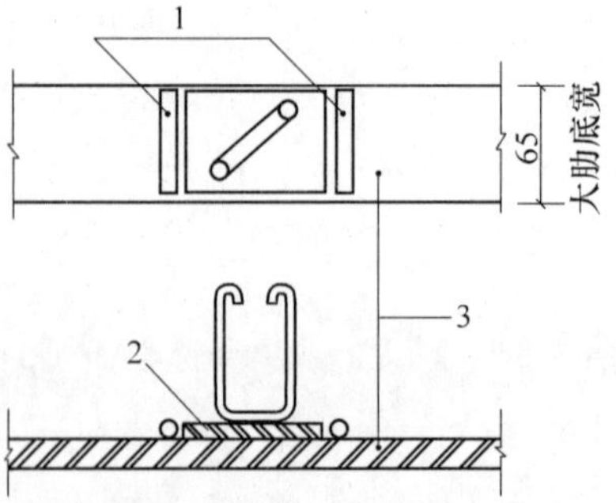

图 6-2 在钢模板纵肋内加焊短筋（单位：mm）

1—钢筋；2—预埋件；3—纵肋底模

(2)制作预埋件时，要保证预埋件本身的平整，安放在肋内的预埋件的下料宽度应比设计尺寸小 3 ~ 5 mm，便于紧贴肋的底部和不产生歪斜现象。

二、端头裂缝

(一)现象

(1)屋面板端部变断面处，出现沿端头横肋呈 45°角的斜向裂缝。

(2)纵肋两个端部出现斜裂缝。

(二)原因分析

(1)横肋端头裂缝是由于预应力钢筋被切断后，底胎模对板及肋变形的阻力作用和纵肋变形受横肋的约束而造成。

(2)在脱模起吊时，由于模板对构件的吸附力不均匀，构件不是水平地同时脱离模板，这样造成后脱离模板的一角混凝土容易被拉裂；吊钩未对准构件中心或起吊过猛，使构件端部变断面处混凝土拉裂。

(3)钢筋放张后回缩，对混凝土产生压应力，而胎膜阻止了混凝土的收缩变形，纵肋的上部和下部之间产生剪应力，形成拉应力，使纵肋端部产生斜向裂缝。

(三)防治措施

(1)在端部变断面处易出现裂缝的部位，加长度 300 mm 以上的ϕ6 斜向构造钢筋，提高该区域的抗裂性能(见图 6-3)。

(2)构件脱模时，吊钩一定要对准构件的中心，钢丝绳长度要一致，使受力均匀。吊车起吊时要缓慢平稳。

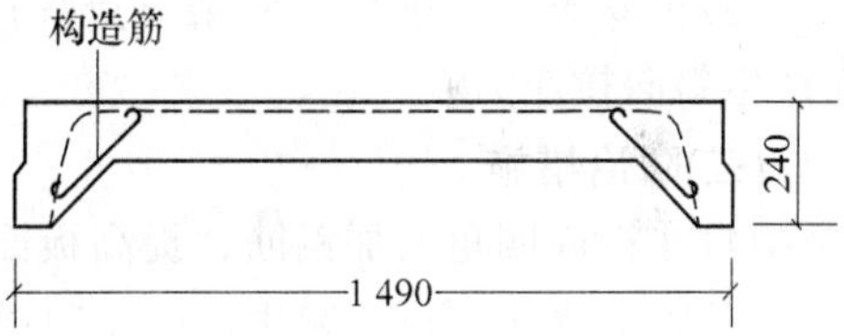

图 6-3　端部加斜向构造钢筋(单位：mm)

(3)加工模板胎膜时，各处的圆角最好用冲制的方法成型，特别是四角的球面过渡部分，更应用统一的冲模制作，以减少胎膜与混凝土的吸附力。

(4)注意认真涂刷模板隔离剂。涂刷要均匀，不得有漏刷部分。

(5)纵肋端头增配网片筋或螺旋筋；板端预埋件的锚筋适当加长；提高肋端部混凝土的密实度。

三、板面横向裂缝

(一)现象

板面横向裂缝一般出现在横肋附近靠近纵肋处较多，严重的沿板宽方向裂通，多为表面裂缝。

(二)原因分析

(1)板与肋的不均匀收缩。具有较大收缩的板受到纵向肋的约束，在板内沿纵向产生较大的拉应力，造成横向裂缝。

(2)与环境温度变化有关。周围气温突然变化、温差较大时，由于板面散热快，而肋散热慢，造成板与肋之间产生较大的温差，板面剧烈收缩受到肋部的约束，导致裂缝的产生。

(3)预应力钢筋的张拉值过高，放张后使板产生较大的反拱，拉应力过大而开裂。

(4)放张时，混凝土强度不足。

(三)防治措施

(1)保证混凝土在放张时有足够的强度，必要时还可适当提高混凝土放张强度。

(2)必须按照规定的预应力值张拉钢筋，不要超张拉；若需超张拉，应严格控制不超过 5%。

(3)严格控制降温梯度和温差。

(4)提高混凝土密实度。施工中控制砂石含泥量及石子粒径，控制水灰比和坍落度，降低水泥用量，加强养护工作等。

四、板面斜向裂缝

(一)现象

板面斜向裂缝较多的是出现在构件安装后，裂缝离板端 0.5 ~ 1.0 m 左右，以 45°角斜向板端，缝宽约 0.1 mm，形状为两端细、中间宽，而且常贯穿板厚。

(二)原因分析

(1)预应力筋放张后，纵肋受压变形，而底模和端横肋限制其变形，造成板角受拉、横肋端部受剪而开裂。

(2)板端、肋端处混凝土振捣不密实，强度较低，放张后产生的应力造成斜裂缝。

(3)板安装后，因板与屋架三点焊接，在支承约束影响下，板的温度变形受到限制而产生斜向拉应力。

(三)防治措施

(1)在板面四角增加钢筋，提高板面抗拉能力。

(2)降低水泥用量，减少混凝土收缩、徐变，提高放张时的混凝土强度。

(3)堆放支撑点由距离板端 500 mm 改为 300 mm，以加大跨度，减小徐变反拱。

第二节　冷拔钢丝预应力混凝土构件质量通病与防治

一、长线台座法生产预应力圆孔楼板的质量通病及防治

用长线台座法露天生产预应力混凝土圆孔楼板，是我国中小城市较多采用的生产工艺。产品主要有两大类：一类是板高 110 ~ 120 mm，长 4 m 以下，宽 500 ~ 1 200 mm；另一类是板高 180 mm，长 4 ~ 6 m，宽 600 ~ 900 mm。这种工艺的特点是设备简单，易于操作，工作效率高。预应力圆孔楼板在自然养护条件下的质量通病及防治措施介绍如下。

(一)预应力筋张拉应力不准

1. 现象

预应力筋张拉应力不准，是生产中隐蔽的质量通病。根据生产中实测预应力筋的实应力，大多数都低于设计规定的控制应力。张拉应力不足，使预应力圆孔板的刚度下降，

使用中出现挠度严重的甚至开裂、折断。

2. 原因分析

(1)张拉设备和仪表未定期校验，较长时间使用后出现误差。

(2)预应力筋的应力松弛是应力损失的一个重要原因。

(3)张拉定位板刚度不足，受力后产生变形或失稳，张拉应力受损失。

(4)预应力筋张拉后浇筑混凝土不及时，使张拉应力下降。

(5)张拉端锚夹具的过大变形。如果锚夹具的销轴、锚塞因磨损、变形而不能很好地起锚固作用，产生过大的滑移或者没用锚、夹具将预应力筋紧紧固定，从而产生了张拉力损失。

3. 预防措施

(1)应加强设备和仪表的维护和保养，并定期请计量检测部门进行校验，并做好校验记录，以备查考。

(2)为减少这种损失，应采用"超张拉"或"重复张拉"的办法，技术人员对操作者要进行技术交底和监督。

(3)在设计时应通过计算确保张拉定位板的刚度和稳定性，在使用中要经常检查，发现变形应立即进行整修加固。

(4)应加强生产计划管理，保证工序操作连续性，若停歇时间过长应重新进行张拉。

(5)应经常检查锚、夹具，发现不能使用的应剔除更换，操作人员应认真操作。

(二)活筋、滑丝及肋裂

1. 现象

活筋是预应力钢丝放张后，板端 50 mm 左右长度的混凝土不能有效地锚固预应力钢丝，钢丝活动；滑丝是混凝土与预应力钢丝之间完全丧失黏结力，钢丝在混凝土中滑动；肋裂是板端预应力钢丝处，沿板肋纵向伸入孔内 10 mm 左右的裂缝。

2. 原因分析

(1)残存在梳筋条和堵头钢丝槽内的混凝土渣未剔净，使钢丝不能下到槽底，堵头不能接触底板而高出侧模。因此，在上层模板的叠压下，板端部的混凝土与钢丝分离，形成活筋和肋裂现象。

(2)拆模时用手锤猛击堵头或撬动预应力钢丝，造成硬伤肋裂。

(3)钢丝冷拔时表面附着有润滑剂或钢丝局部粘上模板的隔离剂，降低了混凝土与钢丝间的黏结力，从而产生滑丝。

3. 预防措施

(1)将钢模板梳筋条和堵头钢丝槽内的混凝土残渣剔净，将钢丝放置槽底。

(2)支模时应将堵头下到和侧模同一水平高度，并拧紧侧模两边的顶丝，确保构件成型过程中侧模和堵头不松动。

(3)构件成型后，如发现堵头高于侧模，严重的应返工重做，轻微者可在码垛或入池时，用高于堵头的垫铁垫在同一端侧模的两侧角，以上面的模板不压堵头为准。

(4)隔离剂要涂刷均匀。钢模刷隔离剂后，在模板内先放置 8 ~ 10 mm 厚的木条数根，其间距以 1 m 为宜，使钢丝不与模板底板直接接触，以防止钢丝粘上隔离剂造成滑丝。

木条在钢丝张拉完毕后取出，重复使用。

(5)处理。肋裂不允许出现，否则按废品处理；活筋和滑丝，可以按活筋和滑丝的数量多少，根据设计要求按降低板的承载能力使用。

(三)台座面开裂引起构件断裂

1. 现象

如果空心板浇筑在伸缩缝或裂缝的上面，将会由于温度变化使横跨台面伸缩缝或裂缝处的空心板断裂。

2. 原因分析

由于混凝土台座面因气温变化引起的热胀冷缩所致。新浇筑的空心板，其底部混凝土与台座面之间有一定的黏结力存在，当台座面伸缩时，空心板底部的混凝土亦随之伸缩，但由于新成型的混凝土，其抗拉强度很低，抵抗不了台座对其施加的拉力，以致出现裂缝，严重时，使整块空心板断裂，造成废品。

3. 防治措施

(1)在设计台座时，可以根据所生产构件长度的倍数设置伸缩缝。例如生产 3 m 和 4 m 构件时，可将伸缩缝的距离定为 12.5 m 左右。

(2)尽量避免跨越台座伸缩缝或裂缝生产构件。必须横跨台座的伸缩缝或裂缝生产构件时，可以在伸缩缝或裂缝的上部铺上油毡、塑料布或薄铁皮等，以减小构件底部与台座表面间的黏结力。

(3)改进混凝土台座设计。建造有预应力混凝土面层的台座(见图 6-4)。在混凝土台座表面再加上一层厚 6 ~ 10 cm 的面层，面层配有施加预应力的 ϕ4 ~ ϕ5 钢丝。这种台座表面不易产生裂缝。

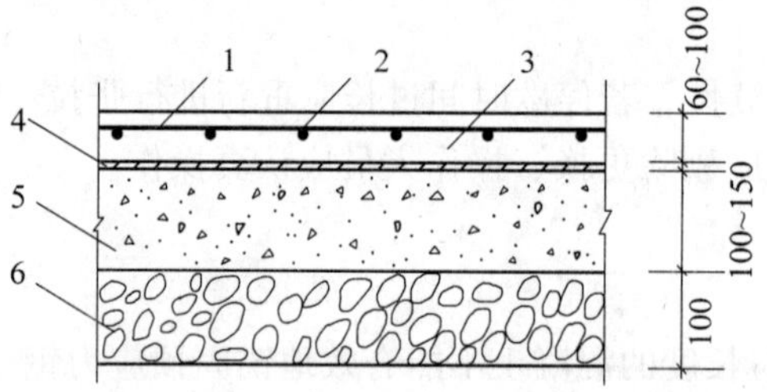

图 6-4 有预应力面层的长线台座(单位：mm)

1—ϕ4 预应力钢丝；2—ϕ4 分布钢丝；3—预应力面层；4—厚 1 ~ 3 mm 砂层上铺油毡或塑料布；5—素混凝土底层；6—碎石垫层

二、工厂机组流水工艺生产预应力圆孔板的质量通病与防治

(一)圆孔抽芯板板底裂缝

1. 现象

圆孔抽芯板板底裂缝主要表现为在距板的端头 100 mm 范围内出现横向裂缝，宽度较大，裂缝呈断续状，很少有沿板底横向裂通的现象。

2. 原因分析

(1)芯管弯曲或端部磨损，抽芯阻力加大，混凝土被拉裂。

(2)混凝土和易性差，尤其在板端混凝土偏稀的情况下，抽芯时更易产生裂缝。

(3)空心板端部设有箍筋。箍筋的保护层过小，抽芯后极易沿箍筋方向开裂；保护层过大，使箍筋与芯管接触，抽芯时芯管拉动箍筋，也会导致沿箍筋方向的裂缝。

3. 预防措施

(1)经常检查芯管，发现有弯曲的应立即更换；芯管前端由于磨损产生凹陷者，应及时补焊磨平。

(2)浇筑混凝土时，板端应选用和易性较好的混凝土。

(3)箍筋下部应放好水泥砂浆垫块，确保保护层厚度适中。

(4)若出现板端的底部裂缝，板应作处理品或废品。

(二)抽芯塌孔

1. 现象

楼板圆孔上方混凝土沿纵向板面塌陷，一般的板面成波纹状，严重时局部出现塌孔。

2. 原因分析

(1)混凝土和易性不好，砂、石级配不良，抽芯时容易造成塌陷。

(2)混凝土拌和时间不均匀，振动时间过短，板面混凝土不密实，石子过于集中，抽芯时容易出现塌孔。

(3)芯管不直，抽芯过快，混凝土与芯管间的摩擦阻力加大，破坏混凝土的结构，造成塌孔。

3. 预防措施

(1)混凝土拌和物应具有良好的和易性，工作度应在 30 ~ 40 s 之间。

(2)新浇混凝土应仔细振实。

(3)经常检查芯管是否平直，不合格的应立即更换，每次更换新芯管数量不宜超过芯管总数的 1／3，新芯管的前端 1 m 处应用车床车出 2‰的锥度，以保证抽芯顺利。

(三)端部弯曲和松散

1. 现象

圆孔楼板的端部不在一条直线上，经常中间弯曲成弧状；在楼板端部 150 mm 范围内混凝土不密实。

2. 原因分析

(1)抽芯机穿芯管时，芯管与模板堵头经常摩擦，堵头的刚度不足时，使堵头产生弯曲变形，造成构件端部弯曲。

(2)芯管表面粗糙，与混凝土摩擦力过大，抽芯时将构件端部带成弧状。

(3)板端部混凝土填量不足，加压板不能压实，抽芯时芯管带动混凝土局部移动，造成小孔端部弯曲或端部松散。

3. 预防措施

(1)对芯管的要求可参见本书“抽芯塌孔”的预防措施。

(2)穿芯时随时检查堵头质量，发现堵头顶弯时应立即更换。

(3)构件成型后，板的两端部位的混凝土要比其他部位稍高一些，可以避免因加压板未压实而产生端部弯曲和混凝土松散现象。

(4)保证混凝土有良好的和易性，板的两端部位不得使用落地混凝土和石子集中的混凝土。

(四)扭翘

1. 现象

扭翘主要表现为圆孔楼板底面端部四个角不在一个水平面上。

2. 原因分析

(1)钢模板刚度不够，或模板底盘变形。

(2)养护池底的两根垫梁不平，构件入池后，模板有一个角未着地，陆续入池的模板压在上面，致使模板产生变形，构件出现扭翘。

(3)模板的一端堵头未落到底，高于侧模，模板入池码放时又未采取措施，使模板和构件产生扭翘现象。

3. 防治措施

(1)钢模板应通过设计计算，除保证钢模的整体刚度外，对模板底盘的局部刚度进行核算。在生产过程中，要经常检查钢模有无变形，发现变形要及时修理。

(2)养护池底的两根垫梁最好用混凝土做成固定式的。垫梁制作应认真找平，使用过程中定期用水平尺检查，发现不平要立即修理。

(3)发现有个别堵头高于模板侧模时，可用厚度高出堵头的垫块垫在模板侧模上，保证四个角一样平。

第三节 后张法预应力混凝土构件施工质量通病与防治

一、后张法预应力混凝土构件常见的质量通病与防治

(一)孔道塌陷、堵塞、弯曲

1. 原因分析

(1)抽芯过早，混凝土尚未凝固。

(2)孔壁受外力和振动影响，如抽管时因方向不正而产生的力和附加振动等。

2. 防治措施

为防止预留孔道塌陷、堵塞或弯曲应采取以下措施中的一条或若干条。

(1)在混凝土初凝后、终凝前进行钢管抽芯，一般以用手指按压混凝土表面不显凹痕为宜；胶管抽芯时间可适当推迟。

(2)浇筑混凝土后，要每隔 10 ~ 15 min 转动一次钢管，转动应始终顺同一方向；用两根钢管对接的管子，两根管的旋转方向应相反；转管时应防止管子沿端头外滑，事先最好在管子上做记号，以观察有无外滑现象。

(3)抽管程序宜先上后下，先曲后直，抽管速度要均匀，其方向要与孔道走向保持一致。

(4)单根钢管长度不得大于 15 cm；胶管长度不得大于 30 cm。较长构件可用两根管子对接，对焊处宜用 0.5 mm 厚白铁皮做成的套管连接。套管长 30 ~ 40 cm，套管内壁应与芯管外表面紧密贴合，防止漏浆。

(5)夏季高温下浇筑混凝土时，应考虑合理的程序，避免先抽管的孔道因邻近的混凝土振捣而塌陷。

(6)芯管抽出后，应及时检查孔道成型质量，局部塌陷处可用特制长杆及时加以疏通。

(二)位置不正

孔道位置不正，将引起构件在预加应力时发生侧弯和开裂，甚至导致整个屋架等后张结构构件压毁破坏。

1. 原因分析

(1)芯管固定不牢，“井”字架间距过大。

(2)浇筑混凝土时，因振捣不当而引起芯管位置不正。

2. 防治措施

(1)芯管或波纹管应用钢筋“井”字架支垫，“井”字架尺寸应正确。“井”字架应绑扎在钢筋骨架上，采用钢管时，其间距不得大于 100 cm；采用胶管，且为直线孔道时，不得大于 50 cm；若为曲线孔道时，取 15 ~ 20 cm。

(2)孔道之间净距，孔道壁至构件边缘的距离应不小于 25 mm，且小于孔道直径的一半。

(3)在浇筑混凝土前，应检查预埋件及芯管位置是否正确。预埋件应牢牢地固定在模板上。

(4)需要起拱的构件，芯管应随构件同时起拱，以保证预应力筋所要求的保护层厚度。

(5)浇筑混凝土时，切勿用振动棒振动芯管，以防芯管偏移。

(三)钢筋伸长值不符

1. 现象

钢筋伸长值不符是指实际伸长值与理论伸长值之差超过 ± 5%，不符合要求。

2. 原因分析

(1)孔道留设不符合规范，混凝土浇筑未按工艺严格进行，造成孔管漏浆或移位。

(2)张拉端锚垫板和固定端锚板与孔管道不垂直。

(3)预应力筋弹性模量不一致。

(4)预应力筋两端张拉不同步。

(5)张拉机具不配套或本身精度不够。

3. 防治措施

(1)孔道漏浆的防治措施见本节“孔道塌陷、堵塞、弯曲”的防治措施(4)；孔道位移的防治措施见本节“位置不正”的防治措施。

(2)张拉端锚垫板与固定端锚板应与孔管道垂直，否则会加大钢束跟孔道与锚口的摩阻，进而减小锚下预应力与张拉伸长值。

(3)预应力筋进场后，应复检弹性模量 E 值是否与设计值相符。如不相符，则应将该批预应力筋清退出场，或者在满足规范要求的前提下，由设计单位根据实际的 E 值对各预应力钢束的理论伸长值进行调整。

(4)采用与锚具配套的张拉机具，以及精度不低于 1.5 级、量程合适的油压表，并应在正式张拉前进行千斤顶标定，确定千斤顶输出力与油压表读数之间的关系方程，以便张拉时能精确控制张拉力。

(5)两端张拉时，两端的千斤顶的升压、量测伸长值、回顶等工作应基本同步，不应一先一后，否则，会使两端伸长值之和偏小。

(四)预应力筋滑脱、断裂

1. 现象

预应力筋滑脱、断裂是指在张拉过程中或顶楔锚固时或锚固后，预应力筋从夹片中滑脱或断裂。

2. 原因分析

(1)预应力筋质量是关键，不仅强度应符合规定，其延伸率和弹性模量也要符合要求。

(2)锚具本身质量也很重要，包括材质和工艺质量，如果不符合要求，夹持力筋时将由于夹持力的不均衡导致力筋的部分股丝滑脱或断开。

(3)施工操作方面，包括加荷和卸荷过程，一定要缓慢而均匀，否则突然的夹持和放松，都会使预应力筋在短时间内无法完全很好地被锚具夹持而松脱或断丝。

(4)安装锚垫板和预应力筋也须垂直，否则过大的不均衡力也会使预应力筋受夹持力的不同而滑脱、断丝。

3. 防治措施

(1)选用质量稳定的生产厂家提供的预应力筋，并在进场后严格检测力筋的质量，包括规格、强度、延伸率、弹性模量等。

(2)锚具要有出厂合格证，应具有良好的自锚性能。锚具进场后，应进行锚固性能检验、洛氏硬度检验，使用前仔细检查锚具外观质量，每一件锚环与夹片都应无夹渣、裂缝等缺陷，夹片的尖齿完好无损。

(3)安装工作锚前，应采用钢丝刷将预应力筋刷干净，清除附着在预应力筋上的水泥浆、砂子、污泥、铁锈等杂物，以免减小工作夹片对预应力筋的夹持力。

(4)千斤顶上的工具夹片每用一次，都要对齿纹进行检查和清理，确保夹片齿纹内不会粘有灰渣、铁锈等细微杂物，以免减小工具夹片对预应力筋的机械啮合力。

(5)应保证锚具中心与预留孔中心重合，而且工具锚的孔位与工作锚的孔位排列应一致，严禁钢绞线在千斤顶内发生交叉。

(6)封锚头前，多余预应力筋的切除应采用砂轮切割机，并且应保证外露头长度不小于 3 cm。

(五)锚固区混凝土破坏

1. 现象

锚固区混凝土破坏在张拉至一定应力后，锚固区混凝土出现裂缝、凹陷、破碎(同时锚垫板被压坏)。

2. 原因分析

(1)构件端部锚垫板附近混凝土损伤未配置足够螺旋钢筋，张拉时由于垂直预应力钢筋方向的“劈裂拉应力”而引起裂缝的出现。

(2)预应力构件的端部混凝土振捣不密实，张拉时的混凝土强度不够。

(3)张拉力超过规定值。

3. 预防措施

(1)要加强锚固区构造，配置适当的锚垫板、适量的螺旋筋及加强钢筋网片，并按要求正确安装。

(2)严格控制混凝土配合比，保证混凝土的拌制质量与振捣质量。因锚固区的钢筋很密，不易振捣。因此，混凝土中骨料的最大粒径不应超过 3 cm，而且混凝土的坍落度必须合适，不能过小。同时，应采用有效的振捣方法加强锚固区混凝土的振捣，充分保证该部位混凝土的密实度。张拉时混凝土必须达到设计或规范规定的强度。

(3)应严格控制张拉力，保证不超过设计与规范规定的数值。

(4)确保预应力筋外围混凝土的厚度满足设计与规范的要求。

(六)灌浆不密实

1. 现象

灌浆不密实是指管道内水泥浆不密实，水、空气容易侵入管道内，造成预应力材料腐蚀，导致构件中的预加应力损失或完全丧失，影响结构的耐久性，甚至会造成结构破坏。

2. 原因分析

(1)材料压浆用的水泥浆性能差，水灰比大，易离析、泌水多、收缩大，导致出浆口处及高位处管道内无水泥浆，泌水较多处水泥浆强度下降。另外水泥浆中有结块，会堵塞管道，影响压浆质量。

(2)管道灌浆操作人员一般未经专门培训，施工时不按灌浆施工规程操作。施工机具设备简陋，压浆效果差。

(3)管道灌浆是隐蔽工程，由于预应力系统上没有设置检查孔，施工中又无其他检查措施，因此管道压浆中的质量毛病不易被发现。

3. 防治措施

(1)提高压浆材料性能。如：水泥宜采用泌水率较低的 42.5 级以上的普通硅酸盐水泥；掺用高效减水剂；掺加适量膨胀剂；水泥浆的配合比应通过级配试验优化比较后确定。

(2)施工准备。施工前应对操作人员进行培训，明确操作要点。宜选用压浆效果较好的活塞压浆机，压浆机压力应根据预应力束的构造布置(如高差、长度)等确定。

(3)在管道上合理布置出浆孔、排气孔，以利排除管道中的空气与稀浆，使浆体连续密实。压浆前应用压力水冲洗管道，并将管内水排干。

(4)用水泥浆对预应力锚板周围进行防漏浆封闭时，应注意锚板上外露钢绞线不要封闭，以利水泥浆泌水沿钢绞线缝隙排除。

(5)压浆应采取由下至上连续进行压浆的方法，压浆应缓慢连续均匀进行。

(6)水泥浆达到设计强度应对管道进行必要的检查。为方便施工、监理方检查，设计方应要求在锚具上设置检查孔(可利用锚板上的一个索孔当检查孔)。检查合格后及时封闭排气孔及其他孔口，并切除多余外露钢绞线(筋)，浇筑封锚混凝土，使锚具与外露预应力筋不受腐蚀。

二、预应力混凝土鱼腹式吊车梁裂缝通病及防治

建筑工程上采用的较多的后张自锚预应力混凝土鱼腹式吊车梁，其常见的裂缝有下

列几种：端部自锚头附近裂缝、上部翼缘裂缝、腹板垂直裂缝、下翼缘裂缝。

端部自锚头裂缝是一种比较普遍的裂缝，其特点是：裂缝多数到自锚头浇注孔即止；在自锚头到灌浆孔预应力筋转折处裂缝最宽；张拉时就已发现这种裂缝；裂缝长度为50～65 cm，裂缝宽度一般大于0.28 mm。

(一)产生裂缝的原因

(1)端部尺寸偏小，构造配筋不够。在预应力筋从孔道到自锚头的转折处，由于预应力筋的转折处，转折曲率很大，在张拉时形成很大的径向分力，其与张拉时的压应力共同作用，致使构造配筋薄弱处开裂。

(2)在施工中管道预埋位置不能得到保证，如在压力充水之后，管道发生反拱；振捣混凝土时，管道发生位移。

(3)张拉预应力筋时，混凝土强度太低，或张拉承压面不平，承压板厚度不够。

(4)张拉工序不符合设计要求。预应力鱼腹梁吊车梁上翼缘的抗裂度是按下翼各束预应力筋都达到张拉控制值来验算的。因此，在张拉时应尽量使各束预应力筋均匀张拉到所需应力。设计图中一般注明了各束钢筋分阶段张拉的要求，但在施工时，常常为了加快进度而未分阶段张拉，只是为了操作方便，一次张拉，且先张拉靠下边的一束预应力钢筋，造成对上翼缘浇灌面增加了设计未考虑的偏心弯矩。

(5)采用电张法张拉负钢筋，预应力值不足。电张变形控制不准确，电张设备选择不当，使预应力筋升温过高。

(6)下翼缘预应力筋超张拉。

(7)蒸汽养护升温太快，混凝土收缩大。

(二)预防措施

(1)在自锚头孔道外围加配ϕ8螺旋式钢筋；

(2)在梁端灌浆孔附近加配四肢箍筋3 ϕ14；

(3)采用碎石混凝土，提高抗拉强度；

(4)提高构件制作质量，施工中确保管道预埋位置准确；

(5)施工操作必须满足设计要求，对预应力筋应分段张拉；

(6)改进电张拉技术。

三、大型预应力屋架的质量通病及防治

(一)屋架预留螺栓孔的位置偏移

1. 现象及危害

施工时未严格遵守工艺要求，致使螺栓孔道发生偏移，造成屋架之间的钢支承、钢筋混凝土系杆无法连接。

2. 防治措施

施工时在底胎上把预留螺栓孔位置留置正确，由于屋架施工时都采用平卧叠层生产，浇筑屋架混凝土之前，把预留螺栓孔道按照底胎的位置固定好，这样就避免了预留螺栓孔位置偏移。

(二)隔离措施不当

1. 现象及危害

隔离措施不当，如有的采用棉布或油毡纸，以致两层屋架粘在一起，屋架翻身时就容易产生裂缝。

2. 防治措施

为避免上述现象，屋架底胎与屋架之间，屋架层与层之间，应采用较好的隔离措施。如采用两层质地较厚的塑料布；采用一层隔离剂上加一层厚塑料布制成。这样张拉后的屋架两层就自然分开，起吊时一般不会出现事故。

(三)节点钢筋处理不当

1. 现象及危害

由于节点处钢筋配筋较密集，如果处理不当，拔管时混凝土强度较低，当钢管拔出后，节点处钢管容易反弹回来，挡住预留孔道的位置，给将来穿入预应力主筋带来障碍。

2. 防治措施

为避免上述现象的发生，在混凝土浇筑前，把节点处的钢筋全部用 22 号铅丝分别与上、下弦非预应力主筋固定，使其不产生位移。

(四)预应力混凝土屋架在制作、堆放、运输、吊装中产生的裂缝与防治

1. 产生的裂缝种类

一般容易产生的裂缝有：弦杆横向裂缝、端部纵向裂缝、下弦纵向裂缝、腹杆端部裂缝、上弦、下弦斜向裂缝。

2. 产生裂缝的原因及防治措施

(1)弦杆横向裂缝。平卧叠浇生产预应力钢筋混凝土屋架，在养护期间，混凝土弦杆上表面易出现大量垂直于杆轴的细微裂缝，缝宽一般约 0.1 mm。产生这种裂缝的原因主要是养护不好，表面失水过快，表层湿度、温度收缩受到下部混凝土或胎模的约束而引起开裂。制作屋架时，隔离剂涂刷不好，也会引起这种裂缝。例如某车间跨度 18 m 的折线形屋架，端部第二个支墩处底模漏涂隔离剂，结果该处黏结，起模时上弦被拉裂，裂缝宽度达 2 mm。对于细微裂缝，一般可不做处理；裂缝宽度约 0.1 mm 的，用环氧胶泥涂刷封闭；底模断裂的，在上弦第一节间用钢管加固。

(2)端部纵向裂缝。预应力钢筋混凝土屋架张拉预应力筋时，在屋架端部有时会出现纵向裂缝，缝宽 0.05 ~ 0.1 mm。这种裂缝是在放张预应力钢筋后，出现与预应力方向垂直的“劈裂拉应力”所引起的。消除这种裂缝的措施是在屋架端部适当加设构造箍筋，提高抗裂性。处理时，采用环氧胶泥封闭裂缝。

(3)下弦纵向裂缝。产生的原因是制作时拔管过快或过晚；冬季施工孔道灌浆保温不善，孔道内砂浆受冻。处理办法：对于一般裂缝，采取环氧树脂表面封闭；对于裂缝较严重且伴有混凝土坍陷者，应凿去局部混凝土，用高强度细石混凝土修补、捣实。

(4)腹杆端部裂缝。这种裂缝是屋架在起模、运输、拼装过程中受外力作用而引起的。例如某车间跨度 30 m 的预应力混凝土屋架，在两半榀拼装时支撑不牢，屋架倾斜将腹杆压裂。对这种裂缝应加固处理。或用环氧胶泥封闭处理后，改用于伸缩缝处(或改用于端跨)，减少承受的荷载。

(5)上弦、下弦斜向裂缝。制作时地基局部下沉、隔离层失效与底模黏结、脱模时受扭，运输时受碰撞或振动、堆放时倾斜等，都会使屋架产生这种裂缝。处理措施：①上弦、下弦已斜向断裂破碎的，应报废不用。②裂缝严重，但尚未破碎，裂透的，可将裂缝部位钢筋保护层打去，外包钢丝网一层。若钢筋扭曲伸长已达到流限，则应加焊受力短钢筋及箍筋(或钢丝网)，重新浇灌一层厚度为 3.5 cm 的高一强度等级的细石混凝土，并加强养护。③一般下弦横向裂缝、斜向裂缝可用环氧树脂玻璃布封闭，在每孔内加一根预应力钢丝加强。④封闭后用于伸缩缝处(或端跨)。

第四节 预应力混凝土工程质量通病实例分析

一、某厂厂房屋架断裂实例分析

(一)工程及事故概况

某厂厂房采用跨度为 24 m 预应力混凝土层架，屋面荷载为 3.727 kN／m^2，并可安装起重量为 2 t 的悬挂吊车。屋架混凝土设计强度为 C40，设计要求屋架混凝土达到 100%设计强度时方可张拉预应力钢筋。

该屋架采用叠层生产(共三层)。每隔 4 天浇筑一层，浇筑完后采取自然养护。由于气温较低(日平均气温为 10℃左右)，混凝土强度增长缓慢，为了赶工时，在混凝土未达到设计强度就开始张拉预应力筋。孔道灌浆时，一榀屋架下弦在距端头 2.8 m 处被压酥破坏，上弦在距端部 3 m 处形成 8 mm 宽的断裂裂缝，当预应力施加完毕后，总张拉力约 1 177 kN，加上下弦混凝土为脆性破坏，导致屋架折断。因两榀屋架下弦布置较近，相距约 300 mm，同时造成对面一榀屋架端头被强劲的弹力击断，下弦断裂距端头约 1 m 处、上弦也大致距端头 1m 的位置被弹力压酥，出现一个宽为 80～120 mm 贯通全截面的破碎带，破碎带内混凝土酥松剥落。

(二)原因分析

破坏的屋架混凝土试验强度平均值为 30.205 MPa，仅达到设计强度的 77%。破坏的主要原因是混凝土未达到 100%设计强度就张拉预应力筋。另外，在浇筑屋架混凝土时，因停电，采用人工拌和，水灰比过大，人工捣实不密实，养护条件差，灌浆压力达 0.916 4～1.018 3 MPa，增加了下弦混凝土截面应力等，也是造成事故的因素。

(三)预防措施

(1)施工必须严格按照设计要求进行，即张拉钢筋时构件混凝土强度必须达到设计规定值，不得擅自修改。如需修改，应取得设计者的同意。

(2)浇筑混凝土时，应避免中间断电。如遇断电，应组织好人力，严格控制配合比的水灰比，认真拌和和捣实，保证混凝土质量。

(3)对混凝土强度的增长要做出预测，特别是在初冬浇筑混凝土可能满足不了施工进度要求时，应及早采取有效养护措施(如掺用早强剂、减水剂等)。

(4)施加预应力前，混凝土强度不能满足设计要求时，应采取有效对策，如推迟张拉钢筋时间，或经过核算采取卧张 50%张拉控制力，扶直后补张 50%张拉控制力等方法，切不可盲目行事。

二、某印染车间厂房屋架断裂实例分析

(一)工程及事故情况

某印染车间为单层工业厂房，建筑面积为 8 860 m^2，采用 28 m 预应力折线形屋架，共 52 榀，28 m 预应力折线形屋架是设计院根据国标G 415(五)的 30 m 屋架，将端节间各缩短 1 m 后，改为 28 m 的屋架。屋架的生产日期为 1994 年 5 月 28 日～6 月 25 日，采用叠浇预制，除少数为 4 层外，大部分为 3 层叠浇。7 月 4 日张拉屋架下弦的预应力筋，采用G 415 增补中相应的屋架编号，即下弦预应力筋为高强钢丝束，张拉时采用两台千斤顶于屋架的两端(对角线布置)同时张拉。首先张拉第一堆屋架(叠层为 3 榀)，顺序为自上而下，当张拉至第二榀屋架时，在下弦杆的第一节间距端部 19 m 处(断裂中心)的混凝土被压碎，其中非预应力钢筋被压屈；7 月 11 日张拉第二堆屋架(叠层为 3 榀)，情况良好；7 月 12 日张拉第三堆屋架，当第三榀屋架两束高强钢丝束张拉完成后，其上面的第二榀屋架下弦的第一节间距端部 19 m 处又发生混凝土被压碎的破坏。而且，除下弦杆断裂的两榀屋架外，在已断裂屋架的上层屋架也受到不同程度的损伤，上弦杆断裂等。

(二)原因分析

(1)叠层生产屋架时，下层屋架的混凝土强度未达到 C13，就进行上一层的施工。

(2)用石灰水做隔离层，未遵照G 415(五)的规定采用机油、石蜡或滑石粉等做隔离层。

(3)有一部分屋架的混凝土强度达不到设计的混凝土强度等级，施工中抽检的两榀屋架的混凝土强度分别为 31.6 MPa 和 25.5 MPa；一些屋架的混凝土表面存在缺陷，如有一榀屋架的下弦杆表面有裂缝，腹杆上有横向裂缝，个别屋架表面有一些蜂窝等。

(三)处理方法

按G 415(五)和G 415 增补方案处理，根据 28 m 屋架的实际荷载情况和跨距进行复算，降低下弦杆预应力的施加值。

(四)预防措施

对于尚未张拉预应力的屋架宜采取以下措施。

(1)采取每层屋架张拉预应力、灌浆后起吊移位的方法。即每堆的第一层屋架先张拉预应力筋，灌浆后起吊移位，然后再对每堆的第二层屋架进行张拉，灌浆后起吊移位，再进行下层屋架施工等。在每层屋架张拉预应力筋时，应仔细检查隔离层的脱离情况，未脱离的部位应采取措施使之脱离。

(2)当屋架混凝土强度等级达到设计要求后，方可进行预应力筋的张拉。

(3)屋架施加预应力后，必须使隔离层完全脱离以后，再进行灌浆。

第七章 木结构工程质量通病分析与防治

木结构在我国历史悠久，由于木材资源有限，新型建筑结构形式的广泛应用，在大中城市建设中木结构已经较少使用，但在某些古建筑、园林建筑中仍比较常见。本章主要叙述木屋架制作、安装方面的质量通病和预防措施及木结构防火防腐。

第一节 木屋架制作质量通病与防治

一、节点不牢，杆件劈裂

(一)现象

屋架杆件在施工和使用过程中产生剪面开裂、剪面长度削弱、端头劈裂、斜纹断裂、下弦接头过量滑移及裂纹等现象(见图 7-1)，致使节点不牢，强度不足，影响屋架的耐久性，危及屋架安全。

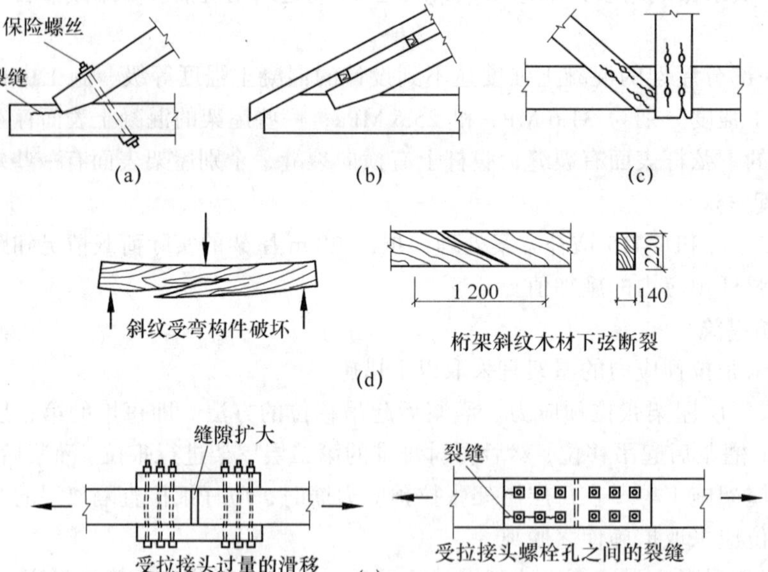

图 7-1 节点不牢杆件劈裂的几种常见症状(单位：mm)

(a)剪面开裂；(b)剪面长度削弱；(c)端头劈裂；(d)斜纹断裂；(e)下弦接头过量滑移及裂纹

(二)原因分析

(1)屋架未经设计，凭经验制作，或套用图纸不当，致使屋架杆件截面不足，节点不牢。

(2)由于经验不足、操作不认真或对木屋架各杆件及节点的受力情况缺乏了解，导致选料不当。木节、斜纹、裂缝、髓心、腐朽等木材缺陷，超过选材标准的限值。

(3)因材质干缩引起节点不牢、剪面及端头开裂。

(4)使用湿材而未预先采取防裂措施，杆件端头逐渐发生劈裂。

(5)连接接头设计和制作不合理，螺栓数目、钢号、垫板不符合要求。

(6)由于螺栓孔径较小或孔眼不顺通，组装时将螺栓强行打入，或因螺栓位置离端部太近，致使杆件端头劈裂；扒钉(或铁钉)直径较粗，材质较脆硬，装钉前未预先钻孔，最易造成杆件端头劈裂。

(7)施工安排不合理，屋架、檩条施工后，长期不封闭，风吹雨淋，裂缝增加。

(三)预防措施

1. 做好结构设计

屋架必须经有设计资质的设计单位进行结构设计，并有设计详图方可施工。设计完成后，在平地或木板上放出屋架的大样，各节点均按图纸绘出足尺实样。

2. 材料须符合要求，选料适当

(1)承重木结构的用料应符合《木结构工程施工质量验收规范》(GB50206—2002)中规定的木材质量标准。

(2)架杆件各部位受力不等(见图 7-2)，故应根据各部位受力情况选料。好料用在受力大的部位和受拉杆件。选料时应考虑以下几点：①下弦：中间与两端相比较，两端重要；上面与下面相比较，下面重要(在中间)。②上弦：上弦与下弦相比较，下弦重要；上段与下段相比较，下段重要；上面与下面相比较，下面重要。③端节点：上面与下面相比较，上面重要。④下弦是受拉杆件，应选用好料；对下弦木料，应将材质好的一端放在端节点；对上弦木料，应将材质好的一端放在下端；对方木上弦，应将材质好的一面向下。对有微弯的木材，用在上弦时，凸面应向下；用在下弦时，凸面应向上。

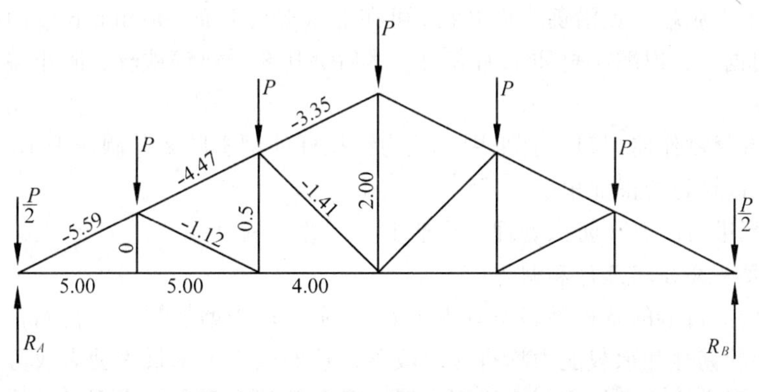

图 7-2　屋架内力分布示意图

注：图中数值为屋架高跨比等于 1／4 时的内力系数，负号表示杆件受压。杆件内力=内力系数 × P。

(3)上、下弦杆的接头位置应错开，下弦接头应设在中间节间内；上弦接头设在节点附近，但不宜设在端节间和脊节间内。原木大头应放在端节点处。接头的相互抵承面要锯平抵紧。

(4)接头夹板应选用纹理平直、没有木节和髓心的干材制作。任何情况下都不得采用湿材制作，否则应改用钢夹板连接。

(5)连接处的受剪面要避开木材裂缝处，并注意剔除一部分开裂较严重的木材。

(6)屋架端节点受剪面易撕裂，故受剪面长度应符合设计要求，而且要避开木材髓心(因髓心处易干裂)，同理，螺栓排列位置也应避开木材髓心。

(7)斜纹要按规范要求严格限制，因木材沿斜纹开裂会使受拉杆件突然发生破坏，造成严重的工程质量事故。

(8)木材有疖疤的部位，应避开刻槽处。下弦跨中段内的下面边缘拉应力较大，不应有缺孔和木节。

3. 尽量选用干燥成材

为防止木材干缩引起节点不牢、端头开裂，木屋架用的板、方材宜选用经过干燥的成材。若供应原木，应尽可能提前备料，木材运到工地后，按设计要求的尺寸预留干缩量，立即锯割，合理堆放，在不受暴晒的条件下逐渐风干。直接采用原木时，应剥掉树皮，并砍平木节，然后合理堆垛风干。原木或方木构件的含水率(指构件全截面的平均值)应不大于25%，板材及受拉构件的连接板应不大于18%。

4. 湿材桁架防裂措施

用湿材制作桁架时，应采取以下防裂措施。

(1)方木屋架的下弦应采用“破心下料”的方木，以消除因切向、径向两个方向收缩率不同而产生的环向拉力，减轻裂缝的开展。当径级较大时，沿方木底边破心，当径级较小时，沿侧边破心，髓心朝外用直径 d=10～12 mm 的螺栓拼合，螺栓沿下弦长度方向每隔 60 cm 左右按两行错列布置，在节点处钢拉杆两侧各用 1 个螺栓系紧。

(2)端节点的剪力面长度应比设计加长 50 mm；被连接杆件的螺栓顺纹端距 s_0 应比设计加长 70 mm；木夹板厚度应取下弦宽度的 2／3。

(3)为防上下弦端节点沿剪力面开裂，可在下弦端头下面 500 mm 长度内锯开一条深 20 mm 的竖向锯口，以减小材质干缩应力，然后绑扎 8 号镀锌铁丝，阻止端头裂缝及竖向锯口的扩展。

(4)使用湿材制作屋架时，宜采用下弦为钢拉杆的钢木屋架，制作钢木屋架节点时，要保证钢、木接触处的正确角度。

(5)应认真进行防腐、防虫处理，构造上要注意通风。

5. 连接接头应合理设计和制作

(1)下弦接头每端的螺栓数目不宜少于 6～8 个。适当增加螺栓数目而相应减小螺栓直径，对连接的韧性和承载能力均有显著改善，从而减少了木材因剪裂或劈开破坏的危害。螺栓的排列应按两纵行齐列或错列布置，避免单列布置产生干裂缝而使接头产生过量滑移或被拉脱的危害。

(2)受拉、受剪以及系紧螺栓的钢号和垫板尺寸应符合设计要求，不得用两块或多块垫板来达到设计要求的厚度。垫板尺寸无设计时，应按《木结构设计规范》(GB 50005—2002)中有关规定执行。屋架中央拉板及直径≥20 mm 的拉杆，必须带双螺母。钢件的连接均应采用电焊，不应用气焊或锻接。

6. 提高操作质量，防止人为裂缝的产生

钻孔前，应将所要连接的杆件按正确位置叠合起来，临时固定，然后一次钻通，使孔眼顺通。钻孔时，孔径要比螺栓径大 0.5～1 mm，钻头和孔位应成一直线。钻厚料时，每钻下 50～60 mm 后，提起钻头清除木屑，再往下钻，以免孔中塞有木屑造成钻孔位移，当采用钢夹板或钢垫板而不能一次钻通时，应采取可靠措施保证各部分的对应孔位完全一致。拼装时用木槌轻轻将螺栓打入孔中，防止孔周围的木材劈裂。保险螺栓孔必须与上弦垂直，位置在槽齿非受力面的 1／3 处，落叶松等脆硬性木材用钉子连接时，必须先钻孔，孔径为钉径的 0.8～0.9 倍，孔深不小于钉入深度的 0.6 倍。如钉径大于 6 mm，不论何种木材，均应预先钻孔。用扒钉连接杆件时，应预先钻孔，孔位要错开剪力面，扒钉直径宜取 6 mm。不得在杆件上钻凿非设计的孔洞；不得挖刻装设搁板用的凹槽或裁口。

7. 工序合理

合理安排工序，避免屋架长时间敞露，形成裂缝。

(四)治理方法

(1)木屋架应建立检查和维护的技术档案，每隔 1～2 年做一次定期检查，对局部缺陷应予以维修，如拧紧松动的螺母，锈蚀拉杆的涂油，渗漏木屋盖的翻修，局部重涂防腐膏等。对影响使用安全的屋架，必须更换和加固。

(2)屋架弦杆的个别部位出现断裂迹象，或具有过大的木节、斜纹等缺陷，而其他部分完好时，可采用局部加双侧木夹板并以螺栓连接的方法进行加固(上弦每侧螺栓不少于 4 个，下弦每侧螺栓不少于 6 个)。对于受压构件，也可以采用单侧木板加固。

(3)屋架在制作过程中，如上下弦杆的端部发生轻度开裂而又无条件更换时，应及时在开裂处灌注乳胶，然后用 8 号镀锌铁丝捆扎牢固(利用紧丝器捆扎)，并在安装时满涂防腐剂。如弦杆接头处开裂，除按上述方法加固外，还要根据开裂程度，将夹板适当加长，并增加接头螺栓数量，以确保接头强度和刚度。

(4)屋架在使用过程中，如下弦受拉木夹板断裂或螺栓间剪面开裂，可重换木夹板(两侧夹板必须同时更换，即使另一侧夹板未损坏)。如更换夹板有困难，可在原夹板两端各加一块木夹板，其截面和使用螺栓数量、直径皆相同，然后通过抵承角钢将圆钢拉杆拧紧，使新加的木夹板受力工作。

二、槽齿做法不符合要求

(一)现象

(1)槽齿做法不符合构造要求。由于轴线不垂直、不平分各槽齿的承压面，造成槽齿节点受力不合理；承压面不锯平，受力面发生劈裂；端点槽口中留凸榫，降低承压面的紧密性。

(2)槽齿不密合，锯割过线。双齿连接时，两个承压面不能紧密一致共同受力，或槽齿承压面局部接触不严；槽口深度锯割不准，锯口深度超过了槽口深度，削弱了杆件的截面面积。

(二)原因分析

(1)在木屋架施工图中，未画槽齿节点大样详图。木工按有关规定及要求自行绘制和制作时，由于对槽齿结合的构造要求注意不够，造成槽齿做法与构造要求不符。检查人员忽视对屋架构造细节的检查。

(2)槽齿不密合，锯割过线的原因有：材质含水率大，产生收缩变形引起槽齿不密合；由于画线、锯割不准，使槽齿不合；因上下弦保险螺栓孔位略有偏差，螺栓穿入后，使槽齿不密合；操作不认真，使锯口深度超过槽口深度，造成锯割过线。

(三)预防措施

(1)屋架设计要有槽齿节点大样详图，放大样和套样板时，必须详细检查各杆件的轴线位置和槽齿做法，无误后方准继续施工。

(2)针对槽齿不密合，锯割过线的措施有：①运到工地的木材及加工后的杆件，应按规格加垫堆放平整，使空气流通，防止木材因受潮和堆放不当而产生弯曲、扭翘变形。②样板要选用干燥的优质软材制作，以防样板变形影响加工精度。按样板画线时，样板要与木料贴紧，笔要紧贴样板画线，线要清楚，线宽不应超过 0.5 mm。用原木制作屋架时，砍平找正后，四面中心均应弹线，以便确定斜杆、竖杆和螺栓等位置。③屋架宜竖立组装(组装方便，槽齿易密合)。基本组装后，应检查槽齿承压面是否接触严密，局部间隙不应超过 1 mm，不允许有穿透的缝隙。无误后再将上下弦的保险螺栓孔一次钻通，边钻边复核孔位。如上下弦分别钻孔，要从接触点向两端钻，以消除孔径误差。④杆件加工时，做榫、断肩需留半线，不得走锯、过线。做双齿时，第一槽齿不密合时，不易修整，故应留一线锯割，第二槽齿留半线锯割。

三、屋架高度超差较大

(一)现象

屋架高度超差较大主要表现为屋架组装时，对结构高度、起拱高度控制不准，超差较大。

(二)原因分析

(1)因轴线位置不正确而造成失误；杆件加工时，画线、锯截不准；屋架组装时，节点结合不严等，也能影响屋架结构高度和起拱高度的准确程度。

(2)屋架竖杆采用钢拉杆的，可利用拉杆螺栓调整屋架结构高度和起拱高度。如果在拧螺栓时不够精心，控制不准，即可造成超差。

(三)预防措施

(1)绘制屋架足尺大样或直接在木料上画线时，其杆件的轴线位置必须正确。杆件加工时，画线、锯截要准确；杆件组装时，各节点连接要严密。

(2)木屋架起拱，可采用抬高中竖杆的方法。屋架基本组装后，在脊节点和下弦中心点分别画出节点中心，然后利用钢拉杆螺栓调整其距离使之符合屋架结构高度的尺寸。为便于屋架组装和调整高度，中钢拉杆的下料长度应比样板尺寸长 50 mm。

(四)治理方法

结构高度、起拱高度超差时，可利用拉杆螺栓进行调整，使之符合要求。

第二节　木屋架安装质量通病与防治

一、安装位置不准

(一)现象

安装位置不准主要表现为屋架安装后，支座节点中心与支座面中心不相对应，超差较大。

(二)原因分析

屋架安装时，支座面中心放线不准，屋架上的锚固螺栓孔偏移错位或锚固螺栓的埋设位置不准。

(三)防治措施

用螺栓锚固的屋架，其位置超差后不易治理，应保证一次安装合格。为防止屋架安装后位置超差，应采取如下措施。

(1)墙砌平口后，应在墙上弹出屋架安装的纵横中心线，纵横中心线的交点即为锚固螺栓的埋设位置和支座面的中心。各中心线间的距离，必须在钢尺上连续分准，不应倒短尺和悬空拉尺，以防产生丈量误差。

(2)锚固螺栓的埋设，宜先留螺栓孔，弹线后，再按线准确地埋设螺栓，如在混凝土圈梁(柱)内埋设锚固螺栓时，应拉线找直、吊正，埋设准确。屋架吊装前，还应弹线复核螺栓位置，不符合处应采取措施处理，以消除误差。

(3)为防止屋架上的锚固螺栓孔偏移错位，在下弦上钻孔时，宜从下往上钻或上下两面对钻，孔径应比螺栓径大 3 mm。

二、安装标高控制不准，檐瓦低头或嘬嘴

(一)现象

屋架安装过高或过低，封檐后檐瓦不随坡，出现低头或嘬嘴现象，影响造型美观。

(二)原因分析

预先未进行檐头放样(或计算)，故屋架的安装标高不准确。

(三)预防措施

(1)当为砖檐时，应预先进行檐头放样，以便计算出墙砌到多高时上屋架合适，并使檐高高出瓦条上皮坡度线 30 mm。

(2)在封砖檐时，应边封檐，边进行复核。如有不符，可适当调整砖的出檐长度或灰缝厚度，以保证檐高高出瓦条上皮坡度线 30 mm；有封檐板的木檐口，封檐三角木要比一般瓦条高出 30 mm，以免檐瓦不随坡而出现低头和嘬嘴现象。

(四)治理方法

(1)铺瓦时如出现檐瓦低头现象，应在檐边铺垫砂浆调整。对清水墙，其砂浆铺垫厚度不宜超过 20 mm。

(2)铺瓦时如出现檐瓦嘬嘴现象，可适当抬高第一行挂瓦条，但抬起高度不宜超

过 10 mm。

三、侧向变形

(一)现象

(1)屋架在吊装过程中，产生临时侧向弯、扭变形，使节点松动，甚至造成破坏。

(2)安装屋架间的垂直支撑和横向支撑时，屋架产生永久性的侧向弯、扭变形。

(3)屋架在使用过程中，侧向失稳而塌落。

(二)原因分析

(1)屋架在吊装过程中，未采取防止侧向变形的相应措施。

(2)在安装垂直支撑和横向支撑时，处置不当，受横向力影响，使屋架产生永久性的侧向弯、扭变形。

(3)屋架与支撑、檩条之间连接不牢，整体刚度差，在使用荷载作用下，逐渐产生侧向变形，甚至失稳塌落。

(三)预防措施

(1)屋架吊装时，吊索要兜住屋架下弦，避免单绑在上弦节点上，吊索位置要符合要求并绑扎牢固；起吊前应在屋架两端系上拉绳，以控制屋架在起吊过程中产生的摆动；当屋架吊起离开地面 30 mm 后，应停车检查，无问题后再继续起吊，对准位置徐徐放下就位。为保证屋架在吊装过程中的侧向刚度和稳定性，应在上弦两侧绑上水平撑杆。当屋架跨度很大时，还须在下弦两侧加设横撑。

(2)为保证屋架在安装过程中不出现侧向弯、扭现象，应边安支撑和檩条，边校正和吊直。如果受条件限制不能同时安装，应安设可靠的临时支撑。支撑与屋架之间应用螺栓连接，不得采用钉连接和抵承连接，并在屋架找正、吊直无误后，再按螺栓孔位钻眼、安装，以防支撑长短不准或螺栓孔位不符，将屋架沿侧向顶弯或拉弯。

(3)屋架之间及屋架与山墙之间，必须通过支撑或檩条将其连接成牢固的整体。

(四)治理方法

(1)屋架安装后，如侧向变形较大，应重新调整支撑长度，使屋架上下弦在同一垂直平面内。

(2)屋架在使用期间，受压上弦杆出平面时，需在卸荷后调整，然后增设檩条与上弦卡固，以缩短它的计算长度，或增设上弦横向支撑。一般腹杆出平面时，可增高木夹板，其截面厚度与腹杆相同，宽度应大于腹杆宽度，并用螺栓连接。

第三节　木结构防火防腐

一、木结构防火

(一)木结构防火设计原则

木材是一种可燃材料，规范规定凡处于下列生产、使用条件的房屋和构筑物不应采用木结构：①极易引起火灾危险的。②受生产性高温影响，木材表面温度高于 50℃的。

对有可能遭受火灾危险的建筑物以及对防火要求较高的木结构，除应在构造上采取防火措施外，尚宜用防火剂进行处理。对露天结构或宜受潮构件，经防火剂处理后，尚应加防水层保护。木结构房屋的建筑设计构造防火处理，在设计上应遵照现行《建筑设计防火规范》的有关规定进行设计。它是通过控制木结构的使用范围、层数、长度、面积、防火间距，并规定必要的安全措施（如设置安全出口、防火墙等）以预防火灾的发生。

(二)木结构防火措施

1. 构造措施

(1)在有火源的房屋内，须设置如防火隔墙、防火带、石棉隔板等防火措施，使木结构与火源隔开，被隔开的木结构仍应具有通风条件，不得将其包裹在防火层内。

(2)当房屋中有采暖和炊事的砖烟囱时，与木构件相邻部位烟囱壁厚应加厚至 240 mm。烟囱外表面与木构件间净距，如果是砖或混凝土烟囱不应小于 120 mm，金属烟囱不应小于 240 mm。

(3)当房屋内有采暖管道通过木构件时，其管壁表面应与木构件保持不小于 50 mm 净距（若采暖管温度超过 100℃，净距应适当加大）或用非燃烧材料隔热。

(4)木屋盖吊顶内的电线，应采用金属管配线，或使用带金属保护层的绝缘导线。白炽灯、卤钨灯及镇流器等不应直接安装在木构件上。

(5)有可能遭受火灾危险的木结构，宜采用刨光的方木（包括胶合木）或原木制作，木屋盖的吊顶及木隔墙等宜采用抹灰或设置水泥石棉板、石膏板等防火措施；保温和隔音材料宜采用非燃烧材料（如矿棉、炉渣等）制作。

2. 化学防火剂处理措施

木材化学防火处理可分为浸渍和表面涂覆两种。

(1)防火剂浸渍处理。防火剂浸渍处理的作用主要是起火时能阻止或延缓木材温度的升高，降低火焰蔓延的速度及降低火焰穿透木材的速度，防火剂浸渍法需要很高的注入量，故常用压力浸注法，对易浸注的木材，也可用热冷槽法浸注。

部分木材浸渍剂的特性和处理方法为：①铵氟合剂（含磷酸铵 27%，硫酸铵 62%，氟化钠 11%），用于不受潮木结构，加压浸渍进行处理。②氨基树脂 1384 型（含甲醛 46%，尿素 4%，双氰胺 18%，磷酸 32%），用于不受潮的细木制品，加压浸渍进行处理。

除上述浸渍剂外，经消防部门鉴定合格、批准生产的其他防火浸渍剂亦可采用。

(2)表面涂覆处理。防火剂涂覆在木材表面的主要作用是将木材与热源隔开，以阻止木材的受热分解和放出可燃气体，此处可防止空气直接与木材接触，表面涂覆处理多用于提高已建成的木结构防火能力。

涂覆用的防火剂又称防火涂料或防火漆。用于木材的防火涂料——丙烯酸乳胶涂料，每平方米用量不得少于 0.5 kg，这种涂料无抗水性，可用于顶棚、木屋架及室内细木制品。

经过试验，且经消防部门鉴定合格、批准生产的其他防火涂料允许采用，其用量应按涂料使用说明严格执行。

二、木结构防腐

木材腐朽是造成木结构破坏的重要原因之一，尤其对于经常处于潮湿状态或通风不良状况下的木结构，更易遭到菌类寄生侵害而腐朽。

(一)木结构防腐设计原则

(1)木结构防腐设计应遵照《工业建筑防腐蚀设计规范》(GB 50046—95)，当腐蚀性等级为强腐蚀时，不应采用木结构；木结构的构件宜采用胶合木结构，木结构中钢构件的最小直径和厚度、除锈和防护等要符合该规范。

(2)采用马尾松、木麻黄、桦木、杨木等易腐蚀和虫蛀的木料时，整个构件应采用防腐、防虫药剂处理(药剂的选用与配置详见《木结构工程施工质量验收规范》(GB50206—2002)，具有木腐菌感染征象或虫蛀现象的木材和木构架应单独堆置，并先进行毒杀，然后进行防腐、防虫处理，方允许使用。防腐剂应具有毒杀木腐菌和害虫的功能，而不至于危及人畜和污染环境。

(3)为防止木结构受潮而引起木材腐朽，设计时必须从建筑构造上采取通风和防潮措施，注意保证木结构的含水率经常保持在20%以下。

(4)露天结构、采取室内排水的屋架支座节点、檩条及搁栅等木构件的直接与砌体接触的部位及屋架支座处的垫木，除在构造上采取通风、防潮措施外，尚应进行防腐剂处理。

(5)在气候潮湿的地区或特别潮湿的地区，一般不直接采用木地板，但在林区或无其他材料可用而必须采用木地板时，在室内木地板以下勒脚内的空间都应拥有通风措施，如采用耐腐蚀性差的木材时，必须对全部木构件进行防腐处理。当采用耐腐蚀中等以上的木材时，也宜根据情况进行适当的防腐处理。

(6)在一些高寒和干燥地区，可根据当地实践经验进行防腐处理。

(7)高级建筑物中的木构件(包括吊顶、隔墙、板壁等)应隔离水源(如卫生设备)，并考虑防腐处理。严禁使用带树皮或已腐朽的木材。

(二)木结构防腐措施

1. 构造措施

(1)屋架、大梁、搁栅等承重构件的端部不应封闭在墙内或处于通风不良的环境中。为保证它们具有良好的通风条件，四周应留至少不小于30 mm的空隙，如留空隙的做法施工有困难，可在墙体与木构件接触处设置油毡(2~3层)隔离层。

(2)为防止木材受潮腐朽，在屋架、大梁和搁栅的支座下，应设防潮层(一般做法是两层油毡)及经防腐处理的垫木，屋架深入墙内部分，必须刷防腐沥青。

(3)做好屋面防水，防止屋架受潮。檐口设计宜采用出檐和封檐板，不宜采用内排水和女儿墙等构造，从设计上消除屋面漏水的可能性。

(4)对于露天结构，在构造上应避免任何部位有积水的可能性，应注意在构件之间留有空隙(连接部位除外)，使木材易于干燥通风。

(5)为防止钢构件表面出现凝结水，使钢构件锈蚀和木材受潮，屋架中钢构件必须涂刷油漆，并将钢构件与木构件用油纸隔开。

(6)在保暖房屋中必须使屋盖承重结构处于同一温度场，在围护结构中铺设足够厚度的保温层，隔气层设在温度高的一边，保温层设在温度较低的一边。习惯上有将檩条和屋架上弦等构件埋置在保温材料中的做法，这种构造对木材防腐极为不利，应严禁采用。

(7)底层一般不易采用木地板，但在林区或无其他材料必须采用木地板时，应考虑木地板下隐蔽部分的通风措施，室内地面标高一般应高出室外地坪至少 600 mm，木地板以下应设能起对流作用的通风孔洞；地板及木踢脚板不宜紧贴墙面，而应留出 10 mm 宽以上的缝隙。

(8)设置吊顶的屋盖应开设通风洞或老虎窗，采用保温吊顶时保温层与屋架下弦之间应保持不小于 100 mm 的空隙，垫木与砌体接触处应铺设油毡，在吊顶保温层内层(温度较高一侧)，应加设油毡隔气层。同时应注意合理设计屋面防水层，必要时应密铺屋面板，上铺一层油毡，以防止雨雪刮进屋顶内而使保温层受潮。

2. 化学处理措施

木结构防腐化学处理措施主要是利用以下木材防腐处理方法，对木材防腐剂进行处理，达到木材防腐的目的。

(1)压力浸注法。这种方法是将木材放入一个带密闭盖的长圆筒型的压力罐中，充入防腐剂，密封施加压力($1.0 \sim 1.4\ N/mm^2$)强制将防腐剂注入木材，直到防腐剂吸收量和注入深度达到质量要求为止。这种方法适用于木材防腐处理质量要求高以及对难浸注木材的处理，但设备较复杂，由专业工厂进行。

(2)冷热槽浸注法。这种方法通常是用两个防腐剂槽(冷槽和热槽)先将木材放入热槽中加热几小时后，再迅速移至冷槽中冷却一定时间。也可只用一个槽，先加热后再使防腐剂自然冷却下来。木材在热冷槽中浸渍时间随木料截面尺寸和含水率不同而不同，应经试验确定。此方法处理木材时，木材需干燥，适用于边材和易浸注的木材。

(3)常温浸渍法。这种方法是将木材浸入常温的防腐剂中进行处理，对于易浸注而干燥的木材可以取得良好的效果。浸渍时间从几小时到几天，根据木材的树种、截面尺寸和含水率而定。

(4)涂刷法。这种方法一般用于现场处理。涂刷一般不宜少于两次，第一次涂刷干燥后，再涂刷第二次。涂刷要充分，注意保证涂刷质量，有裂缝处必须用防腐剂浸透。对要求浸透深度大的，室外用材及室内与地接触的用材，均不宜采用此法。

(5)扩散法。这种方法是用水溶性防腐剂配成的浆膏或高浓度水溶性药剂涂刷在木材表面上进行处理。湿材和难处理的木材用此法处理，可取得较深的透入度，但木材含水率必须达到 40%以上。为使防腐剂向木材内部充分扩散，在涂刷浆膏防腐剂后，宜将木材密实堆积，并在堆垛四周用塑料薄膜严密覆盖，封存 3～4 个星期。也有在涂刷浆膏干燥后，再涂一层沥青防水材料的做法。

第八章　钢结构工程质量通病分析与防治

第一节　钢结构工程质量问题综述

钢结构作为一种承重结构，由于其自重轻、强度高、塑性及韧性好、抗震性能优越、工业装配化程度高、综合经济效益显著、造型美观以及符合绿色建筑等众多优点，深受建筑师和结构工程师的青睐，被广泛应用于各类建筑中，尤其在大跨和超高层建筑领域显示出无与伦比的优势。当登上世界最高建筑——马来西亚吉隆坡 88 层 450 m 高的石油大厦，漫步在跨度 1 991 m 的日本明石海峡大桥，走进直径 320 m 的英国千禧穹顶时，无不为这些不朽之作感叹和自豪！21 世纪是钢结构的世纪，这已成为全世界建筑界的共识。自 1996 年我国的钢产量突破 1 亿 t 大关以来，在国家一系列鼓励性政策的调控下，钢结构的发展势不可挡，真正迎来了我国钢结构发展的春天！

在回顾 20 世纪钢结构的巨大成就，展望 21 世纪钢结构美好前景的同时，世界范围内钢结构的事故频繁发生，惨痛的教训一再重复。美国纽约世贸大厦在 2001 年的“9·11”事件中轰然倒塌的情景至今仍历历在目。这场噩梦使工程界人士领悟了事故的后果，认识到开展钢结构事故分析研究的重要性。表 8-1 列举了 30 个 20 世纪钢结构事故实例，从中可以看出钢结构事故的多样性和严重性。就现状而言，应清楚地认识两个问题：一是已建钢结构由于先天性缺陷的存在，潜伏着事故的危险性；二是面对未来大规模钢结构建筑的兴建，若不解决好设计、施工和使用等一系列现存的问题，钢结构事故发生的概率必将大大增加。

表 8-1　国内外钢结构工程事故实例

分类	序号	工程名称	事故概况及原因
高层钢结构	1	美国纽约世贸中心	该工程为姐妹塔楼，地下 6 层，地上 110 层，高 417 m，标准层平面尺寸 63.5 m × 63.5 m，每幢楼建筑面积 41.8 万 m^2，整个大楼可容纳 5 万人工作，采用外筒结构体系，建于 1973 年，每幢楼总用钢量 7 800 t。该大楼在 2001 年 9 月 11 日轰然倒塌。倒塌原因是“飞机撞击→火灾”
	2	美国康涅狄格州哈特福市中心体育馆	该体育馆为正放四角锥网架，屋盖尺寸为 91.4 m×109.8 m，1975 年建成。1978 年 1 月，美国东部下了一场暴风雪，造成体育馆建成后最大的积雪荷载。18 日凌晨，体育馆突然发出一阵隆隆声，接着整个屋盖塌落，中间部分下凹像个锅底。原因是“超载→压杆失稳”
	3	美国肯帕体育馆	该体育馆建于 1974 年，承重结构为三个立体钢框架，屋盖钢桁架悬挂在立体框架梁上，每个悬挂吊点用四个 A490 高强螺栓连接。1979 年 6 月 4 日晚，屋盖中心突然塌落。倒塌原因是“高强螺栓在长期风荷载作用下发生疲劳破坏”
	4	中国深圳国际展览中心	该展览中心由展厅、会议中心和一幢 16 层酒店组成，展厅 7 200 m^2，为螺栓球节点网架结构，1989 年 5 月建成。1992 年 9 月 24 日上午 4 号展厅倒塌。原因是“暴雨造成屋面积水过多，荷载加大”

续表 8-1

分类	序号	工程名称	事故概况及原因
大跨钢结构	5	中国天津地毯进出口公司地毯厂仓库	该仓库为正放四角锥螺栓球节点网架结构，平面尺寸 48 m×72 m，1994 年 10 月 31 日竣工，12 月 4 日突然全部倒塌。原因是“设计简化计算错误及施工质量差”
	6	中国上海某研究所食堂	该食堂为直径 17.5 m 的悬索结构。悬索由 90 根直径为 7.5 mm 的钢绞索组成，使用 20 年后，一天突然整体塌落。90 根钢绞索全部沿周边折断。原因是“钢索锈蚀”
	7	中国台湾省立丰原高中礼堂	该工程屋顶为钢屋架，建于 1977 年，1983 年 8 月 24 日，600 余名高中生举行新生开学典礼时，在做整齐一致的起立、坐下动作时，屋面瞬间倒塌，压死 26 名学生，轻重伤 30 余名。原因是“结构超载及长期漏水引发的锈蚀”
	8	中国营口海龙仓储库	该工程采用大跨度压型钢板拱形结构，建于 1997 年 7 月，建筑面积 8 200 m^2，彩板拱结构跨度 33.5 m，矢高 6.7 m，板厚 1.3 mm，在 2001 年 1 月最寒冷、落雪最多的时候塌落。原因是“半跨雪荷载引起局部失稳”
	9	中国西丰县鹿城市场	该工程采用大跨度压型钢板拱形结构，建于 1999 年，建筑面积 14 200 m^2，彩板拱结构跨度 27.2 m，矢高 5.44 m，板厚 1.2 mm，在 2001 年 1 月最寒冷、落雪最多的时候塌落。原因是“半跨雪荷载引起局部失稳”
	10	中国鞍山某饲料集团公司库房	该工程采用 MIC－240 型薄壁褶皱拱型彩钢屋顶，库房共 5 栋，总建筑面积 15 311 m^2，1995 年 9 月建成，跨度 25~30 m，矢高 7.35 m 和 6.6 m。1996 年 12 月 31 日夜至 1997 年 1 月 1 日上午，鞍山地区出现暴风雪，市区降雪平均厚度 260 mm，为自 1962 年以来最大的一场雪，并伴有 5~6 级西北风。该屋顶塌落的原因是“暴风雪造成局部屈曲，从而引起整体失稳”
	11	中国鞍山某区游泳馆	该工程跨度 22.0 m，长 36.0 m，拱脚标高 7.5 m，拱顶标高 12.0 m，矢高 6 m，事故概况及原因同 10
	12	中国鞍山某化工公司矽酸钠库房	该工程跨度 32 m，长 54 m，拱脚标高 7.0 m，拱顶标高 13.5 m，矢高 7.2 m，事故概况及原因同 10
	13	中国鞍山某田径训练馆	该工程平面尺寸为 22 m × 36 m，拱脚标高 7.0 m，拱顶标高 13.6 m，矢高 6.6 m，部分塌落，事故概况及原因同 10
桥梁钢结构	14	加拿大魁北克大桥（1）	1907 年加拿大魁北克一座大桥在施工中破坏，9 000 t 钢结构全部坠入河中，桥上施工人员 75 人遇难，破坏是由悬臂的受压下弦失稳造成的
	15	加拿大魁北克大桥（2）	1951 年 1 月 31 日，加拿大魁北克市的杜佩里西斯（Puplessis）全焊接钢板大桥整跨断毁，落于冰冻的河中，当时气温是−35 ℃，原因是“低温冷脆”
	16	德国柏林某公路桥	1938 年 1 月 2 日，柏林附近一座公路桥在当地罕见的低温（−10℃）下断裂，裂纹长 3 m，原因是“桥梁中的残余应力过大，导致低温冷脆”
	17	比利时某大桥	1938~1950 年，比利时共有 14 座大桥断裂，其中有 6 座桥属于负温下的冷脆断裂

续表 8-1

分类	序号	工程名称	事故概况及原因
桥梁钢结构	18	澳大利亚墨尔本皇帝大桥	此桥为焊接腰板梁多跨结构。跨度大部分为 30.49 m，梁高 1.52 m，使用 15 个月后，在 1962 年 7 月当一辆载重 45 t 的大卡车驶过其中一跨时突然破坏，下挠达 300 mm
	19	中国某铁路桥	我国沈阳至大连铁路线上辽阳附近的太子河桥，跨度 33 m，1973 年初大桥桁架第一根斜拉杆断裂，因此桥梁的第二个节间处下挠达 50 mm，但奇怪的是在此拉杆断裂后竟然通过了十次列车而未发生事故，其后立即抢修并于 1974 年修建了新桥
	20	美国塔科悬索桥	美国跨度达 853 m 的塔科悬索桥建于 1940 年 7 月，同年 11 月 7 日在风速不到 20 m／s 的情况下，因发生很大的扭转振动而倒塌
特种钢结构	21	美国波士顿糖液罐	1919 年 1 月发生了世界有名的美国波士顿糖液罐破裂事故，罐中 8 700 m^3 的热糖液突然汹涌而出，造成房屋被毁，高架桥被冲翻，50 多人死亡
	22	中国吉林某液化气球罐	1979 年 12 月，我国吉林发生 5 个大气压液化气球罐爆炸事故。该罐直径 9 m，钢板厚 15 mm，于 1977 年制造并使用，由于对接焊缝局部未焊透，使用近三年后裂纹逐渐扩展，终于在气温约–20℃时发生低温脆断
	23	中国内蒙古某糖厂蜜储罐	1989 年 1 月内蒙古某糖厂交付使用不久的废蜜贮罐在气温–11.9℃时发生炸裂事故。该罐直径 20 m，高 15.76 m，罐身上下共 10 层，容量 5 600 t，当时贮量仅 4 300 t。破坏时整个罐体被炸裂成五部分。废蜜冲击力将相距 4 m 处的 6.5 m×6.5 m 的两层泵房夷为平地，楼板等被推离原地点约 21.4 m
	24	欧洲某油罐	1952 年欧洲有三个直径 44 m、高 13.7 m 的油罐破坏。当时尚未使用，气温为–4 ℃
	25	美国某油轮	1943 年 1 月，美国一艘油轮在船坞中突然断成两截，当时气温为–5℃；在以后的 10 年中，又有 200 多艘第二次世界大战期间建造的焊接船舶破坏
	26	英国某海船	世界上第一艘全焊接海船在 1921 年建于英国，船身长 45.7 m，运行 16 年，1937 年在一次碰撞中脆断沉没
	27	英国“世界协和号”油轮	该油轮 32 000 t，1954 年在爱尔兰海域航行时，海浪很大，高 4.5~6.0 m，温度 10.5 ℃，该船由船底起裂，最终直贯甲板，一裂为二
	28	美国某天然气双重球壳罐	1944 年在美国俄亥俄(Ohio)和克利夫兰(Cleveland)有三个贮存液态天然气的双重球壳罐，压力 345 N／m^2，工作温度–162 ℃，其中一个发生了严重脆断事故，造成 128 人死亡和 680 万美元的损失
	29	美国纽约州某水塔	1886 年 10 月，美国纽约州长岛的格拉凡森一个大铆接立柱式钢水塔，在一次静水压力验收实验中，水塔下边截面 25.4 mm 厚板突然沿 6.1 m 长的竖向裂缝裂开，这是世界上第一次有记录的钢结构脆性断裂事故
	30	英国“基尔兰”海洋平台	1980 年 3 月 27 日 6 时许，在英国北海爱科菲斯科油田的“基尔兰”海洋平台，突然从水下传来一次震动，紧接着一声巨响，平台立即倾斜，短时间翻入海中，123 人丧生，仅生还 89 人，原因是“疲劳脆断”

一、钢结构工程缺陷的类型及原因

钢结构是由钢材组成的一种承重结构。它的完成通常要经过设计、加工、制作和安装等阶段。由于技术和人为的原因，钢结构缺陷在所难免，其类型及原因如下。

(一)钢材的先天性缺陷

钢材的种类繁多，但在建筑钢结构中，常用的有两类钢材，即低碳钢和低合金钢。例如：Q235、16Mn、15MnV 等。钢材的种类不同，缺陷自然也不同。钢材的质量主要取决于冶炼、浇铸和轧制过程中的质量控制。常见的先天性缺陷如下。

1. 化学成分缺陷

化学成分对钢材的性能有重要影响。从有害影响的角度来讲，化学成分将产生一种先天性缺陷。就 Q235 钢材而言，其中 Fe 约占 99%，其余的 1%为 C、Mn、Si、S、P、O、N、H。

普通低碳钢的 8 种化学成分均对钢材的性能有不利影响，其中 C、Mn、Si 是有益元素，但不可过量；S、P、O、N、H 纯属有害杂质。它们虽然仅占 1%，但影响极大。因此，我们将其影响视为先天性缺陷，并加以严格控制。

2. 冶炼及轧制缺陷

钢材在冶炼和轧制过程中，由于工艺参数控制不严格等问题常产生偏析、夹杂、裂纹、分层、发裂、缩孔、白点、斑疤、划痕、切痕、过热、过烧、脱碳、气泡、铁皮、麻点、内部破裂和机械性能不合格等缺陷。这些缺陷有表面的，也有内部的，最严重的属钢材中形成的各类裂纹，其危害后果应引起高度重视。

(二)钢构件的加工制作缺陷

钢结构的加工制作主要是钢构件(柱、梁、支撑)的制作。钢结构制作的基本元件大多系热轧型材和板材。完整的钢结构产品，需要通过将基本元件使用机械设备和成熟的工艺方法，进行各种操作处理，达到规定产品的预定要求目标。现代化的钢结构厂应具有进行剪、冲、切、折、割、钻、铆、焊、喷、压、滚、弯、刨、铣、磨、锯、涂、抛、热处理、无损检测等加工能力的设备，并辅以各种专用胎具、模具、夹具、吊具等工艺设备。由此可见，钢结构的加工制作过程将由一系列的工序而组成，每一工序都有可能产生缺陷。

钢结构加工制作可能出现的缺陷有：选材不合格；原材料矫正引起冷作硬化；放样、号料尺寸超公差；切割边未加工或达不到要求；孔径误差；冲孔未做加工，存在硬化区和微裂纹；构件冷加工引起钢材硬化和微裂纹；构件热加工引起的残余应力；表面清洗防锈不合格；钢构件外型尺寸超公差。

(三)钢结构的连接缺陷

钢结构的连接方法通常有铆接、栓接和焊接三种。目前大部分为栓焊混合连接为主。一般工厂制作以焊接居多，现场制作以螺栓连接居多或者部分相互交叉使用。

1. 铆接缺陷

铆接是将一端带有预制钉头的铆钉，经加热后插入连接构件的钉孔中，再用铆钉枪将另一端打铆成钉头，以使连接达到紧固。铆接有热铆和冷铆两种方法。铆接传力可靠，塑性、韧性均较好，在 20 世纪上半叶以前曾是钢结构的主要连接方法。由于铆接是现场热作业，目前只在桥梁结构和吊车梁构件中偶尔使用。

归纳起来铆接工艺带来的缺陷主要有：铆钉本身不合格；铆钉孔引起构件截面削弱；铆钉松动，铆合质量差；铆合温度过高，引起局部钢材硬化；板件之间紧密度不够；等等。

2. 栓接缺陷

栓接包括普通螺栓连接和高强螺栓连接两大类。

普通螺栓一般为六角头螺栓，材质为 Q235，性能等级为 4.6 级(4.6S)，根据产品质量和加工要求分为 A、B、C 三级。其中 A 级为精制螺栓，B 级为半精制螺栓。精制螺栓和半精制螺栓采用Ⅰ类孔，孔径比螺栓杆径大 0.3 ~ 0.5 mm。C 级为粗制螺栓，一般采用Ⅱ类孔，孔径比螺栓杆径大 1.0 ~ 1.5 mm。普通螺栓由于紧固力小，且栓杆与孔径间空隙较大(主要指粗制螺栓)，故受剪性能差，但受拉连接性能好，且装卸方便，故通常应用于安装连接和需拆装的结构。

高强螺栓是继铆接连接之后发展起来的一种新型钢结构连接形式，它已成为当今钢结构连接的主要手段之一。高强螺栓常用性能等级为 8.8 级和 10.9 级。8.8 级采用的钢号是 45 号和 35 号或 40B；10.9 级采用的钢号为合金钢 20 MnTiB、40 B、35 VB。高强螺栓通常包括摩擦型和承压型两种，而以前者应用最多。摩擦型高强螺栓的孔径比螺栓公称直径大 1.0 ~ 1.5 mm。高强螺栓连接具有安装简便、迅速、能装能拆和受力性能好、安全可靠等优点，深受用户欢迎。

螺栓连接给钢结构带来的主要缺陷有：螺栓孔引起构件截面削弱；普通螺栓连接在长期动载作用下的螺栓松动；高强螺栓连接预应力松弛引起的滑移变形；螺栓及附件钢材质量不合格；孔径及孔位偏差；摩擦面处理达不到设计要求，尤其是摩擦系数达不到要求。

3. 焊接缺陷

焊接是钢结构连接最重要的手段。焊接方法种类很多，按焊接的自动化程度一般分为手工焊接、半自动焊接及自动化焊接。焊接连接的优点是不削弱截面、节省材料、构造简单、连接方便、连接刚度大、密闭性好，尤其是可以保证等强连接或刚性连接。

焊接可能带来的缺陷有：①焊接材料不合格。手工焊采用的是焊条，自动焊采用的是焊丝和焊剂。实际工程中通常容易出现三个问题：一是焊接材料本身质量有问题；二是焊接材料与母材不匹配；三是不注意焊接材料的烘焙工作。②焊接引起焊缝热影响区母材的塑性和韧性降低，使钢材硬化、变脆和开裂。③因焊接产生较大的焊接残余变形。④因焊接产生严重的残余应力或应力集中。⑤焊缝存在的各种缺陷。如裂纹、焊瘤、边缘未熔合、未焊透、咬肉、夹渣和气孔等。

(四)钢结构运输、安装和使用维护中的缺陷

钢结构在工厂制作完成后，运至现场安装，安装完毕进入使用期。在此过程中通常可能遇到以下缺陷。

(1)运输过程中引起结构或构件较大的变形和损伤。

(2)吊装过程中引起结构或构件较大的变形和局部失稳。

(3)安装过程中没有足够的临时支撑或锚固，导致结构或构件产生较大的变形，丧失稳定性，甚至倾覆等。

(4)现场焊接及螺栓连接质量达不到设计要求。

(5)使用期间由于地基不均匀沉降、温度应力以及人为因素造成的结构损坏。

(6)不能做到定期维护，致使结构腐蚀严重，影响到结构的耐久性。

二、钢结构缺陷的检测方法

(一)钢材化学成分缺陷的检测

钢材化学成分缺陷的检测其实就是化学成分的化验问题。目前可采用的检测方法和手段有很多，例如质谱仪、色谱仪、光谱仪、核磁共振等。试验方法通常用直径为 6 mm 的钻头，从焊缝中钻取试样。常规分析需试样 50 ~ 60 g。

(二)钢材冶金及轧制缺陷的检测

一般来说，钢材常见的冶金和轧制缺陷有 18 种之多。通常采用宏观检查、机械法以及超声波探伤相结合进行检测。例如气泡的检测，首先是宏观检查确定部位，然后用手锤敲打凸包处，如听有声响便是气泡。

(三)构件加工制作缺陷的检测

钢构件加工制作缺陷主要是各工序造成的尺寸超公差，可采用肉眼和普通的量测工具对构件进行检查。通常检测的项目有：①构件的外观检查。②构件制作允许偏差检查。③构件制孔的允许偏差检查。④构件螺栓孔距的允许偏差检查。⑤构件端部铣平的允许偏差检查。⑥磨光顶紧的构件组装面检查。⑦构件的裂缝检查。

其中，裂缝检查可采用包有橡皮的木锤轻敲构件各部分，如声音不清脆、传音不匀，可肯定有裂缝损伤。也可用 10 倍以上放大镜观察构件表面，如发现油漆表面有直线形黑褐色锈痕、油漆表面有细直裂纹，构件就有可能开裂。还可在有裂缝处用滴油剂方法检查，不存在裂缝时油渍呈圆弧状扩散，有裂缝时油渗入裂缝呈线状伸展。

(四)钢结构连接缺陷的检测

1. 铆钉连接缺陷检测

铆钉连接缺陷检测着重于使用阶段的切断、松动和掉头，同时也检查建造时留下的缺陷。铆钉检查采用目测或敲击方法或二者结合，工具是木锤、卷尺、弦线和 10 倍以上放大镜。

2. 螺栓连接缺陷检测

除上述方法外，对螺栓连接检查尚需特殊显示扳手测试。高强螺栓连接摩擦面的检测十分重要。摩擦面通常采用喷砂、酸洗、砂轮打磨三种方法检测，Q235 和 16 Mn 钢材采用这三种方法生成浮锈的摩擦系数试验值如表 8-2 所示。摩擦系数的影响因素很多，如摩擦面状态、钢材强度、表面浮锈、表面涂层、油污以及处理方法等都会降低摩擦系数。

钢结构采用高强螺栓连接施工完毕后再检测其摩擦系数往往比较困难，因此通常是施工前对摩擦面的抗滑移系数进行复验。

3. 焊接连接缺陷的检测

焊接连接缺陷的检测主要是焊缝缺陷的检测，检测方法包括普通方法和精确方法。普通方法检查指外观检查、钻孔检查等；精确方法检查指在普通方法基础上用射线探伤、超声波探伤、磁粉探伤进行的补充检查，其中以超声波探伤检查较为方便。

(1)外观检查。外观检查主要检测焊缝的表面缺陷以及焊缝的尺寸。检查项目为：焊道是否平整，有无弧坑，有无焊瘤，有无咬边，焊缝接口处的状况，焊缝长度，焊缝余高，角焊缝焊脚尺寸，等等。

表 8-2 表面生成浮锈的摩擦系数试验值

加工方法	钢种	生锈天数	摩擦系数 f 试验值	
			变动范围	平均值
酸洗	A3(Q235)	0	—	—
		20	0.582~0.694	0.643
	16 Mn	0	0.252~0.396	0.308
		20	0.428~0.638	0.576
喷砂	A3(Q235)	—	— 0.565~0.619	— 0.587
	16Mn	0	0.603~0.741	0.666
		20	0.633~0.742	0.679
砂轮打磨	A3(Q235)	0		—
		20	0.581~0.728	0.652
	16Mn	0 20	0.594~0.882	0.545 0.721

外观检查通常采用肉眼或低倍放大镜、标准样板及其他量具等检测工具。具体做法为：先去除焊缝上的污垢，凭肉眼目视焊缝，必要时用 5 ~ 10 倍放大镜检查焊缝是否存在咬边、弧坑、焊瘤、夹渣、裂纹、气孔、未焊透等缺陷。对于焊缝裂纹还可采用硝酸酒精侵蚀检查，即将可疑处漆膜除净、打光，用丙酮洗净，滴上浓度 5% ~ 10%硝酸酒精，有裂纹即会有褐色显示；重要的焊缝还可采用红色渗透液着色探伤。焊缝尺寸采用焊缝卡、卷尺等测量工具量测。

(2)钻孔检查。当外观检查出现可疑处，再用钻孔检查是否有气泡、夹渣、未焊透、裂纹等缺陷。钻孔检查是在没有条件进行非破坏性检验条件下采用的一种破坏性检查。钻孔检查用钻头应磨成 90° 角，直径 8 ~ 12 mm，钻孔深度根据焊接情况确定，一般的对接焊缝钻孔深度为焊件厚度的 2 / 3，贴角焊缝可达焊件厚度的 1 ~ 1.5 倍。边钻边检查，钻孔后还可用 10%的硝酸溶液作侵蚀检查，以检查微小缺陷，查完后再补满孔眼。

(3)超声波探伤。超声波探伤是一种无损检测方法，使用灵活、经济，对厚度较大的焊缝最有效。其检测方法按 JB1152—82 规定进行。超声波探伤的一般分类方法如图 8-1 所示。对于焊缝超声波探伤来说，主要采用脉冲反射方式，按直接接触法垂直探伤和斜角探伤两种方法进行。

- 超声波探伤法
  - 脉冲法(单探头法)
    - 直接接触法
      - 垂直法：内部缺陷、分层、焊缝探伤
      - 斜角法：焊缝、板、管的大范围探伤
      - 表面波法：加工良好面的表面缺陷探伤
      - 板波法：薄板、管的探伤
    - 水浸法：从未加工面上检查，探伤连续化
  - 连续波法
    - 双探头法
      - 反射法：近距离缺陷探伤
      - 透射法：衰减大的物体的探伤、焊缝检查
    - 共振法：板厚、腐蚀强度的测定、用声速鉴别材料

图 8-1 超声波探伤法分类

(4)射线探伤。射线探伤分为X射线探伤法、γ射线探伤法和高能射线探伤法等。射线探伤是目前检查焊缝最可靠的方法。其中X射线探伤法应用更为广泛，适用于厚度不大于30 mm的焊缝，大于30 mm者可用γ射线。X射线检查方法应按GB 3323—82规定进行。

焊缝射线探伤一般程序为：被探部件的确认→焊缝表面质量检查→被探部位标记及记录→训机→透射布置、贴片及散射线防护→选焦距、对中心→开机透照→胶片处理→底片质量评定→工具和签发探伤报告→底片及资料存档。

(5)磁粉探伤。磁粉探伤是利用在强磁粉中铁磁性材料表层缺陷产生的漏磁场吸附磁粉现象而进行的无损检验。铁磁性材料在外磁粉感应作用下被磁化，具有磁性，若材料中没有缺陷，磁导率是均匀的，磁力线的分布也是均匀的；若材料存在缺陷，则有缺陷部位的磁导率发生变化，磁力线发生弯曲。如果缺陷位于材料的表面或近表面，弯曲的磁力线一部分泄露到空气中，在工件表面形成漏磁通，漏磁通在缺陷的两端形成新的S极和N极。

磁粉探伤法可以检查铁磁性材料表面或近表面缺陷,对表面缺陷的检测灵敏度最高，表面以下缺陷随埋藏深度的增加，灵敏度迅速下降。要保证缺陷显示，必须保证两个条件，即提供足够的磁粉使工件磁化，同时应尽可能使缺陷方向与磁力线方向垂直。

射线探伤法、超声波探伤法、磁粉探伤法三种无损检测方法目前应用均十分普遍，其各自的优缺点比较如表8-3所示。

表8-3　无损检测常用方法种类及优缺点

种类	优　点	缺　点
射线探伤法	(1)能有效地检查出整个焊缝透照区内所有缺陷 (2)缺陷定性及定量迅速、准确 (3)相片结果能永久记录并存档	(1)检查时间长、成本高 (2)需建造一个专门的曝光室 (3)需要有专门处理胶片的暗室及设备 (4)能发现厚度方向尺寸较大的缺陷，但平行于钢板轧制方向的缺陷检测能力差 (5)T形接头及各种角焊缝检查困难 (6)现场及野外操作时，射线防护困难
超声波探伤法	(1)探伤速度快、效率高 (2)不需要专门的工作场所,设备轻巧、机动性强、野外及高空作业方便、实用 (3)探测结果不受焊接接头形式的影响，除对接焊缝外，还能检查T形接头及所有角焊缝 (4)对焊缝内危险性缺陷(包括裂缝、未焊透、未熔合)检测灵敏度高 (5)易耗品极少，检查成本低	(1)探测结果判定困难，操作人员需经专门培训并经考核及格 (2)缺陷定性及定量困难 (3)探测结果的正确评定受人为因素的影响较大 (4)缺陷真实形状与探测结果判定有一定偏差 (5)探测结果不能直接记录存档
磁粉探伤法	(1)对铁磁性材料表面及近表面缺陷探测灵敏度高 (2)操作简单、探测速度快、成本低 (3)缺陷显示直观，结果可靠	(1)不适用于非导磁材料的检测 (2)工件内部缺陷无法检测 (3)被检工件表面需达到一定的光洁度 (4)与磁力线平行的缺陷不易检出

缺陷的位置不同、形状不同均对探测结果有较大影响，分别如表8-4和表8-5示。

表 8-4　缺陷位置对探测结果的影响

探测方法	缺陷位置		
	表面开口性缺陷	近表面缺陷	内部缺陷
射线探伤法	○	○	○
超声波探伤法	△	△	○
磁粉探伤法	○	○	×

注：○—合适，△——般，×—困难。

表 8-5　缺陷形状对探测结果的影响

探测方法	缺陷形状			
	片状夹渣	气孔	未焊透	表面裂缝和气孔
射线探伤法	△	○	○	△
超声波探伤法	○	△	○	×
磁粉探伤法	×	×	×	○

注：○—合适，△——般，×—困难。

综上所述，五种检测方法存在各自的优缺点和适用范围，在实际应用中，应结合钢结构对焊缝的质量要求综合选用。一般焊缝的质量等级为一级、二级和三级，其检测方法如表 8-6 所示。

表 8-6　焊缝不同质量级别的检查方法

焊缝质量级别	检查方法	检查数量	备　注
一级	外观检查	全部	
	超声波检查	全部	
	X 射线检查	抽查焊缝长度的 2%，至少应有 1 张底片	缺陷超过规范规定时，应加倍透照，若不合格，应 100%透照
二级	外观检查	全部	
	超声波检查	检查焊缝长度的 50%	有疑点时，用 X 射线透照复检，如发现有超标缺陷，应用超声波全部检查
三级	外观检查	全部	

(五)钢结构在运输、安装和使用维护中的缺陷检测

在运输、安装和使用阶段，钢结构缺陷主要表现为钢结构或构件的过大变形、失稳以及耐久性问题，因此检测方法主要依靠人工和测量仪器等常规方法。

三、钢结构缺陷的处理和预防

钢结构的缺陷有先天性的材质缺陷和后天性设计、加工制作、安装和使用缺陷。无论我们的工作怎样精益求精，缺陷也是在所难免的。但缺陷有大小之分，当缺陷超过了有关规范的要求时，缺陷将对钢结构的各项性能构成有害影响，成为事故的潜在隐患，因此必须对缺陷进行处理和预防。总的原则如下。

(1)钢结构的先天性材质缺陷应由冶金部门处理，从炼钢工艺上得到根本性解决。

(2)钢结构的加工制作、安装及使用的缺陷处理与预防应从四个方面入手：①钢结构设计人员应重视钢结构的节点构造设计。合理的节点构造将会大大降低应力集中、残余应力、残余变形等缺陷的影响程度。②钢结构制造厂应重视加工制作各个环节工艺的合理性和设备的先进性，尽量减少手工作业，力求全自动化，并加强质量的监控和检验工作。③钢结构施工单位应重视安装工序的合理性、人员的高素质以及现场质检工作，尤其是临时支撑和安全措施不可忽视。④钢结构的使用单位应重视定期维护工作，保证必要的耐久性。

第二节　一般钢结构拼装与吊装质量通病与防治

一般钢结构在制作、拼装和吊装过程中质量通病较多，如构件变形、扭曲、尺寸不准、安装偏差大等。现将主要的质量通病分述如下。

一、构件拼装后扭曲

(一)现象

构件拼装后扭曲主要表现为构件拼装后全长扭曲超过允许值。

(二)原因分析

构件拼装后扭曲的主要原因是节点角钢或钢管不吻合，缝隙过大；拼接工艺不合理。

(三)防治措施

(1)节点处型钢不吻合，应用氧乙炔火焰烘烤或用杠杆加压方法调直，达到标准后，再进行拼装。拼装节点的附加型钢(也叫拼装连接型钢或型钢)与母材之间缝隙大于 3 mm 时，应用加紧器或卡口(见图 8-2)卡紧，点焊固定，再进行拼装，以免由于节点尺寸不符造成构件扭曲。

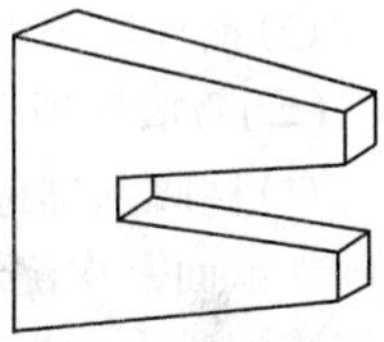
图 8-2　钢卡口示意

(2)拼装构件一般应设拼装工作台，如在现场拼装，则应放在较坚硬的场地上用水平仪抄平。拼装时构件全长应拉通线，并在构件有代表性的点上用水平尺找平，符合设计尺寸后电焊点固焊牢。刚性较差的构件，翻身前要进行加固。构件翻身后也应进行找平，否则构件焊接后无法矫正。

二、拼装焊接变形

(一)现象

拼装焊接变形主要表现为拼装构件焊接后翘曲变形。

(二)原因分析

(1)焊接时焊件受到不均匀的局部加热和冷却，是产生焊接变形和焊接应力的主要原因。

(2)焊缝金属在凝固和冷却过程中，体积要发生收缩，这种收缩使焊件产生变形和应力。

(3)焊缝金属在焊接时，加热到很高的温度，随后冷却下来达到熔点，从熔点到常温，即从液态凝固成固态的过程中，焊缝金属内部的组织要发生变化。

(4)焊接的刚性限制了焊件材料在焊接过程中的变形，所以刚性不同的焊接结构，焊后变形的大小就不同。

除上所述外，焊接方法、接头形式、坡口形式、坡口角度、焊件的装配间隙、对口质量、焊接速度、焊件的自重等都会对焊接变形和焊接应力产生影响，特别是装配顺序和焊接顺序影响最大。

(三)防治措施

(1)为了抵消焊接变形，可在焊前进行装配时，将工件向与焊接变形相反的方向预留偏差，即反变形法。

(2)采用合理的拼装顺序和焊接顺序控制变形，不同的工件应采用不同的顺序。收缩量大的焊缝应当先焊。长焊缝采取对称焊、逐步退焊、分中逐步退焊、跳焊等焊接顺序。

(3)采用夹具或专用胎具，将构件固定后再进行焊接，即刚性固定法。

(4)构件翘曲可用机械矫正法或氧乙炔火焰加热法进行矫正。

(5)减小不均匀加热，以小电流快速不摆动焊代替大电流慢速摆动焊，小直径焊条代替大直径焊条，多层焊代替单层焊；采用线能量高的焊接方法，如 CO_2 代替手工，采用强制冷却来减小受热区的温度和焊前预热，减小焊接区的温度与结构的温度差，均能取得减小焊接变形的效果。

(6)采用对称施焊法和锤击焊缝法(底层及表面不锤击)。

三、钢柱底脚有空隙

(一)现象

钢柱底脚有空隙主要表现为钢柱底脚与基础接触不紧密，有空隙。

(二)原因分析

(1)基础标高不准确，表面未找平。

(2)钢柱底部因焊接变形而不平。

(三)防治措施

(1)柱脚基础标高要准确，表面应仔细找平。柱脚基础可采用五种方法施工：①柱脚基础支承面一次浇筑到设计标高并找平，不再浇筑水泥砂浆找平层。②将柱脚基础混凝土浇筑到比设计标高低 40 ~ 60 mm 处，然后用细石混凝土找平至设计标高。找平时应采取措施，保证细石面层与基础混凝土紧密结合(见图 8-3)。③预先按设计标高安置好柱脚支座钢板，并在钢板下浇筑水泥砂浆(见图 8-4)。④预先将柱脚基础浇筑到比设计标高低 40 ~ 60 mm 处，当柱安装到钢垫板(每叠数量不得超过 3 块)上后，再浇筑细石混凝土(见图 8-5)。⑤预先按设计标高埋置好柱脚支座配件(型钢梁、预制混凝土梁、钢轨等)，在柱子安装以后，再浇筑水泥砂浆(见图 8-6)。

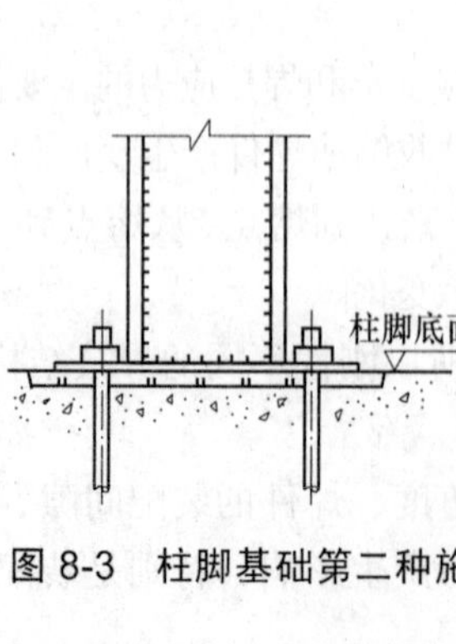

图 8-3 柱脚基础第二种施工方法

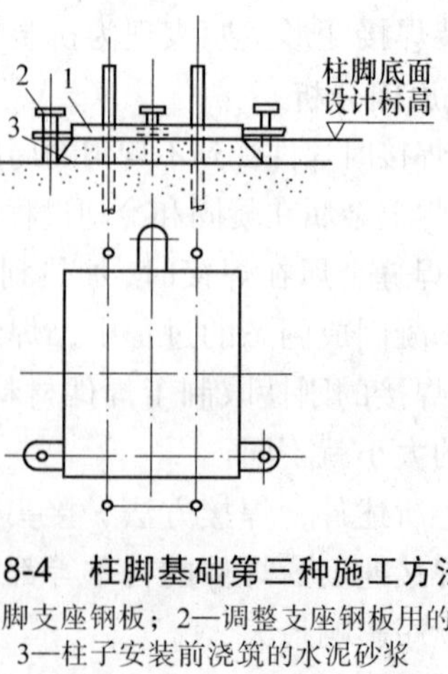

图 8-4 柱脚基础第三种施工方法

1—柱脚支座钢板；2—调整支座钢板用的螺钉；3—柱子安装前浇筑的水泥砂浆

(2)利用垫钢板的办法将钢柱底部不平处垫平。

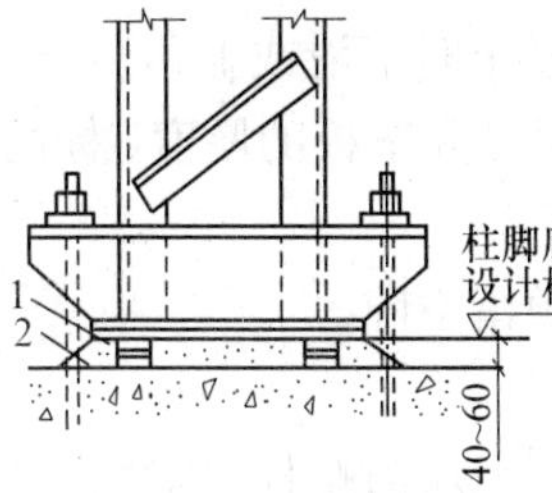

图 8-5　柱脚基础第四种施工方法(单位:mm)

1—调整柱子用的钢垫板；
2—柱子安装后浇筑的细石混凝土

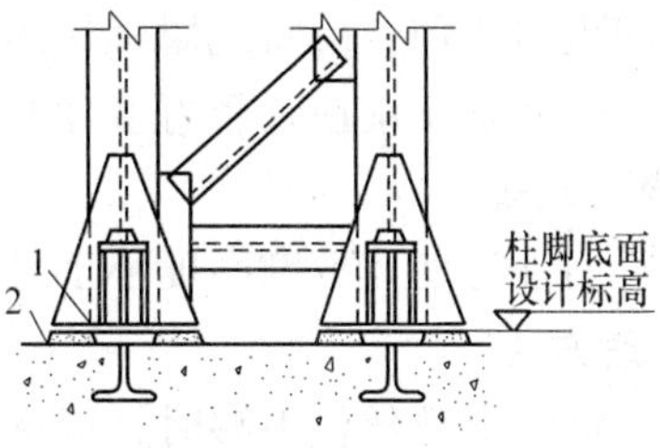

图 8-6　柱脚基础第五种施工方法

1—预先埋置的支座配件；
2—柱子安装后浇筑的水泥砂浆

四、柱地脚螺栓位移

(一)现象

柱地脚螺栓位移是指钢柱底部预留孔与预埋螺栓不对中。

(二)原因分析

柱地脚螺栓位移产生的原因是预埋螺栓位置或钢柱底部预留孔不符合设计尺寸。

(三)预防措施

(1)在浇筑混凝土前，预埋螺栓位置应用定型卡盘卡住，以免浇筑混凝土时发生错位。

(2)钢柱底部预留孔应放大样,确定孔位后再作预留孔。

(四)治理方法

(1)发生预留孔与螺栓不对中，应根据情况，经设计人员许可，沿偏差方向将孔扩大为椭圆孔，然后换用加大的垫圈进行安装。

(2)如果螺栓孔相对位移较大，经设计人员同意可将螺栓割除，将根部螺栓焊于预埋钢板上，附上一块与预埋钢板等厚的钢板，再与预埋钢板采取铆钉塞焊法焊上,然后根据设计要求焊上新螺栓(见图 8-7)。

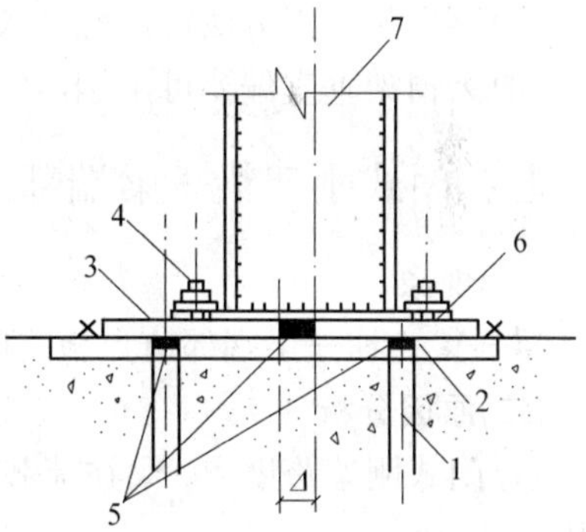

图 8-7　预埋螺栓位移处理

1—预埋螺栓；2—预埋钢板；
3—新附加钢板；4—新附加螺栓；
5—塞焊；6—螺栓坡口围焊；7—钢柱

五、柱地脚螺栓丝长不够

(一)现象

柱地脚螺栓丝长不够主要表现为轻型钢柱安装时螺母和垫板不能正确就位。

(二)原因分析

(1)地脚螺栓安装时标高有误。

(2)地脚螺栓套丝长度不够。

(3)柱脚底板下抗剪键(常用角钢、工字钢等型钢焊在柱脚底板下表面)高度过大，超过了柱脚底板至基础顶预留空隙。设计时未充分考虑其对柱底标高的影响。

(三)预防措施

(1)浇筑混凝土前，应将地脚螺栓固定，以免浇筑混凝土时下滑或上移。

(2)地脚螺栓加工前应计算好套丝长度。应包括上下螺母和垫板的厚度、标高调整的余量、外露丝长等。

(3)设计时注意使抗剪键高度小于底板与基础顶面的预留空隙。

(四)治理方法

(1)柱脚底板上部丝长不够时，可将双螺母改单螺母，但应与螺杆焊牢。

(2)柱脚底板下部丝长不够时，可变螺母垫板找平为垫铁找平，也可以加长套丝。

六、钢屋架、天窗架垂直偏差过大

(一)现象

钢屋架或天窗架垂直偏差超过允许值。

(二)原因分析

钢屋架和天窗架在制作时或拼装过程中，产生较大的侧向弯曲，加之安装工艺不合理，使垂直偏差超过允许值。

(三)防治措施

(1)严格检查构件几何尺寸，超过允许值应及时处理好再吊装。

(2)应严格按照合理的安装工艺安装。

(3)钢屋架校正方法可用经纬仪或线坠法。

(4)天窗架垂直偏差可采用经纬仪或线坠对天窗架两支柱进行校正。

七、门式刚架梁—梁端部节点板、柱—梁端部节点板不密合

(一)现象

梁—梁、柱—梁端部节点板之间有缝隙。

(二)原因分析

(1)门式刚架跨度大，梁在荷载作用下受弯产生挠度，在梁—梁端部节点板之间产生缝隙。

(2)柱—梁端部节点板两排高强度螺栓相距较大，已超过 3 d_0 值，出现缝隙。

(3)梁—梁、柱—梁节点板在焊接时产生变形。

(4)高强度螺栓施拧工艺不合理。

(三)预防措施

(1)门式刚架跨度大于或等于 15 m 时，其横梁宜起拱，拱度可取跨度的 1 / 500，在制作、拼装时应确保起拱高度，注意因拼装胎具下沉而减少拼装时的实际起拱值。

(2)刚架横梁的高度与其跨度之比：格构式横梁可取 1 / 15 ~ 1 / 25；实腹式横梁可取 1 / 30 ~ 1 / 45。

(3)采用高强度螺栓，螺栓中心至翼缘板表面的距离，应满足拧紧螺栓时的施工要求。紧固件的中心距，理论值约为 2.5 d_0，考虑施拧方便取 3 d_0。

(4)梁—梁、柱—梁端部节点板焊接时要将两梁端板拼在一起有约束的情况下再进行焊接，变形即可消除。

(5)高强度螺栓施拧工艺，详见“高强度螺栓紧固力矩超拧或少拧”的预防措施。

(四)治理方法

(1)当安装样板间时发现梁—梁、柱—梁端部节点板有缝隙，应找有关钢结构技术人员分析原因提出处理意见。

(2)对缝隙一般不做封闭处理。

(3)门式刚架梁在荷载作用下，挠度和柱顶水平位移超过规范值或设计值，要检查设计和施工存在的问题，具体问题要做具体处理。

(4)门式刚架跨度超过现行技术规范规定时，应通过试验后，再用于工程上，并建议门式刚架梁—梁节点采用图 8-8 所示形式。

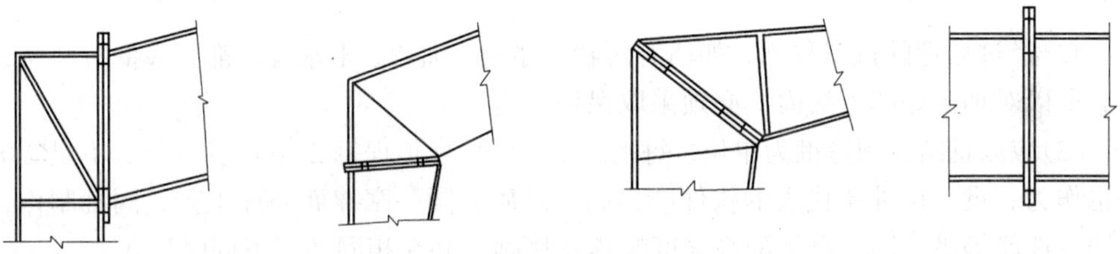

(a)　　(b)　　(c)　　(d)

图 8-8　刚架斜梁的连接

(a)端板竖放；(b)端板横放；(c)端板斜放；(d)斜梁拼装

八、安装螺栓孔错位

(一)现象

安装螺栓孔错位主要表现为安装孔不重合，螺栓穿不进去。

(二)原因分析

(1)螺栓孔制作偏差大。

(2)钢部件小，累积偏差大，或螺栓紧固程度不一。

(三)防治措施

(1)不论粗制螺栓或精制螺栓，其螺栓孔在制作时尺寸、位置必须准确，对螺栓孔及安装面应做好修整，以便于安装。

(2)钢结构构件每端至少应有两个安装孔。为了减少钢构件本身挠度导致孔位偏移，一般采用钢冲子预先使连接件上下孔重合。施拧螺栓工艺是：第一个螺栓第一次必须拧紧，当第二个螺栓拧紧后，再检查第一个螺栓并继续拧紧，保持螺栓紧固程度一致。紧固力矩大小应该按规定要求，不可擅自决定。

九、高强度螺栓摩擦面的抗滑移系数不符合设计要求

(一)现象

高强度螺栓摩擦面的抗滑移系数不符合设计要求是指抗滑移系数最小值小于设计规

定值。

(二)原因分析

(1)摩擦面的加工方法不当。

(2)经处理的摩擦面未加保护，沾有污物、雨水等。

(3)制作、安装单位未能按钢结构制造批比例试验，试件缺乏代表性。

(4)试件连接件制作不合理。

(5)试件在拉力试验机上的轴线与试验机夹具中心不对中。

(6)抗滑移系数计算与高强度螺栓实测预拉力值不符。

(三)预防措施

(1)高强度螺栓连接摩擦面加工，可采用喷砂、喷(抛)丸和砂轮打磨方法，如采用砂轮打磨方法，打磨方向应与构件受力方向垂直，且打磨范围不得小于螺栓直径的4倍。

(2)经过处理的抗滑移面，如沾有污物、浮锈、油漆、雨水等，都会降低抗滑移系数值，所以对加工好的连接面，必须采取保护措施。

(3)应以钢结构制造批为单位，每批三组，以单项工程每2 000 t为一批，不足2 000 t的也作为一批。试件所代表的构件应为同一材质、同一摩擦面处理工艺、同批制作，使用同一性能等级、同一直径的高强度螺栓连接副，并在相同条件下同时发送。

(4)为避免偏心引起测试误差，试件连接形式采用双面对接拼接，采用二栓试件，以避免偏心影响。

(5)为避免偏心对试验值的影响，试验时要求试件的轴线与试验机夹具中心线严格对中。

(6)高强度螺栓预拉力值的大小对测定抗滑移系数有直接的影响，抗滑移系数μ应根据试验所测得的滑移荷载N_V和螺栓预拉力P的实测值按下式计算，宜取小数点两位有效数字。

$$\mu=\frac{N_V}{n_f\cdot\sum_{i=1}^{m}P_i} \tag{8-1}$$

式中 N_V——由试验测得的滑移荷载，kN；

n_f——摩擦面面数，取$n_f=2$；

$\sum_{i=1}^{m}P_i$——试件滑移一侧高强度螺栓预拉力实测值(或同批螺栓连接副的预拉力平均值)之和(取三位有效数字)，kN；

m——试件一侧螺栓数量，取$m=2$。

(7)制作厂应在钢结构制作的同时进行抗滑移系数试验。安装单位应检验运到现场的钢结构构件摩擦面抗滑移系数是否符合设计要求。

(四)治理方法

抗滑移系数检验的最小值，必须等于或大于设计值，否则钢结构不能出厂或者工地不能进行安装，必须对摩擦面做重新处理，重新检验，直到合格为止。

十、高强度螺栓连接板拼装不严密

(一)现象

高强度螺栓连接板拼装不严密表现为高强度螺栓连接板接触面有间隙，违反了摩擦形连接受力原理。

(二)原因分析

(1)钢构件连接板接触面有飞边、毛刺、焊接飞溅物等。

(2)连接板面不平整，制作、拼装、组装焊接变形。

(3)连接板厚出现公差，制造、安装的组装累积偏差造成间隙，施拧工艺不合理。

(4)制孔工艺不合理。

(三)预防措施

(1)钢构件拼装前，应清除飞边、毛刺、焊接飞溅物、油漆等。

(2)钢构件在制作、拼装、组装焊接过程中必须采取合理焊接工艺，尽量减少焊接变形。

(3)连接板厚度出现的公差一般很小，紧固后基本能解决间隙问题。如果螺栓不能自由穿入，则钢板的孔壁与螺栓产生挤压力，使钢板压紧力达不到设计要求，因此钻孔必须精确，使螺栓能自由穿入。

(4)高强度螺栓初拧、复拧的目的是把各层钢板压紧，达到密贴，一般初拧扭矩最好是终拧扭矩的50%。拧紧次序，应从螺栓中部向两端向四周扩展，依次对称紧固，从节点刚度大的部位向约束较小的部位进行。

(5)工字钢连接应按上翼缘→下翼缘→腹板次序紧固。同一连接面上的螺栓紧固，应由接缝中间向两端交叉进行。有两个连接构件时，应先紧固主要构件，后紧固次要构件(见图8-9)。高层钢结构柱梁的高强度螺栓紧固顺序：顶层→底层→中间层次。

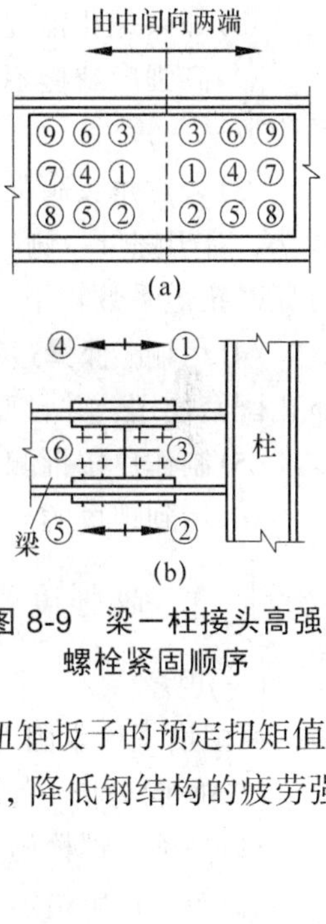

图 8-9　梁一柱接头高强螺栓紧固顺序

(6)高强度螺栓扳手的扭矩值很容易变动，所以必须经常检查扭矩扳子的预定扭矩值。

(7)冲孔工艺不但使钢板表面局部不平整，孔边还会产生裂纹，降低钢结构的疲劳强度，所以必须采用钻孔工艺，以使板层密贴，有良好的面接触。

(四)治理方法

(1)钢构件在制作、拼装和组装焊接过程中，存在焊接变形，可采用氧—乙炔火焰烤，或者采用不同型式的压力机冷矫正办法解决。

(2)高强度螺栓连接节点应穿上临时螺栓和冲钉，不得少于安装总数的 1/3；临时螺栓不得少于2个，冲钉直径与孔直径相同，穿入数量不宜多于临时螺栓的30%。

(3)为了明确拧紧的次数，用不同记号区别初拧、复拧、终拧，可防止漏拧。

(4)高强螺栓连接板接触面不同间隙采取不同处理办法：当间隙 $t<1.0$ mm 时不予处理；$t=1.0\sim3.0$ mm 时将厚板一侧磨成 1∶10 的缓坡，使间隙小于 1.0 mm；当 $t>3.0$ mm

时加垫板，垫板厚度不小于 3 mm，最多不超过 3 层，垫板材质和摩擦面处理方法应与构件相同。

十一、大六角头高强度螺栓的扭矩系数达不到设计要求

(一)现象

大六角头高强度螺栓的扭矩系数达不到设计要求是指扭矩系数超过 0.11 ~ 0.15 的范围。

(二)原因分析

(1)螺孔错位强行打入，使螺纹受损，扭矩系数降低，直接影响螺杆的拉力。

(2)高强度螺栓兼做临时螺栓，初、终拧相隔时间较长，遇有其他情况如雨等，扭矩系数会发生变化。

(3)大六角头高强度螺栓连接副、螺母、垫圈安装方向不对。

(4)大六角头高强度螺栓施工前未做连接副扭矩系数复验。

(5)运输、保管不当，安装时未按同批内配套使用。

(三)防治措施

(1)如果螺孔错位，高强度螺栓不准强行打入，在允许范围内可以扩孔。

(2)高强度螺栓不允许做临时螺栓，初、终拧相隔时间不应过长，要求在同一天内必须完成。

(3)大六角头高强度螺栓连接副，有两个垫圈，安装时垫圈带倒角的一侧必须朝向螺栓头，对于螺母一侧的垫圈，有倒角的一侧朝向螺母，因倒角侧的表面较为平整、光滑，拧紧时扭矩系数较小。

(4)运输、保管过程要轻装、轻卸，制造厂是按批保证扭矩系数，所以安装时也要按批内配套使用，并且要求按数量领取，不乱扔乱放，不要碰坏螺纹及沾污物。

(5)制作厂按批配套进货，必须具有相应的出厂质量保证书。

(6)运到现场的高强度螺拴在施工前必须对连接副按批做扭矩系数复验。

十二、高强度螺栓紧固力矩超拧或少拧

(一)现象

高强度螺栓紧固力矩超拧易断，少拧达不到设计额定值。

(二)原因分析

(1)高强度螺栓施工人员没有经过专业培训，不懂操作规程。

(2)扭矩扳手给定的扭矩数值有误。

(3)对大六角头高强度螺栓和扭剪型高强度螺栓的扭矩值计算有误。

(4)高强度螺栓连接副在拧紧时产生预拉力损失。

(三)预防措施

(1)高强度螺栓施工人员，必须经过专业培训，熟悉全套施工工艺，取得上岗证后方可操作。

(2)扭矩扳手使用前必须校正，其扭矩误差不得大于 ± 5%，校正后的扭矩扳手，其扭矩误差不得大于 ± 3%，校正合格后方可使用。

(3)大六角头高强度螺栓的终拧扭矩值按以下公式计算。

$$T_c=K \cdot P_c \cdot d \tag{8-2}$$

式中　T_c——终拧扭矩值，N·m；

K——高强度螺栓连接副的扭矩系数平均值(0.11～0.15)，经试验确定；

P_c——高强度螺栓施工预拉力值标准值(见表8-7)，kN；

d——高强度螺栓公称直径，mm。

表8-7　高强度螺栓连接副施工预拉力标准值　(单位：kN)

螺栓的性能等级	螺栓公称直径(mm)					
	M16	M20	M22	M24	M27	M30
8.8s	75	120	150	170	225	275
10.9s	110	170	210	250	320	390

高强度大六角螺栓的初拧、复拧扭矩值均按终拧扭矩值的50%计算。扭剪型高强度螺栓初拧扭矩值 T_0 按下式计算

$$T_0 = 0.065\,P_c \cdot d \tag{8-3}$$

式中　T_0——初拧扭矩值，N·m；

(四)治理方法

扭剪型高强度螺栓终拧结束，梅花头拧掉为合格。

大六角头高强度螺栓终拧结束，采用0.3～0.5 kg的小锤逐个敲检。

扭矩检查应在终拧1 h以后、24 h以前完成，欠拧或漏拧者应及时补拧，超拧者必须更换。扭矩检查，应将螺母退回60°，再拧至原位测完扭矩，该扭矩与检查施工扭矩的偏差在±10%以内为合格。

第三节　轻钢结构的质量问题

轻钢结构是目前十分流行的结构体系，在国内外得到了广泛的应用。轻钢结构有以下特点：①用钢量小；②以冷弯薄壁型钢以及H型钢做承重体系；③采用彩钢复合板等轻质墙板做维护结构。轻钢结构被广泛应用于轻型工业厂房、超市、展厅、体育馆、活动房屋以及加层建筑中。

在轻钢结构中，除H型钢梁柱外，冷弯薄壁型钢是最主要的承重构件，它主要用做墙面梁屋面檩条，与门式钢架配套的维护结构通常为彩钢复合板。根据工程质量调查，目前常见的质量问题有：门式刚架承重结构的失稳破坏；檩条、墙梁的屈曲；轻型屋面板被风载掀起；屋面板锈蚀，严重时使板产生孔洞，甚至断裂；屋面漏雨，影响正常使用。

一、冷弯薄壁型钢质量通病原因分析

(1)冷弯薄壁型钢的翼缘宽厚比太大或卷边尺寸太小，以致对翼缘没有起到加强作用，而使受压翼缘刚度不足，引起翼缘局部屈曲。

(2)设计人员通常在设计中未考虑扭转应力，荷载作用在檩条等构件翼缘时，常常不通过截面的剪切中心，使构件产生扭转。

(3)屋面板未能有效地阻止檩条侧向和扭转变形，而设计中又未考虑到这一因素，或没有为檩条提供足够的跨间拉条和支座处抵抗转动的约束，以致檩条产生扭转、侧向弯曲或弯扭屈曲。

(4)结构所处环境条件差、涂层质量差或维护管理不及时，使钢材锈蚀。

(5)轻钢屋面彩钢板与檩条通常采用自攻螺丝、拉铆钉连接，在风吸力长期作用下易造成扩孔，最终导致漏水。

二、屋面压型钢板的腐蚀处理

压型钢板厚度很薄，易于锈蚀，而且一旦开始锈蚀，发展很快，如不及时处理，轻者压型钢板穿孔，屋面漏水，影响房屋的使用，重者屋面板塌落。压型钢板的腐蚀事故处理大致有厚涂型涂料法、更换法、重叠铺板法三种。

(一)厚涂型涂料法

厚涂型涂料处理方法，就是采用一种既能防锈，又能堵塞小孔洞的涂料，从而使已经锈蚀甚至开始出现轻微渗漏的压型钢板屋面恢复功能，并延长其使用寿命的方法。这种方法所使用的涂料应黏着力强，防水性能好，抗裂强度高，抗老化、抗腐蚀性能好。

(二)更换法

更换法就是把损坏的压型钢板拆除，重新铺设新的压型钢板。这种更换可以是整个屋面，也可局部更换。局部更换时，新钢板应与旧压型钢板为同一板型，为防止新旧钢板搭接处漏水，搭接长度不宜小于 1.0 m，搭按接缝处应用定型密封条密封，同时搭接处用小螺钉(如拉铆钉等)将新旧压型钢板连接紧密。

(三)重叠铺板法

在更换屋面大部分压型钢板时，拆除旧钢板，再铺设新钢板，不仅麻烦，还得工厂停产施工，这时可采用重叠铺板法，即不拆除已经锈蚀损坏的压型钢板，在原有屋面板的顶面再重叠铺一层新的压型钢板，这样使建筑物的维修和工业生产两不误。

三、轻钢结构事故特点

国内近年来轻钢结构事故频繁发生，事故的特点主要表现为风载下的轻屋面破坏以及雪载下的轻钢承重结构局部及整体失稳，甚至整体倒塌。

(一)风荷载下轻屋面破坏实例

1996 年 9 月 9 日至 20 日，广东省湛江地区先后遭受了两次 40 多年未遇的强台风袭击，强度均超过 12 级，市内风速达 57 m / s，最强风分别持续 1 h 以上，大量的建筑物受到严重破坏，经济财产损失巨大。一家具城的钢桁架屋盖被全部吹垮。凡属轻型屋面者，轻型屋面板均被强风局部或全部掀翻。如某一体育馆的四点支承的网架($5\ 025\ m^2$)轻型屋面(木檩条、50 mm 自熄泡沫、18 mm 木夹板、1 mm 铝板、防水卷材)及玻璃幕墙均受到了严重破坏；一体育场挑棚网架(约 $1\ 000\ m^2$)的 V–125 彩板屋面被局部揭顶；另一体育场挑棚网架(约 $600\ m^2$)的 V–125 彩板屋面被全部揭顶；还有一歌厅网架(约

600 m²)的 75 mm 夹芯板屋面被全部掀翻。

(二)雪荷载下轻型钢结构破坏实例

(1)中国营口海龙仓储库。该工程建于 1997 年 7 月，建筑面积 8 200 m^2，彩板拱结构跨度 33.5 m，矢高 6.7 m，板厚 1.3 mm。在 2001 年 1 月最寒冷、落雪最多的时候塌落，其原因是“半跨雪荷载引起局部失稳”。

(2)中国西丰县鹿城市场。该工程采用大跨度压型钢板拱形结构，建于 1999 年，建筑面积 14 200 m^2，彩板拱结构跨度 27.2 m，矢高 5.44 m，板厚 1.2 mm。在 2001 年 1 月最寒冷、落雪最多的时候塌落，原因同(1)。

(3)中国鞍山某饲料集团公司库房。该工程采用 MIC–240 型薄壁褶皱拱形彩钢屋顶，库房共 5 栋，总建筑面积 15 311 m^2，1995 年 9 月建成，跨度 25 ~ 30 m，矢高 7.35 m 和 6.6 m。1996 年 12 月 31 日夜至 1997 年 1 月 1 日上午，鞍山地区出现暴风雪，市区降雪平均厚度 260 mm，为自 1962 年以来最大的一场雪，并伴有 5 ~ 6 级西北风。该屋顶塌落的原因是“暴风雪造成局部屈曲，从而引起整体失稳”。

第四节　空间钢网架结构的质量通病与防治

网架和网壳结构的适用性、美观性、可靠性、安全性和经济性已为世人所公认，因而它得到了广泛应用和迅猛发展，特别是网架结构的应用，我国不论在规模上还是数量上都居世界领先地位。但是，随着网架大量应用的同时，质量通病未能及时防治，也发生了一些大小不同的事故。据不完全统计，自然灾害、意外事故者较少，而大多数事故是责任事故，设计、制作、运输、安装和管理等方面都曾发生过，使国家的财产和人的生命遭受了不少损失。但这些事故并未受到应有的重视，从中吸取教训，引以为戒，因而事故不断发生。

一、钢网架结构质量通病和事故类型

钢网架结构质量通病和事故的主要表现形式有：①杆件弯曲。②杆件断裂。③杆件与节点焊缝连接破坏。④节点板变形或断裂。⑤焊缝不饱满或有气泡、夹渣，微裂缝超过标准。⑥高强螺栓断裂或从球节点中拔出。⑦杆件在节点相碰，支座腹杆与支承结构相碰。⑧支座节点移位。⑨网架挠度过大，超过了规定的要求。⑩网架结构倒塌。

二、钢网架结构质量通病和事故原因

(一)设计原因

(1)结构形式选择不合理，支撑体系或再分杆体系设计不周，网架尺寸不合理。如当采用正交正放网架时，未沿周边网格上弦或下弦设置封闭的水平支撑，致使网架不能有效传递水平荷载。

(2)力学模型、计算简图与实际不符。如网架支座构造属于两向约束时，计算时按三向约束考虑。

(3)计算方法的选择、假设条件、电算程序、近似计算法使用的图表有错误，未能

发现。

(4)杆件截面匹配不合理，忽视杆件初弯曲、初偏心和次应力的影响。

(5)荷载低算和漏算，或由于网架工况复杂，荷载组合不当，对自然灾害(如地震、风振、温度变化、积水积雪、火灾、大气或有害气体及物质的腐蚀性等)估计不足或处置不当，或对一些大中型网架结构应该进行的非线性分析，稳定性分析，支座不均匀沉降、不均匀侧移，重型桥式吊车对网架的影响，中、重级悬挂吊车对网架的疲劳验算等，没有进行验算和分析。

(6)材料(包括钢材、焊条等)选择不合理。

(7)网架结构设计计算后，不经复核就增设杆件或大面积地代换杆件，从而导致超强度设计值杆件的出现。

(8)设计图纸错误或不完备。如几何尺寸标注不清或矛盾，对材料、加工工艺要求、施工方法及特殊节点的特殊要求有遗漏或交代不清等。

(9)节点型式及构造错误、节点细部考虑不周全。

(二)制作原因

(1)材料验收及管理混乱，不同钢号、规格材料混杂使用，特别是混用了可焊性差的高碳钢，钢管管径与壁厚有较大的负偏差，拼装前杆件有初弯曲而不调直。

(2)杆件下料尺寸不准，特别是压杆超长、拉杆超短。

(3)不按规范规定对钢管剖口，对接焊缝焊接时不加衬管或不按对接焊缝要求焊接。

(4)高强螺栓材料有杂质，热处理时淬火不透，有微裂缝。

(5)球体或螺栓的机加工有缺陷，球孔角度偏差过大。

(6)螺栓未拧紧，网架在使用期间在接缝处出现缝隙，螺栓受水气侵入而锈蚀。

(7)支座底板与底板连接或肋板采用氧气切割而不将其端面刨平，组装时不能紧密顶紧，支座受力时产生应力集中或改变了传力路线。

(8)焊缝质量差，焊缝高度不足，未达到设计要求。

(三)拼装和吊装原因

(1)胎具或拼装平台不合规格即进行网架拼装，使单元体产生偏差，最后导致整个网架的累积误差很大。

(2)焊接工艺、焊接顺序错误，产生很大的焊接应力，造成杆件或整个网架变形。

(3)杆件或单元或整个网架拼装后有较大的偏差而不修正，强行就位，造成杆件弯曲或产生很大的次应力。

(4)对网架施工阶段的吊点反力、杆件内力、挠度等不进行验算，也不采取必要的加固措施。

(5)施工方案选择错误，分条分块施工时，不采取正确的临时加固措施，使此局部网架为几何可变体系。

(6)网架整体吊装时采用多台起重机或拔杆，各吊点起升或下降时不同步，用滑移法施工时，牵引力和牵引速度不同步，使部分杆件弯曲。

(7)支座预埋钢板、锚栓位置偏差较大，造成网架就位困难，为图省事而强迫就位或预埋板与支座底板焊死，从而改变了支承的约束条件。

(8)看图有误或粗心，导致杆件位置放错。

(9)不经计算校核，随意增加杆件或网架支承点。

(四)使用原因

(1)使用荷载超过设计荷载。如屋面排水不畅，积灰不及时清扫，积雪严重及屋面上随意堆料、堆物等，都会导致网架超载。

(2)使用环境的变化(包括温度、湿度、腐蚀性介质的变化)，以及使用用途的改变。

(3)基础的不均匀沉降。

(4)地震作用。

三、钢网架结构质量通病和事故处理方法

(一)网架杆件承载力不足的处理

(1)增设杆件，改变原网架的受力状态。对设计计算边界条件与实际不符、荷载低估、施工时网架尺寸搞错等原因，致使网架的许多杆件承载力不足，采用这种方法处理既方便经济效果又好，其增设杆件的数量和位置，应根据网架的型式和处理杆件的位置来合理决定，尽可能用增设最少的杆件达到减小承载力不足以及杆件内力的目的。一种是在网架高度内增设杆件；一种是在网架高度外增设杆件，从而将原网架全部或局部加层改为三层网架。增设杆件后，应注意原满足承载力要求的杆件内力的变化。采用此种方法加固处理时，应设置可靠的支撑，使网架卸载。

(2)减轻屋面重量。由于设计、施工等原因，使网架许多杆件承载力不足时，在工程许可的情况下，减轻屋面重量是处理这类事故最简便的方法。如取消吊顶，特别是原来为重型屋面(如钢筋混凝土板)改为轻型屋面(如夹芯彩钢板)的，效果更为明显。

(3)更换刚度不足或损坏的杆件。对网架中个别不满足设计强度、弯曲大且又无法调直的杆件，以及错焊的杆件等，可采用调换杆件的方法来处理。换杆时，要配置一些专用工具，采用有效的措施将杆件卸载，如在更换杆件的两侧安装两根可随意装卸和调整长度的固定杆，要保证需取下需更换的杆件时，不使网架发生变形，否则不允许施工。

(4)增大杆件截面。在承载力不足的杆件上附加上钢管、角钢、槽钢、钢筋等以增大杆件截面和提高承载能力。杆件为钢管时，通常在杆件上直接焊接角钢(见图8-10)，当网架在使用中不允许采用明火焊接加固时，可在被加固杆件上包角钢套加固(见图8-11)，用螺栓拧紧，可取得与焊接角钢加固法同样的效果。

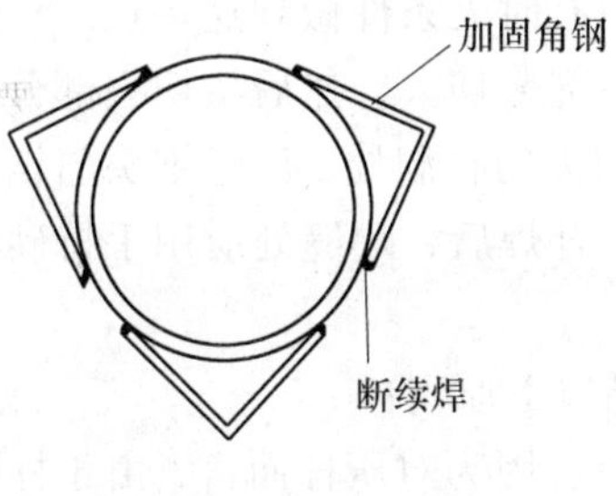

图 8-10　焊接角钢加固

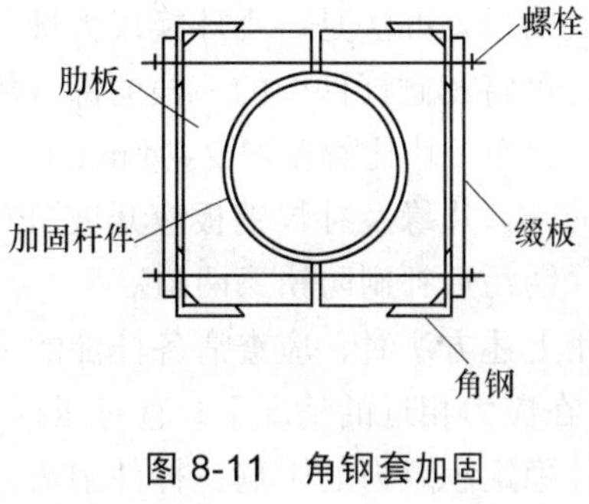

图 8-11　角钢套加固

对网架中的拉杆也可采用如下方法：取截面足够而其内径略大于原杆件外径的钢管，在半圆处纵向剖开坡口，包在原杆件外围，先点焊成型，而后沿纵向坡口焊接使其恢复成钢管状。有条件时将加固之钢管与钢球相抵，钢管周围坡口并施焊。然后再补强钢管两端，经过钢球与邻近钢管加焊连接肋板，此肋板的总面积应与补强钢管截面等强（见图 8-12）。当钢球为 45 号钢时，因可焊性差，焊前应将球加热至 150～200℃，焊后保温 1 h。也可用 2～4 根足够截面积的钢筋代替补强钢管后连接肋板，围绕加固杆件的四周与两端钢球邻近钢管焊接。

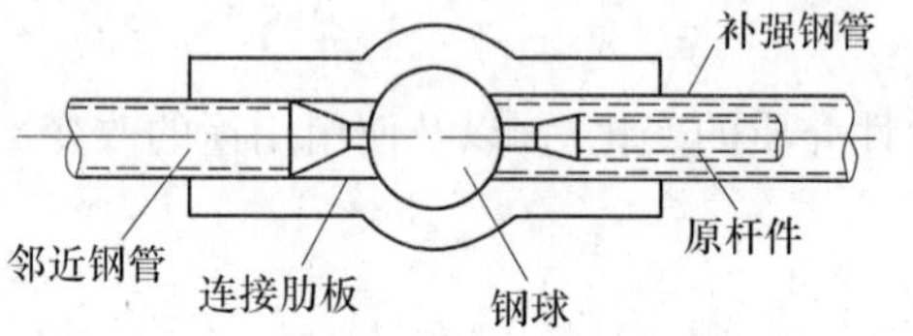

图 8-12　拉杆加固

(二)预埋件与支座误差的处理

(1)加过渡钢板。将原预埋的螺栓割除，增加一块过渡钢板，螺栓焊在过渡钢板上，然后过渡钢板与原预埋螺栓焊牢。该法一般用于误差较小和反力较小的压力支座。

(2)加钢板套。加层结构中原来未埋预埋件，或预埋件误差很大以及埋错位置等，可采用加钢板套方法。此方法简单易行。

(3)重新预埋。预埋件位置埋错或者根本就没有预埋，以及规格尺寸有了变化，可采用重新预埋的方法。预埋件有两种：一种是有螺栓的，一种是无螺栓的。有螺栓预埋可采用以下方法：①采用过渡钢板方法，即在过渡钢板上焊螺栓，过渡钢板下焊上锚筋，在支承构件上钻孔进行预埋。②直接将螺栓埋入梁中，在钢板上钻孔，螺栓与钢板焊住。无螺栓预埋件可用膨胀螺栓固定。

(三)支座腹杆与支承结构相碰的处理

(1)在支承结构允许的情况下，可将支承结构削去一角，但绝不能损伤柱和梁中的受力钢筋，特别是梁中的钢筋，并将凿毛面用有效材料封闭起来。

(2)提高支座支承件的高度，但是必须注意支承件的稳定。支承件长度不宜过长，一般控制在 500～600 mm。

(3)在支座底板上加钢板盒或混凝土墩，这种方法一般用于以上两种方法不能实现时。

(四)杆件相碰处理

在网架安装中，常常由于节点钢球设计过小(或杆件间夹角太小)，导致杆件在节点处相碰，使安装不能顺利进行。

解决的最好办法是将小球换成大球，杆件改制。但有时无条件做到这一点。对螺栓球节点，可将相碰杆件中的一根的部分锥头和杆件的一部分切去，然后按切去部分的外廓形状，制作一块比管壁厚 2～4 mm 的钢板，补焊在切去的孔洞处。注意锥头与钢管切去部位的开口边缘及补焊钢板应开坡口(用手持砂轮)，补焊后，焊缝处应用手持砂轮磨平，清除锈污后补刷防锈漆两道。

应用上述方法时，应查清各杆件的受力状态，遵循以下原则：

(1)在应力相近的情况下，宜对压杆进行切除、补焊。因为对压杆而言，由于杆件弯曲对杆件稳定承载力的影响，杆件中央截面承载力折减较多，杆件由中央截面控制对铰支的两端不存在上述问题，其承载力相当富裕。

(2)当相碰两杆均为拉杆或压杆时，宜对应力较小的杆件进行处理。

(3)对应力相近且同为拉杆或压杆，则宜对截面较大的杆件进行处理。因为在切除相同截面下，截面较大杆件被削弱的百分比较小。

(4)对应力都比较大的相碰杆件，宜都切除一小部分，然后再补强，这样可减少杆件截面被削弱的百分比。

对焊接球节点，可采用上述方法，也可用加补偿板的办法来解决。主要受力杆与球直接汇交，次要受力杆剖口后直接焊在补偿板上；同时，直接与球对焊的杆也剖口和补偿板焊在一起，以便提高补偿板的侧向刚度，补偿板与节点球焊接。

(五)焊缝缺陷处理

对焊缝缺焊、凹陷不饱满，可在原焊缝上继续补焊。补焊工作一般在工厂或工地安装前进行；对于已经安装的网架，也可在网架自重作用下进行；对屋盖静荷载已上满的网架，特别是对于满应力状态小的网架杆件，则应采用适当的支撑或采取间隔一定时间分段焊接，避免杆件全截面处于高温状态。

当对接焊缝存在严重气孔、夹渣或焊缝底部未焊透时，可采用补强焊接。对钢板和钢管的补强焊接进行的试验表明，模拟夹渣率或未焊透率(夹渣面积占钢管截面积的百分比)在低于75%的情况下都是可行的。

第五节　钢结构工程防腐蚀

钢结构纵然有许多优点，但生锈腐蚀是一个致命的缺点。国内外因锈蚀导致的钢结构事故时有发生。生锈腐蚀将会引起构件截面减小，承载力下降，尤其是因腐蚀产生的“锈坑”将使钢结构的脆性破坏的可能性增大。再者，在影响安全性的同时，也将严重地影响钢结构的耐久性，使得钢结构的维护费用昂贵。据有关资料统计，世界钢结构的产量约1／10因腐蚀而报废。据某些先进工业国家对钢铁腐蚀损失的调查，因腐蚀所损耗的费用就占总生产值的2%～4.2%。我国台湾仅1987年钢结构和建筑工业防腐费用就达30亿～40亿新台币，其中涂层维护费占62.55%。因此，开展钢结构工程的防腐性的分析研究有重要意义。

一、锈蚀的类型及其影响因素

通常，我们将钢材由于和外界介质相互作用而产生的损坏过程称为“腐蚀”，有时也叫“钢材锈蚀”。钢材锈蚀，按其作用可分为化学腐蚀和电化学腐蚀两类。化学腐蚀是指钢材直接与大气或工业废气中含有的氧气、碳酸气、硫酸气或非电介质液体发生表面化学反应而产生的腐蚀。电化学腐蚀是由于钢材内部有其他金属杂质，它们具有不同的电极电位在与电介质或水、潮湿气体接触时，产生原电池作用，使钢材腐蚀。实际工程中，绝大多数钢材锈蚀是电化学腐蚀或化学腐蚀与电化学腐蚀同时作用的结果。

钢材锈蚀按其所处不同环境可分为11类，其具体类别及其影响因素分述如下。

(一)大气腐蚀

钢材暴露在大气环境条件下，由于大气中水和氧等物质的作用而引起的腐蚀，称为大气腐蚀。

1. 影响因素

(1)湿度。湿度是决定大气腐蚀类型和速度的基本因素，相对湿度达60%(临界湿度)以上时，铁的腐蚀急速增加。一般来说，湿度越大，大气的腐蚀性越强。

(2)降水量。雨水的冲刷，从冲掉腐蚀介质而言，起有利作用；但雨水又能破坏腐蚀产物的保护层，促进腐蚀的进行。

(3)温度。日气温变化越大，腐蚀越严重。

(4)日照量。日照使钢材保护层涂料老化，起间接的破坏作用。

(5)大气污染物质。大气中若存在SO_2、海盐粒子、固体尘粒，则腐蚀加重。因此，一般来说工业区腐蚀最严重，沿海地区次之，而内陆无污染工业的地区腐蚀最小。

2. 防治措施

(1)采用耐蚀钢材。如掺铜、铬、镍等合金组合的低合金钢，耐蚀性较好。

(2)使用涂层和金属镀层保护。

(3)降低大气湿度。降低大气湿度的措施很多，如钢结构的构造设计、防止缝隙中存水、除尘、加入吸湿剂、空调等。

(二)淡水腐蚀

淡水腐蚀是指不含盐、碱和酸等水的腐蚀。

淡水腐蚀的重要影响因素有温度、氧气浓度等。淡水中常溶解有钙、镁等矿物，其含量高时，称为硬水。在硬水中，钢材的腐蚀速度有所减慢，因为碳酸钙等沉积在钢材表面会阻碍氧气的通过，因而使腐蚀速度减慢。

(三)酸腐蚀

酸腐蚀是指酸性环境下钢材的腐蚀。

在非氧化性酸中(盐酸、稀硫酸、醋酸等)，钢材与这些酸中的氢发生置换反应，形成可溶性的金属盐而被腐蚀。

在氧化性酸中(硝酸、浓硫酸等)，浓度低时也极易腐蚀，若浓度高，则产生不溶性氧化物，有一定的保护作用。

酸腐蚀的影响因素主要有氢离子浓度、酸的类型、温度等。

(四)碱腐蚀

碱腐蚀是指碱性环境下钢材的腐蚀。

室温下水溶液的pH值在10~14范围内时，碳钢钝化而使腐蚀速度下降。pH值大于14时，由于生成不溶性的Fe_2O_3，或Fe_3O_4，其腐蚀速度也不大。

但在高温、高压碱水溶液中，钢材产生溶解性腐蚀，称为碱裂、碱脆化等。如锅炉的碱腐蚀。

碱腐蚀的影响因素主要有温度、压力、pH值和碱性金属种类(一般认为碱金属的原子量越大，腐蚀性越强)等。

(五)盐类腐蚀

盐类腐蚀是指在盐类介质中钢材的腐蚀。其腐蚀机理为：改变溶液的pH值，发生氧化还原反应，如铁置换铜的反应，铁被溶解；增加溶液的导电性，使电化学腐蚀加剧；

某些盐类的阴、阳离子对腐蚀的特殊影响等，均会造成钢材的腐蚀。这与盐的种类、浓度和温度有关。

(六)海水腐蚀

随着海洋事业的发展，海洋中的钢结构越来越多，但海洋中腐蚀介质复杂，其机理也复杂。一般来说，主要有盐类腐蚀、电化学腐蚀、海生物腐蚀等。

1. 影响因素

(1)与海水介质的接触深度。按浸入海水的深度可分海泥区、全浸区、潮差区、飞溅区、海洋大气腐蚀区。一般来说，飞溅区最严重，因为飞溅区金属表面常被海水所润湿，并受到海水运动的冲击，该处的保护涂层易于脱落破坏。图 8-13 为钢柱在上述不同区域的腐蚀情况。

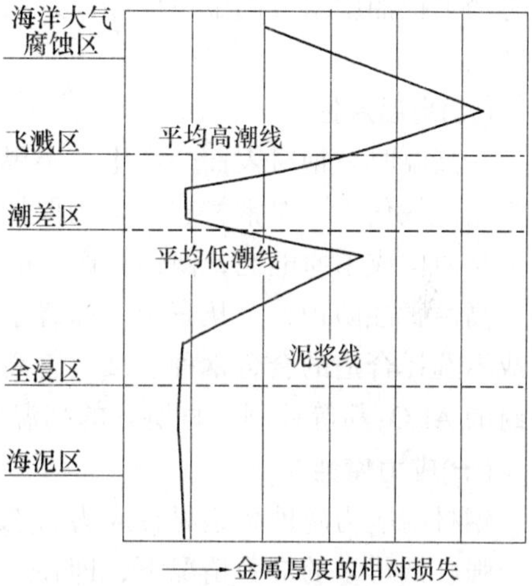

图 8-13 钢柱的腐蚀情况

(2)海水流速。随流速加大腐蚀速度加快。

(3)海生物。

(4)海水温度。

2. 防治措施

(1)正确确定腐蚀程度。例如海上建筑物的桩柱在不同位置的腐蚀程度有所不同，应采用不同的厚度。

(2)减少水流的滞流度以避免冲击腐蚀。

(3)尽可能消除不必要的缝隙。

(4)减少产生电化学腐蚀的条件(如不同金属连接)。

(5)减少物件的应力集中现象。

(6)注意焊接加工杂散电流的影响。

(7)涂覆防护。

(8)电化学保护。

(七)土壤腐蚀

钢结构埋入土壤中所受的腐蚀称为土壤腐蚀。它的影响因素主要有：土壤性质(孔隙率和孔隙结构、含水量、电阻率、酸碱度、含盐量)，杂散电流，微生物。

土壤腐蚀的防治措施有：覆盖层保护；阴极保护；改变土壤环境，如降低水位、选择腐蚀性小的回填土、在酸性土壤中物件周围充填石灰石碎块等。

(八)有机系非水溶剂的腐蚀

非水溶剂包括无机系和有机系两类。无机系主要有纯硫酸、发烟硝酸等不含水的酸类，熔融氢氧化钠及碳酸钠等熔盐，在低温下成为液态的液氨等物质。鉴于工业建筑中有机系非水溶剂的腐蚀较多，如有机药品工业、食品工业、发酵工业、石油化工、纺织工业等，这里主要介绍有机系非水溶剂引起的腐蚀。有机系非水溶剂有极性非水溶剂和非极性非水溶剂之分。

极性非水溶剂(如酒精、醛、羧酸、酚类、硝基化合物)腐蚀遵从电化学机理；非极性非水溶剂（如锁状或环状结构的碳氢化合物）中的腐蚀既有电化学腐蚀也有化学腐蚀。一般来说，非极性溶剂本身腐蚀性很小，但当溶剂置于大气中时，所生成的氧化物具有极性。例如，燃料油和润滑油被氧化后生成了羧酸，能促进金属在这些油中的腐蚀。另外，有机氯化合物和有机溴化合物的腐蚀作用，是由于它们分解后生成盐酸和氢溴酸所致。

非水溶剂的腐蚀与水也密不可分。水的来源有大气等，油类本身含有一定的水分。

非水溶剂腐蚀的防治措施主要有：①隔绝水的侵入。如油中加入皂类的防蚀措施，就是为了把油中水分同金属面隔离，以抑制腐蚀。②添加防止非水溶剂变成腐蚀介质的外加剂。

(九)高温腐蚀

在高温时，钢材表面会产生一层黑皮（如轧制过程中，钢材也会产生一层黑皮），黑皮为高温氧化物，对钢材有一定的保护作用；但有水分存在时，由于钢材黑皮的电位不同，从而构成了原电池，使钢材产生电化学腐蚀。

高温腐蚀防护，可从三个方面着手：①根据使用寿命、环境介质与温度、负载状态及成本选择合适的合金钢种。②改善高温环境，在加工使用中可通过真空、惰性气体、密封的 Al_2O_3 粉等控制钢材所处的高温环境介质。③表面处理。

(十)应力腐蚀

钢材的应力腐蚀指钢材在应力状态下腐蚀加速的现象。应力腐蚀的特征是在较极限抗拉强度低得多的应力情况下，即在一般安全使用应力的情况下，材料（钢丝或钢筋）发生脆性断裂。此时钢丝表面腐蚀并不严重，锈蚀率一般在 30%以下，在有缺陷或腐蚀坑根部沿轴向会有一段黑色应力腐蚀区。

(十一)电腐蚀

电腐蚀是钢筋混凝土结构或钢结构处于杂散电场中，在阳极区即电流通过钢材的部位发生的腐蚀。这一现象常发生在电化学工厂、电冶金车间等，电腐蚀的强弱与钢材所处阳极电位的高低成正比。

二、钢结构腐蚀处理

(一)钢结构防腐调查

钢结构防腐调查内容一般包括工程概况、腐蚀级别的确定、腐蚀情况分析和钢结构防锈方案设计 4 个部分。

1. 工程概况

工程概况内容包括结构形式、厂房环境情况（如腐蚀介质种类、浓度，年平均相对湿度，气温，厂房内热源温度，是否有水蒸气、粉尘，等等）等。

2. 腐蚀级别的确定

根据有关评价腐蚀的标准，进行外观、锈蚀率、附着力调查，然后将不同构件或不同部位的钢结构进行评级，为制定防锈方案提供依据。

3. 腐蚀情况分析

腐蚀情况分析包括引起不同程度腐蚀的原因、构造的合理性、涂料选择的合理性等的分析。

4. 防锈方案设计

根据以上几项内容，提出具体的防锈方案，包括构造处理、涂料的选择、涂层厚度的确定及具体施工方案。

(二)钢结构锈蚀处理

1. 锈蚀程度的检查

根据腐蚀理论及实际经验，除一般检查外，下列构件或部位应严格检查：①埋入地下的地面附近部位。②可能存积水或遭受水蒸气侵蚀部位。③干湿交替构件。④易积灰且湿度大的构件。⑤组合截面净空小于 12 mm，难以涂刷油漆的部位。⑥屋盖结构、柱与屋架节点、吊车梁与柱节点、钢悬索节点部位。

总之，一般室外钢结构比室内易锈蚀；湿度大易积灰部分易锈蚀；焊接节点处易锈蚀；难以涂层及难以涂刷到的部位易锈蚀。这些部位检查时应特别注意。

2. 原钢结构防锈蚀涂层处理

原钢结构防锈蚀涂层处理包括旧漆膜处理、表面处理、涂层选择、涂层施工。

1) 漆膜处理

漆膜处理方法有碱水清洗(5%～10%NaOH 溶液)、火喷法、涂脱漆剂、涂脱漆膏(配方：碳酸钙 6～10 份，碳酸钠 4～7 份，水 80 份，生石灰 1～15 份混成糊状；或清水 1 份，土豆淀粉 1 份，50%浓度氢氧化钠水溶液 4 份，边搅拌边拌和，再加 10 份清水搅拌 5～10 min)等。

2) 表面处理

表面处理是保证涂层质量的基础，表面处理包括除锈和控制钢材表面的粗糙度。除锈可以采用手工工具处理、机械工具处理、喷砂处理、化学剂处理(酸洗、碱洗等)。对于已有钢结构的防腐处理往往是在不停产条件下进行，喷砂和化学剂处理方法不大可能采用，主要是采用手工和机械工具除锈。

(1) 手工除锈。是古老而简便的常用方法，即用铲刀、刮刀、钢丝刷、砂轮、砂布和手锤，靠手工敲铲、砂磨除去钢材表面旧漆膜和铁锈、油污和积灰。手工除锈操作方便，不受结构尺寸条件所限，但劳动强度大、效率低、质量难保证。采用此法必须强调质量要求。

(2) 机械除锈。即采用风动和电动工具——磨光机、风枪(敲铲)、风动针束除锈机。机械除锈比手工除锈的质量和效率都有提高，劳动强度也小一点。

(3) 喷射(丸、砂)除锈。在可以停产的地方和露天结构物也可采用喷砂除锈，这种方法质量可靠、除锈比较彻底。喷砂是利用空气压缩机将石英砂喷射于钢材面上除去黑皮和铁锈，也可以用钢砂、钢丸喷射(投射)于钢材面上，效果更好，且能减少砂尘弥漫。喷砂除锈质量虽好，但劳动条件较差。

除锈是涂层防腐的主要一关，处理质量十分关键。表面除锈应达到的标准：美国为 SSPC，英国为 BS4232，德国为 DIN18364，瑞典为 SIS，等等。国际上常用瑞典标准，SIS 标准将表面处理方法分为两类：S_t 表示手工或电动工具处理；S_a 表示喷射处理。还将处理程度分为 0(未处理表面)、1(轻度处理表面)、2(中度处理表面)、$2\frac{1}{2}$(近完整处理表面）、3（完整处理表面）五级，并制定标准彩色样品图作对照。

手工除锈表面处理不宜低于 S_t3 级，只有对附着力强的油漆涂层允许放宽到 S_t2 级；喷射除锈在无腐蚀性环境下不低于 S_a1 级，一般除锈处理要达到 S_a2 级，重腐蚀环境下表面除锈处理最低要达到 $S_a 2\frac{1}{2}$ 级。

经表面处理之后的钢材，将产生凹凸面，称为表面粗度。表面粗度与采用的表面处理方法和喷砂材料有关，粗度影响涂层漆膜防腐蚀的能力。粗度大，有助于涂层膜的附着性，但将减薄钢材表面凸点之间的涂层厚度，容易产生针孔，减小了涂层的防锈能力。反之，如粗度小，将降低涂层的附着性。喷射材料愈细，表面粗度愈均匀，除锈率也愈好。

3）涂层选择

涂层选择包括涂层材料品种选择、涂层结构选择和涂层厚度确定。

（1）涂层材料品种选择。品种选择取决于使用条件，在一般大气条件下及工业大气侵蚀下，可选用防锈漆；在有腐蚀性介质环境中应选用防腐漆；处于高温条件作用下，选用耐热漆；室外结构涂层要有较好的耐候性能。

涂料（油漆）分为底漆和面漆。中涂漆成分介于两者之间，现较少使用，而直接将面漆涂刷于底漆之上。底漆中含粉料多，基料少，成膜粗糙，与钢材表面的黏结附着力强，与面漆结合性好；面漆中粉料少，基料多，成膜有光泽，既能保护底漆和抵抗大气及有害介质作用，又有美观之效果。目前的趋势是，使用更多的合成树脂来提高涂层的抗风化能力。

涂料品种繁多，性能用途各异，在选择时应重视底漆和面漆的配套使用。

涂层材料品种。涂层材料（涂料）以颜色或颜色+成膜物质名称+基本名称命名。涂料型号由三部分组成，例如：Y53－1 就表示红丹油性防锈漆。第一部分是成膜物质，用汉语拼音字母表示，如 Y 代表油脂漆类；第二部分是基本名称，用 00～99 两位数字表示，如 53 代表防锈漆；第三部分是序号。

底漆选择。底漆的功能主要是使漆膜与基层结合牢固，表面又易被面漆附着，它渗水性要小，底漆要有防锈蚀性能好的颜料和填料，阻止锈蚀发生。常用防锈底漆有：红丹油性防锈漆、红丹酚醛防锈漆、红丹醇酸防锈漆、云母氧化铁底漆、硼钡酚醛防锈漆、无机富锌底漆、磷化底漆、铁红过氯乙烯底漆、铁红环氧底漆和铁红醇酸底漆等。

此外，尚有简化钢铁基层处理方法，即在带锈钢铁表面上直接涂刷带锈底漆（或叫不去锈涂料）。带锈底漆有稳定型和转化型两大类，这种底漆涂刷在钢铁表面能抑制锈蚀的发展，且能逐步将铁锈转化为有益的保护物质，节省除锈繁重劳动，是受欢迎的。但实际上因锈层厚度不一，所以转化反应效果不一，不是用量不足就是过剩，影响底漆的附着力。对于已有钢结构的维修，由于旧漆膜和锈蚀面的存在，情况更为复杂，故带锈底漆效果尚有待进一步研究和总结。近年来不少单位正在试制，有一些较好的经验，如杭州油墨油漆厂和武昌造船厂等单位生产的稳定性带锈底漆、广州电器研究所研制的水膜不去锈涂料，都有较好的性能。

面漆选择。面漆的主要功能是保护下层底漆，所以面漆要有良好的耐气候作用，常用防锈面漆有：醇酸磁漆、酚醛磁漆、过氯乙烯磁漆、过氯乙烯清漆、环氧耐酸漆、环氧硝基磁漆、灰酚醛防锈漆、沥青清漆、沥青耐酸漆和醇酸烟囱漆等。

钢结构面漆的色彩过去不讲究，现代工业建筑除造型要好，色彩也应协调美观，面漆的色彩除应体现建筑物、构筑物的风格，还应与环境相适应。对于已有钢结构涂层的维修处理，涂料选择尚要考虑到与旧漆膜的结合性。

(2)涂层结构选择。涂层使用耐久年限，除了表面处理影响外，很大程度上还与涂层结构是否合理有关；在设计涂层上要按 10～15 年来考虑涂刷周期，4～6 年钢结构表面要重做防护涂层是不太经济的。法国埃菲尔铁塔涂刷普通红丹底漆平均 13 年一次，德国门斯登桥平均 16 年涂刷一次。所以，除重视涂层选料外，还应注意合理的涂层结构、重视施工操作工艺，是能够保持较长维修周期的。

涂层结构要放弃过去一般采用的“一底两度”不变结构。涂层结构由底漆、腻子、两道底漆(或中涂层)和面漆组成。第一层底漆是保证可靠的黏结，起防锈、防腐、防水作用；第二层腻子是起平整表面的作用；第三层两道底漆是在较高要求工程中采用，起填补腻子细孔的作用；第四层面漆是保护底漆，并使表面获得要求的色泽，起装饰效果；第五层罩光面漆，有时为了增加光泽和耐腐蚀等作用，在面漆外再涂一层罩光清漆或面漆。

钢结构中全面统刮腻子是很少的，一般采用两道底漆和 2～3 道面漆结构，底漆道数增加可起填平基层作用，也可保证漆膜总厚度。

(3)涂层厚度确定。漆膜厚度影响防锈效果，增加漆膜厚度是延长使用年限的有效措施之一。一般钢结构防护涂层总厚度要求室内不小于 100 μm，室外条件应不小于 125 μm，腐蚀性环境中漆膜应加厚。漆膜厚度很难准确控制，故重要工程对各层漆膜厚度应测定。

4)涂层施工

涂层质量与作业中操作有很大关系，一般涂刷中要注意下列事项。

(1)除锈完毕应清除基层上杂物和灰尘，在 8 h 内尽快涂刷第一道底漆，如遇表面凹凸不平，应将第一道底漆稀释后往复多次涂刷，使其浸透入凹凸毛孔深部，防止孔隙部分再生锈。

(2)避免在 5℃以下和 40℃以上以及太阳光下直晒，或 85%湿度以上情况下涂刷，否则易产生起泡、针孔和光泽下降等现象。

(3)底漆表面充分干燥以后才可涂刷次层油漆，间隔时间一般为 8～48 h，第二道底漆尽可能在第一道底漆完成后 48 h 内施工，以防第一道底漆漏涂引起生锈；对于环氧树脂类涂料，如漆膜过度硬化易产生漆膜间附着不良，必须在规定时间内做上面一层涂料。

(4)涂刷各道油漆前，应用工具清除表面砂粒、灰尘，对前层漆膜表面过分光滑或干后停留时间过长的，适当用砂布、水砂纸打磨后再涂刷上面层涂料。

(5)一次涂刷厚度不宜太厚，以免产生起皱、流淌现象；为求膜厚均匀，应做交叉覆盖涂刷。

(6)涂料黏度过大时才使用稀释剂，稀释剂在满足操作需要情况下应尽量少加或不加，稀释剂掺用过多会使漆膜厚度不足，密实性下降，影响涂层质量。稀释剂使用必须与漆类型配套。一般来说，油基漆、酚醛漆、长油度醇酸磁漆、防锈漆用200号溶剂汽油、松节油；中油度醇酸漆用200号溶剂汽油与二甲苯(1∶1)混合剂；短油度醇酸漆用二甲苯；过氯乙烯漆采用溶剂性强的甲苯、丙酮。稀释剂用错会产生渗色、咬底和沉淀离析缺陷。

(7)焊接、螺栓之连接处，边角处最易发生涂刷缺陷与生锈，所以尤其要注意不产生漏涂和涂刷不均，一般应加涂来弥补。

3. 新建钢结构防锈处理

新建钢结构应根据使用性质、环境介质等制定防锈方法，一般有涂料(塑料、搪瓷)保护层、金属保护层法和化学保护层法。

涂料保护层法，即在钢材表面覆盖一层涂料保护层，使之与大气隔绝，以防锈蚀。

金属保护层法，即在钢材表面镀上一层其他金属。所镀的金属可使钢材与其他介质隔绝，也可能是镀层金属的电极电位更低于铁，起到牺牲阳极(镀层金属)保护阴极(铁)的作用。

化学保护层法，即通过化学或电化学方法使钢材表面生成一种具有耐腐蚀性能的化合物薄膜，以隔离腐蚀介质与金属的接触来防止金属的腐蚀。

三、钢结构防腐常见质量通病

钢结构防腐质量通病主要表现在钢构件除锈不认真、不彻底、涂层材料品种选择不当、涂底漆与面漆相隔时间过长和涂层缺陷等四个方面。涂层施工时常见通病及其原因、预防和处理方法见表8-8。

表8-8 涂层质量通病原因及预防处理方法

缺陷	现象	原因	处理与防范
流痕	垂直面之部分面积流下，结成厚膜	(1)一次涂刷量太多太厚 (2)油漆黏度太低 (3)光滑涂面上涂刷 (4)稀释剂挥发太慢	(1)调整涂刷量 (2)调整黏度 (3)用砂纸磨粗 (4)换挥发快的稀释剂 (5)泻流部分磨平后重涂
橘子皮	产生橘皮状凹凸皱皮	(1)油漆黏度太高，稀释剂溶解力不好，或挥发太快 (2)温度或气温太高或暴晒 (3)漆刷太厚，油漆质量不好	(1)适当调低黏度，使用规定的稀释剂 (2)避免高温或暴晒，有一良好施工环境 (3)调整漆厚，用优良油漆 (4)砂纸磨平后重新涂刷
刷纹	随漆刷运行方向留下凹凸刷纹	(1)使用粗短毛刷施工，刷毛过硬 (2)油漆本身流展性不良(展性油分过少) (3)被涂刷物粗糙，吸漆性强	(1)改用优良漆刷 (2)选用流展性好的油漆或配合少量树脂凡立水或调薄剂 (3)用同一油调薄，先刷一遍 (4)用砂纸磨平重涂

第六节　钢结构工程防火

钢结构作为一种蓬勃发展的结构体系，其优点有目共睹，但缺点也不容忽视。除耐腐蚀性差外，耐火性差是钢结构的又一大缺点。因此一旦发生火灾，钢结构很容易遭受破坏而倒塌。例如：1967 年美国蒙哥马利市的一个饭店发生火灾，钢结构屋顶被烧塌；1970 年美国 50 层的纽约第一贸易办公大楼发生火灾，楼盖钢梁被烧扭曲 10 cm 左右；1990 年英国一幢多层钢结构建筑在施工阶段发生火灾，造成钢柱、钢梁和楼盖钢桁架的严重破坏；1993 年福建泉州的一座钢结构冷库发生火灾，造成 3 600 m^2 的库房倒塌；1996 年江苏省昆山市的一座轻钢结构厂房发生火灾，4 320 m^2 的厂房倒塌；1998 年北京某家具城发生火灾，造成该建筑(钢结构)整体倒塌；2001 年 9 月 11 日，美国纽约世贸中心大楼在大火中轰然倒塌；等等。这些灾难的发生更加激发了工程师们对钢结构防火研究的热情。

一、钢结构的防火方法

(一)温度对钢材力学性能的影响

钢材的力学性能对温度变化很敏感，见图 8-14。由图可见，当温度升高时，钢材的屈服强度 f_y、抗拉强度 f_u 和弹性模量 E 的总趋势是降低的，但在 200℃以下时变化不大。当温度在 250℃左右时，钢材的抗拉强度 f_u 反而有较大提高，而塑性和冲击韧性下降，此现象称为“蓝脆现象”。当温度超过 300℃时，钢材的 f_y、f_u 和 E 开始显著下降，而塑性伸长率 δ 显著增大，钢材产生徐变。当温度超过 400℃时，强度和弹性模量都急剧降低。达 600℃时，f_y、f_u 和 E 均接近于零，其承载力几乎完全丧失。因此说钢材耐热不耐火。

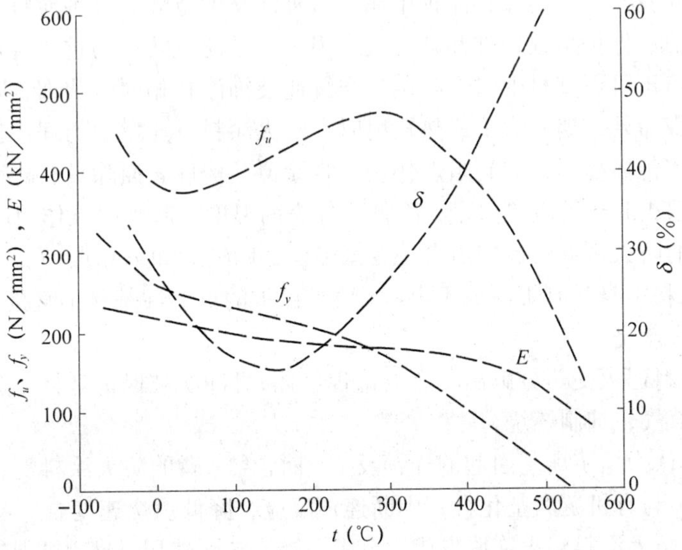

图 8-14　温度对钢材力学性能的影响

当发生火灾后，热空气向构件传热方式主要是辐射、对流，而钢构件内部传热方式是热传导。随着温度的不断升高，钢材的热物理特性和力学性能发生变化，钢结构的承载能力下降。火灾下钢结构的最终失效是由于构件屈服或屈曲造成的。

(二)钢构件的防火方法

钢结构的防火方法多种多样，通常按照构造形式概括为三种：

(1)紧贴包裹法，见图 8-15(a)。一般采用防火涂料，紧贴钢结构的外露表面，将钢构件包裹起来。

(2)空心包裹法，见图 8-15(b)。一般采用防火板、石膏板、蛭石板、硅酸盖板、珍珠岩板将钢构件包裹起来。

(3)实心包裹法，见图 8-15(c)。一般采用混凝土，将钢结构浇筑在其中。

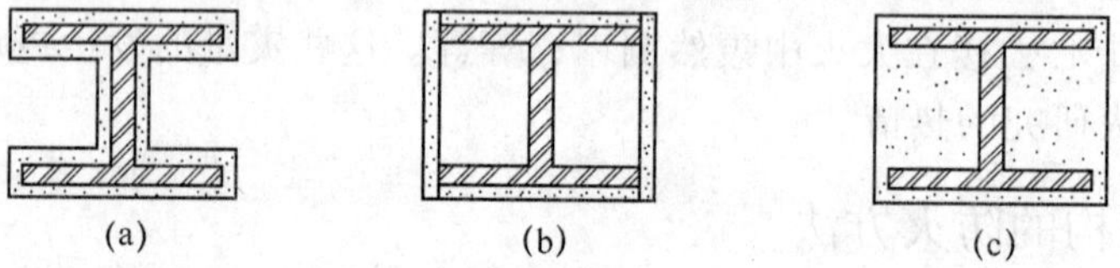

图 8-15　钢构件的防火方法

(a)紧贴包裹法；(b)空心包裹法；(c)实心包裹法

就目前应用情况来分，钢结构防火方法的选择是以构件的耐火极限要求为依据，并且采用防火涂料的紧贴包裹法是最为流行的做法。

二、钢结构防火涂料

(一)钢结构防火涂料的防火机理

防火涂料在我国众多的涂料品种中属于特种涂料的范畴。该种涂料在工程中主要用来阻止火焰传播、保护承载构件和减少火灾损失，是建筑防火的重要材料。它主要有两个作用：当涂覆于可燃基材上时，除起到与普通装饰涂料相同的装饰、防腐及延长被保护材料的使用寿命外，遇到火焰或热辐射时，防火涂料迅速发生物理、化学变化，隔绝热量，阻止火焰传播蔓延，起到阻燃作用；当涂覆于构件表面除具有防锈、耐酸碱、耐烟雾作用外，遇火时还能隔绝热量，降低构件表面温度，起到耐火作用。

防火涂料的防火机理已被国内有关专家确认，归纳为如下几点。

(1)防火涂料本身具有难燃或不燃性，使被保护的可燃性基材不直接与空气接触，从而延迟基材着火燃烧。

(2)防火涂料遇火受热分解出不燃的惰性气体，可冲淡被保护基材受热分解的易燃气体和空气中的氧气，抑制燃烧。

(3)燃烧被认为是游离基引起的连锁反应。而含氯、磷的防火涂料受热分解出一些活性自由基团，可与有机游离基化合，中断连锁反应，降低燃烧速度。

(4)膨胀型防火涂料遇火膨胀发泡，生成一层泡沫隔热层，封闭被保护的基材，阻止基材燃烧。

(二)钢结构防火涂料的类型

钢结构防火涂料按不同厚度可分为薄型(2～7 mm)、厚型(8 mm 以上)两类；按使用处不同可分为室内、露天两类；按所使用黏结剂的不同可分为有机类、无机类。另外，还可分为膨胀型和非膨胀型(见图 8-16)。

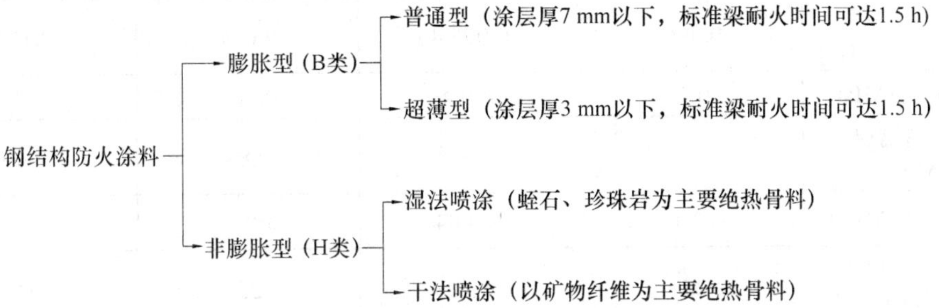

图 8-16　钢结构防火涂料分类

钢结构防火涂料主要适用于建筑中承载的钢梁、钢柱、球形网架和其他构件的防火保护，使其达到《建筑设计防火规范》(GBJ16—87，2001)和《高层民用建筑设计防火规范》(GBJ50045—95，2001)规定的耐火极限。

(三)钢结构防火涂料的技术要求

钢结构防火涂料的技术要求见表 8-9。

国内外几种厚型、薄型钢结构防火涂料性能分别见表 8-10 和表 8-11。

表 8-9　钢结构防火涂料技术要求

项目		技术指标	
		B 类	H 类
在容器中的状态		经搅拌后呈均匀液态或稠厚流体，无结块	经搅拌后呈均匀稠厚流体，无结块
表干时间（h）		≤12	≤24
初期干燥抗裂性		一般不出现裂纹,如有 1～3 条裂纹,其宽度应不大于 0.5 mm	一般不出现裂纹，如有 1～3 条裂纹,其宽度应不大于 1 mm
外观和颜色		外观和颜色同样品相比，应无明显差别	
黏结强度（MPa）		≥0.15	≥0.04
抗压强度（MPa）			≥0.03
干密度（kg / m^3）			≤500
热导率[W / (m · K)]			0.116
抗振性		挠曲 L / 200，涂层不起层，不脱落	
抗弯性		挠曲 L / 100，涂层不起层，不脱落	
耐水性		≥24	≥24
耐冻融循环性(次)		≥15	≥15
耐火性能	涂层厚度(mm)	3、5、7	8、15、20、30、40、50
	耐火极限(h)	≥0.5、1.5	≥0.5、1、1.5、2、2.5、3

注：L 为试件净跨，等于 1 000 mm。

表 8-10　厚型钢结构防火涂料性能

项目	产品型号			
	LG	STI–A	JG–276	MANDDLITEP20
干容重（kg/m^3）	400	400～450	270～370	288～352
导热系数[K/(m·h·℃)]	0.096	0.095 4	0.097	0.104
抗压强度(MPa)	0.7	≥0.4	0.285	0.280
劈裂抗拉强度(MPa)	—	—	0.83	0.49
黏结强度(MPa)	>0.1	≥0.04	>0.3	—
耐火极限厚度(mm)	25	28～29	25	36
时间（h）	2	3	2.5	4

表 8-11　国内外薄型钢结构防火涂料技术性能

涂料名称、规格型号	防火性能	理化性能
BGW–90 钢结构溶剂型薄型防火涂料（福建）	涂层厚度 4 mm 耐火极限 90 min	符合国标
SD–1 型钢结构防火涂料（上海）	涂层厚度 5.5 mm 耐火极限 97 min	符合国标
LB 钢结构膨胀防火涂料（成都）	涂层厚度 5 mm 耐火极限 1～1.5 h	符合国标
LB 钢结构膨胀防火涂料（杭州）	涂层厚度 6～7 mm 耐火极限 1.5 h	符合国标
GJ–1 型钢结构薄层膨胀防火涂料（北京）	涂层厚度 4 mm 耐火极限≥1.5 h	符合国标
TN–LB 钢结构防火涂料（北京）	涂层厚度 4 mm 耐火极限 1～1.5 h	符合国标
MC10 钢结构防火涂料（北京）	涂层厚度 4 mm 耐火极限>1.5 h	符合国标
BFG8911 钢结构防火涂料（北京）	涂层厚度 5 mm 耐火极限 1.5 h	符合国标
SB–2 膨胀型钢结构防火涂料（北京）	涂层厚度 4.7 mm 耐火极限 110 min	符合国标
FCC50（美国）	涂层厚度 4.8 mm 耐火极限≥60 min	符合国标

(四)钢结构防火涂料施工验收

钢结构防火涂料施工验收时用目视法检测涂料品种和颜色，与选用的样品对比；用目视法检测涂层颜色及漏涂和裂缝情况；用 0.75 kg 或 1 kg 榔头轻击涂层检测其强度等；用 1 m 直尺检测涂层平整度。

(1)厚涂型钢结构防火涂层施工验收要求：①涂层厚度应符合设计要求。如厚度低于原定标准，但必须大于原定标准的 85%，且厚度不足部位的连续面积的长度不大于

1 m，并在 5 m 范围内不再出现类似情况。②涂层应完全闭合，不应露底、漏涂。③涂层与钢基材之间和各涂层之间应黏结牢固，无空鼓、脱层和松散等情况。④涂层表面应无乳突。有外观要求的部位，母线不直度和失圆度允许偏差不应大于 8 mm。

(2)涂薄型钢结构防火涂层施工验收要求；①涂层厚度应符合设计要求。②无漏涂、脱粉和明显裂缝等。如有个别裂缝，其宽度不大于 0.5 mm。③涂层与钢基材之间和各涂层之间应黏结牢固，无脱层、空鼓等情况。④颜色与外观应符合设计规定，轮廓清晰，接槎平整。

三、钢结构防火涂料存在的问题

(一)薄型钢结构防火涂料的耐老化、耐候性问题

厚型钢结构防火涂料主要成分为无机物，具有较好的稳定性，耐氧化、耐辐射，长期使用其主要性能变化不大,且可通过增加涂层厚度的办法来保证构件很高的耐火极限，但其装饰效果比较差，不适用于有装饰要求的场所；而薄型钢结构防火涂料主要由高聚物组成，存在材料老化、降解等问题。经过一段时间，涂料主要成分被氧化、降解，可能会削弱原有的性能，遇火时起不到应有的作用，就会造成损失。然而这一问题即老化寿命问题的验证工作国内尚未系统地开展，国家也无统一的技术要求。一些单位如北京市建筑涂料厂根据实际需要，参照有关标准对涂料的老化疲劳寿命问题进行了探索、研究，取得了一整套可喜数据，得到了有关专家的认可。

(二)露天钢结构防火保护问题

大量露天建筑物和构筑物，如化工炼油厂，石油钻井平台，油、气罐群及油、气罐支撑和电缆桥架等，广泛采用了钢结构，需要施加相应的防火保护措施。由于其暴露于户外需要承受日照、风吹、雨淋、冻融、外来冲击等严酷自然因素及化工厂酸、碱等腐蚀的影响，需要涂料有更好的耐候性能。目前国内许多单位在原有的钢结构防火涂料的基础上改进开发了露天防火涂料。但是这些涂料的理化性能都是依据室内涂料的标准要求检验的，虽然高于同类室内产品的性能指标，但是否能满足户外苛刻条件的要求，还有待进一步研究论证，且需要国内有关部门制定出适用于露天防火涂料的统一的国家或行业标准，以满足实际需要。

第七节　钢结构工程质量通病实例分析

一、钢网架倒塌实例分析

(一)工程及事故概况

天津地毯进出口公司地毯厂仓库，平面尺寸为 48 m×72 m，屋盖采用了正放四角锥螺栓球节点网架，网格与高度均为 3.0 m，支承在周边柱距 6 m 的柱子上。

网架工程 1994 年 10 月 31 日竣工，11 月 3 日通过阶段验收，于 12 月 4 日突然全部坍塌。塌落时屋面的保温层及 GRC 板已全部施工完毕，找平层正在施工，屋盖实际荷载估计达 2.1 kN / m^2。

现场调查发现：除个别杆件外，网架连同 GRC 板全部塌落在地。因支座与柱顶预埋件为焊接，虽然支座已倾斜，但大部分没有坠落，并有部分上弦杆与腹杆与之相连，上弦跨中附近大直径压杆未出现压曲现象，下弦拉杆也未见被拉断。腹杆的损坏较普遍，杆件压曲，杆件与球的连接断裂，此外杆件与球连接部分的破坏随处可见，多数为螺栓弯曲。

(二)事故原因

该网架内力计算采用非规范推荐的简化计算方法，该简化计算方法所适用的支承条件与本工程不符，与精确计算法相比较，两种计算方法所得结果相差很大，个别杆件内力相差高达 200%以上，按网架倒塌时的实际荷载计算，与支座相连的周围 4 根腹杆应力达$-559.6\ N/mm^2$，超过其实际临界力。这些杆件失稳压屈后，网架中其余杆件之间发生内力重分布，一些杆件内力增加很多，超过其承载力，最终导致网架由南至北全部坠落。

施工安装质量差也是造成网架整体塌落的原因。网架螺栓长度与封板厚度、套筒长度不匹配，导致螺栓可拧入深度不足；加工安装误差大，使螺栓与球出现假拧紧，网架坍塌前，支座上一腹杆松动，而该腹杆此时内力只有 56.0 kN，远远小于该杆的高强螺栓的极限承载力，从现场发现了一些螺栓从螺孔中拔出的现象。另外，螺孔间夹角误差超标，使螺栓偏心受力，施工中支座处受拉腹杆断面受损，都使得网架安全储备降低，加速了网架的整体坍塌。

(三)经验教训

应根据网架类型合理地选择简化计算方法，一般应采用规范推荐的简化计算方法，同时设计人员应对简化计算方法引起的网架杆件(特别是腹杆)内力误差有正确的、全面的认识。有条件时，应用精确方法计算结果设计网架，简化计算方法仅做初选网架杆件之用。

加强施工质量管理，严格按照规范施工，加强施工质量的监督，及时发现和纠正施工中的质量问题，防患于未然。

(四)事故处理

清除原有倒塌的网架，屋盖结构重新设计、安装，仍采用网架结构。

二、钢结构腐蚀实例分析——某通廊钢桁架腐蚀损坏及修复

(一)工程及腐蚀概况

某通廊建于 1958 年，内设两条皮带运输线，日夜不停地将转运站转运来的一次混合料输送到烧结主厂房进行二次混合和烧结，是烧结厂的一条运输大动脉。

该通廊全长 80.485 m，宽 7.5 m，高高地架设在厂房群的上空。其上下两端距地面高分别为 9.29 m 和 36.33 m，呈高架倾斜式。通廊中部设有两组钢柱支架，将通廊结构分为三段。通廊为半封闭式，有顶无墙。主要承重结构为钢桁架，上下为钢桁条，屋面板和底板为钢筋混凝土小槽板。

经现场检查发现，通廊两侧钢桁架已严重锈蚀损坏，主要表现在两个方面。

(1)桁架下弦节点普遍锈蚀严重。原设计采用的厚度为 12 mm 节点板，锈蚀损失后大都为 6～8 mm，特别是桁架下支座节点板已严重锈蚀腐烂，大部分断裂，多数腹杆自

下弦节点板 600 ~ 800 mm 范围内有局部腐烂、缀板焊缝锈蚀胀裂、角钢沿缀板胀开等现象；桁架下弦角钢(2∟150×16)的下表面在节点附近锈蚀也较严重，锈蚀后角钢实有厚度 12 ~ 14 mm。

(2)通廊下段桁架有几处上弦节点锈蚀很严重，12 mm 厚节点板锈蚀后仅为 7 ~ 8 mm，上弦角钢节点附近也有较严重的锈蚀。

由此可见，钢桁架的锈蚀损坏是相当严重的，而且这种损坏现象东侧桁架重于西侧，下段桁架重于中段和上段，造成了桁架(尤其是下段桁架)承载能力严重不足，以致有随时发生事故的危险。

(二)原因分析

根据调查分析，通廊钢桁架严重损坏主要有以下几个原因。

(1)通廊屋面挑檐较小而且又未设置围护墙，桁架下弦节点暴露在外，经常受到雨水侵蚀，皮带输送的一次混合料为散料，时常有粉料撒出，所有桁架下弦节点都积满了很厚的粉料，这些积料经常受到雨水和水蒸气的侵蚀，时常处于潮湿或半潮湿状态，加速了下弦节点范围内的腐蚀，因而造成桁架下弦节点及其附近杆件普遍锈蚀腐烂。

(2)从转运站转运来的混合料处于湿热状态，在通廊下段经常散发出大量的水蒸气，而水蒸气中又含有一定数量的 H_2S 气体，并且随着蒸汽的散发而散布在空气中，实测水蒸气的 pH 值为 5 ~ 6，呈弱酸性。由于通廊下段桁架经常被含有腐蚀性介质的水蒸气所笼罩，因此造成下段桁架腐蚀损坏格外严重。

(3)该地区的主导风向为东北和正北向，坐落在通廊东侧的焦化厂周围空气中腐蚀性介质的含量大大高于正常水平。30 多年来，长期在这种主导风向的影响下，通廊东侧桁架不仅受雨水侵蚀的影响比西侧重，而且受焦化厂过来的空气腐蚀的影响也比西侧重。

(三)处理方法

通廊经可靠性鉴定表明，钢桁架承载能力不足和严重不足(下段桁架)，必须对其进行加固处理。

如前所述，该通廊是烧结厂的运输大动脉，若钢柱支架以上部分(即桁架和屋面部分)采取全面拆除方案，整个烧结厂生产将在一段时间内停顿，影响太大。根据通廊可靠性鉴定结果和桁架的实际受力状况，考虑厂方尽量少停产或不停产的实际要求，以及工程加固处理的理论和经验，对钢桁架杆件及节点详细进行了荷载条件下的实际应力分析验算，结果表明，在考虑最大限度卸荷的情况下，在焊接工艺和安全防护上采取一些必要的措施，可以对桁架杆件及节点在负荷下进行焊接加固。因此，最后采取不停产情况下不做全面拆除，而采取部分卸荷加固补强、部分更换的处理方案，即先将损坏较重的屋面小槽板全部拆除卸荷，接着对钢桁架节点和杆件进行加固补强，桁架加固完后再进行屋面更换施工。这种加固修复程序，既可方便施工，又可保证桁架的加固效果。

第九章 防水工程质量通病分析与防治

建筑防水工程是建筑工程中的一个重要组成部分，建筑防水技术是保证建筑物和构筑物不受水侵蚀，内部空间不受危害的分项工程和专门措施。具体地讲，是指为防止地表水(雨水)、地下水、滞水、毛细管水以及人为因素引起的水文地质改变而产生的水渗入建筑物、构筑物或防止蓄水工程向外渗漏所采取的一系列结构、构造和建筑措施。概括地讲，防水工程主要包括防止外水向防水建筑渗透、蓄水结构的水向外渗漏和建筑物、构筑物内部相互防止三大部分。

建筑防水工程的分类，可依据设防的部位、设防的方法、所用来设防的材料性能和品种来进行分类。按设防的部位分为地下防水、屋面防水、室内厕浴间防水、外墙面防水以及特殊建(构)筑物和部位防水；按设防的方法分为复合防水、构造自防水；按设防材料性能分为刚性防水、柔性防水(卷材防水和涂膜防水)；按设防材料的品种分为卷材防水、涂膜防水、密封材料防水、混凝土防水、粉状憎水材料防水、渗透剂防水等。

第一节 卷材防水屋面施工质量通病与防治

卷材防水屋面一般是由结构层、隔汽层、保温层、找平层、防水层、保护层(隔热层)等组成。依材料划分，可分为沥青防水卷材、高聚物改性沥青防水卷材、高分子防水卷材三大类；依其粘贴的施工工艺，又可分为热粘法(热铺法)、热熔法、冷粘法、自粘法、热风焊接法、机械固定法等多种方法。下面分析各种材料的卷材防水屋面易产生的质量通病及防治措施。

在卷材的铺贴施工中，基层处理是很重要的一个环节，否则易造成空鼓、开裂、黏结不牢等质量通病，而各种材质的卷材对于基层的要求基本一致，即基层必须做到平整、坚实、干净、干燥，且不得在雨天、大雾、大风或风沙天施工，以防基层受潮。涂刷基层处理剂时，要求做到均匀一致，无空白漏刷现象。本节中涉及此内容的防治措施不再赘述。

一、沥青防水卷材屋面施工质量通病

采用叠层热粘法施工的沥青防水卷材屋面(通常采用三毡四油)，是一种传统的屋面防水构造形式。在长期工程施工实践中，已积累了丰富的施工经验。其质量通病的防治措施也日趋完善，对其他防水卷材屋面而言，具有借鉴作用。

(一)屋面裂开

1. 现象

卷材屋面开裂一般有两种情况：一种是装配式结构屋面上出现的有规律横向裂缝。

当屋面无保温层时，这种横向裂缝往往是通长和笔直的，位置正对面板支座的上端；当屋面有保温层时，裂缝往往是断续的、弯曲的，位于屋面板支座两边 10～50 cm 的范围内；另一种是无规则裂缝，其位置、形状、长度各不相同，出现的时间也无规律，一般贴补后不再裂开。凡是有裂缝的屋面，其找平层一般均有裂缝，其裂缝位置形状与卷材防水基本相同。

2. 原因分析

(1)产生有规律横向裂缝的主要原因是温度变化，屋面板产生胀缩，引起板端角变。此外，卷材质量低，老化或在低温条件下产生冷脆，降低了其韧性和延伸度等原因也会产生横向裂缝。

(2)产生无规则裂缝的原因有卷材搭接太少、卷材收缩后接头裂开翘起，卷材老化龟裂，鼓泡破裂或外伤等。此外，找平层的分格缝设置不当或处理不好，以及水泥砂浆不规则开裂等，也会引起卷材的无规则裂缝。

3. 预防措施

(1)提高屋面的整体性，由于顶层楼面的整体性和刚度对屋面防水性能影响很大，因此，顶层楼面应尽量采用整体现浇板，少用预制空心板。

(2)在应力集中、基层变形较大的部位，如屋面板拼缝处等，先干铺一层卷材条作为缓冲层，使卷材能适应基层伸缩的变化。

(3)找平层应设分格缝，缝宽一般为 20 mm，缝口设在预制板的拼缝处，当采用水泥砂浆材料时，分格缝纵横间距不宜大于 6 m，采用沥青砂浆材料时，不宜大于 4 m。分格缝处应附加 200～300 mm 宽卷材，单边粘贴覆盖。采用满黏法施工时，分格缝处宜做空铺，宽为 100 mm。

(4)沥青玛琋脂事先经过试配，耐热度、柔韧性和黏结力三个指标必须全部符合质量标准。

(5)卷材铺贴前，其表面应加以清理并反卷过来。卷材搭接宽度应符合规范要求。卷材铺贴后，不得有黏结不牢或翘边等缺陷。

(6)选择合理的施工方法保证施工质量。卷材防水层上有重物覆盖和基层变形较大时，应优先采用空铺法、点粘法、条粘法或机械固定法(此法仅适用 PVC 卷材)。但距屋面周边 800 mm 内应满粘，卷材与卷材之间也应满粘。卷材收头应用密封膏封严密。

4. 治理方法

(1)对有规则裂缝，应先清除缝内杂物及裂缝两侧的浮灰并喷涂基层处理剂，然后在裂缝内嵌填密封材料，封上单边点粘宽度不小于 100 mm 卷材隔离层，面层应用宽度大于 300 mm 的卷材粘贴覆盖(在隔离层处应空铺)，且与原防水层的有效黏结宽度不小于 100 mm。外露边缘粘牢封平最后进行防水层的保护施工。

(2)无规则裂缝的位置、形状、长度各不相同，宜沿裂缝铺贴宽度不小于 250 mm 的卷材，或涂刷带有胎体增强材料的涂膜防水层，其厚度宜为 1.5 mm。治理前，应先将裂缝处杂物及面层浮灰清除干净，待干燥后再按上述方法满粘或满涂，贴实封严。

(二)屋面流淌

1. 现象

(1)严重流淌。流淌面积占屋面面积的 50%以上，大部分流淌长度超过卷材搭接长度。卷材大多褶皱成团，垂直面卷材拉开脱空，卷材横向搭接有严重错动。在一些脱空和拉断处，产生漏水。

(2)中等流淌。流淌面积占屋面面积的 20%～50%，大部分流淌长度在卷材搭接长度范围之内，屋面有轻微褶皱，垂直卷材被拉开 100 mm 左右，只有无沟卷材脱空耸肩。

(3)轻微流淌。流淌面积占屋面面积 20%以下，流淌长度仅 20～30 mm，在屋架端坡处有轻微褶皱。

2. 原因分析

(1)沥青玛琋脂耐热度偏低，如焦油沥青软化点低，多蜡沥青未经处理就使用。

(2)沥青玛琋脂胶层过厚。

(3)屋面坡度过陡，且采用平行于屋脊方向铺贴卷材；或采用垂直屋脊铺贴卷材，但在半坡进行短边搭接。

3. 预防措施

(1)沥青玛琋脂的耐热度必须经过严格检验，其标号应符合规范要求，垂直面用耐热度还应提高 5～10 号。同时，每层沥青玛琋脂厚度必须控制在 1～1.5 mm 之间，确保卷材黏结牢固，长短边搭接宽度满足规范要求。

(2)用做保护层的绿豆砂必须过筛，事先烘干预热，在玛琋脂涂刷后，趁热撒铺均匀，使砂粒牢固嵌入沥青玛琋脂之中。

(3)屋面坡度大于 25%时，卷材防水层应采取固定措施，固定点处应密封严密。

(4)在垂直面上，可在铺完防水层并涂刷热沥青玛琋脂后，浇筑干硬性的细石混凝土作保护层，以阻止卷材流淌或滑坡。

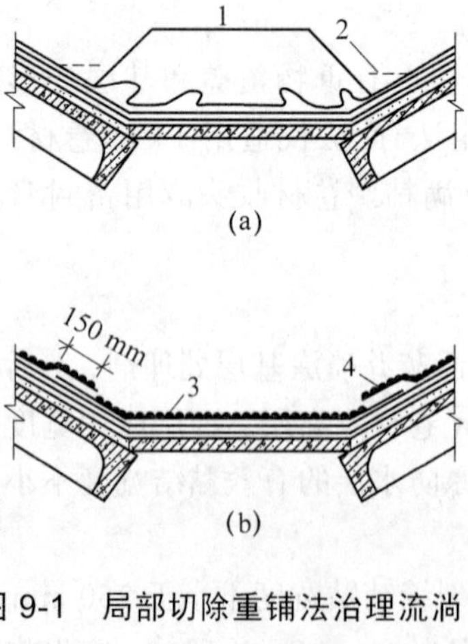

图 9-1　局部切除重铺法治理流淌

（a）修理前；(b)修理后

1—此处局部切开；2—虚线所示揭开 150 mm；3—新铺天沟卷材；4—盖上原有卷材

4. 治理方法

严重流淌的卷材防水层可考虑拆除重铺。轻微流淌如不发生渗漏，一般可不予治理。中等流淌可采用下列方法治理。

(1)切割法。对于天沟卷材耸肩脱空等部位，可先清除绿豆砂，切开已脱空的卷材，刮除卷材底下积存的旧玛琋脂，待内部冷凝水晒干后，将下部已脱开的卷材用新的玛琋脂粘贴好，然后再加铺一层卷材，最后将上部卷材粘贴盖上。

(2)局部切除重铺。对于天沟处褶皱成团的卷材，先予以切除，仅保存原有卷材较为平整的部分，使之沿天沟纵向成直线(也可用喷灯烘烤玛琋脂后，将卷材剥离)，然后按图 9-1 所示治理。

(三)屋面卷材起鼓

1. 现象

卷材起鼓一般在施工后不久产生。在高温季节，有时上午施工下午就起鼓。鼓泡一般从地层卷材开始由小到大，逐渐发展，大的直径可达 200 ~ 300 mm，小的约数十毫米，局部鼓起高达 50 ~ 80 mm，大小鼓泡还可能成片串联。

鼓泡与地区没有明显关系，将鼓泡剖开后可见内部呈蜂窝状，玛𤥂脂被拉成薄壁，鼓泡越大，“蜂窝状”越高，甚至被拉断。“蜂窝状”的基层，有时带小白点，有时呈深灰色，还有冷凝水珠。随着温度升高，有的卷材被拉裂而产生渗漏。

2. 原因分析

(1) 基层处理不符合要求。

(2) 在卷材防水层中黏结不实的部位，窝有水分和气体，当其受到太阳照射或人工热源影响后，体积膨胀，造成鼓泡。

(3) 屋面防水卷材出现鼓泡的主要原因是基层潮湿。因为绝对干燥的基层是不可能的，当用热沥青浇在找平层时，找平层表面水分遇热沥青时会冒出一缕“白烟”进入大气，而有的则被包裹在沥青胶结材料内，形成气泡，一部分被铺贴的卷材压在下面，形成鼓泡。

3. 预防措施

(1) 卷材在运输和储存过程中，应避免水分侵入，尤其是要防止卷材受潮。卷材铺贴应先高后低，先远后近，分区段流水施工，并注意掌握天气变化，连续作业，一气呵成。熬沥青胶结料时必须脱水。

(2) 防水层施工前，应将卷材表面清刷干净；铺贴卷材时，玛𤥂脂应涂刷均匀，并认真做好压实工序，以增强卷材防水层与基层的粘贴能力。

(3) 当屋面基层干燥确有困难，而又急需铺贴卷材时，应采用排气屋面做法。

4. 治理方法

(1) 直径 100 mm 以下的中、小鼓泡可用抽气灌油法治理。此时先在鼓泡的两端用铁钻子钻眼，然后在空眼中各插入一支针管，其中一支抽出鼓泡内的气体，另一支灌入纯 10 号建筑石油沥青稀液，边抽边灌。灌满后拔出针管，用力把卷材压平粘牢，用热沥青封闭针眼，并压上几块砖，几天后再将砖移去即可。

(2) 直径 100 ~ 300 mm 的鼓泡可用“开西瓜”法治理。先按图 9-2 (a) 铲除鼓泡处的绿豆砂，用力将鼓泡按斜十字形割开，放出鼓泡内气体，擦干水分，清除旧玛𤥂脂，再用喷灯把卷材内部烘干。随后按图 9-2 (b) 编号 1 ~ 3 的顺序把旧卷材分片重新粘贴好，最后粘一块方形卷材“4”(其边长比开刀范围大出 50 ~ 60 mm)，压入卷材“5”下，最后粘贴覆盖好卷材“5”，四边搭接处用铁熨斗加热抹压平整后，重做绿豆砂保护层。上述分片铺贴顺序按屋面流水方向先下再左右后上。

(3) 直径更大的鼓泡用割补法治理。先按图 9-3 用刀把鼓泡卷材割除，按上一做法进行基层清理，再用喷灯烘烤旧卷材槎口，并分层剥开，除去旧玛𤥂脂后，依次粘贴好旧卷材“1 ~ 3”，上铺一层新卷材(四周与旧卷材搭接不小于 50 mm)。然后粘上旧卷材“4”。再依次粘贴旧卷材“5 ~ 7”，上面覆盖第二层新卷材，最后粘贴卷材“8”，周边熨平压实，重做绿豆砂保护层。

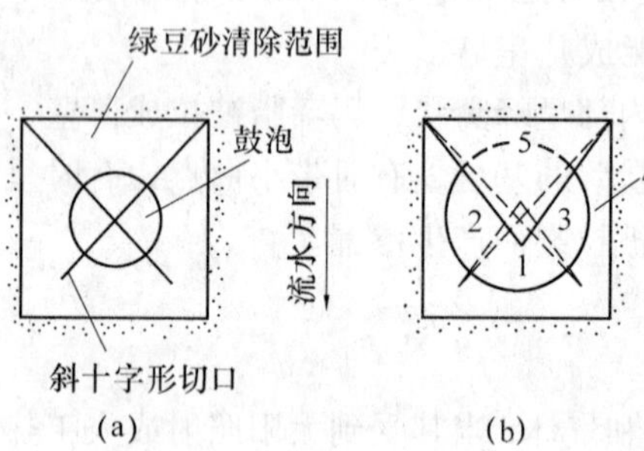

图 9-2　“开西瓜”法治理鼓泡

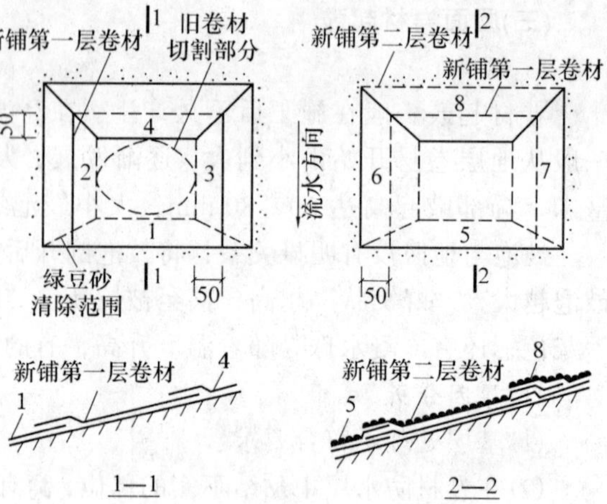

图 9-3　割补法治理鼓泡(单位：mm)

(四)细部构造渗漏

1. 现象

在屋面渗漏中，由细部构造引起的渗漏水约占 50%，一般多发生在檐口、天沟、檐沟、水落口、变形缝、伸出屋面的管道以及各种出入口等。

2. 原因分析

(1)细部构造处是结构变形与温度应力集中的地方,容易发生结构位移和卷材收头密封不严等情况，并引起渗漏水。

(2)细部构造处是屋面积水比较集中的地方，在气温变化及晴雨相间的恶劣环境下，这些地方容易发生卷材过早老化、腐烂或破损等现象。

(3)找坡不准、施工操作困难以及基层潮湿又无法排除等原因，导致卷材铺贴不牢。

3. 防治措施

(1)铺贴泛水处的卷材应采取满粘法工艺，确保卷材与基层黏结牢靠。

(2)基层潮湿而又急需施工时，宜用“喷火”法进行烘烤，及时将基层中多余潮气排除。

(3)改进设计构造。根据“减少约束，防排结合，刚柔相济，多道防线”的原则进行设计。

(五)防水层剥离

1. 现象

第一层卷材铺贴后，从卷材一端稍用力撕揭，卷材即成片与基层剥离，有时还会带起水泥砂浆找平层上的浮皮。特别是对坡度较大及立角部位，防水层发生剥离会影响防水质量，致使卷材下垂、收头脱落、雨水浸入，出现渗漏。

2. 原因分析

(1)找平层质量差、起皮、起砂、灰尘、有潮气。

(2)胶结材料和自粘型卷材施工温度低，都会造成防水层和基层黏结不牢而剥离脱开。

(3)在屋面转角处，因卷材拉伸过紧，或因材料收缩，使防水层与基层剥离。

(4)因施工工序颠倒，先贴泛水立面，而后铺贴平面防水层，造成卷材拉伸剥离。

3. 防治措施

(1)找平层如有潮气和水分，宜用“喷火法”进行烘烤。为防止找平层裂缝，必须留设分格缝，缝宽宜为 20 mm。

(2)适当提高胶结材料的加热和施工温度。热沥青施工时，如遇气温较低不宜施工。

(3)在大坡面和立面施工时，卷材一定要采取满粘法铺贴，必要时还可采取金属压条固定。另外在铺贴卷材时，要注意压实和卷材接缝处及收头的密封处理。

(4)屋面防水层施工时卷材不宜拉得过紧，特别是边角部位卷材，在做防水层时应先做平面后做立面；立面防水层压在平面防水层之上，利于流水畅通。

二、高聚物改性沥青防水卷材屋面施工质量通病

高聚物改性沥青防水卷材是以合成高分子聚合物改性沥青为涂盖层，纤维织物或纤维毡为胎体，粉状、粒状、片状或薄膜为覆面材料制成可卷曲的片状防水材料。与沥青防水卷材相比，其拉力强度，耐热度及低温柔性均有一定的提高，并有较好的不透水性和抗腐蚀性，因此有与沥青防水卷材相似而又不同的质量通病。下面着重对采用热熔法施工时易产生的质量通病及防治措施进行分析。

(一)转角、立面和卷材接缝处黏结不牢

1. 现象

转角、立面和卷材接缝处黏结不牢主要表现为卷材铺贴后易在屋面转角、立面处出现脱空。而在卷材的搭接缝处，还常发生黏结不牢、张口、开缝等缺陷。

2. 原因分析

(1)高聚物改性沥青防水卷材厚度较大、质地较硬，在屋面转角以及立面部位(如女儿墙)，因铺贴卷材比较困难，又不易压实，加之屋面两个方向变形不一致和自重下垂等因素，常易出现脱空与黏结不牢等现象。

(2)热熔卷材表面一般都有一层防粘隔离层，如在黏结搭接缝时，未能将隔离层用喷枪熔烧掉，是导致接缝处黏结不牢的主要原因。

3. 防治措施

(1)屋面转角处应按规定增加卷材附加层，并注意与原设计的卷材防水层相互搭接牢固，以适应不同方向的结构和温度变形。对于立面铺贴的卷材，应将卷材的收头固定于立墙的凹槽内，并用密封材料嵌填抹平。

(2)卷材与卷材之间的搭接缝口，亦应用密封材料封严，宽度不应小于 10 mm。密封材料应在缝口抹平，使其形成明显的沥青条带。

(二)卷材起鼓

1. 现象

热熔法铺贴卷材时，因操作不当易造成卷材起鼓。

2. 原因分析

卷材铺贴时压实不紧，残留的空气未全部赶出；因加热温度不均匀，致使卷材与基

层之间不能完全密贴，形成部分卷材脱落与起鼓。

3．防治措施

(1)趁热推滚，排尽空气。卷材被热熔粘贴后，要在卷材尚处于较柔软时，就及时进行滚压。气温高时冷却慢，滚压时间宜稍迟；气温低时冷却快，滚压宜提早。另外，加热与滚压的操作要配合默契，使卷材与基层面紧密接触，排尽空气，而在铺压时用力又不宜过大，确保黏结牢固。

(2)高聚物改性沥青防水卷材施工时，火焰加热要均匀、充分、适度。在操作时，首先持枪人不能让火焰停留在一个地方的时间过长，而应沿着卷材宽度方向缓缓移动，使卷材横向受热均匀；其次要加热充分，温度适中；第三要掌握加热程度，以热熔后的沥青胶出现黑色光泽(此时沥青温度在 200～230℃之间)、发亮并有微泡现象为度。

(三)卷材损坏

1．现象

卷材损坏主要表现为用热熔法铺贴卷材，施工后易出现机械性损伤。

2．原因分析

热熔法铺贴卷材时，因喷嘴离卷材面近或在熔烧沥青时温度过高，致使卷材受损；热熔法铺贴卷材后，在温度尚未冷却时就频繁走动，容易引起损伤或戳破卷材。

3．防治措施

(1)在热熔卷材时，喷嘴不能触及卷材，喷枪头与卷材面宜保持 50～100 mm 距离，与基层成 30º～45º。另外，在熔烧搭接缝隔离层时，喷枪火焰宜紧靠隔热烫板一起移动，移动速度要控制合适，以刚好熔去隔离层为准。

(2)在加热与铺贴卷材时，操作工人应随加热方向有序向前移动。

(3)热熔法铺贴卷材时应禁止非操作人员在屋面上走动。

三、合成高分子防水卷材屋面施工质量通病

合成高分子防水卷材是以合成橡胶、合成树脂或者两者的共混体为基料，加入适量的化学助剂和填充料等，采用橡胶或塑料的加工工艺所制成的可卷曲片状防水材料。具有耐老化、使用寿命长、拉伸强度高、延伸率大、对基层伸缩或开裂变形适应性强以及重量轻等特点。下面着重对采用冷粘法施工时易产生的质量通病及防治措施进行分析。

(一)卷材开裂

1．现象

合成高分子防水卷材采用冷粘法铺贴工艺，在施工后卷材屋面易产生无规则、分散状众多裂缝并引起渗漏。

2．原因分析

(1)卷材材性较差。近几年来合成高分子防水卷材应用较多，但是有些厂家生产的新型防水卷材达不到有关质量标准，其中突出的是热老化保持率和加热伸缩量。前者说明卷材的耐老化性能差；而加热伸缩量过大，则会引起的拉应力，对卷材开裂也有一定影响。

(2)设计构造考虑不周。如使用外漏单层(无保护层)合成高分子防水材料，因其耐穿

刺性差，更易出现卷材开裂现象。

(3)保温屋面采用水泥砂浆找平层时，因基层刚度不够，屋面出现开裂的机会就多。

(4)与施工工艺有关。凡采用满粘法铺贴的卷材，屋面容易出现开裂。而采用条粘法、点粘法铺贴的卷材，则情况要好得多。

3. 预防措施

(1)使用合格产品。除须索取出厂合格证以外，还应在施工过程中加强抽查与检测，如发现不合格的产品，应坚决剔除不用。

(2)改进设计构造。应根据屋面防水等级与设计要求，结合工程实际情况，进行屋面构造设计，并宜在合成高分子防水卷材层上加设保护层。

(3)在保温层上推荐使用混凝土或钢筋混凝土找平层。

(4)改进卷材铺贴工艺。由于合成高分子防水卷材具有拉伸强度高、延伸率大、抗变形能力强等特性，所以此卷材在铺贴时，宜采用条粘法或点粘法；如其上有刚性保护层时，则可采用空铺法。但此时必须确保卷材搭接缝的宽度，并做到黏结牢固，封固严密，不张口、不开缝。

4. 治理方法

局部修补可参照本章第一节“屋面开裂”的治理方法。对于大面积裂缝，可满涂聚合物水泥涂料(俗称 JS 复合涂料)，厚度为 2 mm。

(二)卷材起鼓

现象、原因分析、预防措施可参见本节一、(三)有关内容。

另外，卷材铺贴或碾压要充分，以提高卷材与基层的黏结力和紧密性，防止起鼓。为了防止卷材起鼓，必须按规定的用量均匀涂刷胶粘剂；掌握好胶粘剂的干燥时间，当胶粘剂涂刷后，手感(指触)基本干燥时，即是铺贴卷材的最佳时间，一般为 30 ~ 120 s。

治理方法：当卷材防水层局部起鼓时，应用针扎眼抽出空气(或溶剂)，然后将内部杂物清理干净，并把已割破的卷材周围仔细磨平，最后再铺贴比损伤部位外径大 100 mm 以上的卷材。

(三)黏结不牢

卷材与基层或卷材层之间粘贴不牢、脱开、褶皱，除因基层处理不当外，卷材铺贴方法不当、滚压不充分也是造成黏结不牢的原因。

由于合成高分子防水卷材延伸率较大，因此在铺贴卷材时，不得用力拉伸卷材(这与普通沥青防水卷材有显著区别)，否则在胶粘剂固化过程中，会使卷材与基层脱开(剥离)，或在局部形成皱褶。

合成高分子防水卷材正确的铺贴方法有以下几点。

(1)应在事先按弹线位置进行试铺，而在正式铺贴时，铺毡工人推进时用力要均匀一致，让卷材自然展平，与基层表面紧贴铺牢为原则。

(2)每当铺完一幅卷材后，应立即用干净而松软的长柄滚刷，从卷材的一端开始，沿卷材横向用力地顺次滚压，以便彻底排除卷材与基层之间的残留空气。在排除空气后，平面部位用外包橡胶的铁辊(重约 30 kg)，垂直部位用手辊，转角部位用扁平辊进行滚压，以提高初期的黏结力和紧密性。

(3)卷材铺好压实后，应将搭接部位的黏合面清除干净，并应采用与卷材配套的接缝专用胶粘剂，在搭接缝黏合面上涂刷均匀，使其做到不露底、不堆积。根据专用胶粘剂性能，应控制胶粘剂涂刷与黏合间隔时间，并排除接缝间的空气，辊压黏结牢固。卷材的搭接缝口应采用密封材料封严，其宽度不应小于 10 mm。

第二节　刚性防水屋面施工质量通病与防治

刚性防水屋面的防水层分水泥砂浆防水层和细石混凝土防水层两种。后者适用范围较广，可适用于防水等级为Ⅰ、Ⅱ级的屋面防水，不适用于高温或有振动的建筑，也不适用于基础有较大不均匀下沉的建筑，下面是针对细石混凝土防水层的质量通病及防治措施的介绍。

一、屋面开裂

(一)现象

混凝土刚性防水层屋面在南方应用较多。混凝土刚性防水层屋面开裂一般分为结构裂缝、温度裂缝和施工裂缝三种。

结构裂缝通常产生在屋面板拼缝上，一般宽度较大，并穿过防水层而上下贯通；温度裂缝一般都是有规则的、通长的，裂缝的分布比较均匀；施工裂缝常是一些不规则的、长度不等的断续裂缝，也有一些是因水泥收缩而产生的龟裂。

(二)原因分析

(1)混凝土刚性屋面防水层较薄，当基层变动时很易开裂，基础的沉降、结构支座的角变、不同建筑材料的温差等，都能引起结构裂缝。如天沟与屋面结构层二者结构不同，温差变形不同步，易产生裂缝而漏水。

(2)由于大气温度、太阳辐射、雨、雪以及车间热源作用等的影响，产生温度裂缝。尤其是靠近女儿墙处的刚性屋面防水层。

(3)混凝土配合比设计不当，施工时振捣不密实，压实收光不好，早期干燥脱水、后期养护不当，分格缝位置设置不当以及防水层和基层未设隔离层等，均会造成施工裂缝。

(三)预防措施

(1)为减少结构变形对防水层的不利影响，在防水层与屋面基层之间宜设置隔离层。隔离层可采用纸筋灰、麻刀灰、低强度等级砂浆(如 1∶3 石灰砂浆垫层)、干铺卷材或聚氯乙烯薄膜等材料。

(2)防水层必须分格。分格缝应设在屋面板的支承端、屋面转折处、防水层与突出屋面结构的交接处，并应与板缝对齐；分格缝的纵横间距不宜大于 6 m；分格线应纵横对齐，不要错缝。

(3)细石混凝土水泥用量不少于 330 kg / m^3，水灰比不应大于 0.55，含砂率应为 35%～40%，灰砂比应为 1∶2～1∶2.5，并宜采用收缩较小的普通硅酸盐水泥或硅酸盐水泥。

(4)混凝土防水层厚度不应小于 40 mm，内配ϕ4～ϕ6@100～200 mm 的双向钢筋网片。网片应在分格缝处断开，宜放置在混凝土防水层的中间或偏上，但保护层的厚度不应小于 10 mm。

(5) 普通细石混凝土，补偿收缩混凝土强度等级不应小于 C20。补偿收缩混凝土自由膨胀率应控制在 0.05%～0.1%，补偿收缩混凝土在施工时应按配合比准确称量，搅拌投料时膨胀剂应与水泥同时加入。混凝土连续搅拌时间不应少于 3 min。补偿收缩混凝土一般渗入 U 形膨胀剂，掺入量为水泥用量的 14%。

(6) 刚性防水层浇筑厚度应均匀一致，每个分格板块的混凝土应一次浇筑完成，不得留设施工缝。浇筑时应振捣密实，压实、抹平、收水后随即二次抹光。抹压时不得在混凝土表面洒水、加水泥浆或撒干水泥。

混凝土浇筑 12～24 h 后应立即养护，养护时间不应少于 14 d，且在养护初期屋面不得上人。

(四)治理方法

(1) 刚性屋面防水层如出现结构性贯穿裂缝时，宜用化学灌浆的方法进行补强封堵，并在裂缝处 150 mm 范围内，涂刷一层胎体增强材料的涂膜防水层，此时涂膜厚度不应小于 1.5 mm。

(2) 刚性屋面防水层如出现温度裂缝，应先在裂缝位置处用电动切割机将混凝土凿开，形成分格缝(宽度以 20～30 mm 为宜，深度宜凿至结构层表面)，然后按规定嵌填密封材料。最后还应在裂缝处 200 mm 范围内，涂刷有二层脂体增强材料的涂膜防水层，此时涂层厚度不应小于 2 mm。

(3) 屋面如出现一般性收缩裂缝时，应沿裂缝方向凿成 20 mm 宽、10 mm 深的 V 形槽，将槽边清洗干净且干燥后，再用密封材料嵌填封严。并在裂缝处 150 mm 范围内，涂刷一层胎体增强材料的涂膜防水层，此时涂层厚度不应小于 1 mm。

二、屋面渗漏

(一)现象

混凝土刚性屋面的渗漏有一定的规律性，容易发生的部位主要有山墙或女儿墙、檐口、屋面板板缝、水落口穿过防水层处。

(二)原因分析

(1) 女儿墙与防水层相交处为低温区，相对于屋面高温区会产生较大的温度应力，当分格缝未做到头时，由于混凝土温度变形产生拉应力，在分格缝的末端形成应力集中，并导致开裂。此外，南方夏季暴雨多、雨量大，如女儿墙泛水高度不够，亦易引起渗漏。

(2) 非承重山墙与屋面板相交处，因两者变形不一致，在连接处易拉裂脱空。

(3) 檐口天沟板与屋面板相交处，因接缝部位下宽上窄，由于屋面板与天沟板温度变形值不一致，使填缝的混凝土或砂浆脱落，导致渗漏。

(4) 分格缝设置方法不当。屋面分格缝没有与屋面板端缝对齐，在外荷载、徐变和板面与板底温差应力作用下，屋面板板端上翘，使防水层开裂。

(5) 横式水落口弯头与防水层相交处，采用非标准水落管，因弯头短，伸不到女儿墙的内表面，与屋面防水层不能搭接，加上施工操作粗糙，雨水口处水泥砂浆抹面与屋面防水层之间出现施工缝而产生漏源。

(6)排污通气管与防水层相交处。厕所、厨房的排污通气管与屋面防水层相交处，一般采用水泥砂浆作处理，因材料收缩开裂容易引起渗漏，若采用沥青玛琋脂粘贴油毡，则因材料老化硬脆，更易开裂渗漏。

(7)密封材料材质较差，嵌缝方法不当，因不能适应屋面温度变形而产生开裂。

(三)防治措施

(1)在女儿墙与防水层相交处，将分格缝做到女儿墙边，使泛水部分完全断开。另外可在分格缝两边的防水板块中，平行于女儿墙的方向配置 2 根φ6 或φ8 的温度筋，以抵抗低温区的温度应力。南方暴雨地区，在女儿墙泛水处应铺设卷材或涂膜附加层，泛水高度应等于或大于 250 mm，收头处应封固严密。

(2)非承重山墙与屋面板连接处，先灌以细石混凝土(或干硬性砂浆)，然后分二次嵌添密封材料，嵌缝深 30 mm、宽 10 ~ 20 mm。再按常规做卷材防水，并宜增加干铺卷材一层。

(3)当屋面坡度大于或等于 1 : 5 时，宜将天沟板靠屋面板一侧的沟壁外侧改成斜面，构成合理的接缝。

(4)分格缝应设置合理，详见本节"屋面开裂"的预防措施(2)。此外，普通细石混凝土和补偿收缩混凝土防水层的分格缝宽度宜为 20 ~ 25 mm。分格缝中应嵌填密封材料，上部铺贴防水卷材。

(5)为确保屋面横式水落口处的防水质量，再设计时应选用定型钢材或铸铁的水落管。另外，水落管与防水层之间的接缝，应用优质的密封材料嵌填。

(6)伸出屋面的管道，与刚性防水层相交处应留设缝隙，用密封材料嵌填，并应加设柔性防水附加层；收头处应固定密封。

(7)密封材料的技术性能应符合设计要求和国家或行业标准。施工时，应将分格缝两侧清洗干净并达到完全干燥状态，确保密封材料在和基面脱开情况下，与两侧混凝土黏结牢固，防水可靠。

(8)为了保证细石混凝土灌缝质量，在板缝底部应吊木方或设置角钢作为底模。

第三节　涂膜防水屋面施工质量通病与防治

涂膜防水屋面是指在屋面混凝土或水泥砂浆结构基层，抹压或涂布具有防水能力的流态或半流态物质，经过溶剂、水分蒸发固化和交链化学反应，形成具有相当厚度并有一定弹性的无接缝的完整薄膜，特别适合于形状复杂的屋面结构，使基层表面与水隔绝，起到防水密封作用。根据屋面使用功能、环保及可持续发展的要求，在涂膜防水屋面工程中，防水涂料应优先采用高聚物改性沥青防水涂料及合成高分子防水涂料两大类。

一、涂膜裂缝、起皮、流淌、鼓泡

(一)现象

涂膜出现裂缝、起皮、流淌、鼓泡等缺陷。

(二)原因分析

(1)基层处理不符合要求。

(2)基层刚度不足，抗变形能力差，找平层开裂。

(3)涂料中有沉淀物质。

(4)涂料施工时温度过高，或一次涂刷过厚，或在前遍涂料未实干前即涂刷后续涂料。

(5)涂膜厚度不足，胎体增强材料铺贴不平整。

(6)在复合防水施工时，涂料与其他防水材料相容性差。

(7)涂膜流淌主要发生在耐热性较差的防水涂料中。

(三)防治措施

(1)基层处理参见第一节相关内容。

(2)在保温层上必须设置细石混凝土(配筋)刚性找平层;同时在找平层上按规定留设温度分格缝。在找平层分格缝处，应增设带胎体增强材料的空铺附加层，其宽度宜为200～300 mm；而在分格缝中间 70～100 mm 范围内，胎体附加层的底部不应涂刷防水涂料，以使与基层脱开。

(3)沥青涂料中如有沉淀物(沥青颗粒)，可用 32 号铁丝网过滤。

(4)潮湿天气，可选用潮湿界面处理剂、基层处理剂或能在湿基面上固化的合成高分子防水涂料，抑制涂膜中鼓泡的形成。

(5)涂料应分层、分遍进行施工，并按事先试验的材料用量与间隔时间进行涂布。若夏天气温在 30℃以上时，应尽量避开炎热的中午施工，最好安排在早晚(尤其是上半夜)温度较低的时间操作。

(6)精心施工，确保涂料的成膜厚度。铺贴胎体增强材料时，要边倒涂料，边推铺，边压实平整；铺贴最后一层胎体增强材料后，面层至少应再涂刷两遍涂料。胎体应铺贴平整，松紧有度。铺贴前，应先将胎体布幅的两边每隔 1.5～2.0 m 间距各剪一个 15 mm 的小口，以利排除空气，确保胎体铺贴平。

(7)当采用两种防水材料进行复合防水施工时，应考虑防水涂料与其他材料的相容性，确保两者之间黏结牢固。有关试验指出，两种材料的溶度参数愈接近，则此两种材料的相容性愈好，愈能减少涂膜起皮。

(8)进厂前应对原材料抽检复查，不符合质量要求的防水涂料坚决不用。

二、屋面渗漏

(一)现象

屋面遇雨水时出现渗漏。

(二)原因分析

(1)基层不平整或基层结构变化较大，导致屋面积水或引起防水层开裂。

(2)设计构造不合理，细部构造封口不平，涂膜有开裂、脱落等现象。

(3)涂布方法不当，涂料或膜厚度不足，且有露胎体、皱皮等现象。

(三)预防措施

(1)参见本节“涂膜裂缝、起皮、流淌、鼓泡”的防治措施。

(2)涂膜防水层一般较薄，长期泡在水中，会发生黏结力降低、丧失防水性能等现象；水乳型涂料自然蒸发成膜后，如长期泡水还会出现溶胀、起鼓、涂膜脱落等质量问题。所以屋面应有合理的分水和排水设计，所有檐口、檐沟、天沟、水落口等应有一定的排水坡度，并切实做到封口严密，排水通畅。

(3)天沟、檐沟、檐口、变形缝、泛水、穿透防水基层的管道或突出屋面连接处等，均应加铺有胎体增强材料的附加层。水落口周围与屋面交接处，应做密封处理，并加铺两层有胎体增强材料的附加层。涂膜深入水落口的深度不得小于 50 mm。在细部构造的收头处，施工应精心操作，并用防水涂料多遍涂刷或用密封材料封严。

(4)屋面转角及立面的涂层，应薄涂多遍，不得有流淌、堆积现象。

(四)治理方法

(1)如屋面结构出现裂缝时，应先对裂缝进行治理或采取堵漏；待结构稳定后，方可治理防水层。

(2)当发现涂膜防水层有渗漏时，应先查明原因，并根据渗漏程度和范围，制订相应的技术措施。

涂膜防水层气泡产生渗漏。应根据所用涂料的品种，提前做好准备，待涂料中气泡消除后，在已有气泡的防水层上再涂刷一遍涂料，要单方向涂刷，不能来回涂刷，避免产生小气泡，涂膜厚度应控制在 2 mm 以上。

涂膜防水层开裂引起渗漏。对轴向裂缝，可先用密封材料嵌封缝隙，再将裂缝两侧的涂膜表面清扫干净，干铺一层宽 200 ~ 300 mm 的胎体增强材料，在胎体增强材料上涂刷同类型的涂料两遍，然后，再按原来涂膜防水层的做法进行涂刷，宽度以 400 ~ 500 mm 为宜。在新加的这层涂膜条两侧搭缝处，应用涂料进行多遍涂刷，直至将缝口封严。对于其他裂缝可用泡沫或沥青麻丝填塞后用防水涂料均匀涂刷。

屋面节点渗漏。首先要找出屋面积水的主要原因，如因水落管等排水系统堵塞，只需及时疏通排水系统即可；如因找平层局部低凹不平，可用聚合物水泥砂浆找平干燥后，上面再做一道涂膜防水层，雨后或泼水检查不得再有积水现象；其次观察节点接缝，若接缝完好，仅个别部位渗漏，可在接缝上部铺设一条 100 ~ 150 mm 宽的胎体增强材料，用与屋面涂膜相同的防水涂料涂刷至少 3 遍；若节点渗漏，接缝密封防水处理失败，就应仔细将节点部位的涂膜防水层切开，将原来的密封材料取出，并将缝内残留物清扫干净，再按规范要求在缝内填入背衬材料后，重新嵌填密封材料。

涂膜收头处渗漏。把翘边张口部分的涂膜撕开，将基层清理干净，涂刷基层处理剂，然后用同类材料将翘边部位的涂膜重新粘贴上，加压条用水泥钉固定牢固，然后再在压条上铺贴 200 ~ 300 mm 宽的胎体增强材料，多遍涂刷防水涂料，将收头部分封严。

三、保护层材料脱落

(一)现象

保护层材料破碎脱落，缺棱掉角。

(二)原因分析

(1)粒料保护层(如细砂、云母或蛭石碎粒)所用材料不符合要求,或施工中未经碾压,与涂料黏结不牢。

(2)浅色涂料保护层施工时基面潮湿，或使用与原防水涂料不相容的材料。

(3)水泥类刚性保护层在施工初期因不注意成品保护，造成缺棱、掉角等缺陷。

(三)预防措施

(1)粒料保护层的材料颗粒不宜过粗，使用前应筛去杂质、泥块，必要时还要冲洗和烘干。

(2)粒料保护层施工时，应边刷涂料边抛撒保护层材料，然后用表面包胶皮的铁辊轻轻碾压，使粒料嵌入面层涂料中。且应在自然干燥 7 d 后，扫除未黏结的保护层材料，收集备用。

(3)浅色涂料保护层施工时，其基面应符合平整、干净和干燥的要求，使用的涂料应与原防水涂料进行相容性实验。

(4)整浇水泥类保护层施工初期，要注意养护，并防止碰伤。

(四)治理方法

(1)粒料保护层脱落时，应先将基面清理干净，重新涂刷黏结材料；边涂刷边抛撒粒料进行修补，待黏结材料干燥后，扫除未黏结的粒料。

(2)浅色涂料保护层脱落时，应先将基面清理干净，干燥后重新涂刷保护层材料。

(3)刚性保护层脱落时，应将破碎的刚性材料清理干净，再将四周酥松部分凿除，用水充分湿润后，浇筑掺有微膨胀剂的砂浆或混凝土，并抹平压光。

(4)修补保护层时，应做好防范措施，不得损坏原有涂膜防水层。

第四节　地下室混凝土自防水施工质量通病与防治

结构自防水已成为我国工程建设的主要防水技术措施，它既是承重结构，又极具防水特性，用的较为普遍的是补偿收缩混凝土和普通防水混凝土。

这类防水工程，工序简便，造价低廉，防水持久，节省投资。实践证明，凡是设计合理，施工优良的工程，均能达到预期目标。然而，如果工程细部处理不当，施工操作不当、操作不严，则底板、维护结构和顶板裂缝以及各种预留缝渗漏水再所难免。

一、防水混凝土渗漏

(一)现象

防水混凝土渗漏主要表现为混凝土养护期间即显示出自湿状态，或局部(点或线)显示过于潮湿，甚至出现水渗出现象。有的硬化后，混凝土表面局部或大面积出现潮湿、“冒汗”，乃至出水现象。

(二)原因分析

(1)地质勘测不准、水文资料掌握不全或设计考虑不周、不合理，某些部位的构造措施不当等。

(2)粗细骨料级配不佳，影响骨料级配防水混凝土的抗渗性能；骨料吸水率大；砂石含泥量、泥块含量严重超标。

(3)不同品种的水泥混杂使用，或使用的水泥中混有其他种水泥的残留物。因为不同品种的水泥，其矿物组成各不相同(同一品种、不同厂批的水泥，其矿物组成亦不尽相同)表现在性能上当然也就会出现差异，极易形成收缩变形不一，造成裂缝渗漏。

(4)混凝土水灰比、坍落度失控，和易性差，泌水性大，振捣不实、漏振，养护不及时、脱水，导致混凝土密实性差，收缩大，毛细管通道增多、增大，严重时便造成混凝土出现贯通性裂缝、孔洞。

(三)防治措施

(1)进行抗渗混凝土配制的专题试验，待合格后，按所确认的配合比进行配制施工。可用骨料级配法配制混凝土，提高混凝土比重，增强其结构抗渗性能。

(2)重视混凝土的浇捣，按规定方法及程序进行，保证一个浇筑面有一个振捣器，严格按混凝土由后往前浇，而振捣则由前往后的顺序进行施工作业，防止漏振。

(3)根据混凝土配筋的疏密度，选择适当的坍落度和骨料级配，防止浇捣不密实。

(4)地下混凝土结构模板不宜拆除过早，否则极易造成混凝土结构内伤，形成意想不到的渗水通道。

二、变形缝渗漏水

(一)现象

地下工程变形缝，一般设置在结构变形和位移等部位，如地下室与车道连接处，不少变形缝有不同程度的渗漏水。

(二)原因分析

(1)施工无构造详图。

(2)原材料不合格，到现场后未能抽样复检。

(3)金属止水带焊缝不饱满，橡胶或塑料止水带没有锉成斜坡并黏结搭接。

(4)变形缝处混凝土振捣不密实。

(三)预防措施

(1)地下工程宜尽量减少变形缝。当必须设置时，应根据该工程地下水压、水质、防水等级、地基和结构变形情况，选择合适的构造和材料。

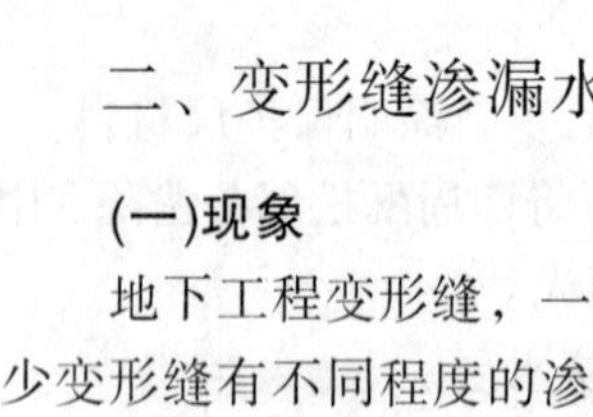

图 9-4　变形缝橡胶止水带

1—沥青木丝板；2—橡胶止水带；3—BW 止水带；4—附贴式止水带；5—可伸缩铝板饰面

(2)认真做好变形缝的施工。①按设计规定的形式立好端模，根据止水带埋设位置将模板分开，把止水带夹于中间，保持止水带的中心圆环对准变形缝的中间位置，将止水带摊平架设在钢筋的中间，按规定位置固定好。再固定预埋的压铁和螺栓，见图 9-4。②先浇筑变形缝一侧的混凝土，要设专人负责混凝土的浇筑，底板混凝土要先灌注好止水带的下面，后灌注上面，灌注墙壁的混凝土要在止水带的左右两面同时进行，确保位置准确，振捣不能碰伤止水带，不使止水带卷曲或偏向一边，还要把止水带周围的混凝土振捣密实。③待混凝土达到一定强度后，拆除端模板，根据变形缝的宽度和高度，配置沥青木丝板或聚苯乙烯泡沫塑料板，将板的高度对准止水带位置割开，把止水带夹在中间，再把止水带另一侧摊平，架设在钢筋中的位置上固定好，再固定预埋的压铁和螺栓。④继续按上述方法浇捣混凝土。

(四)治理方法

(1)如发现变形缝渗漏水，对可卸式止水带，可揭开盖板，扭开螺母，将压铁及表面式止水带拆卸，清除缝内塞填物。

(2)在变形缝渗漏水部位缝内嵌入 BW 止水条，每隔 1 ~ 2 m 处预埋注浆管，用速凝防水胶泥封缝。

BW 遇水膨胀止水条(简称 BW 止水条)是由橡胶、膨润土等无机及有机吸水材料、高黏性树脂等十余种材料经密炼、混炼、挤制而成的自黏性遇水膨胀型条状密封材料，断面为四方形。

其特点是可依靠自黏性直接粘贴在混凝土施工缝基面上，施工方便，快速简捷；遇水后即可在几十分钟内逐渐膨胀，形成胶粘性密封膏，一方面堵塞一切渗水空隙，另一方面与混凝土接触面粘贴得更加紧密，从根本上切断渗水通道；主体材料为无机矿物料，所以耐老化、抗腐蚀、抗渗能力不受温度交替变化影响，具有可靠的耐久性；具有显著的自愈功能，当施工缝处出现新的微小缝隙时，止水条可继续吸水膨胀，进一步堵塞新的微裂缝，自动强化防水效能；在水泥砂浆浇筑过程中，其吸水膨胀率很小，不会因为混凝土中存在的拌和水而产生预先膨胀，而导致丧失防水抗渗的能力。

(3)注浆后 2 ~ 3 d，应认真检查，对不密实处，可做第二次丙凝注浆，直到不渗漏水为止。注浆管可用微膨胀水泥砂浆填实。

三、混凝土施工缝渗漏水

(一)现象

施工缝沿缝隙处渗漏水，有的湿渍斑斑，严重的渗漏水成线状。

(二)原因分析

(1)施工缝未做企口或没有安装止水带；留置位置不当；处理不符合要求，残渣没有冲洗干净，没有先在施工缝处铺一层水泥砂浆，新旧混凝土结合不牢。

(2)在支模和绑扎钢筋过程中，锯末、铁钉等杂物掉入缝内没有及时清除，浇筑上层混凝土后，在新旧混凝土之间形成夹层。

(3)下料方法不当，骨料集中于施工缝处。

(4)混凝土墙体单薄，钢筋过密，振捣困难，混凝土不密实。

(三)预防措施

(1)合理留设水平施工缝。墙板水平施工缝不应留在剪力与弯矩最大处或底板与侧壁交接处，应留在高出底板上表面不小于 200 mm 的墙身上；墙体设有孔洞时，施工缝距孔洞边缘不宜小于 300 mm。

(2)施工缝接缝形式，常用的有三种：①凸缝。是企口缝的一种形式。凸缝容易清理，当墙较厚时，宜采用此缝，见图 9-5(a)。②高低缝(阶梯缝)。是一种常用的形式，见图 9-5(b)。③平口缝。平口缝加止水钢板，因钢板要求是封闭形式，又大又重，施工时很难处理，效果也不理想，现已较少采用；平口缝加 BW 止水条，施工简便，效果好，推荐使用，见图 9-5(c)、(d)。

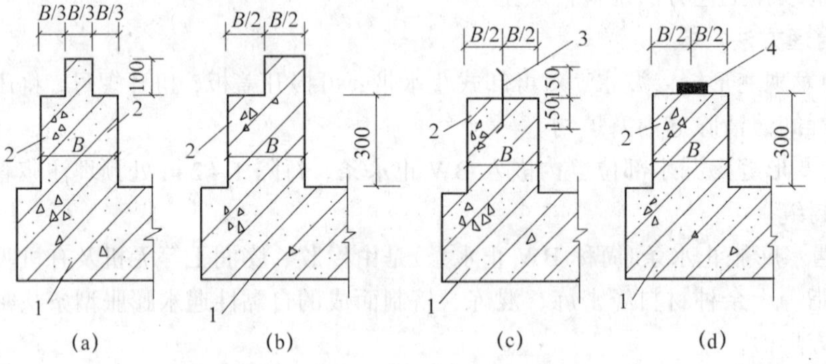

图 9-5　施工缝留置形式(单位：mm)

(a)凸缝；(b)阶梯缝；(c)平口缝埋金属止水带；(d)平口缝贴 BW 止水条

1—底板；2—墙体；3—金属止水带；4—BW 止水条

(3)施工缝处理。施工缝的防水性能优劣，取决于接缝的处理方法是否得当，操作的精心细致与否。①接缝处理。拆模后随用钢丝板刷将接缝处刷毛。施工前清除浮动的石子、浮浆、杂物，扫刷干净，用水冲洗。②立模。模板的下口要压紧，不得有漏水泥浆的缝隙。要留活动模板，以利冲洗湿润的水，排除杂物后封闭。③铺设水泥砂浆层。在混凝土初凝前，先在清洁潮湿而不积水的接缝上铺设厚度为 25 mm 的 1∶2.5 的水泥砂浆，砂浆所用水泥标号、品种要和防水混凝土相同。要随铺随浇筑混凝土，不要一次铺设过长，以免砂浆初凝影响质量。也可采用底层的混凝土，在相同配合比的条件下减少 1/2 石子的混凝土。采用赶浆作业法，将水泥砂浆淌在前面，保证接缝质量。④混凝土的浇筑。要控制接缝第一层混凝土的灌注厚度不超过 500 mm。采用插入式振捣器，先振捣接缝深的部分，后振捣接缝浅的部分，振动器的头不宜插到接缝底部的已浇筑的混凝土上，以免影响质量。要有专人负责，不得漏振和少振，不能有丝毫疏忽，保证接缝处防水质量。⑤膨胀止水条的设置。混凝土施工缝接缝处留平缝，居中抹平，两边用钢丝刷刷毛，施工前处理洁净，浇水前湿润表面，不积水为宜。将 BW 橡胶止水条的隔离纸撕掉，粘贴在接缝的中心位置，搭接不小于 50 mm，即可继续浇筑上层的混凝土(见图 9-6)。但振动器的端部不能触到止水条上。

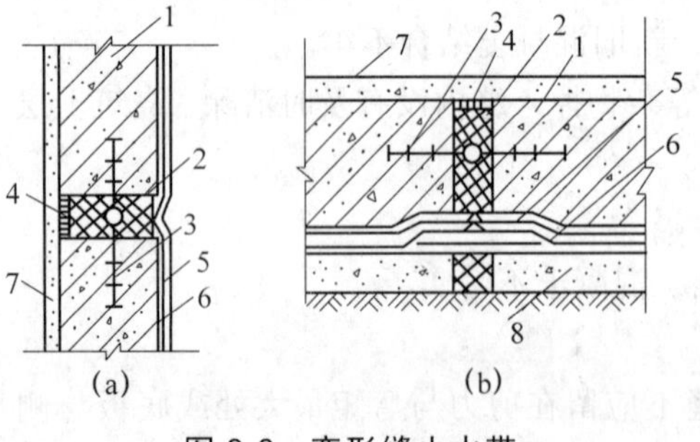

图 9-6　变形缝止水带

(a)墙体变形缝；(b)底板变形缝

1—墙身或底板；2—沥青木丝板；3—止水带；4—填密封膏；5—卷材附加层；6—卷材防水层；7—砂浆面层；8—混凝土垫层

(四)治理方法

(1)根据施工缝渗漏水情况和水压大小，采用促凝胶浆或氰凝(丙凝)灌浆堵漏。

(2) 对于不渗漏水的施工缝出现缺陷，可沿缝剔成 V 形槽，遇有松散部位，须将松散石子剔除，刷洗干净后，用高强度等级水泥素浆打底，抹 1∶2 水泥砂浆找平压实(见图 9-7)。

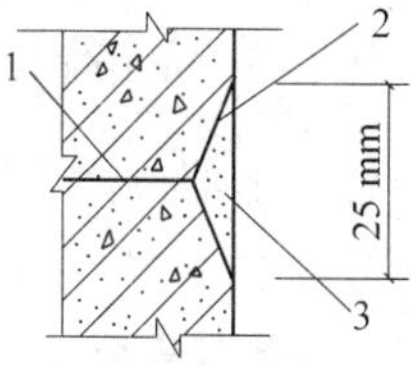

图 9-7　混凝土施工缝缺陷处理

1—施工缝；2—素浆；3—水泥砂浆

四、预埋件部位渗漏水

(一)现象

沿预埋件周边渗漏水，或预埋件附近出现渗漏水。

(二)原因分析

(1) 支撑地下工程底板钢筋的支架脚直接撑在混凝土垫层上；脚手架钢管支在混凝土垫层上，混凝土浇筑后未立即拔除，压力水沿支架脚或撑脚缝渗漏水。

(2) 穿过地下工程墙体的水电套管、固定式主管、模板对拉螺栓等，未满焊止水环，或环板宽度太窄，起不到延长渗漏水距离的作用；预埋铁件及环片表面有锈蚀层未清除，混凝土不能与埋件黏结严密。

(3) 暗线管接头不严或套管有缝管，水渗入管内后又由管内渗出。

(4) 施工中预埋件固定不牢受振松动，与混凝土间产生缝隙。

(5) 预埋件周围尤其是预埋件密集处，混凝土浇筑困难，振捣不密实。

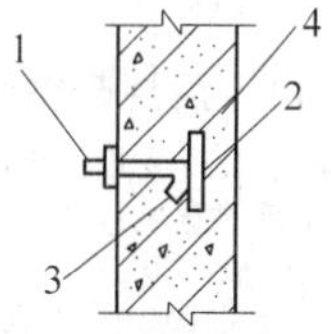

图 9-8　预埋铁件加焊止水板

1—预埋铁件；2—止水板；3—焊缝；4—防水混凝土

(三)预防措施

(1) 所有穿过防水混凝土的预埋件，必须满焊止水环，焊缝要密实无缝。

(2) 预埋铁件表面锈蚀，必须做除锈处理。

(3) 预埋件埋入防水混凝土内，应在其弯钩端满焊止水板防水(见图 9-8)。

(4) 防水混凝土结构内部设置的各种钢筋或绑扎铁丝，不得接触模板；固定模板用的拉紧螺栓穿过混凝土结构时，可采用在螺栓或套管上加焊止水环，止水环必须满焊(见图 9-9、图 9-10)。

(5) 浇筑混凝土时，加强预埋件周围混凝土的振捣。但振动棒不得碰撞预埋件。

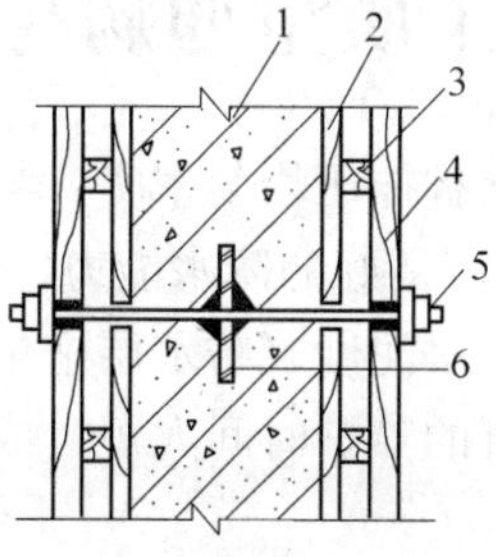

图 9-9　对拉螺栓加止水环

1—防水混凝土；2—模板；3—小龙骨；4—大龙骨；5—拉紧螺栓；6—ϕ60～ϕ80 止水环

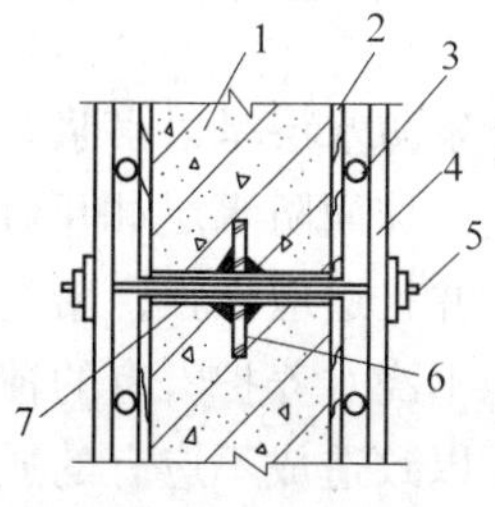

图 9-10　预埋套管加止水环穿对拉螺栓

1—防水混凝土；2—模板；3—水平钢管；4—双排竖向钢管；5—拉紧螺栓；6— ϕ60～ϕ80 止水环；7—套管(拆模后将螺栓拔出)

五、后浇带部位渗漏水

后浇带部位产生渗漏水，一部分是由于施工缝处理不当造成的，相关的原因与防治措施可按照本节“施工缝渗漏水”相关内容。

(一)原因分析

(1)底板和墙体均系双层钢筋网，后浇带还有加强筋，两侧支模困难。有的底板两侧用密孔钢筋网、钢板网或纱窗布(埋入混凝土中)挡混凝土，当混凝土浇筑振捣困难时，水泥浆大量流失，沿缝两侧多为石子，混凝土酥松。有的在木条下，以聚苯乙烯泡沫板塞缝，泡沫板一压即碎，碎渣散入混凝土中，不易清除干净。

(2)由于浇水养护，后浇带内的钢筋经水泡及雨淋，锈蚀严重。底板缝内灰渣积聚，施工前没有彻底除锈、清渣、排水，且两侧旧混凝土也未凿毛，铺浆后即浇筑混凝土。

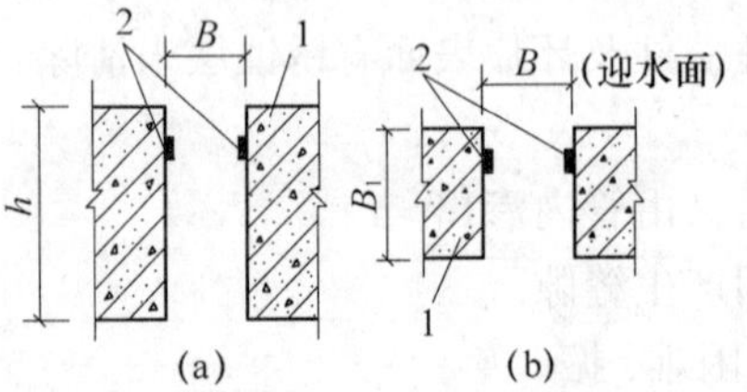

图 9-11　后浇带粘贴 BW 止水条

(a)底板后浇带；(b)外墙后浇带
B—后浇带的宽度；B_1—外墙墙体的厚度；
h—底板高度；1—防水混凝土；
2—BW 止水条(缓胀型)

(3)后浇带使用的补偿收缩混凝土的等级没有提高，微膨胀剂掺量少。

(4)养护未及时覆盖，浇水次数少，养护期没有达到规定时间就提早拆模。

(二)预防措施

(1)混凝土底板后浇带的设置位置、构造应按照规范规定。如两侧粘贴 BW 橡胶止水条时，构造参见图 9-11。

(2)后浇带两侧宜用木模封缝，尽量减少混凝土水泥浆流失。

(3)后浇带混凝土须用补偿收缩混凝土，其强度等级应比旧混凝土高 0.5 ~ 1 级，内掺水泥重量的 14% ~ 15%的 UEA 或 WG–HEA 膨胀剂。若用泵送混凝土，坍落度按 160 ~ 180 mm 控制。

(4)混凝土接近终凝，立即覆盖(或挂在模板上)双层草帘或双层麻片，充分浇水养护 28 d。拆模后，在迎水面做附加防水层和护墙。

第五节　地下室水泥砂浆防水层施工质量通病与防治

水泥砂浆防水层是以素浆(水泥浆)和水泥砂浆分层交替抹压均匀密实，与结构层牢固结合的整体抹面防水层(即刚性防水四、五层做法)，具有良好的防水能力，施工简便，质量可靠，并且适应性强，新建工程或维修工程均可用。水泥砂浆防水层施工中存在的主要问题是不浇水养护，有的覆盖、浇水养护不及时，有的养护时间太短，或是根本不浇水养护，以致造成不应有的质量事故。

一、防水层局部洇湿与渗漏水

(一)现象

一般出现在防水层未遭剔凿、碰撞破坏和没有空鼓裂缝的表面上，防水层上有一块块潮湿痕迹，在通风不良、水分蒸发缓慢的情况下，洇湿面积会徐徐扩展；或形成渗漏，地下水从某一漏水点以不同渗水量自墙上流下或由地上冒出。

(二)原因分析

施工人员对质量重视不够，未严格按照防水层有关要求进行操作，忽视防水层的连续性，如素浆层刮抹不严、薄厚不均、出现空白或大面积漏抹等，成为防水层中的薄弱环节。

(三)预防措施

(1)对操作人员进行充分的技术交底，使之明确防水质量对工程的正常使用的重要性。

(2)操作要仔细认真，务求素浆层刮抹严密、均匀一致，并不遭破坏。

(3)加强对防水层的质量检查工作。

(四)治理方法

首先查出渗漏点的准确位置，可把渗漏部位擦干，立即均匀撒上薄薄一层干水泥粉，表面出现的湿点即为漏水点。如还不能查出，可用水泥胶浆(水泥：促凝剂=1：1)在漏水部位涂一薄层，并立即撒上干水泥粉检查，洇湿点即为漏水点。

二、预埋件部位渗漏水

(一)现象

穿透防水层的预埋件周边出现洇湿或不同程度的渗漏。

(二)原因分析

(1)操作中忽视对预埋件周边的处理，抹压不仔细，底部出现漏抹现象；没有认真清除预埋件表面锈蚀层，使防水层与预埋件接触不严。

(2)预埋件周边的防水层抹压遍数少、交活快，使周边防水层产生收缩裂缝。

(3)预埋件在施工期间或安装使用时受热、受振，与周边防水层接触处产生微裂造成渗漏。

(4)预埋件未焊止水环或未满焊。

(三)预防措施

(1)预埋件四周剔成深 30 mm、宽 20 mm 的环形沟槽(沟槽尺寸可酌情调整)，对预埋件除锈并清洗沟槽后，用水灰比为 0.2 左右的素浆嵌实，再随其他部位一起抹上防水层，见图 9-12。

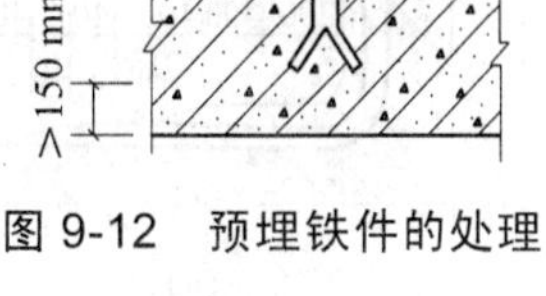

图 9-12　预埋铁件的处理

1—素浆嵌槽；2—防水层

(2)对于预埋件周边出现的渗漏，先将周边剔成环形沟槽，再按裂缝直接堵塞方法处理。

(3)如埋件密集，多数呈漏水状态，剔除埋件后漏水增多，这是因该部位混凝土浇捣不严，内部松散所致，如修堵困难，可先按“水泥压浆法”灌入快凝水泥浆，待凝固后，漏水量明显下降时，再参照上述(1)、(2)方法处理。

三、门框部位渗漏水

(一)现象

地下工程铁门或混凝土门的角铁门框和门轴等预埋铁件部位漏水。

(二)原因分析

(1)门窗口部位的防水层不连续，或未经任何处理。

(2)门窗口安装时任意剔凿、磕碰防水层，开关铁门或混凝土门的振动，造成门轴等预埋铁件松动。

(三)预防措施

角铁门框、门轴等应尽量采用后浇或后砌法固定，见图 9-13。

(四)治理方法

(1)将已出现渗漏水的门框、门轴等拆除，剔槽并经堵漏处理和修补防水层后，重新安装。见图 9-14。

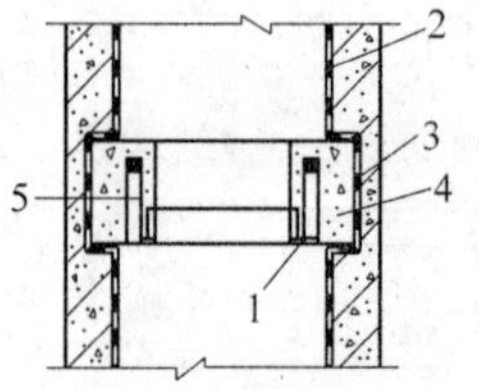

图 9-13　铁门框后浇固定方法

1—角铁门框；2—防水层；3—槽内呈麻面；4—后浇高强度混凝土；5—锚固筋

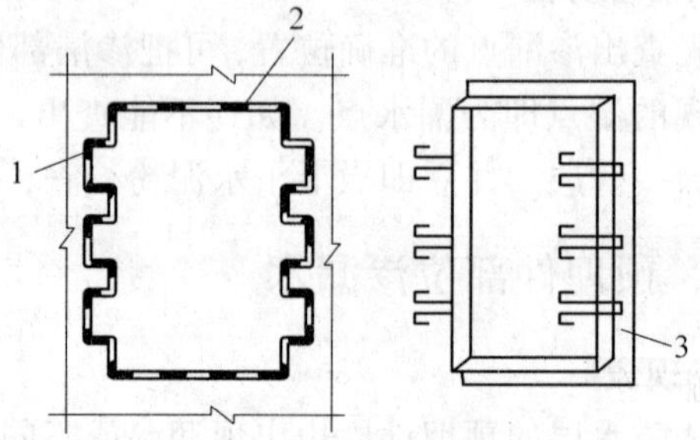

图 9-14　漏水铁门框的处理方法

1—槽内呈麻面，安装门框后浇筑高强度混凝土；2—防水层；3—角铁门框

(2)漏水铁门框，其处理部位必须挂贴湿草帘或麻片浇水养护 14 d。

四、防水层施工缝渗漏水

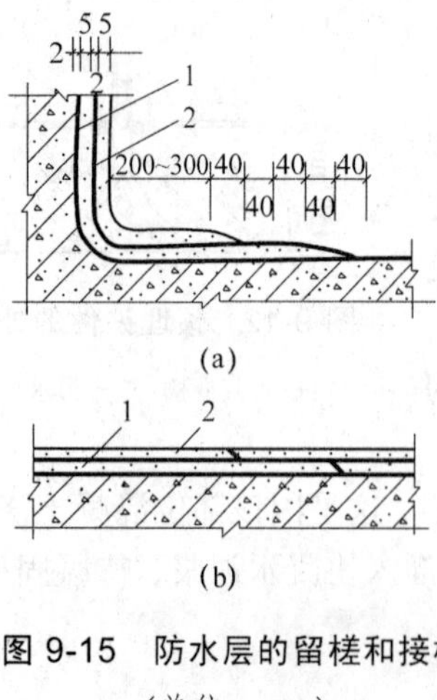

图 9-15　防水层的留槎和接槎

(单位：mm)

(a)转角处；(b)墙面

1—素浆层；2—砂浆层

(一)现象

防水层施工缝渗漏水主要表现为接缝处阴湿，或出现点状或线状渗漏。

(二)原因分析

防水层留槎混乱，层次不清，无法分层搭接，使得素浆层不连续；有的没有按要求留槎，如留成直角槎等；接槎时，往往由于新槎收缩，产生微裂而造成渗漏水。

(三)预防措施

(1)防水层的施工缝需留斜坡阶梯形槎，接槎要依照层次顺序分层进行，无论墙面或地面的留槎，均需离阴角 200 mm 以上，见图 9-15。

(2)不符合要求的槎口，应用剁斧、錾子等剔成坡形，然后逐层搭接。

第六节 地下室卷材防水施工质量通病与防治

地下工程卷材防水层是用沥青胶将各种卷材连续地胶结于结构表面而形成的。卷材防水层具有一定的韧性和可变性，适应地下工程下沉、伸缩而引起的微小变形，能抗酸、碱、盐溶液的侵蚀或受振动作用下的地下工程，防水性能好。但是，卷材防水的质量不易得到保证，也不易检查，一旦出现渗漏，修补困难。

一、卷材搭接不良

(一)现象

卷材搭接不良主要表现为铺贴后的卷材因甩槎被污损破坏，或立面临保护墙的卷材被撕破，层次不清，无法搭接。

(二)原因分析

(1)临时保护墙砌筑强度高，不易拆除，或拆除时不仔细，没有采取相应的保护措施。

(2)施工现场组织管理不善，工序搭接不紧凑。排降水措施不完善，水位回升，浸泡、沾污了卷材槎子。

(3)在缺乏保护措施的情况下，底板垫层四周架空平伸向立墙卷铺的卷材，更易污损破坏。

(三)防治措施

从混凝土底板下面甩出的卷材可刷油铺贴在永久保护墙上，但超出永久保护墙部位的卷材可以不刷油铺实，而用附加保护油毡包裹钉在木砖上，待完成主体结构、拆除临时保护墙时，撕去附加保护油毡，可使内部各层卷材完好无缺，如图 9-16。

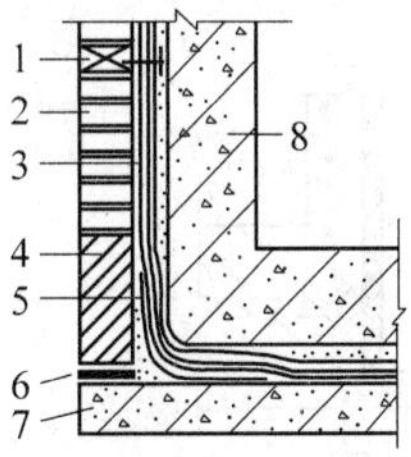

图 9-16 外贴法卷材搭接示意图

1—木砖；2—临时保护墙；3—卷材；4—永久保护墙；5—转角附加油毡；6—干铺油毡片；7—垫层；8—结构

二、卷材转角部位或防水层被破坏后渗漏

(一)现象

地下工程主体结构施工后，转角部位或墙体出现渗漏。

(二)原因分析

(1)在转角部位，卷材未能按转角轮廓铺贴严实，随后主体结构施工时此处卷材被破坏。

(2)所选用的卷材韧性较差，转角处操作不便，沥青胶结料温度过高或过低，不能确保转角处卷材铺贴严密。

(3)在转角处未按照有关要求增设卷材附加层。

(4)砖砌保护层后，砖块、水泥砂浆与防水层接触凸凹不平。当回填土夯实时，砖墙受挤压，防水层被砖墙内的硬物刺破受损。

(三)预防措施

(1)基层转角处应做成圆弧形或钝角。

(2)转角部位应尽量选用强度高、延伸率大、韧性好的无胎油毡或沥青玻璃布油毡。

(3)沥青胶结料的温度应严格按有关要求控制。涂刷厚度应力求均匀一致，各层卷材均要铺贴牢固，并增设卷材附加层，如图 9-17。附加层一般可用两层同样的卷材或一层无胎油毡(或沥青玻璃布油毡)，按照转角处形状黏结紧密。

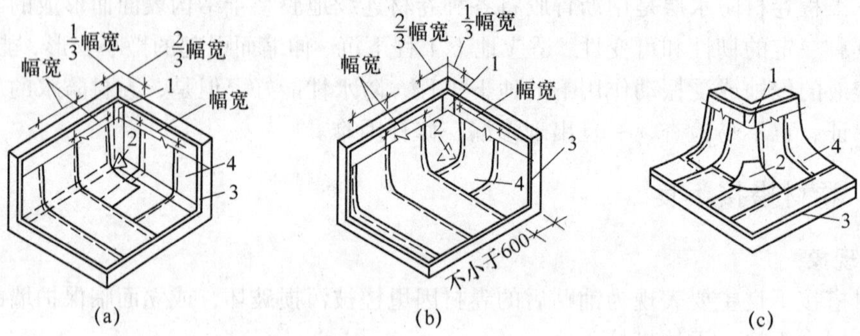

图 9-17　三面角的卷材铺设法(单位：mm)

(a)阴角第一层卷材铺设法；(b)阴角第二层卷材铺设法；(c)阳角第一层卷材铺设法

1—转角处卷材附加层；2—角部附加层；3—找平层；4—卷材

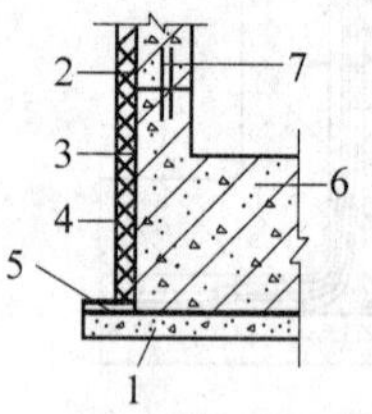

图 9-18　地下室防水涂层接槎

1—垫层；2—找平层；3—防水涂层；4—软保护层；5—防水涂层接搓；6—混凝土底板；7—止水带

(4)改进接槎和保护层。混凝土垫层宽出底板 300 mm，满做防水涂料，如图 9-18，并用油毡和砂浆防护，待地下室结构完成后，清除接槎涂层，随即做外墙防水层；防水保护层采用 20～50 mm 聚氯乙烯泡沫塑料板(或再生聚苯板)代替 120 mm(或 240 mm)的砖墙。

密实的灰土是较好的防水层。一种是直接用灰土做保护层，施工时将白灰和土过筛，彻底清除灰土中的硬块物质，按 3∶7 比例均匀拌和、分层夯实，夯实时，墙设临时挡板，使灰土和防水层之间形成软接触。一种是在软保护之外，回填 2∶8 或 3∶7 灰土，使软保护层与灰土软接触，施工时严格分层夯实，逐层做密实度实验，严格按标准操作，加强灰土层的防水效果。

(四)治理方法

当转角部位出现黏结不牢、不实等现象时，应将该处卷材撕开，灌入玛𤨐脂，用喷灯烘烤后，逐层补好。热熔型卷材则用火焰喷枪加热卷材与基层修补。

地下卷材防水的其他质量通病，可参见本章中屋面卷材防水的处理。

第七节　防水工程质量通病实例分析

一、某小区住宅楼屋面渗漏实例分析

(一)工程及渗漏概况

某小区多层住宅楼的平屋面，设计方案为倒置式屋面。其中有一栋屋面的防水面积为 376 m^2，选用自黏聚酯胎橡胶改性沥青防水卷材做防水层。当卷材铺贴完成后，在屋面上蓄水试验过程中，发现有 18 处渗漏水。

(二)原因分析

(1) 卷材不合格。经检查，发现该自黏聚酯胎橡胶改性沥青防水卷材中的聚酯胎没有浸透改性沥青，水透过防水层渗入室内，造成严重渗漏，也就是说，有部分不合格卷材混入其中。

(2) 自粘卷材的施工环境温度应在 5℃以上，但为了赶工期，施工当时的环境温度比较低，在 5℃以下进行了铺贴施工，造成卷材与基层之间、卷材与卷材之间的搭接处粘贴不牢。

(三)处理方法

经论证，决定在原有卷材面上再加一层卷材。

1. 选择合适的卷材

选用几种卷材，每种卷材裁两块 1 m^2 大小，用冷粘法、热熔法各粘贴一块于自粘卷材上，然后揭起检查黏结性和相容性。经检查，采用热熔法铺贴的 SBS 改性沥青防水卷材比较好。

2. 确定施工方案

在原防水层上加铺一层 SBS 防水卷材，采用热熔法铺贴施工方案。

(1) 防水卷材铺贴。铺贴应紧密配合加热的速度和卷材的热熔情况，缓慢地将卷材沿所弹的边线向前推滚。铺贴好后，再调头继续铺贴。铺贴复杂部位及基层不平整处，要扩大烘烤基层面，加热卷材面，使卷材处于柔软状态，卷材与基层粘贴平整、严密牢固。

(2) 加热烘烤。在热熔法施工中，加热均匀是保证防水层质量的关键之一。加热时，应使火焰与卷材保持最佳距离、最佳角度，一般以 300～400 mm 为宜。太近，容易烧坏卷材；太远，则加热效果不好。加热器的火焰喷头，沿卷材横向缓慢移动，往返烘烤，保持卷材受热均匀，使基层与卷材同时烘热。当卷材底面热熔胶呈热熔状态，出现黑色光泽时为好，不要过分烘烤，不得烧坏卷材。对卷材边缘要充分热熔，确保搭接处的黏结质量。

(3) 滚压。压辊时，趁热从铺贴好的中心向两边滚压，排出空气，使之平整粘牢，不得有皱褶，不得扭曲。卷材边缘应有热熔胶溢出，这是防止卷材起鼓的措施之一。

(4) 收边密封。收边是确保防水层质量的关键。应用刮板将卷材边缘溢出的熔胶刮到接缝处，凡卷材搭接的边缘，不得有不粘牢之处。检查搭接尺寸，满粘法施工的长边和短边搭接均不得小于 80 mm。

(5) 做蓄水试验。堵塞排水孔，放水深 100 mm 以上，保持 24 h 经检查没有渗漏。

二、某地铁塔楼地下室渗漏实例分析

(一)工程及渗漏概况

某地铁塔楼地下两层，地板、墙体均为混凝土现浇，底板厚 1 500mm，外墙厚 400 mm，防水层设计为 2 mm 厚 SBS 卷材两层外防，构造详见图 9-19。该工程所处地区水位在−7 m 左右，地下室地板在−8 m。

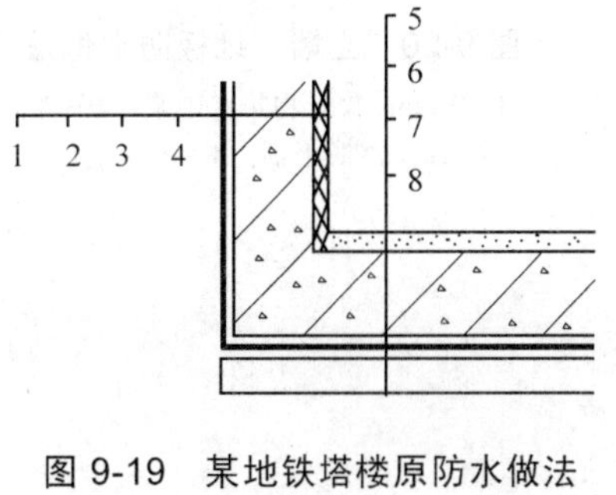

图 9-19　某地铁塔楼原防水做法

1—防水层；2—结构墙；3—保温层；4—水泥砂浆面层；5—20～30 mm 厚 1∶2.5 水泥砂浆面层；6—1 500 mm 结构地板；7—SBS Ⅱ＋Ⅱ 卷材防水层；8—垫层水泥砂浆找平层

完工后，在 2001 年 6 月份雨季开始时，地下二层出现了渗漏，渗漏部位集中在立墙 400 mm 以下的墙体和地板，渗漏点大多集中在钢筋部位。

(二)原因分析

渗漏水的来源主要是地下水。分析其原因应是原防水层出了问题，未能起到有效的防水功能。因室外难以挖开检查，究竟是防水材料质量问题，施工质量问题，还是在交叉施工中防水层被破坏，难以下结论。

(三)处理方法

解决该工程的渗漏，在室外开挖难度较大，且防水层难以交圈，因此决定在室内采取有效的处理方法。处理的基本原则是堵、防结合，治标治本相结合，采取三道防堵措施：在墙体和地板上注浆，在结构面层上防渗，在抹灰层上防水。

(1)施工范围。地面满做，墙面防水做至水位上 1 000 mm。

(2)选用材料。注浆选用上海产水溶性聚氨酯堵漏剂，防水层选用 GS – 02 防水剂，面层选用 PCM – 480a 聚合物水泥砂浆。

(3)施工工艺。①剔凿地板抹灰面层、墙面保温层及抹灰面层。②渗漏区埋管、注浆。注浆嘴为铜质，埋设间距 200 mm，深度 100 mm，须逐个进行测量深度和间距，注浆时保证压力，保证注浆的饱满。③基层进行彻底的清理。④喷涂 GS–02 防水剂，连续喷涂，一次完成，其遮盖率达到 100%。⑤基层涂刷界面剂。墙、地面抹 20 mm 厚聚合物防水砂浆，分层抹压，每层厚度不超过 10 mm，抹灰层密实，表面平整、光滑，墙面保温砂浆面层另做。⑥细部做法见图 9-20、图 9-21。

(4)效果。竣工后，经两次大雨考验，未出现任何质量问题。

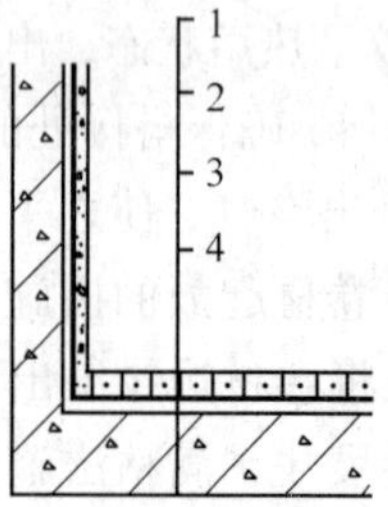

图 9-20　立墙、地板防水做法

1—20 mm 聚合物防水砂浆；2—界面剂；
3—GS–02 防水剂；4—聚氨酯注产浆

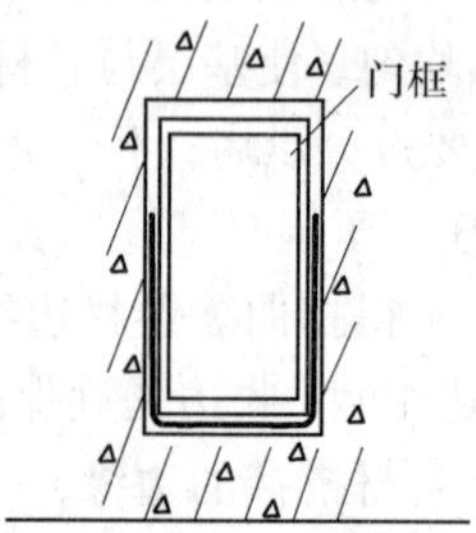

图 9-21　门框处防水做在门框外侧

第十章　装饰装修工程质量通病分析与防治

近几年来，随着国民经济的发展，人们除了衣、食、用方面的消费外，改善工作条件和生活环境成为另一消费重点，在一些经济发达地区，建筑装饰装修的投入更为可观、行业发展更为迅速，这也推进了我国建筑装饰装修行业技术的进步。但是我们也应该看到，在迅速发展的浪潮中，建筑装饰装修行业也存在着令人担忧的一些问题，如施工无设计、不按标准规程作业、不符合防火规范、技术力量薄弱等，而质量通病的防治更是施工应予注意的问题。本章着重分析了抹灰工程、饰面工程、楼地面工程、门窗工程、幕墙工程等几个分项工程中经常发生的质量通病现象、原因分析及其防治。

第一节　抹灰工程质量通病与防治

抹灰饰面不但可以起到美观建筑物外表的作用，更重要的作用是还可以保护建筑结构、完善建筑物的使用功能。抹灰饰面按使用要求分为一般抹灰和装饰抹灰。一般抹灰包括石灰砂浆、水泥砂浆、水泥混合砂浆、聚合物水泥砂浆、保温砂浆等；装饰抹灰包括水磨石、水刷石、斩假石、干粘石等。

一、内墙抹灰的质量通病

(一)砖墙、混凝土基层抹灰空鼓、裂缝

1. 现象

墙面抹灰后过一段时间，往往在不同基层墙面交接处，基层平整度偏差较大的部位，墙裙、踢脚板上口，以及线盒周围、墙体与门窗框交接处、圈梁与砖砌体相交等处出现空鼓、裂缝情况。

2. 原因分析

(1)基层清理不干净或处理不当，墙面浇水不透。

(2)配制砂浆和原材料质量不好，使用不当。

(3)基层偏差较大，一次抹灰层过厚，干缩率较大。

(4)线盒往往是由电工在墙面抹灰后自己安装，由于没有按抹灰操作规程施工，过一段时间易出现空裂。

(5)拌和后的水泥或水泥混合砂浆不及时使用完，停放时间过长，砂浆逐渐失去流动性而凝结。

3. 防治措施

(1)认真做好基层处理。混凝土、砖石基层表面砂浆残渣污垢、隔离剂油污、析盐、泛碱等，均应清除干净。一般对油污隔离剂可先用5%～10%浓度的火碱水清洗，然后再

用水清洗；对于析盐、泛碱的基层，可用 3%草酸溶液清洗。手工抹灰时，混凝土柱等应先凿毛刮水泥浆（水灰比为 0.37 ~ 0.40）或用 1∶1 水泥砂浆掺 10%的 107 胶甩到基体上等方法作“毛化处理”，待其凝固后，用 1∶3 水泥砂浆打底。

(2)墙面及时浇水。砖墙基层一般浇水两遍，砖面渗水深度为 8 ~ 10 mm，即可达到抹灰要求；混凝土墙面吸水率低，抹灰前可少浇一些水。

(3)临时施工洞的堵塞、预制窗台板的安装，应按操作规程的要求在抹灰前进行，水泥踢脚线和水泥墙裙宜在墙面抹灰前施工。如按上述要求施工确有难度，须认真操作，确保质量。

(4)砂浆的原材料应符合质量要求，并按设计确定的配比拌制均匀，各层砂浆强度中层不应高于底层，底层不应高于基层，也不应高于接槎处已抹的同层砂浆，水泥砂浆不得涂抹在石灰砂浆层上，以免在凝结过程中产生较强的收缩应力，破坏强度较低的基层或抹灰层。

(5)抹灰前应认真检查木、塑钢等门窗框位置是否正确，与墙体连接是否牢固，不符合要求的不得抹灰，应重新调整和固定。与墙体连接处的缝隙应用水泥砂浆或水泥混合砂浆分层嵌塞密实，不得一次塞满，不然干缩后框周不实。

(6)在抹灰基层涂刷专用胶或在砂浆拌和物中掺入有补偿收缩作用的外加剂，或生产专用抹灰粉。如使用 GF –1 型界面处理胶或在砂浆拌和物中掺入 S –1 水泥砂浆增强剂等。

(二)加气混凝土砌块墙面抹灰开裂、空鼓

1. 现象

墙面抹灰后过一段时间，往往会出现空鼓、裂缝情况。

2. 原因分析

(1)加气混凝土和水泥砂浆的线胀系数相差较大，温度稍有变化，两者变形差异很大，在界面上产生剪力，由于一般抹灰材料呈脆性，容易造成开裂。

(2)加气混凝土的抗压强度小于水泥砂浆的强度，里弱外强，容易空鼓脱落。

(3)加气混凝土吸湿、解湿、导湿都比较慢，使基层与抹灰层不能同步蒸发。

(4)有关试验表明，加气混凝土的干燥是由表及里，逐步发展，本身收缩很难与抹灰层收缩同步。加气混凝土在 20℃、不同环境相对湿度条件下的干燥收缩值变化很大，见表 10-1 所列。

表 10-1 加气混凝土干燥收缩值

相对湿度(%)	55	43	30	13	0
干燥收缩值(mm / m)	0.33	0.37	0.40	0.68	0.97

(5)加气混凝土砌块墙体在冻融条件下不易裂纹脱皮，但在干湿条件下会发生胀缩现象，容易加剧盐析作用。

(6)加气混凝土砌块墙体不平，使抹灰层厚度不均匀，易造成收缩不匀而形成裂缝。

(7)加气混凝土表面常附有一层浮屑粉末，影响同抹灰层的黏结强度，易出现空鼓、脱落现象。

3. 防治措施

(1)可选用专用抹灰砂浆或粉刷石膏进行加气混凝土的内墙面抹灰,其主要技术指标应达到表 10-2 的要求。

表 10-2　加气混凝土及其内墙面抹灰材料主要性能指标

项目	加气混凝土	专用抹灰砂浆	粉刷石膏
密度(kg / m^3)	400 ~ 700	≤1 000	≤600
吸水率(%)	35 ~ 50	≥20	≥20
保水率(%)	—	≥75	≥75
导热系数[K / (m · h · ℃)]	0.081 ~ 0.29	≤0.40	≤0.35
弹性模量(MPa)	$(1.5 \sim 2.5) \times 10^3$	$\leq 5 \times 10^3$	$\leq 5 \times 10^3$
线膨胀系数[mm / (m · ℃)]	8×10^{-6}	$\leq 5 \times 10^{-5}$	$\leq 5 \times 10^{-5}$
线收缩(mm / m)	≤0.8	≤1.05	≤0.8
抗压强度(MPa)	2 ~ 8	5.0 ~ 8.0	2.0 ~ 6.0

(2)墙面抹灰按设计要求严格控制操作工序。在做完基层后，抹灰层厚度应予控制，一次抹灰厚度不宜超过 10 mm。如超过时，则应分层抹，其总厚度控制在 15 mm 以内。

(3)抹灰层应用黄砂，不得使用细砂。底灰宜用粗砂，中层及面层可用中粗砂。

(4)为减少加气混凝土墙面的吸水能力，保证砂浆的正常水化，抹灰前要清扫表面，将墙面充分浇水湿润，在常温下浇水 4 ~ 5 遍，墙面浸水深度 8 ~ 10 mm 为宜，浇水(喷水)要均匀。抹灰前最后一遍浇水(喷水)宜在抹灰前 1 h 左右进行，浇水后立即刷胶质水泥浆 1 ~ 2 mm 厚，刷胶质水泥浆后应立即抹灰，不得在胶质水泥浆干燥后进行抹灰。

(5)过渡层施工是与传统砖墙抹灰的重要区别之一。宜采用 1∶1∶6(水泥∶石灰膏∶砂子)或 1∶3∶9(水泥：石灰膏∶砂子)水泥石灰膏砂浆，抹灰层厚度不大于 7 mm。

(6)面层待过渡层砂浆硬化后，即可按常规做各种砂浆面层，面层厚度不大于 7 mm。

(三)钢丝网架聚苯乙烯夹心板墙面抹灰裂缝

1. 现象

夹心板墙面抹灰在板间拼缝处、阴阳角等部位易出现裂缝。

2. 原因分析

轻质墙体在施工前没有放样排板，造成拼缝过多，不能形成一个有机整体；以聚苯板为基底，抹灰后易脱水干裂，没有及时养护。

3. 防治措施

(1)抹灰用强度等级不小于 32.5 的硅酸盐水泥或普通硅酸盐水泥；水泥砂浆配合比为 1∶3；选用中砂，含泥量不超过 3%，使用前应过筛。

(2)抹灰应分层进行，底层抹灰第一层厚约 10 mm(以埋住钢丝为准)。第二层厚 8 ~ 10 mm，施工时只能单面进行，施工一面时，另一面用支撑支牢，不允许轻质墙体出现不平整现象；另一面抹灰应待 48 h 后进行。抹灰后及时养护。面层抹灰按常规方法施工，同一墙两边不可同时施工。

(四)粉煤灰砌块墙体抹灰空鼓裂缝

1. 现象

窗台八字裂纹；混凝土框架柱与填充墙交接处裂纹及梁、板与墙体交接处裂纹；墙面不规则空鼓裂纹；龟裂而不空鼓。

2. 原因分析

(1)窗台八字裂纹产生的主要原因是：窗下墙抗剪强度不足，窗与窗间墙荷载相差较大，加之轻质砌块未按要求搁置 28 d 再砌筑；有的因砖供应不足，一出蒸养釜拉到工地就上墙，砖本身没得到充分的收缩，加大了裂纹收缩开裂。

(2)混凝土框架柱与填充墙交接处裂纹及梁、板与墙体交接处裂纹。主要原因是：砌块和轻质砖搁置时间不足 28 d，砌筑后收缩较严重，梁、板底没按规范要求斜砌最后一层砖，而是一次砌筑到顶，造成收缩裂纹。

(3)抹灰墙面空鼓裂纹产生的主要原因是：基层没处理好，一次抹灰过厚，没分层抹灰，墙面没界格，裂纹无规律。

(4)裂纹或龟裂而不空鼓。主要原因是：选用水泥品种不当，如火山灰水泥干缩率大，易开裂；矿渣硅酸盐水泥泌水性大，抗渗性能差，碳化速度快，不宜在压光外墙面使用；保潮时间不足；墙面未界格。

3. 防治措施

(1)所有填充墙采用掺有水泥等原料的各种砌块、砖必须搁置 28 d 以上，使其收缩趋于稳定，堆放砌块或砖的场地应有防雨措施。

(2)窗台上八字裂纹。采取在窗台处设置高 120 mm 的扁梁，240 mm 墙加 4 根 ϕ10 或 ϕ12 钢筋，370 mm 墙加 6 根 ϕ10 或 ϕ12 钢筋(窗台超过 1.5 m 应加 ϕ12 钢筋)，箍筋间距不应大于 200 mm，伸入墙内不少于 600 mm，以增加其抗剪能力。

(3)砌筑应严格按规范施工，必须放线找平，排砖应从上往下排，上面留出斜砌砖，斜砌 60 度为宜。

(4)抹灰前应堵洞及架眼，修补墙缝，使用砂浆应与抹灰砂浆强度一致，抹灰前提前 1 d 浇水湿润墙面，使墙面吸水深度在 15 ~ 20 mm 之间。

(5)在需抹灰墙面上，用 MST 界面剂(其强度是 107 胶的 3 ~ 4 倍且为环保型)、水泥、过筛细砂制作水泥砂浆液，配合比为 MST 界面剂∶水泥∶砂=1∶1∶1.5，浆液应在 4 h 内用完；用短毛笤帚蘸满水泥浆，甩成蘑菇点状，使墙面分布均匀，不应过厚或过薄；凝结后，浇水养护 24 h，待硬化后(20℃以上 4 ~ 6 h，20℃以下 7 ~ 8 h)可进行抹灰，内墙抹灰应按设计要求进行。

(6)要注意保湿，应安排专人浇水，且每天不得少于 5 遍(上午 2 遍，中午 1 遍，下午 2 遍)，不得少于 7 d。另外，外墙架子密目网，朝阳面要待 7 d 后再拆，防止阳光暴晒。

(五)墙面气泡开花或有抹纹

1. 现象

抹灰面层施工后，由于某些原因易产生面层起泡和有抹纹现象，经过一段时间有面层开花现象。

2. 原因分析

(1)抹完罩面灰后，压光工作跟得太紧，灰浆没有收水，压光后产生起泡。

(2)底子灰过分干燥，罩面前没有浇水湿润，抹罩面灰后，水分很快被底层吸收，压光时易出现抹纹。

(3)淋制石灰膏时，对慢性灰、过火灰颗粒及杂质没有滤净，灰膏熟化时间不够，完全熟化的石灰颗粒掺在灰膏内，抹灰后继续熟化，体积膨胀，造成抹灰表面炸裂，出现开花和麻点。

3. 预防措施

(1)纸筋(麻刀)灰罩面，须待底子灰五六成干后进行；如底子灰过干应先浇水湿润，罩面时应由阴、阳角处开始，先竖着(或横着)薄薄刮一遍底，再横着(或竖着)抹第二遍找平，两遍总厚度约 2 mm；阴、阳角分别用阳角抹子和阴角抹子抹光，墙面再用铁抹子压一遍，然后顺抹子纹压光。

(2)水泥砂浆罩面，应用 1：2～1：2.5 水泥砂浆，待抹完底子灰后，第二天进行罩面，先薄薄抹一遍，跟着抹第二遍(两遍总厚度为 5～7 mm)，用刮杠刮平，木抹子搓平，后用钢皮抹子揉实压光。当底子灰较干时，罩面灰纹不易压光，用劲过大会造成罩面灰与底层分离空鼓，所以应洒水后再罩面抹压。

(3)纸筋(麻刀)灰用的石灰膏，淋灰时最好先将石灰块粉化后再装入淋灰机中，并经过不大于 3 mm × 3 mm 的筛子过滤；石灰熟化时间不少于 30 d；严禁使用含有未熟化的石灰膏颗粒。采用磨细生石灰粉时也应提前 3 d 熟化成石灰膏。

4.治理方法

墙面开花有时需经过 1 个多月的时间，才能使掺在灰浆内未完全熟化的石灰颗粒继续熟化膨胀完。因此，在处理时应待墙面没有再开花情况时，才可以挖去开花处松散表面，重新用腻子找补刮平，最后喷浆。

(六)抹灰面不平，阴阳角不垂直、不方正

1. 现象

墙面抹灰后，经质量验收，抹灰面平整度、阴阳角垂直或方正达不到要求。

2.原因分析

抹灰前没有事先按规矩找方、挂线、做灰饼和冲筋，冲筋用料强度较低或冲筋后过早进行抹面施工；冲筋离阴阳角距离较远，影响了阴阳角的方正。

3. 防治措施

(1)抹灰前按规矩找方，横线找平，立线吊直，弹出准线和墙裙(或踢脚板)线。

(2)先用托线板检查墙面平整度和垂直度，决定抹灰厚度，在墙面的两上角用 1：3(水泥：砂子)砂浆(水泥或水泥混合砂浆墙面)或 1：3：9(水泥：石灰膏：砂子)混合砂浆(白灰砂浆墙面)各做一个灰饼，利用托线板在墙面的两下角做出灰饼、拉线，间隔 1.2～1.5 m 做墙面灰饼，冲纵筋(宽 10 cm)同灰饼平，再次利用托线板和拉线检查，检查无误后方可抹灰。

(3)冲筋较软时抹灰易碰坏灰筋，抹灰后墙面不平；但也不宜在冲筋过干后再抹灰，以免抹面干后灰筋高出墙面。

(4)经常检查修正抹灰工具，尤其避免木杠变形后再使用。

(5)抹阴阳角时应随时检查角的方正，及时修正。

(6)罩面灰施抹前应进行一次质检验收，验收标准同面层，不合格处必须修正后再进行面层施工。

二、顶棚抹灰的质量通病

(一)混凝土顶板抹灰空鼓裂缝

1. 现象

混凝土预制楼板常出现混凝土板缝纵向裂缝和空鼓；混凝土现浇楼板，往往在顶板四角产生不规则裂缝，中部产生通长裂缝。

2. 原因分析

(1)底层油污未做清理或处理不彻底，开始抹灰前未洒水湿润基层，没有普遍满刷水泥浆或采取其他措施进行基层表面处理。

(2)结构基体刚度不够，承受动荷载时结构颤动过大，混凝土预制板安装不平。

(3)灌缝不密实，板缝方向出现裂缝，板与板之间变形不一致。

(4)砂浆混合比不当，搅拌不均匀。

(5)遍与遍之间抹灰时间掌握不好，黏结不牢。

3. 防治措施

(1)预制混凝土楼板安装要平整，相邻两板板底高差不应超过 5 mm，板缝灌缝时必须清扫干净，浇水湿润，用 C20 级细石混凝土灌实，并加强养护。

(2)使用钢模、组合小钢模板现浇混凝土楼板或预制楼板时，应用清水加 10%的火碱，将隔离剂、油垢清刷干净。

(3)现浇楼板如有蜂窝麻面时，宜先用 1∶2 水泥砂浆补平。

(4)预制混凝土楼板板缝应先用 1∶2 水泥砂浆勾缝找平。

(5)抹灰前一天顶板应喷水湿润，抹灰时再洒一遍。

(6)现浇混凝土顶板抹灰，底层砂浆用 1∶0.5∶1 混合砂浆，厚度 2～3 mm，应顺模板纹方向垂直抹，并紧跟抹中层砂浆找平；预制混凝土楼板和使用小钢模现浇的混凝土楼板，抹底层砂浆时，宜采用 1∶1 水泥砂浆加水泥重量 20%的乳胶或 107 胶搅匀，用钢抹子抹 2～3 mm 厚，并随手扫毛。

(7)各层抹灰总厚度宜控制在 12 mm 左右。

(二)钢板网顶棚抹灰空鼓、裂缝

1. 现象

钢板网顶棚抹灰，用于室内水蒸气较大或潮湿的房间，当钢板网抹灰使用砂浆的强度等级较高时，容易发生空鼓、开裂的现象。

2. 原因分析

(1)结构基体或龙骨刚度不够，挠曲变形较大，抹灰层与之不相适应，抹灰时未将灰浆挂牢在网眼或板条条缝内形成转角。

(2)麻丝束未按规定挂牢且未成扇形分遍抹进灰浆中，或麻丝束不够坚韧、强度不足。

(3)钢板网或钢筋条固定不牢，未拉直绷紧，木板条含水量太高，本身干燥收缩带动抹灰层开裂，遍与遍之间抹灰时间掌握不好，黏结不牢。

3. 防治措施

(1)钢板网顶棚基层抹灰前，必须进行验收，表面平整高低差应不超过 8 mm；起拱以房间短向尺寸为准，4 m 以内为 1 / 200，4 m 以上为 1 / 250，四周水平线应符合规定。

(2)钢板网顶棚抹灰，底层和找平层最好采用基本相同的砂浆；使用混合砂浆时，水泥用量不宜太大、并应加强养护，如封闭门窗口，使之在湿润空气中养护。

(3)当使用纸筋或麻刀石灰砂浆抹灰时，面积较大的顶棚，需采用加麻丝束做法，以加强抹灰层黏结质量。用骑马钉将麻丝束与顶棚筋钉牢，间距 40 cm 一束。麻丝挂下长 35 ~ 40 cm，待底层灰七成干(用手指按已不软，并有指纹)，抹第二遍纸筋或麻刀石灰砂浆找平层时，将一半的麻丝梳理均匀分开粘贴在抹灰层上，粘成燕尾形。待第二遍砂浆七成干，再抹第三遍砂浆找平时，将余下的一半麻丝束均匀地分开粘在抹灰层上，刮平并用木抹子抹平。

三、外墙水泥砂浆抹灰的质量通病

(一)抹灰层空鼓、龟裂

1. 原因分析

(1)夏季施工时，砂浆失水过快或停放时间过长，抹灰后没有适时浇水养护，造成砂浆因缺水不能有完全的水化反应，降低了砂浆的强度，砂浆与墙面的黏结力较差。

(2)为了赶工或图省工，一次成活，抹灰层太厚或各层抹灰作业跟得太紧，加之施工操作不当，砂浆因自身重力而下坠，易使底层砂浆与墙体初始形成的黏结力发生破坏，而对砂浆产生挠动，或与墙体产生相对位移。另一方面，抹灰层太厚使得砂浆内、外层水化反应有差异，造成了砂浆内外层强度增长的不均匀，也会在内部应力作用下产生空鼓、裂缝。

(3)抹灰前墙面基层处理不好，使抹灰层厚薄不匀，其强度也有差异，从而使砂浆在薄弱部位产生收缩裂纹。

(4)施工操作中急于成活，在抹灰面上撒干水泥粉，使砂浆中的水分被吸到面层，下层砂浆缺水或脱水使强度降低导致黏结力差，面层水泥浆则干硬收缩，造成整个抹灰层空鼓、裂纹。

(5)冬季施工缺少有效防护措施，抹灰层硬化前受冻，致使水泥无法进行正常水化反应；在凝结硬化的过程中，由于昼夜温差较大，冻融循环，也会破坏砂浆与墙体的凝结，造成空鼓、裂纹。

2. 防治措施

(1)基层处理见本节“砖墙、混凝土基层抹灰空鼓、裂缝”的基层处理。

(2)底层砂浆抹好的第二天即可抹面层砂浆。首先将墙面润湿，按设计要求弹分格条线，粘分格条或滴水槽。面层砂浆一般采用 1 : 2.5 水泥砂浆(加气混凝土的面层宜用 1 : 1.5 水泥砂浆抹两遍)。抹时先薄薄地刮一遍素水泥浆，然后抹水泥砂浆。要先用小木杠将抹灰层与分格条横竖刮平，再用木抹子搓、铁抹子溜光压实，待表面收水后，用软毛笔蘸水按垂直于地面的同一方向轻扫一遍。

(3) 终凝后应在湿润条件下养护。待抹灰面层达到一定强度，分格条、滴水槽等阴条自然干缩后再起条，这样棱角清楚，观感顺直。

(4) 在外墙抹大面积水泥砂浆前，必须先做样板，经鉴定认可后，再按确定的施工方法组织施工。

(5) 抹灰工程严禁一遍成活，彻底杜绝底层抹灰凹凸不平、粗糙、面层撒干水泥粉等做法。

(6) 夏季施工，砂浆应随拌随用，停放时间不宜超过 3 h，抹灰 24 h 后应浇水养护 7 d 以上。

(7) 抹灰工程一般只在初冬及以前施工，严冬阶段不宜施工，冬季施工抹灰砂浆应采用热水拌和，并采取可靠防冻保温措施。涂抹时，砂浆温度不宜低于 5℃，要保证砂浆抹灰层硬化初期不得受冻。

(二)接槎有明显抹纹色泽不均

1. 现象

外墙面抹水泥砂浆后，留有明显的抹纹和接槎或颜色不一致。

2. 原因分析

(1) 基层或底层浇水不均匀，干湿情况不一致。

(2) 墙面没有设置分格缝或分格过大，不能同时操作成活。

(3) 抹灰接槎位置不正确。

(4) 施工中采用不同品种或不同强度等级的水泥，不仅造成了颜色不一致(如普通硅酸盐水泥为青黑色、矿渣硅酸盐水泥为土红色)，同时由于水泥等级不完全一致，在两种水泥交接处由于收缩应力不同，还会导致裂缝产生。

(5) 水泥或其他原材料质量不合格，不能按时交活，反复抹压也会出现色泽不一致和抹纹。

3. 防治措施

(1) 严把材料进场关，做到先试验合格后再使用，确保货源充足并按计划进场，杜绝施工过程中更换水泥品种和强度等级。

(2) 接槎位置应留在分格条处或阴阳角、水落管等处。

(3) 阳角抹灰应用反贴八字尺的方法操作。

(4) 室外抹水泥砂浆墙面宜做成毛面，用木抹子搓抹毛面时，要做到轻重一致，先以圆圈形搓抹，然后上下抽拉方向要一致。

(三)分格缝不直不平，缺棱、错缝

1. 现象

水泥砂浆饰面分格缝不直不平，缝口两边缺棱角或错缝。

2. 原因分析

没有拉通线统一在底灰上弹水平和垂直分格线；木分格条浸水不透，使用时变形；粘贴分格条和起条时操作不当，造成缝口两边缺棱角或错缝。

3. 防治措施

(1)柱子等短向分格缝，对每个柱子要统一找标高，拉通线弹出水平分格线，柱子侧面要用水平尺引过去，保证平整度；窗心墙竖向分层分格缝，几个层段应统一吊线分块。

(2)分格条使用前要在水中泡透。水平分格条一般应粘在水平线下边，竖向分格条一般应粘在垂直线左侧，以便于检查其准确度，防止发生错缝、不平现象。分格条两侧抹八字形水泥砂浆固定时，在水平线处应先抹下侧一面，当天抹罩面灰压光后就可起出的分格条，两侧可抹成45°，如当时不罩面的，应抹陡一些成60°坡，待水泥砂浆达到一定强度后才能起出。面层压光时应将分格条上水泥砂浆清刷干净，以免起条时损坏墙面。

四、外墙装饰抹灰的质量通病

(一)斩假石抹灰层空鼓

1. 原因分析

(1)基层表面未清理干净，底灰与基层黏结不牢。

(2)底灰表面未划毛，造成底面与面层黏结不牢，甚至斩剁时饰面脱落。

(3)施工时浇水过多或不足或不匀，产生干缩不均或脱水快干缩而空鼓。

2. 防治措施

(1)对较光滑的基层表面应采用聚合水泥稀浆(水泥：砂=1：1)，外加水泥重量5%～15%的107胶刷涂一遍，厚约1 mm，用扫帚划毛，使表面粗糙、晾干后抹底灰，并将表面划毛。

(2)施工前基层表面上的粉尘、泥浆等杂物要认真清理干净。

(3)根据基层墙面干湿程度，掌握好浇水量和均匀度，提高基层黏结力。

(二)斩假石饰面剁不匀

1. 原因分析

(1)水泥石屑浆掺用颜料的细度、批号不同，造成饰面颜色不匀。

(2)颜料掺用量不准，拌和不均匀。

(3)剁完部分又蘸水洗刷。

(4)常温施工时，斩假石饰面受阳光直接照射不同，温湿度不同，都会使饰面颜色不一致。

2. 防治措施

(1)同一饰面应选用同一品种、同一批号、同一细度的原材料，并一次备齐。

(2)拌灰时应将颜料与水泥充分拌匀，然后加入石屑拌和，全部水泥石屑灰用量应一次备好。

(3)每次拌和面层水泥石屑浆的加水量应控制准确。墙面湿润均匀，斩剁时蘸水，但剁完部分的尘屑可用钢丝刷顺剁纹刷净，不得喷水刷洗。

(4)雨天不得施工，常温施工时，为使颜色均匀，应在水泥石屑浆中掺入分散剂木质素磺酸钙和疏水剂甲基硅醇钠。

(三)斩假石饰面剁纹不匀

1. 原因分析

(1)斩剁前，饰面未弹顺线，斩剁无顺序。

(2)剁斧不锋利，用力轻重不均匀。

(3)各种剁斧用法不恰当、不合理。

2. 防治措施

(1)面层抹好经过养护后，先在表面相距 100 mm 左右弹顺线，然后沿线斩剁，才能避免剁纹跑斜，斩剁顺序应符合操作要求。

(2)剁斧应保持锋利，斩剁动作要迅速，先轻剁一遍，再重剁一遍斧纹，用力均匀，移动速度一致，剁纹深浅一致，纹路清晰均匀，不得有漏剁。

(3)饰面不同部位要采取相应的剁法和斩法，边缘部分应用小斧轻剁。剁花饰周围应用细斧，而且斧纹应随花纹走势而变化，纹路应相应平行，均匀一致。

(四)干粘石饰面空鼓

1. 现象

干粘石饰面施工后，过一段时间轻轻敲击有空鼓声音，严重的出现饰面脱落。

2. 原因分析

干粘石空鼓一是底灰与基层黏结不牢固造成空鼓，二是面层灰浆与底灰黏结不牢造成空鼓。

(1)基层未清理干净，存有灰尘、主体施工时的灰浆、沥青或泥浆等污物。

(2)钢模板施工的混凝土面太光滑或残留的隔离剂未清理干净，或混凝土表面本身有空壳、硬皮等未予处理。

(3)加气混凝土基层选用了高强度水泥砂浆，造成二者由于收缩过大，形成剥离、空鼓现象。

(4)基层墙面浇水不适当，浇水过多易造成面层流坠、裂缝；浇水不足会使基层吸收面层水分，造成失水使强度降低黏结不牢，产生空鼓；浇水不匀会产生干缩不均，形成面层收缩裂缝或局部空鼓。

(5)冬期施工时抹灰层受冻。

3. 防治措施

(1)用钢模生产的混凝土制品，应先用 10%的火碱水溶液将表面的隔离剂清洗干净，并用清水冲洗表面，基层表面如有空壳硬皮应铲除并刷净。

(2)对光滑的混凝土基层面，宜采用聚合物水泥砂浆满刷一遍，厚度约 1 mm，并用扫帚扫毛使表面粗糙，并养护确保强度，待晾干后抹底灰。

(3)施工前必须将基层表面上的粉尘、泥浆等污染物清理干净，并将凸处部分剔平，清刷干净，凹洼部分应分层修补平整。

(4)加强基层黏结，针对不同材质基层，严格掌握好浇水量和均匀度。

(5)抹粘石面层灰之前，用 108 胶水(108 胶：水＝1：4)满刷一遍，并随刷随抹面层灰。加气混凝土墙面除按上述要求操作外，还必须采取分层抹灰、灰浆强度逐层提高，减少因强度差异大造成的收缩，增加黏结强度。

(五)干粘石面层滑坠

1. 现象

施工时粘石表面由于局部拍打过分出现返浆，造成面层滑坠和裂缝，待干透后出现空鼓现象。

2. 原因分析

(1)底灰抹得不平，凹凸相差大于 5 mm 以上时，灰层厚的地方易产生滑坠。

(2)面层含水量较大或拍打过分，产生返浆，或灰层收缩较大产生裂缝，形成滑坠。

(3)底层灰含水量过高，面层灰黏结不住，造成滑坠。

3. 防治措施

(1)底灰一定要抹平，增加一次检查验收，实测项目平整度应达到面层标准要求。

(2)根据施工季节、温度及材质不同，严格掌握对基层的浇水量。如砖墙面吸水多，混凝土墙面吸水少，加气混凝土墙面不易浇透水等，按照不同材质墙面掌握浇水量，使墙面湿度均匀为宜。

(3)潮湿季节施工，粘石前的底灰如含水较多，可用干灰进行晒干处理，稍加晾干，再抹面层灰随即粘石。

(4)灰层在终凝前应加强检查，发现有收缩裂纹可用刷子掸少许水，再用抹子轻轻按平、按实、粘牢。

(5)抹面层灰时必须两遍成活，先是薄薄地刮一层，稍晾干，随后再抹面层灰并随即粘石，这样操作可避免面层空、坠。

五、外墙聚苯板薄抹灰裂缝

(一)现象

一些粘贴聚苯板的外保温工程在竣工后的较短时间内，外墙的薄抹灰表面就出现裂纹，尤其是在聚苯板横向、纵向接缝处，往往产生较长的水平裂纹和纵向裂缝。

(二)原因分析

(1)抹面层胶浆较厚，同时胶浆柔性不足，收缩较大，造成裂纹。

(2)来自于聚苯板的自收缩。有些施工单位对聚苯板的性能和使用要求不是很了解，所以拉动面层开裂。

(三)防治措施

(1)施工使用膨胀聚苯乙烯泡沫板应是生产储存期超过 30 d 以上的。在施工中应先将聚苯板全部粘贴完以后再进行抹灰，这样可以有充足时间彻底完成聚苯板的后期收缩，避免抹灰面产生裂缝。

(2)聚合物胶浆中掺用的聚合物乳液的成膜温度一般在 5℃以上，所以聚苯板薄抹灰外墙外保温工程的施工应赶在平均气温降到 5℃以前完成，不宜进行冬季施工。

(3)采用满铺法粘贴聚苯板。将胶浆铺满整张苯板，然后用带齿的抹子摊平，挂掉多余的胶浆，此种做法在已处理平整的墙面上施工，可以杜绝空鼓情况的发生，不会产生聚苯板的翘曲、变形，也能防止因封边不严造成渗水、透风、脱落。

第二节 饰面工程质量通病与防治

外墙贴面装饰是建筑物为了改善建筑立面形象、色彩和追求某种风格、气氛所采用的一种装饰方法。但是，不少房屋由于存在饰面工程无专项设计，镶贴砂浆黏结力无专项检验，传统的密缝安装法等三大弊病，以及手工粗糙、空鼓脱落、渗漏析白、污染积垢等质量通病，致使装修标准提高了，却未能达到预期的美观效果，反而造成室内装修发霉、发黑，甚至发生人身伤害事故。

饰面工程是个系统工程，只有设计合理、材料质量合格、施工工艺符合要求，才可以有效地避免质量通病的发生。常见的质量通病分析如下。

一、外墙面砖施工的质量通病

(一)饰面空鼓脱落

1. 原因分析

(1)饰面砖自重大，找平层与基层有较大剪应力，黏结层与找平层亦有剪应力，基层面不平整，找平层过厚使各层黏结不良。

(2)加气混凝土基面未做处理，不同结构的结合处未做处理。

(3)面砖浸水不充分或有水膜。

(4)砂浆配合比不准，稠度不合要求，砂含泥量大，在同一施工面上采用不同配合比砂浆，引起不均匀干缩。

(5)结合砂浆不饱满，面砖勾缝不严，雨水渗入受冻膨胀引起脱落。

2. 防治措施

(1)找平层与基底应做严格处理，光面凿毛凸面剔平，尘土污渍清洗干净。找平层抹灰时先湿水，再分层抹灰，提高各层的黏结力。

(2)加气块不得泡水，抹灰前湿水后满刷107胶水泥浆一道。采用1∶1∶4水泥石灰砂浆找平层，厚4～5 mm，中层用1∶0.3∶3水泥石灰砂浆8～10 mm厚，结合层采用聚合砂浆。不同结构结合部先铺钉金属网绷紧钉牢(金属网与基体搭接宽度不少于100 mm)，再做找平层。

(3)面砖泡水后必须晾干，背面刮满砂浆，采用挤浆法铺贴，认真塞缝分次成活。

(4)所用砂浆原材料必须合格，砂应过筛、含泥量不大于3%等。砂浆配合比计量配料，搅拌均匀。在同一墙面不换配合比，或在砂浆中掺入水泥量5%的107胶，改善砂浆的和易性，提高黏度。

(5)插捣必须仔细，结合部位应留出50 mm不灌，使上下饰面板结合紧密。勾凹缝，凹入砖内3 mm，形成嵌固效果。

(二)分格缝不均匀，饰面不平整

1. 原因分析

(1)面砖几何尺寸不一致，饰面板翘曲不平，角度不方正。

(2)找平层表面不平整，找平层未认真检查。

(3)未排砖、弹线和挂线。

(4)未及时调缝和检查。

(5)安装时，钢丝绑扎不牢或无固定措施而使灌浆时走偏。

2. 防治措施

(1)面砖使用前应挑选分类，凡外形歪斜、缺角、掉棱、翘曲和颜色不均匀者应剔出，并用套板分出大、中、小，分类堆放，分别用于不同部位。

(2)做找平层时，必须用靠尺检查垂直，平整度符合规范要求。

(3)排砖模数，要求横缝与腰线、窗台平，竖向与阳角、窗口平，并用整砖；大墙面应事先铺平；窗框、窗台、腰线等应分缝准确。

(4)操作时应保证面砖上口平直，贴完一皮砖后，垂直缝应以底子灰弹线为准，在粘贴灰浆初凝前调缝，贴后立即清洗干净，靠尺检查。

(三)墙面渗漏

1. 现象

雨水从面砖板缝侵入墙体，致使外墙的室内墙壁出现水渍，室内装修发霉变黑。

2. 原因分析

(1)面砖靠手工挤压，黏结砂浆不易全部位挤满，尤其板块的4个周边(特别是4个角)砂浆不易饱满，以致留下渗水空隙和通路。

(2)外墙找平层一次成活，涂抹过厚，造成抹灰层下坠、空鼓、开裂、砂眼、接槎不严实、表面不平整等毛病，成为藏水空隙、渗水通道；楼层圈梁(或框架梁)凸出墙面或墙体表面凹凸不平，以及框架结构的填充墙顶与梁底之间填塞不紧密等，也会发生抹灰裂缝，造成滞水、藏水、渗水。

(3)组合式的饰面层要求砖缝疏密相间，即由若干板块密缝拼成小方形图案，再由横竖宽缝连接组成大方形图案。其密缝粘贴的板块形成“瞎缝”，板块接缝无法勾缝(只能擦缝)，容易渗漏。

(4)不少工程用普通水泥加水的净浆作勾缝材料，不仅会增加$Ca(OH)_2$等水溶成分，而且硬化后的收缩率也大。净浆硬化以后，经过时间变化，很容易在板缝部位产生裂隙或在净浆与面砖之间产生缝隙。

3. 预防措施

(1)外墙面找平层至少要求两遍成活，并且喷雾养护不少于3 d，3 d之后再检查找平层抹灰质量。在粘贴外墙砖之前，先将基层空鼓、裂缝处理好，确保找平层的施工质量。

(2)找平层应具有独立的防水能力，可在找平层上涂刷一层结合层，以提高界面间的黏结力，兼封闭找平层上的残余裂纹和砂眼、气孔。

(3)外墙砖接缝宽度不应小于5 mm，不得采用密缝粘贴。缝深不宜大于3 mm，也可采用平缝。外墙砖勾缝应饱满、密实，无裂缝，选用具有抗渗性能和收缩率小的材料勾缝，如采用商品水泥基料(内掺粉细砂及聚合物添加剂)的外墙砖专用勾缝材料，其稠度小于50 mm或再干一些(以手抓砂浆时，砂浆不会从手指缝里流出为好)，将板缝填饱压实，待砂浆泌水“收水”后才进行勾缝。如果刚嵌缝即勾缝，砂浆的泌水浮浆会使板缝砂浆表面变得脆弱、易裂。为使勾缝砂浆表面达到“连续、平直、光滑、填嵌密实、无空鼓、无裂纹”的要求，应进行二次勾缝，即砂浆嵌缝后先勾缝一次，待勾缝砂浆“收水”后，终凝前再勾缝一次。为防止勾缝砂浆失水，墙面应喷洒养护不少于 3 d，并防止暴晒。

二、花岗石、大理石、水磨石、人造石等板材施工的质量通病

(一)接缝不平、板面纹理不顺、色泽差异大

1. 原因分析

(1)饰面板翘曲不平，角度不方正。

(2)安装时，钢丝绑扎不牢或无固定措施，灌浆时移位。

(3)未及时用靠尺检查调平。

(4)花岗石、大理石板等未试拼、编号，水磨石板、人造石板未选配颜色。

2. 防治措施

(1)安装前应先将有缺棱掉角及翘曲的板材剔出，每块板材均匀检查长、宽、方正。

(2)钢丝应绑扎牢固，依施工程序做石膏水泥饼或用夹具固定灌浆。

(3)每道工序用靠尺检查调整，使表面平整。

(4)天然块材必须试拼，使板与板间纹理通顺、颜色协调并编号。

(二)板材开裂

1. 原因分析

(1)板材有色纹、暗缝、隐伤等缺陷，凿洞、开槽受外力后，由于应力集中引起开裂。

(2)结构产生沉降或地基不均匀沉陷。

(3)灌浆不严，气体和湿空气透入板缝，使挂网锈蚀造成外皮塌落。

2. 防治措施

(1)板材选料时应剔除有色纹、暗缝、隐伤等缺陷的板材，加工孔洞、开槽应做精细操作，避免振动。

(2)镶贴块料前，应待结构沉降稳定后进行，在顶、底部安装块料时应留一定缝隙，以防止结构压缩变形，导致破坏开裂。

(3)块材接缝缝隙小于 0.5 ~ 1 mm，灌浆应饱满，嵌缝应严密，避免腐蚀性气体渗入锈蚀挂网，损坏板面。

(三)板面碰损，墙面污染

1. 原因分析

运输中搬运不当，包装不良和施工中受污染，贴面后未加保护。

2. 防治措施

(1)石材较脆，搬运和堆放过程中必须直立搬运，避免一角着地，棱角受损。大尺寸块材，应平运。

(2)浅色石板不宜用草绳捆扎，避免板面被湿草绳色素污染。施工中板面应用塑料膜遮盖，如粘上砂浆，应立即抹净。

(3)贴面完成后，所有阳角部位，用 2 m 高的木板保护。

(4)缺损部分用适当板材或原有碎块进行粘补，尽量无明显差异。

第三节　楼地面工程质量通病与防治

地面工程的质量，实际上不单纯指面层的质量，而应是组成地面各层(垫层、结合层、找平层、隔离层等)的总体质量。面层的质量通病，往往是由于下面的某一层出现问题所造成的。所以，只有一丝不苟地做好每一层，才能真正消灭楼地面工程的质量通病。

一、水泥地面施工质量通病

(一)水泥地面裂缝

1. 现象

(1)裂缝沿预制板板缝方向的通长裂缝，有的甚至上下贯通，地面有水就会向下渗漏。

(2)裂缝顺预制楼板搁置方向，如大梁上及门窗洞口。

(3)裂缝呈不规则形，且严重起鼓。

(4)裂缝呈不规则形，但无起鼓或起鼓面积很小。

2. 原因分析

(1)安装楼板时，两块楼板紧靠在一起，造成瞎缝，使混凝土灌缝不实。

(2)板缝灌缝后没有适当的休养期，板缝混凝土的硬化一直受振动的干扰，混凝土与楼板结合不好，产生裂缝。

(3)板缝的浮灰和杂物没有冲洗干净就浇灌混凝土，使浮灰和杂物形成混凝土和楼板的隔离层而出现裂缝。

(4)楼板两端的细石混凝土垫层没做好。一是垫层混凝土没到达到一定强度就急于吊装楼板；二是垫层混凝土受破坏，使楼板高低不平，相邻楼板受力不均而产生裂缝。

(5)现浇板与预制楼板交界处，由于受力后变形不同而产生裂缝。

(6)使用了安全性不合格的水泥，这种情况产生的裂缝往往是贯穿整个面层。

(7)搅拌砂浆不能很好地控制水灰比，用水量较大，砂浆离析严重，强度降低；水分蒸发后，砂浆内部空穴多，很容易产生裂缝。

(8)养护不好。

3. 预防措施

(1)相邻楼板离缝应为 20 mm，下表面应比底面凹 5~10 mm，较大的板缝应按规范加设钢筋。

(2)板缝混凝土浇筑前，应将板缝冲洗干净，板缝的吊模采用 50 mm×5 mm 角钢或脚手钢管作缝底模板，效果较好。

(3)混凝土浇筑好后，要及时养护，待 36 ~ 48 h 后再上荷载。如工期过紧则可采取滞后一层灌注板缝混凝土的方法，即一层楼板安装好后，再浇灌下一层板缝混凝土。

(4)在楼板上加荷载时铺一层垂直于楼板长度方向的脚手板，再在脚手板上面加荷，使楼板共同受力，变形一致避免裂缝产生。

(5)现浇板与预制多孔板之间的缝隙因两种板挠度不同易产生裂缝，应在缝隙上部铺直径 4 mm、间距 200 mm、宽 400 mm 的钢筋网片，再做细石混凝土地坪。

(6)严把水泥进料验收关，不使用安全性不合格水泥，水泥品种采用普通硅酸盐水泥或硅酸盐水泥。

(7)面层做好后，应及时养护，一般 24 h 后开始，养护 7 ~ 15 d，经常保持地面湿润，用铺锯末、草袋苫盖的方法效果很好。秋冬季节施工，门窗洞口要封闭好，避免大风进入使地面水分蒸发过快，地面出现裂缝。

(二)水泥地面空鼓

1. 现象

地面空鼓多发生于面层和垫层之间，或垫层与基层之间，用小锤敲击有空敲声。使用一段时间后，容易开裂。严重时大片剥落，破坏地面使用功能。

2. 原因分析

(1)垫层(或基层)表面清理不干净，有浮灰、浆膜或其他污物。特别是室内粉刷的白灰砂浆沾污在楼板上，极不容易清理干净，严重影响垫层与面层的结合。

(2)面层施工时，垫层(或基层)表面不浇水湿润或浇水不足，过于干燥。铺设砂浆后，由于垫层迅速吸收水分，致使砂浆失水过快而强度不高，面层与垫层黏结不牢；另外，干燥的垫层(或基层)未经冲洗，表面的粉尘难以扫除，对面层砂浆起到一定的隔离作用。

(3)垫层(或基层)表面有积水，在铺设面层后，积水部分水灰比突然增大，影响面层与垫层之间的黏结，易使面层空鼓。

3. 预防措施

(1)严格处理底层(垫层或基层)。

认真清理表面的浮灰、浆膜以及其他污物，并冲洗干净；门口处砖层过高时应予剔凿；控制基层平整度；面层施工前 1 ~ 2 d，应对基层认真进行浇水湿润，使基层具有清洁、湿润、粗糙的表面。

(2)注意结合层施工质量。

素水泥浆结合层在调浆后应均匀涂刷，不宜采用先撒干水泥面后浇水的扫浆方法。素水泥浆水灰比以 0.4 ~ 0.5 为宜。刷素水泥浆应与铺设面层紧密配合，严格做到随刷随铺。铺设面层时，如果素水泥浆已风干硬结，则应铲去后重新涂刷。在水泥炉渣或水泥石灰炉渣垫层上涂刷结合层时，宜加砂子，其配合比可为水泥：砂子=1：1(体积比)。刷浆前，应将表面松动的颗粒扫除干净。

(三)水泥砂浆楼地面起砂、平整度差

1. 现象

起砂表现为地面粗糙、不坚实，随着走动次数的增多砂粒逐步松动或有成片水泥砂壳剥落，露出松散的水泥和砂子；平整度差表现为面层抹纹重，波浪起伏有疙瘩。

2. 原因分析

(1)水泥砂浆配合比变化，砂浆强度低。砂浆搅拌时计量不准，造成局部地面砂浆强度极低，耐磨性差，易起砂。

(2)水灰比太大，影响地坪表面强度；水灰比太小，施工困难。但水灰比增大，砂浆强度就会降低；同时，还将造成砂浆泌水，进一步降低地面的表面强度。完工后，一经走动磨损，就会起砂。

(3)未及时进行养护，影响地坪强度及耐磨性能，因而起砂，这种情况在气温低时更显著。

(4)工序安排不当，底层过干或过湿，以及地面压光过早或过迟。压光过早，初凝尚未形成，虽经压光，表面出现“水光”对面层砂浆的强度和抗磨能力不利。压光时间过晚，砂浆终凝结束，进入固态，具有强度，此时抹压，一方面影响砂浆的固结，另一方面砂浆强度越来越高，很难抹平表面，所以出现起砂、抹纹重、不平整等。

3. 预防措施

(1)按配合比严格计量，掌握好收浆压光时间，一般不少于三遍，在砂浆初凝后终凝前完成。

(2)面层铺设时，用木抹子拍实、赶平。待人踩在上面有脚印而不陷落时用铁抹子抹第二遍，主要是消除气孔、初步抹压光亮。第三遍抹光在砂浆终凝前进行(约 6h)，以人踩在上面无明显脚印为宜，此次主要为消除第二遍抹压留下的毛细孔和抹纹，使地面表面平整光滑，紧密耐磨。

(3)水泥地面压光后，应视气温情况，一般在一昼夜进行洒水养护，或用草帘、锯末覆盖后洒水养护。使用普通硅酸盐水泥的水泥地面，连续养护的时间不应少于 7 昼夜；用矿渣硅酸盐水泥的水泥地面，连续养护的时间不应少于 10 昼夜。

(四)地面返潮

1. 现象

地面返潮主要发生在房屋的底层地面。有的是季节性潮湿。如我国南方在梅雨季节时，很多房屋的底层地面出现返潮现象，严重时表面结露；有的是常年性潮湿。地面返潮使居住环境变坏，物品易发生霉烂变质，并影响人体健康。

2. 原因分析

(1)温度较高的潮湿空气(相对湿度在 90%以上)遇到温度较低而又光滑不吸水的地面时，易在地面表面产生凝结水(一般温度在 2℃左右时即会产生)。这种情况多数发生在梅雨季节，雨水多，气温高，湿度大。一旦气候转晴干燥，返潮现象即可消除。

(2)地面垫层下地基土壤中的水通过毛细管作用上升，以及汽态水向上渗透，使地面材料潮湿，并随之恶化整个房间的湿度情况。这种情况往往常年发生，较难处理，还有室外的排水不畅、房间的通风不好等。南方大部分地区地表层多属黏土和亚黏土，黏土毛细孔水位上升高度可达 2 ~ 2.5 m，亚黏土则达 1 ~ 1.3 m。密实性差的建筑材料做室内地面时，会增加毛细作用，地面返潮严重。

3. 预防措施

(1)季节性潮湿地面可采用不太光滑的地面材料(如地面砖、缸砖等)铺设地面面层。面层表面的毛细孔有较强的吸湿作用，可减轻地面表面的返潮现象。

(2)常年性潮湿地面，主要应从增强面层(包括垫层)密实性，切断毛细水上升和汽态水渗透方面采取有效措施。根据地面不同的防潮要求，通常可采用三种措施：①设置碎石或煤渣、道渣垫层，对阻止地下毛细水的向上渗透有一定的作用，但对阻止汽态水的向上渗透作用较小。②设置防潮隔离层。常用的防潮隔离层有热沥青涂刷层、沥青卷材防潮层、沥青砂浆和沥青混凝土防潮层等。还有较简单的防潮层做层，如某工程采用25 cm厚夯实青碎石干铺垫层，粗黄砂或片石填面缝；6 cm厚细石混凝土；1∶2.5水泥砂浆面层。经过3年的观察，地面无返潮现象。③采用架空式地面。即地面面层为各种预制板块或各种陶土板、方砖等，面层与地基土层脱离，架设在砖墩或地垄墙上，顶面应抹一层20 mm厚的防水砂浆层，认真重视板缝的填嵌质量，使之密实。为了增加防潮效果，常在面层板底(铺设前)涂刷一层热沥青，这对阻止汽态水的渗透有较好的作用。

二、板块地面施工质量通病

(一)板块地面空鼓

1. 现象

水磨石、大理石板块铺设不牢，用小锤敲击有空鼓声，人走动时有板块松动感。

2. 主要原因

(1)基层表面清理不干净或浇水湿润不够，涂刷水泥浆结合层不均或涂刷时间过长，水泥浆风干结硬，不起黏结作用，造成板块面层与基层一起空鼓。

(2)板块面层铺设前，背面浮灰没有刷净和浸水湿润，影响黏结效果。

(3)铺设砂浆应为干硬性砂浆，如果加水较多或砂浆不捣实、不平整，易造成板块层空鼓。

3. 防治措施

(1)基层表面必须清扫干净，并浇水湿润，不得有积水。基层表面涂刷纯水泥浆应均匀，并做到随刷随铺水泥砂浆结合层。

(2)板块面层在铺设前浸水湿润，并将石材背面浮灰杂物清扫干净，等板块达到面干饱和时铺设最佳。

(3)控制砂浆水灰比不要太大；板块铺贴时，要先进行试铺，待合适后，将板材揭起，再在结合层上均匀地撒铺一层干水泥面并淋水一遍，亦可采用水泥砂浆作粘结，同时在板材背面洒水，正式铺贴。

(二)板块面层接缝处不平，缝隙不匀

1. 现象

板块面层铺贴后，相邻板块拼接处出现接缝不平、缝隙不匀等现象。

2. 主要原因

(1)板块本身厚薄不一，几何尺寸不准。有翘曲、歪斜等缺陷，事先挑选不严，使铺贴后造成拼缝不平、缝隙不匀现象。

(2)铺贴板块面层时未用水平尺找平，缝隙不拉通线，造成板块接头不平及缝隙不匀。

(3)板块面层铺贴后，成品保护不好，在养护期内过早上人行走或使用。

3. 防治措施

(1)加强对进场板块质量检查，对几何尺寸不准，有翘曲、歪斜、厚薄偏差过大，并有裂缝、掉角等缺陷的板块要挑出不用。

(2)铺贴前，铺好基准块后，由中间向两侧和后退方向顺序铺贴，随时用水平尺和直尺找平，缝隙必须接通线，不能有偏差。

三、水磨石地面施工质量通病

(一)分格条显露不清

1. 现象

地面石子及分格条显露不清，分格条处是一条纯水泥斑带，外形不美观。

2. 产生原因

(1)分格条上面不平，低的分格条难以磨出。

(2)面层石子浆铺设过厚，超过分格条较多，使分格条难以磨出。

(3)磨石不及时，因面层强度过高导致分格条难以磨出。

(4)在磨石过程中，或用水量过大使磨石机在水中漂浮而导致磨蚀量过小。

3. 预防措施

(1)以操作面四角的 500 mm 标高线为基准，拉出分格条顶标高横竖线，保证分格条处在同一平面上。

(2)严格控制填料厚度略高于分格条 5 mm，经压实后以高于分格条 1 mm 为宜。

(3)制定周密的施工计划，准确记录每间地面的填料和开磨时间，避免因开磨迟导致地面硬度过高。

(4)采用 60 ~ 80 号的粗金刚砂磨石粗磨，并使面层保持一定浓度的磨浆水。

(二)分格条变形或压碎

1. 现象

铜条或铝条弯曲，玻璃条断裂，分格条歪斜不直，这种现象大多发生在滚筒滚压过程中。

2. 原因分析

(1)面层水泥石子浆虚铺厚度不够，用滚筒滚压后，表面同分格条平，有的甚至低于分格条，滚筒直接在分格条上碾压，致使分格条被压弯或压碎。

(2)滚筒滚压过程中，有时石子粘在滚筒上或分格条上，滚压时就容易将分格条压弯或压碎。

(3)分格条粘贴不牢，在面层滚压过程中，往往因石子相互挤紧而挤弯或挤坏分格条。

3. 预防措施

(1)地面填料前，先检查分格条粘贴是否牢固，有无松动现象，发现问题及时处理。

(2)严格控制面层填料厚度高于分格条 5 mm，以滚压后高出 1 mm 为宜；滚压前，应先用抹子将分格条两边 10 ~ 20 mm 范围的填料拍实，顺条往里倾斜压出一个小“八”字，使之露出分格条。

(3)滚压过程中，随时用扫帚清扫滚子和分格条上的石子、杂物。

(三)表面色泽不一致

1. 现象

磨石饰面成活后，出现表面不光亮、不光滑和色泽不一致。

2. 原因分析

使用了不同厂家、不同批号或不同规格的水泥、石子或石渣；石渣清洗不干净，没有统一集中配料，配合比不准确或原材料保管不好。

3. 预防措施

同一类型、同一部位的地面使用同一厂家、同一批号的材料，要将材料一次性备好备足；加强岗位责任制，固定专人配料，认真操作，严格检查。

(四)分格条两边石子过少

1. 现象

发生在分格条两边 10 ~ 20 mm 范围内或十字交叉处，特征是石子显露少，形成沿分格条明显的纯水泥带，影响地面的美观。

2. 产生原因

(1)水磨石地面一般厚度在 10 ~ 15 mm，石子粒径为 6 ~ 8 mm，若分格条未达到应有高度或基层砂浆铺设过高，在铺设石子浆时石子就无法靠近分格条。

(2)分格条交叉处未留粘贴空隙，致使面层石子无法靠近分格条的十字交叉处，严重时还会出现交叉处四周空鼓现象。

(3)滚筒仅在一个方向来回滚压，另一个方向没有压实，形成分格条两边浆多石子少的现象。

(4)面层水泥石子浆太稀，石子比例太少。

3. 预防措施

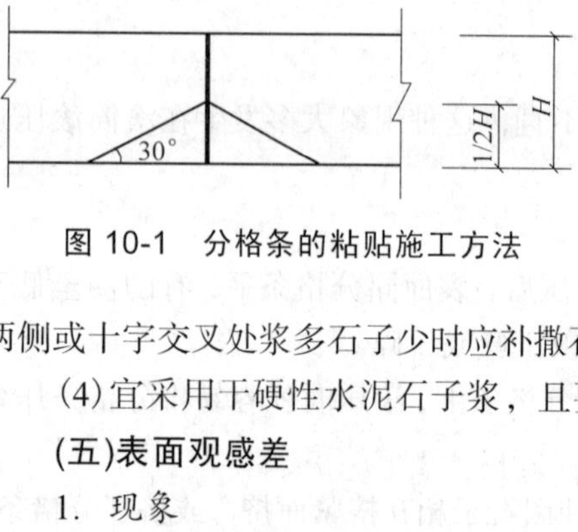

图 10-1 分格条的粘贴施工方法

(1)正确掌握分格条两边砂浆的粘贴高度和角度，详见图 10-1。

(2)粘贴分格条时，十字交叉处应留出 20 mm 左右的空隙，以便面层石子靠近十字交叉处。

(3)沿横竖两个方向滚压，若发现分格条两侧或十字交叉处浆多石子少时应补撒石子。

(4)宜采用干硬性水泥石子浆，且要严格控制水泥石子浆的配合比。

(五)表面观感差

1. 现象

水磨石地面出现粗糙、光亮度差等表面观感差的质量缺陷。

2. 产生原因

(1)磨石规格不全，用于精磨的磨石偏粗或磨光遍数不够，忽视了对表面光亮度的要求。

(2)补浆的使用方法不当。

(3)打蜡之前未涂擦草酸溶液或涂擦不均匀。

(4)打蜡方法不当。

3. 预防措施

(1)打磨时，磨石规格应齐全，对外观要求较高的水磨石地面，应适当提高第三遍油石号数，并增加磨光遍数。

(2)打蜡之前应涂擦草酸溶液，溶液的配合比可用热水：草酸=1：0.35(重量比)，溶化冷却后用。溶液洒于地面，并用油石打磨一遍后，用清水冲洗干净。禁止用撒粉状草酸后干擦的施工方法。

(3)补浆应用擦浆法，用干布蘸上较浓的水泥浆将洞眼擦严擦实。擦浆时，洞眼中不得有积水、杂物，擦浆后应进行养护，使水泥浆有个良好的凝结硬化条件。

(4)打蜡工序应在地面干燥后进行，应避免在地面潮湿状态下打蜡，也不应在地面被弄脏后打蜡，打蜡时，蜡层应薄而匀，操作者应穿干净的拖鞋。

(六)地面裂缝

1. 现象

大面积现制水磨石地面，一般都用在大厅、休息厅、候车室等地面，施工后过一段时间会出现裂缝。

2. 原因分析

(1)现制水磨石地面产生裂缝，主要是地面回填土不实，高低不平或基层过冬时受冻；沟盖板水平标高不一致，灌缝不严，门口或门洞下部基础砖墙砌得太高，造成垫层厚薄不均或太薄，引起地面裂缝。

(2)水磨石地面产生裂缝，主要是工期较紧，结构沉降不稳定；垫层与面层工序跟得过紧，垫层材料收缩不稳定，暗敷电线管线过高，周围砂浆固定不好，造成面层裂缝。

(3)基层清理不干净，预制混凝土楼板板缝及端头缝浇灌不密实，影响楼板的整体性和刚度，地面荷载过于集中引起裂缝。

(4)分格不当，形成狭长的分格带，容易在狭长的分格带上出现裂缝。如图10-2所示。

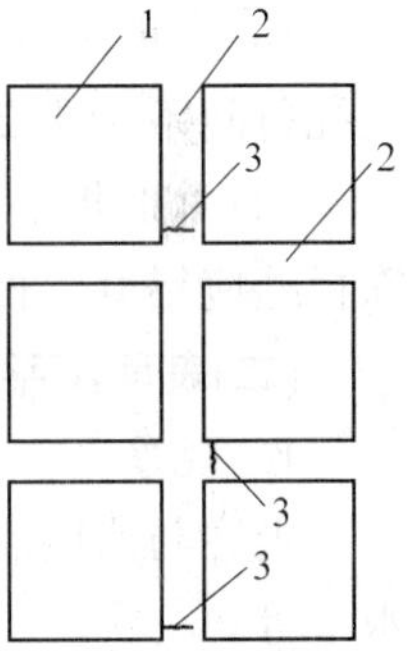

图10-2　水磨石地面的狭长分格带

1—方形分格块；2—纵横狭长分格带；3—裂缝

3. 预防措施

(1)回填土中不得含有大块、冻块、杂物等，较大面积的垫层应分块断开，以减轻地基沉降收缩对地面的影响；门洞口盖板必须保证合理的精度，必要时可在门洞口两边设置分格。

(2)支撑空心板的梁上部及墙根部最好加配钢筋网片，以减少结构变形；暗敷的电线管分布不宜太集中，管线上至少留有20 mm厚的混凝土保护层，对管线集中的部位可加配钢筋。

(3)混凝土垫层需实施必要的养护，收缩基本完成后再开始面层的施工。

(4)尽可能使用干硬性混凝土砂浆，以降低混凝土的收缩率。

(5)分格设计时，避免产生狭长的分格带，防止因面层收缩而产生裂缝。

四、木地板施工质量通病

(一)面层起鼓、变形

1. 现象

面层起鼓、变形主要表现为木地板局部拱起。木地板收缩后缝隙偏大，影响美观和使用。

2. 主要原因

(1)面层木地板含水率偏高或偏低。偏高时，在干燥空气中失去水分，断面产生收缩，而发生翘曲变形；偏低时，铺后吸收空气中的水分而产生起拱。

(2)木龙骨之间铺填的细石混凝土或保温隔声材料不干燥，地板铺设后，造成吸收潮气起鼓、变形。

(3)未铺设防潮层或地板四周未留通气孔，面层板铺设后内部潮气不能及时排出。

(4)毛地板未开缝隙或缝隙过少，受潮膨胀后，使面层板起鼓、变形。

3. 防治措施

(1)控制木地板含水率，其含水率应不大于12%。

(2)木龙骨间浇灌的细石混凝土或保温隔声材料必须干燥后才能铺设地板。

(3)合理设置通气孔。木龙骨应做到孔槽相通，与地板面层通气孔相连。地板面层通气孔每间不少于2处，通气孔不要堵塞，以利于空气流通。

(4)木地板下层板(即毛地板)板缝应适当接开，一般为 2~5 mm，表面应包平，相邻板缝应错开，四周离墙 10~15 mm。

(二)表面不平整

1. 现象

走廊与房间、相邻两房间或两种不同材料的地面相交处高低不平，以及整个房间不水平等。

2. 主要原因

(1)房间内水平线弹得不准，使每一房间实际标高不一，或木龙骨不平等。

(2)先后施工的地面，或不同房间同时施工的地面，操作时互不照应，造成高低不平。

(3)操作时电刨速度不匀，或换刀片处刀片的利钝变化使木板包的深度不一，也会造成地面不平。

3. 防治措施

(1)木龙骨经检验后方可铺设毛地板或面层。

(2)施工前校正、调整水平线。

(3)地面与墙面的施工顺序除了遵守先湿后干作业原则外，最好先施工走廊面层，或先将走廊面层标高线弹好，各房间由走廊的面层标高往里找，以达到里外交圈一致。相邻房间的地面标高应以先施工的为准。

(4)使用电刨时，刨刀要细要快，转速不宜过低(每分钟在4 000转以上)，行走速度要均匀，中途不要停。

(5)人工修边要尽量找平。

(6)两种不同材料的地面如高差在3 mm以内，可将高处刨平或磨平，但必须在一定范围内顺平，不得有明显痕迹。

(7)门口处高差为 3~5 mm 时，可加过门石处理；高差在 5 mm 以上时，需将木地板拆开，调整木龙骨高度(砍或垫)，并在2 m以内顺平。

(三)行走时响声大

1. 现象

人行走时，地板有响声，发出地板明胶粘剂揭下来又粘上去的声音。

2. 主要原因

(1)带龙骨的普通木地板是因为木龙骨安装时，地面不平，龙骨下用木榫垫嵌，由于木榫未固定牢靠，一经走动，木榫滑动，造成龙骨松动，行走时，木地板就会有响声。

(2)木龙骨含水率较高，安装后收缩，使锚固铁丝扣松动或预埋螺丝等不紧固，松动后，走动时面层产生响声。

(3)施工时，用冲击钻在混凝土楼板上打洞，洞内打入木楔，龙骨用圆钉钉入木楔，时间久后，木楔与圆钉松动，就会有响声。

3. 防治措施

(1)控制木材含水率。木龙骨含水率应不大于12%。

(2)采用预埋铁丝和螺钉锚固木龙骨，木龙骨的铁丝要扎紧。螺钉要拧紧。

(3)锚固铁件埋设要合理，间距不宜过大。一般锚固铁件间距顺木龙骨方向不大于800 mm，顶面宽不少于100 mm，且弯成直角，用双股14号铁丝与木龙骨绑扎牢固。然后用撬棒撬起木龙骨，垫好木垫块。木垫块表面要平整，并用铁丝与木垫块垫牢。

(4)在混凝土楼板上应用冲击钻打洞，用膨胀螺栓或铁件固定。

(四)板缝不严

1. 现象

木地板面层板缝不严，板缝宽度不大于0.3 mm。

2. 主要原因

(1)地板条规格不合要求。地板条不直，宽窄不一，企口窄、太松等。

(2)拼装企口地板条时缝太虚，表面上看结合严密，刨平后即显出缝隙；或拼装时敲打过猛，地板条回弹，钉后造成缝隙。

(3)面层板铺设接近收尾时，剩余宽度与地板条宽不成倍数，为凑整块，加大板缝，或将一部分地板条宽度加以调整，经手工加工后，地板条不很规矩，因而产生缝隙。

(4)板条受潮，在铺设阶段含水率过大，铺设后经风干收缩而产生大面积“拔缝”。

3. 防治措施

(1)地板条的含水率应符合规范要求，一般不大于12%。

(2)地板条拼装前需经严格挑选，不符合要求的应剔除，宽窄不一、企口不符合要求的应经修理后再用。

(3)铺钉前，房间应弹线找方，并弹出地板周边线。踢脚板周围如果有凹形槽的，周围先钉凹形槽，再进行铺钉。

(4)长条地板与木龙骨垂直铺钉，当地板条为松木或为宽度大于70 mm的硬木时，其接头必须在龙骨上。接头应互相错开，并在接头的两端各钉一枚钉子。

(5)木地板铺完应及时苫盖，刨平磨光后立即上油或烫蜡，以免“拢缝”。

(6)缝隙小于 1 mm 时，用同种材料的锯末加树脂胶和腻子嵌缝。缝隙大于 1 mm 时，用相同材料刨成薄片(成刀背形)，蘸胶后嵌入缝内刨平。如修补的面积较大，影响美观，可将烫蜡改为油漆，并加深地面的颜色。

(五)地板表面戗茬

1. 现象

木地板戗茬，出现成片的毛刺或呈现异常粗糙的表面，尤其在地板上油、烫蜡后更为明显。

2. 主要原因

(1)电刨刨刃太粗，吃刀太深，刨刃太钝或电刨转速太慢。

(2)电刨的刨刃太宽，能同时刨几根地板条，而地板条的木纹有顺有倒，倒纹易戗茬。

(3)机械磨光时所用砂布太粗，或砂布绷得不紧有皱褶。

3. 防治措施

(1)使用电刨时刨口要细，吃力要浅，要分层刨平。电刨的转速不应小于 4 000 r / min，速度要匀。

(2)机器磨光时砂布要先粗后细，要绷紧绷平，停留时先停转。人工净面要用细刨认真刨平，再用砂纸打光。

(3)有戗茬的部位应仔细用细刨手工刨平。

(4)如局部戗茬较深，细刨不能刨平时，可用偏铲将该处剔掉，再用相同的材料涂胶镶补。

第四节　门窗工程质量通病与防治

一、木门窗安装质量通病

(一)门窗框松动

1. 现象

门窗框安装后经使用产生松动；当门窗扇关闭时撞击门窗框，使门窗口灰皮开裂、脱落。

2. 原因分析

预留木砖间距过大，与墙体结合不牢，经受振动，逐渐与墙体脱离；预留门窗洞口尺寸过大，使门窗框与墙体间的空隙较大；门窗口塞灰不严，或所塞灰浆稠度大，硬化后收缩，使墙体、门窗和灰缝三者之间产生空隙，也易造成门窗框松动。

3. 预防措施

(1)木砖的数量应按图纸或有关规定设置，一般不超过 10 皮砖一块，半砖墙或轻质隔墙应在木砖位置砌入混凝土块(见图 10-3)。

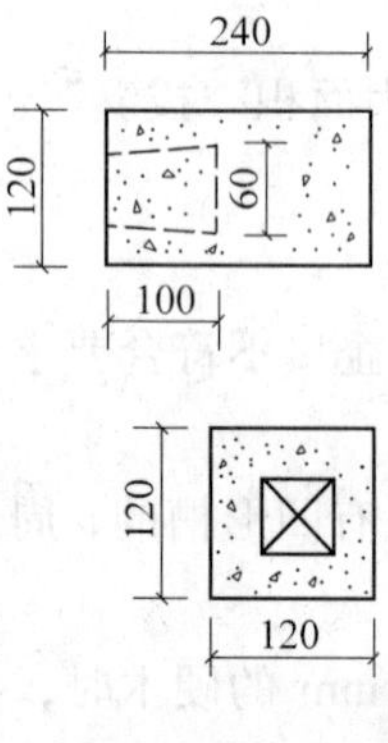

图 10-3　混凝土块

(单位：mm)

(2)门窗洞口每边空隙不应超过 20 mm，如超过 20 mm，钉子要加长，并在木砖与门窗框之间加木垫，保证钉子钉进木砖 50 mm。

(3)门窗框与木砖结合时，每一木砖要钉 100 mm，钉子 2 个，而且上下要错开，不要钉在一个水平线上。垫木必须通过钉子钉牢，不应垫在钉子的上边或下边。

(4)门窗框与洞口之间的缝隙超过 30 mm 时，应灌细石混凝土；不足 30 mm 的应塞灰，要分层进行，待前次灰浆硬化后再塞第二次灰，以免收缩过大，并严禁在缝隙内塞嵌水泥袋纸或其他材料。

4. 治理方法

(1)如门窗框松动程度不严重，可在门窗框的立梃与砖墙缝隙中适当部位加木楔楔紧，并用 100 mm 以上的圆钉钉入立梃，穿过木楔，打入砖墙的水平灰缝中，将门窗框固定。

(2)木砖松动或间距过大时，可在门框背后适当部位刻一个三角形小槽，并在结构面上相应位置剔一个洞，下一个铁扒锔，小洞内浇筑细石混凝土，为使混凝土浇捣落实，模板应支成喇叭口，待混凝土终凝后，将突出部分凿掉。

(3)门窗口塞灰离缝脱落，应重新做好塞灰。

(二)门窗框弯曲

1. 现象

门窗框弯曲主要表现为框的两根立梃本身不顺直，其变形与墙体同一平面方向，或垂直于墙体方向。

2. 原因分析

现场保管不妥善，长期经受风吹日晒雨淋，框受温度和湿度的影响发生变形；操作不认真，垂直度吊不严格；木砖松动或框与木砖之间的垫木不实。

3. 预防措施

(1)对已进场的框要按规格码放整齐，底层要垫实垫平，距离地面要留有一定的空隙，以便通风，避免框在存放期间因潮湿和底层不平引起的变形；要注意苫盖，避免框受风吹日晒和雨淋而引起变形；对已变形的框，进行修理后再安装使用。

(2)安装时，框的每根立梃的正侧面都要认真进行垂吊，并用靠尺与立梃靠严。如为与墙体同一方向不严实，可调整垫木的厚度；如为垂直于墙体方向不严，先将立梃上下固定好，再把立梃不直的地方用力使其顺直后加钉固定。

(3)在立门窗框前，应先在框与砖砌体的接触面上涂刷防腐油，以防木材吸潮变形。

4. 治理方法

(1)门窗立梃平行墙体轴线轻微弯曲。向框内弯曲时，可在其对应的墙体上重新补砌木砖，并用水泥砂浆嵌填砌实，待其充分凝固后，用圆钉在框的弯曲部位钉入木砖中，将框逐渐恢复到顺直为止；如向墙体一侧弯曲时，可先将固定门窗框的钉子取出或锯断，在框的弯曲部位与墙体之间的缝隙中背入木楔，使框逐渐校正顺直，然后重新用钉子与木砖钉牢。

(2)门窗立梃垂直墙体轴线弯曲。可先将立梃上下固定好，并将固定门窗框的钉取出或锯断，再用校正器将其校直，如图 10-4。

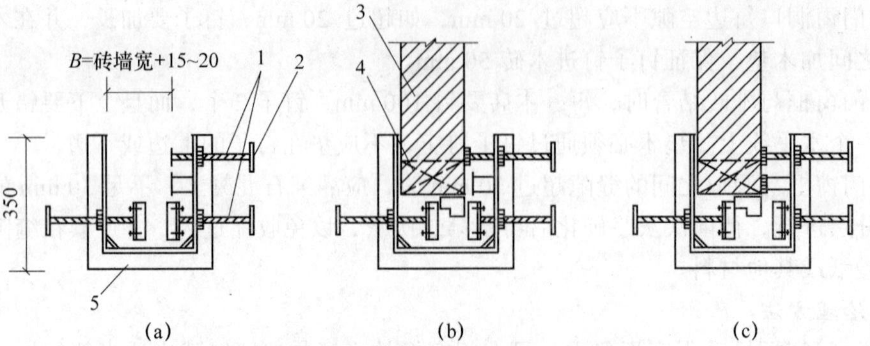

图 10-4　用校直器校直(单位：mm)

(a)门框校直器；(b)框料向左校直；(c)框料向右校直

1—ϕ18 螺杆；2—ϕ 12 手柄；3—墙身；4—木砖；5—∟ 50×5 角钢

(3)弯曲过大而无法调整时，应将原框取下，换新框重新安装。

(三)门窗框位置不准确

1. 现象

门窗框位置不准确主要表现为：门窗框的上口不在同一设计标高上；门窗框在墙上里出外进，不在同一平面内；二层以上建筑的各层外墙窗框，上下层对不齐、左右错位；门窗框位置尺寸偏差过大，位移过多等。

2. 原因分析

预留门窗口高低不一，位置不准；清水墙下木砖未考虑门框的位置，致使两者不相吻合，安框后盖不住木砖；未严格按照图纸尺寸要求立门窗框；大模板工程先立框的，在浇筑混凝土时，受冲击振动使框产生位移和变形，如偏斜、塌腰、鼓肚等。

3. 防治措施

(1)安装门窗框前，墙面要先冲标筋，安装时依标筋定位。

(2)二层以上建筑物安装框时，上层框的位置要用线坠等工具与下层框吊齐、对正。在同一墙面上有几层窗框时，每层都要拉通线找平窗框的标高。

(3)安装门窗框要考虑到筒子板、窗台板的位置和尺寸。

(4)清水墙(一般为 370 mm)木砖位置，最好统一由外墙皮往里返 120 mm，立门窗框由外皮往里返 115 mm，这样既可盖住木砖，又可盖住砖墙的立缝。

(5)一般窗框上皮应低于过梁 10 ~ 15 mm，如预留门窗洞口高低不一致时，就低不就高，上面的空隙堵砂浆或灌细石混凝土处理。

(6)固定在大模板上的门框，应与钢假口用螺丝拧紧，并用丝杆顶牢，以免浇筑混凝土时位移或变形。

(7)门窗框安装时，先用木楔临时固定，待找平吊直后再钉牢。

二、铝合金门窗的质量通病

(一)锚固做法不符合要求

1. 现象

铝合金门窗框锚固件的材质、规格、间距、位置及固定方法不符合规范或标准图集的要求。如有的严重锈蚀、有的间距过大、有的松动等。

2. 原因分析

(1)采用未经过防腐蚀处理的锚固板，会出现铝合金与钢铁间的电偶腐蚀，破坏锚固点的牢固性。

(2)螺钉固定件未做防腐处理，在潮湿环境下，会锈蚀，从而使铝合金门窗框与墙之间处于无连接状态。

(3)锚固点位置设置不当。

(4)锚固方法不正确。如在砖墙、加气混凝土墙上用射钉的方法，会造成射钉周围墙体碎裂，使锚固力降低，门窗框出现松动。

3. 预防措施

(1)铝合金门窗选用的锚固件，除不锈钢外，均应采用镀锌、镀铬、镀镍的方法进行防腐处理。

(2)在铝合金门窗框与钢铁连接件之间用塑料膜隔开。

(3)严格施工管理，提高施工人员素质，按要求施工，锚固板间距不应大于 600 mm。

(4)在砖墙上锚固时，应用冲击钻在墙上钻孔，塞入直径不小于 8 mm 的金属或塑料胀管，再拧进木螺丝进行固定。

4. 治理方法

如锚固板已严重锈蚀，门窗框已明显松动，则应拆除全部连接，按要求重新进行锚固。

(二)窗扇推拉不灵活

1. 现象

铝合金推拉窗在使用一段时间后出现推拉不灵活，甚至出现窗扇推拉不动的情况。

2. 原因分析

(1)制作工艺粗糙，窗扇与窗框的尺寸配合欠妥，窗扇制作尺寸偏大。

(2)铝合金窗框因温度变化、建筑物沉降或受振动变形，导致窗扇推拉受阻。

(3)窗扇下的滑轮制作粗糙，圆度超差，耐久性不好。

(4)所选用的滑轮与窗扇不配套，滑轮脱出轨道。

3. 预防措施

(1)提高制作人员的水平，使窗框和窗扇尺寸配合良好。

(2)在窗框四周与洞口墙体的缝隙间采用柔性连接，以防止铝合金窗框受挤压变形。

(3)选用质量优良并且与窗扇配套的滑轮。

4. 治理方法

若出现的偏差较大，可将窗扇、滑轮拆下，重新改制、安装。

(三)推拉窗渗水

1. 现象

推拉窗渗水，常使窗下墙面上的壁纸、乳胶漆脱皮、脱落、发黄变色。

2. 原因分析

由于推拉窗与平开窗相比，下框要设轨道，加上内外的封边板，使得下框凹凸不平的断面容易积水(雨水)，所以推拉窗的下框若有间隙，便会产生积水渗漏现象。

3. 防治的措施

(1)堵塞下框的所有可能产生渗水的间隙,如横框和竖框的交接缝隙,由于直角对接,存在缝隙是不可避免的，应注意加防水密封胶，常用硅酮密封胶。注胶前，应将表面清理干净，以保证密封质量。外窗台泛水坡度不够，窗框下缘与饰面交接处塞缝不密实也可能产生雨水渗漏现象，安装单位应严格按设计要求，在接缝处预留 5~8 mm 槽口，认真做好密封材料的嵌缝工作。下框外露的螺丝钉头处，也是渗水的渠道，均应做好防水密封胶的覆盖工作。

(2)对下框可能产生的积水及时疏导排出。目前常用的办法是在封边及轨道的根部钻一个 2 mm 左右的小孔，间距 1 m 左右，这样就可及时排走出现的积水，缩短积水在下框内存留时间，减少渗水的机会。但应注意，钻孔时严禁将下框的板壁打穿，否则便成了新的渗水渠道。窗框四周与结构的间隙均应认真做好槽口填塞、密封嵌缝的处理，否则均可产生渗水。

平开窗窗框断面较少，窗扇关闭严密，只要注意嵌缝，外窗台不反坡，窗扇没有较大变形，一般很少产生渗水现象。

(四)玻璃胶条密封性能差

1. 现象

铝合金门窗使用一段时间后，有的玻璃胶条开始出现龟裂，有的部分脱落或端部短缺，导致透风、漏雨，密封性能达不到设计要求，严重时出现玻璃颤动，影响正常使用。

2. 原因分析

(1)使用了不合格的玻璃胶条。

(2)玻璃胶条收缩，从窗的四角开始脱落。

(3)玻璃胶条嵌入时不打胶固定，或打胶方法不对。

(4)嵌入玻璃胶条时未将胶条割断。

3. 预防措施

(1)铝合金门窗使用的玻璃胶条要选用弹性好、耐老化的优质玻璃胶条。

(2)玻璃胶条下料时要留出 2%的余量，作为胶条收缩的储备。

(3)方形、矩形门窗玻璃用的胶条，要在四角处按 45°切断、对接。

(4)安装玻璃胶条前，要先将槽口清理干净，避免槽内有异物。

(5)安装玻璃胶条前，在玻璃槽四角端部 20 mm 范围内均匀注入玻璃胶。如玻璃胶条长度大于 500 mm，则每隔 500 mm 再增加一个注胶点，然后再将玻璃胶条压入。

第五节 幕墙工程质量通病与防治

由板材与金属构件组成的悬挂在建筑物主体结构上的非承重连续外围护结构称为建筑幕墙。建筑幕墙以其较好的建筑装饰艺术效果、完善的功能和轻质、安装效率高等优点得到广泛应用。建筑幕墙按其材料分为玻璃幕墙、金属幕墙、石材幕墙、全玻璃幕墙以及用各种材料组合的组合式幕墙，现将其质量通病分析如下。

一、铝合金玻璃幕墙施工质量通病

(一)预埋件安装偏差大

1. 原因分析

设置预埋件时，基准位置不准，控制不严，钢筋捆扎不牢或不当，混凝土模板支护不当，混凝土捣固时发生胀模、偏模，混凝土捣固后预埋件变位等。

2. 防治措施

(1)按标准线进行复核找准基准线，标定永久坐标点，以便检查测量参照使用。

(2)预埋件固定后，按基准标高线、中心线对分格尺寸进行复查，按规定基准位置支设预埋件。

(3)加强钢筋捆扎检查，在浇筑混凝土时，应经常观察及测量预埋件情况，当发生变形立即停止浇灌，进行调整、排除。

(4)为了防止预埋件的尺寸、位置出现位移或偏差过大，土建施工单位与幕墙安装单位在预埋件放线定位时密切配合，共同控制各自正确尺寸，否则预埋件的质量不符合设计或规范要求，将直接影响安装质量及工程进度。

(5)对已产生偏差的预埋件，要制订出合理的施工方案进行处理。

(二)支座节点松动或过紧

1. 原因分析

幕墙支座节点调整后未进行焊接，引起支点处螺栓松动；或多点连接支点上螺栓上得太紧及芯套太紧。

2. 防治措施

(1)在幕墙主梁安装调整完后，对所有螺栓必须拧紧，对有关节点进行焊接，避免幕墙在三维方向可调尺寸内松动，其焊接要求按钢结构焊接要求执行。

(2)在多点座支点的情况下，副支座型材上必须设长孔，且螺栓应上紧到紧固而铝材又不变形为原则。

(3)主梁芯套与主梁的配合必须为动配合，并符合铝材高精级尺寸配合要求，不能将芯套硬敲入主梁内。

(三)胶缝不均匀、缝面不平滑、胶缝内部有孔隙

1. 原因分析

玻璃边不平；双面胶条粘贴不平直；注胶不饱满；胶缝修整不平滑、不清洁。

2. 防治措施

(1)玻璃裁割后必须进行倒棱、倒角处理。

(2)双面胶条粘贴规范，倒角处理。

(3)缝口外溢出的胶应用力向缝面压实，并刮平整，清除多余的胶渍。

(四)对缝不平齐、墙面不平整

1. 原因分析

主梁变形量大，超出国家铝材验收标准；玻璃切割尺寸超差；组框生产时，对角线超标；安装主梁时其垂直度达不到标准要求；组框和主横梁结构及材料选用有问题。

2. 防治措施

(1)严格控制进料关，特别是主梁的检查应严格按国家标准进行检验，不合格退货。

(2)加强玻璃裁割尺寸检验和控制，其尺寸如有超差则做退货处理。

(3)在注胶生产中，严格控制组框尺寸，特别要检查和控制好对角线尺寸。

(4)主梁安装时，调整好尺寸后再行固定、焊接。

(5)组框和主梁的结构，设计上要认真计算，选料要合适。

(五)活动窗不灵活、缝隙不严密

1. 原因分析

铰链质量不好；安装调整不当；密封胶条材质不好。

2. 防治措施

(1)选择质量好的铰链。

(2)按铰链接要求进行安装及调整，做到开关灵活，密封性能好。

(3)选用图纸中要求的型号胶条，并且按材质要求采购优质胶条，在有条件的情况下，采用弹性好、耐老化的材料胶条。

(4)在开启窗的设计上，要考虑窗扇上避水结构，如在窗扇上设高滴水或内排水结构，以防止水直接进入防水胶条上。

(六)耐候胶的填塞不密实、清理不干净

1. 原因分析

不按图纸要求施工；未按施工工艺要求操作；注胶前未进行清洁工作。

2. 防治措施

(1)施工人员必须认真按技术交底要求，严格按图纸施工。

(2)严格按工艺要求操作，表面注胶应按如下程序进行：填聚乙烯发泡材料→缝内清洁→玻璃表面贴防止污染胶纸→注填耐候胶→压挤填充耐候胶，使胶表面平滑光顺→将纸胶带撕开。

(3)注意施工中的清洁，在拆架之前用中性清洁剂清洁表面。

(七)封边金属板漏水

1. 原因分析

封边板与封边板之间连接采用简单搭接，没做密封防水处理；封边板与外墙材料的结合部未打胶，或注胶不连续。

2. 防治措施

(1)封板连接处设置沟槽，注胶密封。

(2)封板与外墙材料间留沟槽或形成倾角，注胶饱满，连续。

(八)封顶漏水、变形

1. 原因分析

(1)封顶板之间接缝处理不当。板上贴有保护胶纸，铝板和密封胶间形成缝隙。

(2)注胶面的脏物或蒸汽造成密封不严。

(3)设计不当，偷工减料，女儿墙顶未全覆盖。

(4)封顶板设计不合理，内部没加筋增加强度。

2. 防治措施

(1)封顶板制成单元件，两接口处理缝注胶，采用连续封板的，接缝处应加搭连接片，留缝注胶密封，外露连接铆钉也应处理。

(2)注胶面应清理干净，无水滴。女儿墙顶应用封顶板全部覆盖，如一级封顶不够宽，可采用二级。

(3)应合理设计封顶板跨度，根据强度要求设计内衬框架；考虑到有些作业会在其上面进行，应做铝材或钢材龙骨。

(4)铝封板与墙体固定连接处增设可供调节进出位的构件，必要时另做龙骨找平安装面。

二、金属板幕墙施工质量通病

(一)板面不平整、接缝不平齐

1. 原因分析

连接码件固定不牢，产生偏移；码件安装不平直；金属板本身不平整。

2. 防治措施

确保连接件的固定，应在码件固定时放通线定位，且在上板前严格检查金属板的质量。

(二)密封胶开裂渗透

1. 原因分析

注胶部位不洁净；胶缝深度过大，造成三面黏结；胶在未完全黏结前受到灰尘沾染或损伤。

2. 防治措施

(1)充分清洁板材间缝隙(尤其是黏结面)，并加以干燥。

(2)在较深的胶缝中充填聚氯乙烯发泡材料(小圆棒)，使胶形成两面黏结，保证其嵌缝深度。

(3)注胶后认真养护，直至其完全硬化。

(三)预埋件安装位置不准

1. 原因分析

预埋件安放时偏离安装基准线；预埋件与模板、钢筋的连接不牢，使其在浇筑混凝土时位置变动。

2. 防治措施

(1)预埋件放置前，认真校核其安装基线，确定其准确位置。

(2)采取适当方法将预埋件模板、钢筋牢固连接(如绑扎、焊接等)。

(3)若结构施工完毕后已出现较大的预埋偏差或个别漏放，则需及时进行补救，其方法为：①预埋件向内入超出允许偏差范围，采用加长铁码补救。②预埋件向外出超出允许偏差范围，采用缩短铁码或剔去原预埋件，改用膨胀螺栓将铁码紧固于混凝土结构上。③预埋件向上或向下偏移超出允许偏差范围，则修改竖框连接孔或采用膨胀螺栓调整连接位置。④预埋件漏放，采用膨胀螺栓连接或剔出混凝土后重新埋设。

以上修补方法需经设计部门认可。

(四)胶缝不平滑充实，胶线不平直

1. 原因分析

打胶时，挤胶用力不匀，胶枪角度不正确，刮胶时不连接。

2. 防治措施

连续均匀挤胶，保持正确的角度，将胶注满后用专用工具将其刮平，表面应光滑无皱纹。

三、彩色混凝土挂板幕墙施工质量通病

(一)表面出现气泡和发丝裂纹(龟裂)

1. 原因分析

水泥用量过大，水灰比过高，慢性吸水的轻骨料还可增加这种倾向，这是内因。其外因主要是温度变化与干湿交替的循环作用。碳化作用引起的收缩也有一定影响，这种龟裂表明龟裂在开始阶段只是表面现象，但在大气中尘埃积聚因颜色变黑而显现，影响美观。振动不密实或振动方式不合理，常使表面产生气泡。

2. 防治措施

(1)避免气泡的关键在于振捣工艺。平板式振捣器不能消除制品底面(反打工艺)上的气泡，插入式振捣器振捣适度可以做到基本没有或很少有气泡。流水工艺生产时采用振动台振动成型效果最好，因为振源在下方，振波由下而上有利于排除气泡。

(2)采用低流动性混凝土的配合比，严格控制水泥用量和用水量，如采用轻骨料，搅拌前应吸水充足。

(3)混凝土成型完毕后，应加强养护，严禁在冬季低温条件下施工，雨天施工应采取必要措施，以防止改变水灰比，使制品表面疏松。

(4)表面应抹平压实，防止碳化。

(5)表面水泥浆膜被剥离的露骨料装饰混凝土，可使龟裂机会减少。

(二)表面颜色不均匀

1. 原因分析

水泥的白霜特性，特别是表面平滑的混凝土制品，尤其明显。原材料质量，特别是水泥、白水泥日久有变黄倾向，颜料会褪色，某些骨料在大气作用下会失去原有色泽。大气污染，特别是大气中的含硫物质和雨水中的酸性成分。

2. 防治措施

(1)水泥必须选同厂同标号，砂、石必须取自同一产地、同一规格，保证材料的均一性和配料，特别是加水量的准确性。

(2)为防止氢氧化钙析出产生白霜，可掺一定量氧化钙、三乙醇胺、碳酸铵、丙烯酸钙等。

(3)施工时振捣密实，拍平压光，以提高表面密实度。

(4)进行表面处理，刷涂料进行封闭，或采用露骨料做法。

四、彩色及美术水磨石挂板幕墙

(一)水磨石表面色泽不一致

1. 原因分析

罩面用的水泥石渣浆所用原材料没有使用同一规格、同一批号和同一配合比，调色灰时没有统一集中配料。石子清洗不干净，保管不好。色浆颜色与基层颜色不一致，砂眼多。

2. 防治措施

(1)同一部位、同一类型的饰面所需材料一定要统一，所需数量一次备足。

(2)按选定的配合比配色灰时，称量要准确，按加料顺序，拌和要均匀，过筛后装袋备用，严禁随配随拌，最好设专人掌握配合比。

(3)石子按选定规格、筛去粉屑，清洗后按规格堆放，用帆布覆盖，防止混入杂质。

(4)在同一面层上采用几种图案，操作时应先做深色，后做浅色，先做大面，后做镶边，待前一种水泥石渣浆初凝后，再抹后一种水泥石渣浆，不要几种不同颜色的水泥石渣浆同时铺设，造成在分格条处深色污染浅色。

(二)水磨石表面不平整

1. 原因分析

没有统一引水平线，标高误差较大。板面四周水泥石渣颗粒较大，机器磨不到的地方，人工不易磨平。

2. 防治措施

(1)水磨石挂板面统一引水平线。铺设面层石渣浆时，门口中间可稍高 1～2 mm，使机磨部位与人工磨平的接槎处平整一致。

(2)挂板面机磨时，铜分格条处应多磨细磨，使铜条全露出后前进。

第六节　装饰装修工程质量通病实例分析

一、某商用综合楼抹灰缺陷实例分析

(一)工程及缺陷概况

某 6 层混凝土框架结构商用综合楼，使用 C25 商品混凝土，多层胶合木模板成型。脱模剂采用乳化废机油。其 2、3 层为洗衣、净菜业务用房，结构构件处于潮湿大气环境。为防止冷凝结露带来的危害，现浇混凝土楼板顶棚面层为厚 20 mm 的 1∶3 水泥砂浆抹灰，涂料二度刷白。水泥砂浆采用 42.5 普通硅酸盐水泥及当地优质河砂，抹灰施工时间在 3 月中旬，而后进行楼面面层水磨石施工。事故发生时已完成 2～4 层水磨石地面铺贴，但尚未进行门窗框安装。

顶棚抹灰层于施工后 1 周内普遍开裂，不规则裂缝宽度 0.2～0.6 mm 不等。裂缝间距为 40～60 mm，且有通长裂缝，施工后不到 1 个月出现大面积空鼓、脱落。脱落的水泥砂浆层与结构的结合面光滑平整，未见其他异常。楼层层高 4 m，抹灰层大块脱落幸

未伤及人员。

(二)原因分析

经对现场情况进行综合分析，认为造成此次事故的主要原因有以下几点：

(1)基层处理不认真。基层的脱模剂、油污等清理不干净；浇水不充分，导致抹灰后砂浆中水分很快被基层(或底灰)吸收而急剧干燥；使用胶合板模板，抹灰基层较光滑，虽采用 1∶1 的水泥砂浆内掺 107 胶并用竹丝甩到基层上的毛化处理办法，但是甩点零星且不均匀、终凝后自然风干而未浇水养护，从而影响了抹灰层与基层的黏结力。

(2)抹灰操作不当。本工程抹灰层厚度约为 20 mm(规范规定现浇混凝土楼板顶棚抹灰层的平均总厚度不得大于 15 mm)；而且分层抹灰时，间隔时间过短，每层抹灰跟进过紧，实际上近于一次抹灰，使得湿砂浆粘在一起，起不到分层作用，造成砂浆收缩率过大，产生空鼓、裂缝，过厚的灰层，使黏结面处产生滑移。

(3)水泥选用不当，所选用的 42.5 普通硅酸盐水泥凝结硬化快，早期强度高，收缩大，易使抹灰层产生裂缝。

(4)在顶棚抹灰完成后，开始进行各楼面水磨石的施工，施工过程中的振动也促进了板底裂缝或空鼓，并导致脱落。

从以上分析看出，施工操作不当是造成本事故发生的根本原因，早强水泥的使用促进了抹灰层的空鼓、裂缝。

(三)改进措施

(1)清理基面。基层上的隔离剂、油污用 10%的氢氧化钠水溶液清理干净，扫净残浆、灰尘；用 1∶1 水泥扫净，掺 10%的 107 胶薄抹 1 层。

(2)基层湿润。常温下在抹灰前 1 d 进行基层喷水湿润，抹灰时再洒水 1 遍。

(3)分层抹灰。抹头道灰时，与模板木纹的方向垂直，并用刚皮抹子用力抹实、越薄越好。底子抹灰完后，紧跟抹第二遍找平，厚度 6 mm 左右，待六七成干时，即罩面。抹灰面的平均总厚度不大于 15 mm。每遍抹灰完成时要及时洒水养护 7 d 以上。

(4)严格控制抹灰砂浆的流动性和保水性，做到砂浆随拌随用，在初凝前用完。

(5)加强管理，每道工序由专人负责，并及时检查维修。

(四)处理

未起鼓的裂缝处，用 107 胶白水泥刮抹层。对于起鼓处，则用锤确定起鼓区大小，做好标准矩形画线，采用切割机割去，以避免影响相邻部位，按以上改进措施返工重做，至今情况良好。

二、某高层建筑饰面砖脱落实例分析

(一)工程及缺陷概况

北方某高层建筑为框架结构，建筑面积 16 926 m^2，地面以上为 15 层，其中从 14 层开始外挑 2.1 m。工程于 1992 年 10 月动工兴建，1994 年 11 月建成，同年 12 月交付使用。

1999 年 4 月 19 日，外墙饰面砖从大厦的 15 层西立面靠西北角处坠落，并造成人身伤亡。其脱落位置在 14 层窗的过梁与其上 15 层的边梁斜坡面之间，坠落面积约 3 m^2(长

3 m，高 1 m）；坠落到地面的外墙饰面砖仍成型，最大饰面砖与黏结水泥砂浆基层连在一起为 500 mm×200 mm，黏结围护结构砌块墙体基层的砂浆厚度在 30～40 mm 之间。在地面可清晰看到 15 层外围护结构饰面砖脱落处墙体的炉渣砌块内隔肋。该高层建筑外装饰全为外贴面砖，在 14 层至 15 层的外墙面及扶壁柱外边也存在面砖空鼓、裂缝和脱落现象。

(二)原因分析

(1)围护结构外墙炉渣混凝土小型空心砌块 240 mm 厚的保温效果较差，存在“热桥”现象，致使其吸水率上升，在冬季采暖期“热桥”的作用下，外墙的内表面结露，水汽大量浸入墙体，使得墙体含水率不断上升。有关试验表明，保温材料中含水率每增大 1%，则热导率约增加 5%，墙体的保温性能及含水率形成恶性循环。而炉渣混凝土小型空心砌块的原材料中有害指标烧失量严重超标准，极易产生风化，影响砌块材料的耐久性。经过 5 个年度的冻融循环，炉渣混凝土小型空心砌块的强度损失较多，首先遭到破坏。

(2)屋面保温采用 1：10 现浇水泥膨胀珍珠岩保温层，其在施工过程中需加大量的水来进行拌和，这时含水率高达 120%～150%，严重超过规范规定的采用无机胶结材料时含水率不得大于 20%的要求。根据全国各地情况调查，采用现浇水泥膨胀珍珠岩保温层的屋面，由于保温层中的水分没有排出，其含水率过大，也会导致保温层的热导率增加，从而使屋面的保温效果大大降低。

(3)施工时围护结构外墙黏结装饰面砖的水泥砂浆基层厚度在 30～40 mm 之间，已超出国家行业标准《建筑装饰工程施工及验收规范》(JGJ 73—91)中第 7.4.5 条“釉面砖和外墙面砖宜采用 1：2 水泥砂浆镶贴，其砂浆厚度为 6～10 mm”的规定要求。

(4)外墙装饰面砖的空鼓、裂缝及坠落，与北方严寒地区的冬冷夏热，建筑围护结构装饰材料的表面温差所产生的温度应力和收缩变形有关。

(5)该高层建筑管理方面存在检查维修工作不到位，未能发现外墙装饰面砖的空鼓和裂缝而及时采取必要防范措施。

(三)经验教训

(1)严寒地区的建筑围护结构的保温墙体要通过热工计算，以满足保温节能、防潮和耐久性的设计要求。

(2)高层建筑围护结构的外墙装饰面砖屡次发生坠落伤人事故，应该引起建设管理部门和建筑设计师的高度重视，并采取必要的安全防范措施，如高层建筑的裙楼或进出口通道的刚性雨篷或连廊等。

(3)建筑物的业主及使用者应强化物业管理，定期对主体结构、外围护结构，墙装饰面砖进行检查，及时排除险情和维护，以确保建筑物的安全使用。

第十一章 工程构筑物质量通病分析与防治

各类工程构筑物的共同特点是结构高大复杂，而且往往处于特殊的工作环境中，如高温、抗渗、防腐及较高的抗震要求，因此对工程质量要求高，施工难度大。本章列出了工程构筑物常用施工方法中特有的质量通病和防治措施，并利用一些实例对构筑物倒塌进行了综合分析。

第一节 烟囱工程质量通病与防治

一、钢筋混凝土烟囱施工质量通病

(一)筒身裂缝

1. 现象

钢筋混凝土烟囱筒身出现裂缝比较多，竖向裂缝一般出现在筒身中上部，数量一般不超过 10 条，裂缝宽度大多数为 0.5 ~ 1 mm，即使混凝土施工质量较好，通常也会产生 0.2 ~ 0.3 mm 的裂缝，裂缝深度一般在 4 ~ 9 cm 之间，严重的可达 10 cm 以上，裂缝长度在 10 ~ 80 m 范围内。水平裂缝也比较普遍，其中多数较轻，也不交圈，裂缝深度均不超过 9 cm。竖向裂缝无论从根数、裂长、裂宽、裂深方面均比水平裂缝严重。在烟囱的局部缺陷处以及混凝土受腐蚀部位，裂缝宽度较其他部位宽。

2. 原因分析

(1)钢筋混凝土烟囱多采用滑模施工，施工单位为了加快工程进度，往往采用提高混凝土强度等级来提高其早期强度以满足施工要求。在工程验收时，亦往往认为混凝土强度高于设计值时，工程质量好。实际上对高温结构，提高混凝土强度等级，对结构不利，导致混凝土受压区高度降低，使筒壁外侧钢筋应力增加，相应地增加了裂缝数量或裂缝宽度。

(2)混凝土收缩也是造成严重开裂的一个因素。烟囱属高耸结构，筒壁很薄，施工速度较快，烟囱上部的空气流速较大，使混凝土中的水分散发加快，导致混凝土急剧收缩。经分析，混凝土收缩产生的相对变形，相当于 30 ~ 40℃当量温度差产生的相对变形值，这对低温烟囱(温差不大)所占的比率是相当大的，易导致裂缝严重开展。

(3)内衬砌筑质量存在问题，灰缝不饱满，尤其是竖缝出现瞎缝，烟气逸出，导致筒壁受高温作用发生裂缝。内衬和隔热层分段(10 ~ 15 m)设置环形支承牛腿处，以及为防止散状隔热材料下沉，沿内衬外侧每隔 1.5 ~ 2.5 m 设置防沉带处，在以上部分容易形成“热桥”，使筒壁内侧局部过热。

(4)采用滑模施工筒壁时，施工缝没有严格按要求处理，易在该处产生水平裂缝。

滑模施工时摩阻力过大也易造成水平裂缝。

(5)采用双层配筋，在计算筒壁外侧配筋时，没有考虑筒壁内侧配筋的不利影响，导致筒壁外侧钢筋应力大于计算值，使筒壁出现裂缝或使裂缝加宽。

(6)温度计算和确定材料导热系数有偏差，导致实际隔热效果有较大差别。由于生产工艺改变或强化生产，烟囱实际温度超过了设计温度。

3. 预防措施

(1)混凝土试配时宜选用同品种、同等级的普通硅酸盐水泥，最大水泥用量不应超过 450 kg / m^3，水灰比不宜大于 0.5，宜掺用外加剂。用水计量必须准确，以免水灰比过大造成水平裂缝。养护时间不应少于 7 d，以免因养护不良造成干裂。

(2)加强质量教育，使施工人员认识到内衬也是烟囱结构的一部分，其施工质量关系到整个烟囱工程的使用寿命。认真进行技术交底，搞样板段示范，强化施工过程中的质量监督和检查。参见砌体结构工程“砖缝砂浆不饱满，砂浆与砖黏结不良”的防治措施。

(3)施工时编制可行的质量保证措施，如筒身施工缝处理，钢筋保护层的控制，隔热层的填充以及双滑和内砌外滑施工方法的改进等。

(4)为减少滑模施工时摩阻力过大极易造成的水平裂缝，施工时要注意：模板在施工时不得发生上口大、下口小的倒锥现象，以免增加摩阻力，拉裂已浇筑的筒壁；浇筑混凝土时，应随时清理粘在模板内表面的砂浆或混凝土，以免结硬而影响表面光滑，增加摩阻力；滑升速度必须与混凝土早期强度增长速度相适应，要求混凝土在脱模时不坍落、不拉裂、脱模强度不低于 0.2 MPa，滑升速度可控制在 20 ~ 30 cm / h 内，个别情况下最低不小于 10 cm / h，最大不大于 40 cm / h；为使模板与混凝土表面摩阻力控制在适宜范围内，在正常滑升时，二次提升时间间隔一般不宜超过 1 h，气温较高时应增加 1 ~ 2 次中间提升，每次提升高度为 1 ~ 2 个行程。因施工或其他原因不能连续滑升时，应采取切实可行的停滑措施。

(5)设计时，考虑内侧配筋对外侧钢筋的不利影响，采用块状隔热材料，提高内衬和隔热材料的安全储备，改进烟囱的结构形式，在某些高温和腐蚀性大的烟囱中推广筒中筒、多筒和全负压烟囱。

(6)使用中制定合理的生产工艺，严格热工操作制度。

4. 治理方法

烟囱裂缝多属自平衡约束内力过大产生的变形裂缝，在合理的使用条件下裂缝趋于稳定，新裂缝不再出现，不危及烟囱结构安全。因此，只要对烟囱做补缝、填空、防腐处理，可不进行加固。

(1)裂缝宽度小于 0.3 mm 的可用树脂涂料封闭，或用压力注浆。裂缝宽度为 0.3 ~ 0.6 mm 的可在裂缝处凿一条宽 20 mm、深 3 ~ 7 mm 的槽，用压力水冲洗干净，在槽内涂一层约 0.2 mm 的树脂涂料，再用树脂砂浆修补平整。

(2)选择部分裂缝观测点作出标记，留待以后观察裂缝变化，其余部分刷防腐涂料。

(3)如果内衬或保温层破损，还要对内衬或保温层进行检修。

(二)筒身截面凹凸失圆

1. 现象

从侧面看，烟囱竖向不顺直，有凹凸起伏或失圆现象，影响烟囱的观感质量，严重时将影响烟囱结构受力性能。

2. 原因分析

(1)模板安装不符合要求，不牢固，不能及时检查和纠正，造成烟囱失圆，凹凸不平，且有时滑模出现中心偏移，发现后纠偏过急，筒壁出现一侧凹、一侧凸。

(2)滑模施工时，模板调径收分尺寸不均匀，每次滑升高度不一致，收分尺寸大时筒身内凹，收分尺寸小时筒身外凸。

(3)混凝土出模强度忽高忽低差别较大，当滑升速度较快或夜间施工时，出模强度相应低一些，烟囱筒壁出模尺寸接近模板的下口，导致混凝土出模后下坠，形成外凸状。当滑升速度较慢或白天中午施工时，出模强度相应高一些，烟囱筒壁出模尺寸接近模板1／2高度处。由于滑模模板设计有锥度，混凝土脱模的部位不同，筒壁厚度尺寸也有差异，筒壁厚度偏大时外凸，反之则内凹。

3. 预防措施

(1)滑模施工时要严格按模板安装工序进行，内外模板安装工序为：内模板→绑扎钢筋→外模板。模板各部件安装工序为：固定围圈调整装置→固定围圈→活动围圈顶紧装置→活动围圈→活动模板及收分模板。当滑模出现中心偏移时，纠偏要平缓分次进行，每米滑升高度纠偏不要超过20 mm。

(2)收分计算要正确。①模板收分的尺寸可根据每次提升的高度和烟囱设计的坡度，求出半径收分的尺寸，即烟囱半径收分尺寸是滑模每次提升高度乘以烟囱设计坡度；②收分控制要严格。模板的收分控制通过安装在操作平台辐射梁上的调径装置来实现，调径装置由专人负责。每提升一次模板，即准确按计算收分尺寸拧动一次调径装置的丝杠，完成一次收分，做到均匀调径收分；③收分测定要准确。每提升两次或移置模板施工每节筒身的移置模板都要严格检查一次模板的半径，检查方法是按新浇筑面标高的筒身计算半径，在尺杆上做出标记，采用激光铅直仪或吊线法找中，然后实测模板的半径和几何中心并做记录，作为继续提升或下节筒身移置模板调整半径的依据。实测半径要符合设计要求，模板几何中心对烟囱中心的偏差不超过5 mm。

(3)滑升速度要与混凝土出模强度密切配合，尽量控制出模强度均匀一致。

4. 治理方法

要以预防为主，一旦出现肉眼观察明显的筒壁凹凸或失圆现象，应及早进行修补，采用剔凿与补衬相结合的方式修补，所用水泥要求与滑模混凝土同品种，处理后的筒壁表面质感应尽可能均匀一致。

(三)筒身外表面出现拉槽现象

1. 现象

筒身外表面出现拉槽现象主要表现为在筒壁混凝土表面出现竖向条状凹槽，一般出现在收分模板处，影响烟囱的观感质量。

2. 原因分析

(1)收分模板变形。

(2)未及时抽出抽拔模板，或抽拔模板过早拔出。

(3)收分模板与抽拔模板的叠合缝内有残存的混凝土或砂浆没有及时清理。

3. 预防措施

(1)施工中要使收分模板紧贴抽拔模板，收分模板要用弹性较好的钢板制作。

(2)正确掌握抽拔时间。

(3)收分接缝处及时清理残存的混凝土或砂浆。

(4)在收分处的抽拔模板部位浇筑混凝土时，不宜强力振捣及不宜紧贴模板振捣。

4. 治理方法

发现新出模的混凝土筒壁有拉槽现象，首先要找出是由什么原因引起的，并立即采取有效措施进行纠正，以免筒壁继续出现拉槽现象。对出现拉槽现象的筒壁，应及早用与混凝土同水泥品种的 1∶2 水泥砂浆抹压找平。

(四)基础温度裂缝及施工缝留设不当

1. 现象

(1)圆形板式基础产生温度裂缝，沿圆板侧面开始，向上延伸至基础混凝土的斜面部分，裂缝宽度大部分小于 0.3 mm。

(2)基础施工缝位置没有按规定留设，随意性大，影响了工程结构的整体性。规范规定施工缝留设部位见图 11-1。

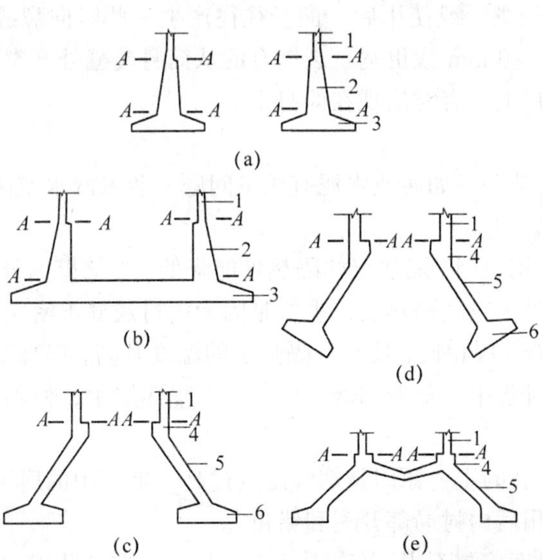

图 11-1　基础施工缝留设位置示意

(a)环板式基础；(b)圆形板式基础；(c)截锥组合壳基础；(d)正倒锥组合壳基础；(e)M 形组合壳基础

1—筒壁；2—环壁；3—底板；4—环梁；5—壳体；6—环板；*A*—*A* 施工缝

2. 原因分析

对施工缝留设，施工人员没有很好地熟悉图纸和规范要求，或虽清楚图纸和规范要求，但凭感觉认为不会影响结构安全，因此施工时没有明确要求，施工管理不严，责任心不强。施工前的准备工作不充分，或考虑问题不周全，施工时施工条件满足不了基础整体连续施工的要求，造成一些不应有的施工缝。

3. 预防措施

对施工缝留设，施工前，施工人员要认真熟悉图纸和规范，施工单位要加强技术交底工作，使施工人员认识到烟囱基础工程整体连续浇筑的重要性及不按要求留置施工缝的危害；施工材料、机具、人员安排要具体到位，多考虑一些不利因素，确保基础工程整体连续浇筑。

4. 治理方法

一般不允许出现规范规定以外的施工缝。如果施工中因意外情况出现了不应有的施工缝，先暂停施工，找出出现施工缝的原因，制定出继续施工时能保证混凝土整体质量的措施。继续施工时，要对施工缝按要求认真处理，对已浇筑的混凝土表面凿毛，用水冲洗干净并充分湿润，先铺一层 1∶1 水泥砂浆，浇筑混凝土时加强施工缝部位的振捣，使其结合良好，减少其对烟囱基础整体性的不利影响。

二、砖烟囱施工质量通病

(一)囱身竖向开裂

1. 现象

砖烟囱在刚竣工经烘干或使用后，囱身往往产生一些竖向裂缝。裂缝一般有 2～5 条，长 10 余米，宽 1～3 mm 或更宽。裂缝有的从筒身砖缝处开裂，有的从砖块中间开裂，有时会出现在内衬上，有时出现在筒身上。

2. 原因分析

(1)施工过程中有缺陷，如砖或水泥有质量问题，砖未浸水或砖的灰缝饱满度不够，造成断面缺损和应力集中。

(2)由于施工和使用原因，隔热层的隔热性能降低，使筒壁内外温差加大，导致裂缝发生或使裂缝加大。对于空气隔热层，主要是因为内衬灰缝不密实或温度作用下内衬开裂，导致烟气与空气隔热层相通，使空气隔热层的温度升高，提高了烟囱筒壁内侧温度。此外，在施工和使用过程中，灰渣和烟尘掉入空气隔热层中，使隔热效果降低，筒壁内外温差加大。

(3)内衬破损和开裂的主要原因是烟气温度过高，烟气中的腐蚀介质对内衬的腐蚀；内衬砌筑质量差，使用后内衬局部开裂和错位。

(4)烘干过程中温度控制不当，使筒体开裂。生产工艺变化或强化生产，使筒体内温度过高，内外壁温差太大，引起裂缝。

(5)用煤气作燃料时，在点火时，有时会发生混合气体在砖烟囱内爆炸，导致烟囱裂缝。

3. 预防措施

(1)砖烟囱筒壁应用标准型或异型的一等烧结黏土砖砌筑，组砌方法正确，砖和砂浆的强度等级必须符合设计要求，砂浆配合比应采用重量比，其稠度为 80～100 mm。筒壁砌体的灰缝必须饱满，垂直灰缝宜采用挤浆和加浆方法。

(2)要制定防止砂浆及砖渣掉入隔热层的措施，并在施工中认真监督检查。

(3)温暖季节施工的烟囱可于临近使用前烘干和加热；用冻结法施工的烟囱，在施工结束后必须立即烘干，并在使用前进一步烘透和加热；通风烟囱可不烘干。如有烘干要求，要严格控制烘烤升温和降温速度。升温时控制在平均每小时上升 11～14℃，最高温度控制为 250℃(无内衬)或 300℃(有内衬)；降温时控制在每小时不大于 50℃，待降温到 100℃时，应把烟道口用砖堵死，防止冷风吹入引起砌体急剧收缩而导致裂缝产生。

4. 治理方法

(1)对于宽度在 20 mm 以内的裂缝，应用压缩空气清扫浮灰，用石棉水泥浆压力灌注，然后进行表面勾缝；对于宽度大于 20 mm 的裂缝，用压缩空气吹净，浇水湿润，然后用 APL–70 型灌浆料灌注；如果裂缝宽度较大，并且数量较多，影响到结构的整体性，除按上述方法灌注外，再用钢板箍加固。

(2)对内衬一般开裂的部位，清除缝内浮灰，然后用三聚磷酸钠耐火材料填补。对内衬局部损坏的部位采用挖补的方法处理，将损坏的砖抽出，砌筑新砖。

(二)竖向灰缝过大

1. 现象

按《烟囱工程施工及验收规范》(GBJ 78—85)规定，砖烟囱砌体垂直灰缝的宽度为 10 mm，在 5 m^2 的砌体表面上抽查 10 处，只允许其中有 5 处灰缝厚度增大 5 mm，否则，均属竖向灰缝过大。这种现象不但影响烟囱的美观，也影响烟囱的工程质量，在内衬中则会降低其隔热及防腐性能。

2. 原因分析

(1)技术交底不清或施工中管理不严，施工人员违反操作规程，没有按要求将砖加工成异形，或应采用顶砌法时采用了顺砖和顶砖交叉砌法施工，导致筒壁竖向灰缝过大。

(2)选用的砖外形尺寸不合格，或人工加工的异形砖不符合要求。

(3)常温施工时，砖没有按规定浇水湿润，或拌制砌筑砂浆的砂粒过粗。

3. 预防措施

(1)砖烟囱砌筑过程中，始终重视质量检查和监督，发现问题及时处理。在常温施工时，应提前将砖浇水湿润，其含水率为 10%～15%。砌筑砂浆用砂选用中砂或细砂，并在使用时过筛，采用合理的组砌方法施工。

(2)选用符合要求的砖，提高砖的加工质量，使其规格一致，符合施工要求。优先采用机械加工的异形砖。

4. 治理方法

如果只有少数竖向灰缝过大，可用做假缝的方法处理。在 5 m^2 砌体表面上抽查 10 处，灰缝宽度增大 5 mm 以内多于 5 处，或虽不多于 5 处，但灰缝宽度增大超过 5 mm，应进行返工处理。

第二节　筒仓工程质量通病与防治

钢筋混凝土筒仓，应用比较广泛，具有较高的强度和刚度，对施工技术要求高，工艺复杂，随着滑模施工在钢筋混凝土筒仓中的高效应用，往往会发生一些质量通病。

一、筒仓裂缝

(一)现象

钢筋混凝土筒仓仓壁出现裂缝现象比较普遍，裂缝形式为水平裂缝和竖直裂缝。裂缝的出现，既给建筑物的安全使用留下隐患，也因此导致仓壁中钢筋的腐蚀，降低了筒仓的使用寿命。

(二)原因分析

(1)由于筒仓是一种承受动荷载、受力较复杂的薄壳结构，因此设计上还存在着不完善之处，有时尽管在强度计算时考虑了一定的贮备，但筒仓仓壁仍可能产生裂缝。

(2)没有采取正确的构造措施，设计时为节约用钢量，采用单层配筋，因不能抵抗筒仓使用过程中由于偏心装卸料原因等产生的拉弯应力，导致裂缝的产生。

(3)材料选取使用不当也是造成裂缝的一个因素。在施工中不注意配合比，选用了易膨胀的石子，水泥用量过大或采用了较大的水灰比均可造成裂缝。

(4)施工中不按规定操作，造成钢筋受拉后附加伸长或因焊接达不到要求承载力不够，均可引起仓壁裂缝。此外钢筋的腐蚀也是引起裂缝的原因之一。

(5)施工中管理不严，监督力度不够。在采用滑模施工时，由于模板在滑升过程中会产生很大的阻力，包括模板与混凝土之间的黏结力，新浇混凝土的侧压力，千斤顶顶升不同步，模板出现倾斜或倒锥现象，过粗的骨料卡在模板与环向钢筋之间等，如果摩阻力过大，易使筒身表面拉裂，出现环向裂缝。同时，脱模过早，混凝土的硬化收缩作用也会使筒仓仓壁外表面产生裂缝。

(6)温度的影响。对贮存高温物料的筒仓来讲，温度的影响很容易导致仓壁开裂。温度对仓壁的影响有：一是筒仓外部温度下降导致贮存高温物料的筒仓仓壁收缩开裂；二是筒仓上部仓体受高温物料的影响引起膨胀导致下部支撑筒壁拉裂。

(7)在钢筋混凝土筒仓群中，仓筒与仓筒之间通常是采用外切的方式相互联接的，一旦某一筒仓装载后，它将会对周围的其他仓体产生内力增加或产生弯曲应力，甚至导致仓壁开裂。

(三)预防措施

(1)进行强度计算时尽量增大安全贮备。设计时即使配筋量较小的情况下，也尽可能采用双层配筋，保证钢筋混凝土筒仓的使用安全。

(2)滑模施工要求混凝土有良好的和易性，所以应选用细粒多粗粒少的骨料配制混凝土，石子最大粒径宜小于筒壁厚度的 1 / 5 或 4 cm。测定混凝土和易性好坏的方法是坍落度试验，一般情况下对于筒仓这种配筋密列的结构，混凝土的坍落度不宜小于 6 cm。原则上要求，在不增加水泥用量，不降低混凝土强度的前提下，宜尽量选用较大数值的坍落度。

(3) 由于筒仓属配筋较密的薄壁结构，所以钢筋绑扎应注意间距、位置正确，必要时用拉结筋定位。尤其是要注意检查是否已采取保证钢筋保护层的措施(如是否已绑扎预制的水泥砂浆垫块)，同时，应尽可能地减少混凝土外加剂对钢筋的腐蚀。

(4) 滑模施工中，应做好筒仓脱模后混凝土的养护工作，减少干缩裂缝，混凝土浇捣应在初凝以前振捣完毕，以防初凝后再振捣时减少混凝土与钢筋的粘接力。在浇捣过程中，应禁止人工捣筑，须采用机械振捣来提高混凝土的密实度，减少混凝土的收缩变形。同时，滑模施工中应尽可能地采取有效措施以减少摩阻力的影响。

(5) 对于温度影响产生的裂缝，应在易产生裂缝的上部仓体和下部筒体连接处适当地增加配筋来加强其刚度，防止裂缝开展。

(6) 为了减少仓群影响产生的裂缝，在选择筒仓的直径时，尽可能选择小一些，以减少筒仓的超压作用，当有必要选择较大的直径时，应对仓群的整体影响进行分析，以增加角仓与其相切两点之间的圆弧形仓壁中的配筋，防止仓壁开裂。

(四)治理方法

在施工过程中，一旦发现由施工引起的水平裂缝的出现，应及时进行修补，当筒仓表面有微细裂纹时，其深度未超过混凝土保护层，且混凝土出模强度还在抹压强度范围之内，可采用人工抹压，并刷 1：1 的纯水泥浆一道即可。如对筒仓表面要求较高，可在滑升开始时，在出模混凝土表面抹压 1 ~ 2 mm 的纯水泥浆，以提高筒仓混凝土的防水性和耐久性。当筒壁产生断裂性的裂缝时，应进行彻底处理。当裂缝小于 0.2 mm 时，一般采用化学灌浆法修补即可。当裂缝大于 0.3 mm 时，应分段凿开裂缝，清理混凝土表面，临时接长外模，用钢绳捆紧再支上内模，然后用同品种水泥拌制比设计强度高一级的混凝土填充，在混凝土未超过允许抹压强度时，拆除模板，进行修整即可。

二、筒仓垂直偏差大、倾斜

(一)现象

钢筋混凝土筒仓出现倾斜，其垂直度偏差过大，严重时危及筒仓安全。

(二)原因分析

在模板滑升过程中，由于操作平台上荷载分布不均或操作平台受较大水平力作用等原因，而造成各千斤顶上升时不同步或平台出现水平位移，产生筒仓倾斜。

(三)预防措施

(1) 为避免筒仓偏斜，每次提升后，要测量各千斤顶的升高值。最简单的方法是在每根支撑杆上每隔 0.5 m 左右即画一水平标志，并在每个提升架上固定与支承杆平行的小刻度尺，通过利用角尺量读支承杆上的水平标志与小刻度尺的距离，即可掌握千斤顶的滑升标高。

(2) 规范要求。筒仓的垂直度偏差为 0.1%，最大不得超过 50 mm。为了达到这个要求，施工过程中必须加强其垂直度的观测。由于传统吊线的观测方法精度较差，施工中应使用经纬仪或激光铅直仪来观测其垂直度。发现倾斜，立即采取纠偏措施，施工单位和监理单位不能隐瞒不报，也不采取对策，最后发生不可扭转的质量事故。

第三节　倒锥壳水塔施工质量通病与防治

钢筋混凝土倒锥壳水塔以其新颖美观的外形、良好的抗震性能、较高的机械化施工水平，受到建设单位和施工单位的普遍欢迎。由于这种水塔施工技术要求高，施工难度大，比较容易发生一些质量通病，甚至造成工程质量事故。本节列出倒锥壳水塔施工或使用中经常发生的主要质量通病。

一、水柜渗漏

(一)现象

(1)倒锥壳外壁出现水渍或潮点。这种情况待水塔使用1~3个月后大多能自愈(水中的沉淀物填充)。

(2)水柜渗漏形成滴水。

(3)在水柜下环梁和支承环板间出现渗漏。

(二)原因分析

(1)混凝土配合比不当,砂率过小,石子粒径偏大及级配不合格,混凝土坍落度过小,造成水柜下锥壳混凝土浇筑不密实或出现蜂窝麻面。

(2)水柜浇筑时出现冷缝。

(3)五层防水未按要求做，养护不当，导致防水砂浆裂缝。

(4)水柜支承节点中的聚氯乙烯止水层厚度不够或采用冷作业。

(三)预防措施

(1)选用5~30 mm粒径级配良好的碎石；中粗河砂，砂率要求36%~40%；水灰比不大于0.55，坍落度控制在30~50 mm。

(2)水柜下锥壳大多采用拍坡成型，不支设内模，混凝土浇筑要分层交圈进行，每层要有两个浇筑点，要在下层混凝土初凝前浇筑完上一层混凝土，使上下层混凝土结合良好，避免施工出现冷缝。

(3)严格按图纸要求做好五层防水抹灰，并加强养护。

(4)水柜支承节点中的聚氯乙烯塑料油膏止水层要按图纸要求保证足够的厚度,施工时确保基层干燥并采用热作业。

(四)治理方法

(1)对仅出现水渍、潮点的，无需处理，使用一段时间后渗水现象可以消失。

(2)对于水柜渗漏较严重形成滴水的，可将渗漏部位的五层抹灰凿掉重新做，并注意接槎处理。

(3)对水柜支承节点处出现的渗漏，要将上层150 mm厚的细石混凝土凿除，重新做聚氯乙烯塑料油膏止水层。

二、水塔垂直偏差大、倾斜

(一)现象

(1)水塔在使用过程中,由于地基不均匀下沉,使水塔结构发生倾斜,影响结构使用,危及结构安全。

(2)施工过程中，由于滑模平台倾斜、位移，使筒身产生垂直偏差。

(二)原因分析

(1)地基不均匀沉降引起的筒身倾斜原因有:①取水井距水塔太近,水塔基础坐落在取水井的降水漏斗范围内，地基产生不均匀沉降，导致水塔倾斜。②建在湿陷性黄土地基上的水塔，由于水管漏水，或排水不畅，局部地基被水浸泡，地基产生不均匀沉降，引起水塔倾斜。③基础下地基承载力有差异，当受到上部传来的较大荷载后，产生不均匀沉降，造成水塔倾斜。

(2)由于滑模平台堆放荷载不均,使支承杆荷载和千斤顶行程等产生差异,造成滑模平台倾斜、位移，筒身产生垂直偏差。

(三)预防措施

(1)水塔要距取水井一定距离，避开取水井降水漏斗。遇湿陷性黄土，要注意散水的施工质量，确保排水畅通。如遇不均匀沉降地基，要对地基进行处理后方可施工。

(2)滑模时，施工平台上的施工材料、器具等应均匀堆放，并有计划地调整变换混凝土的浇筑线路，力争使混凝土的浇筑对称、均衡。

(3)在外模垂直方向设一个 40 mm 的观测点，用经纬仪随时观测平台的位移情况，在筒心采用吊重垂直法、激光铅直法测量中心，如发现偏差，及时调整。

(四)治理方法

(1)对水塔因地基不均匀沉降或水井降水漏斗影响造成的倾斜,可采用在沉降小的一边施加荷载，使其产生较大的沉降变形，达到整个地基基本沉降一致，以矫正倾斜。

(2)建造在湿陷性黄土地基上的水塔,如因湿陷发生倾斜,可在湿陷较小的部位注水,增加湿陷量，以达到矫正的目的。

(3)有时为加快速度，可采用浸水与加压同时作用的矫正方法。矫正前期，浸水与加压同时进行，后期应只用加压方法。同时，为抵消卸荷后沉降反弹，矫正后可继续加压一段时间。

三、支筒水平环向裂缝

(一)现象

支筒在滑升过程中，有时会出现水平环向裂纹或裂缝。裂纹一般发生在支筒内侧，也有发生在支筒外侧，深度较浅，一般在 10～50 mm，对结构没有影响。裂缝有单侧裂缝或内外贯通裂缝，有的发生在支筒局部，也有环向贯通裂缝，有一些裂缝影响结构的安全或对结构安全留有隐患。

(二)原因分析

(1)支筒直径小，曲率大，壁薄，滑升阻力较大，容易出现水平裂缝。

(2)混凝土配合比的砂率过小(<36%),夏季施工没有掺加缓凝剂,或滑升速度太慢,造成滑升阻力大;或混凝土出模强度过高(>0.4 MPa)使支筒出现裂缝。

(3)千斤顶不同步造成滑升过程不能均衡上升,或模板组装倾斜度不够,有时会造成支筒裂缝。

(4)支筒在滑升过程中因故停滑,而停滑期间没有按规定要求采取停滑措施,继续滑升时因混凝土与模板黏结使支筒拉裂。

(三)预防措施

(1)选用石子级配应良好,公称粒级为 5 ~ 30 mm,砂为中粗河砂,砂率控制在 38% 左右;夏季施工要掺加缓凝剂,保持适当的滑升速度,使混凝土出模强度控制在 0.2 ~ 0.4 MPa,每个行程提升不大于 30 mm。

(2)所用模板表面要平整光滑,模板高度不要超过 1.2 m,模板单面倾斜度宜控制在 2‰ ~ 5‰。

(3)滑升时每 200 mm 高限位调平一次;中心偏斜时不宜采用倾斜平台法纠偏。

(4)滑升时间间隔不应超过 1 h,因故需停滑时,每 30 ~ 40 min 应进行一次 1 ~ 2 个千斤顶行程的滑升,如间隔时间已超过混凝土的凝结时间,接槎处应按施工缝的要求处理。

(四)治理方法

(1)在滑升过程中,对发生在支筒外侧或内侧的长度小于 500 mm 的非贯通裂缝,只需在原浆压光时用砂浆密闭即可;对因停滑时间过长粘模引起的裂缝,每条裂缝可能并不环向贯通,但一般都出现 2 ~ 4 条水平裂缝,其水平投影基本闭合,或在某一局部形成酥松带,并且这些裂缝多为内外贯通。遇到这种情况,必须立即停止滑升,拆除外模板,凿掉裂缝以上所有的混凝土,再重新组装外模板,按施工缝处理后继续滑升。

(2)若水柜安装后发现长度较大的内外贯通裂缝(>500 mm),要提请设计单位共同研究处理方案,一般是在支筒内侧裂缝部位再浇筑一层钢筋混凝土。

第四节　水池及油罐施工质量通病与防治

钢筋混凝土水池及油罐大体可分为现浇式和预制装配式两种,一般直径较大,而且都采用整体现浇底板。采用预制装配池壁时,池(罐)壁外侧均缠绕环向预应力钢丝,压力喷浆罩面。无论哪种结构形式,底与壁交接处均存在施工缝。池罐施工质量通病主要有地基扰动、池体渗漏、水池浮起三种。

一、地基扰动

(一)现象

大型水池及油罐贮量很大,壁底均处于液体压力下工作,抗渗要求较高。水池及油罐试水或投产后,由于地基已受扰动,因而产生不均匀沉陷,导致水池或油罐开裂,影响油罐的正常工作。

(二)原因分析

油罐及水池直径较大,地基受扰动机会较多,扰动因素主要有以下几方面。

(1)地基浸水。施工过程中排水措施不周，因地下水上升或雨水冲积，地基受浸。

(2)局部地基挖深超过设计标高，由于补填挖深部分使局部地基耐力降低。

(3)地基冻胀。在冬季前后，气候突变，急剧降温，大面积地基未及时覆盖而受冻胀。

(三)防治措施

(1)大型油罐及水池基底标高一般均在地下水位以下，应十分重视排水设施的安排，任何情况下都不能使地基受地下水及雨水积水的浸泡，在湿陷性大孔土地区，施工时更应特别注意。

(2)人工地基应选用同一类土，分层进行夯填取样检验，分层厚度不应超过 300 mm。

(3)在冬季前后，无论是地基或已浇完混凝土垫层的池底，均应防止受冻。施工时，应采取有计划预留土方的方法，或预先准备必要的覆盖材料，按照气温条件在地基或混凝土垫层上覆盖草垫等保温材料，以避免地基受冻。

(四)治理方法

在油罐或水池未施工前出现的地基扰动，原则上应挖除扰动部分，再用 C10 混凝土填充至设计范围及高程。挖除扰动部分土时，尽量整层找平挖出，不要局部取土。对于施工后出现的地基下沉及结构开裂，需待变形稳定后再对结构做加固处理。

二、池体渗漏

(一)现象

水池及油罐试水时，往往出现水位下降，墙体与底板间施工缝漏水或池壁局部渗漏现象。渗漏部分多在底板与预制壁板接缝以及底板与现浇墙施工缝处，有时在现浇墙混凝土浇筑缺陷部位出现。

(二)原因分析

(1)软基引起的地基不均匀沉陷及混凝土与基岩结合时约束混凝土的收缩等，均可造成池底开裂，这是造成渗漏的主要原因。

(2)池底与墙体交接处施工缝质量不合要求，造成该处局部漏水。

(3)混凝土浇筑时施工管理不善，造成很多不应有的施工缝，加之事后处理不当，造成渗漏现象，或因振捣不实，混凝土密实性不好造成渗漏。池内抹灰层因养护不良而开裂，降低了池体的抗渗性。

(4)池体防水混凝土原材料不合格。如石子级配不良，砂子云母含量超过 1%及含泥量超过 3%，都会严重降低防水混凝土的抗渗性能。

(三)预防措施

(1)混凝土底板浇筑前，应检查地基地质是否与设计资料相符，如有变化应加以处理。如地基稍湿而松软时，可在其上铺以厚 10 cm 的砾石层，夯实后再浇筑混凝土垫层。

对于坐落在岩石层上的池体，首先在经过处理但又平整的岩石上浇筑一层混凝土找平层，在找平层和钢筋混凝土底间铺设滑动层，使钢筋混凝土底板和找平层之间可以滑动，减少岩石基础对钢筋混凝土底板的约束力。滑动层一般采用沥青脂或一毡二油。

一般情况下在基础高程突变处及荷载变动的池体沉降缝处设止水带。止水带一般采用橡胶止水带。

(2)底板、池壁现浇混凝土必须一次浇筑，不得留施工缝，并按设计和施工规范要求做好底板与墙体间的水平施工缝。要十分注意施工缝部位的清理和捣固质量以及施工缝处模板的安装。必须留施工缝时，应做成垂直结合面，不得做成斜坡结合面，并注意结合面附近混凝土的密实度。

(3)加强混凝土原材料管理、检验和搅拌计量工作，严格控制砂子含泥量不超过3%，砂子云母含量不超过1%，石子含泥量不超过1%。

(四)治理方法

(1)加底。如底板发生裂缝，可将底板表面凿毛，清洗干净，在底板上铺钢筋网片，浇筑C30混凝土。

(2)加底及加壁。如池底和池壁均开裂渗漏，应将部分池顶拆除，把池内油污清洗干净，然后将池底及池壁内侧全部凿毛，在底板和池壁内侧铺设钢筋网，浇筑C30混凝土。

(3)水池油罐砖壁渗漏处理时，砖壁池罐的内抹灰层是不渗不漏的关键。一旦砖壁和抹灰层本身因种种原因出现裂缝，就不可避免发生渗漏。其修理方法是将池壁内杂物清理干净，如存在油污，尚应用碱水冲洗，然后将水泥砂浆抹灰面上的裂缝凿出V形口，用环氧胶泥填缝，表面铺贴二布三胶封闭层。如内抹灰满布龟裂缝，应将抹面全部铲除重做。

三、水池浮起

(一)现象

钢筋混凝土清水池在施工过程中，因基坑排水跟不上或因雨水流入基坑，在池顶正在施工或虽已施工但未覆土之前造成水池上浮，有时会导致池底板、池顶盖和柱开裂、漏水。

(二)原因分析

(1)施工人员对水池施工时基坑排水的重要性缺乏认识，不认为水池埋在地下会浮起。

(2)水池抗浮是按池体自重加上顶板浮土重量大于地下水浮力的1.1倍计算的。在水池顶盖正在施工，或虽已施工但池没有覆土时，如果有地下水没有排出，或雨水进入基坑，很容易产生浮力大于当时水池自重的情况，引起水池上浮。

(三)预防措施

(1)加强技术交底，强调水池覆土前基坑排水的重要性。

(2)在施工过程中及时排水，不使基坑积水。

(3)在基坑回填之前要敞开水池下部的出水管，一旦基坑内有积水可以自由流入水池内；如果基坑已回填，水池下部的出水管已封死，可在水池内先存水，直到顶盖完工覆土。

(四)治理方法

水池浮起后，要认真进行分析，确定浮起造成的损害程度，慎重进行处理。一般来说，水池浮起后对水池产生破坏不严重，经复位和修补处理后不影响使用。

(1)如水池浮起时间短，基坑土壁较稳定，池底周边没有淤泥，可以采取排除基坑内存水的措施，使水池下沉复位。

(2)若水池浮起时间较长，或由暴雨引起水池浮起，在水池底板周边已有淤泥，则排除基坑内存水，同时，若水池内也有水，要同步排出。用高压水枪清除水池底周边淤泥，使水池复位。有时，最后还高出原设计标高 3～5 cm 不能完全复位，或即使完全复位，由于高压水枪清除淤泥时使水池下部基底不平整，水池底板已不可能与基底完全接触，这时可先用混凝土在水池外将池底周边填实，在水池底板上每 10 m^2 左右钻一直径为 30 mm 的孔，使用灰浆泵注入 1∶7 水泥粉煤灰浆料进行处理。

(3)若水池浮起时引起水池底、顶板和柱子裂缝，复位后需分别对其进行补强处理。底板有裂缝时，通常采取先凿去抹灰砂浆，池底凿毛冲洗干净，浇筑一层 4～6 cm 厚配有钢丝网的细石混凝土，再重新抹防水砂浆；池顶板有裂缝时，复位后一般都能基本闭合，只要在池顶板两侧抹砂浆即可。柱子出现裂缝一般都在两端，可根据裂缝宽度进行处理，若裂缝宽度小于 0.5 mm，可采取环氧树脂压力灌浆修补裂缝；若裂缝宽度大于 0.5 mm，可采取在裂缝部位包一层钢筋混凝土的方法进行加固处理。

第五节　工程构筑物质量通病实例分析

一、某水池裂缝实例分析

(一)工程与裂缝概况

某制氧循环冷却水池的自然地形东高西低，地基为非自重湿陷性黄土。距水池壁 8 m 处的西侧为原厂区外自然土质排水沟，水池为现浇钢筋混凝土(C20)结构，池内南侧有宽 3.5 m 的封闭水道，池外东、北、西侧设有宽 800 m、厚 400 m 的靴脚，池底板中部厚 200 m，其他部位厚 400 m。

水池从 1993 年 9 月开始施工，机械挖土至设计标高后，发现土质较差，而东侧土质比西侧好。水池西侧土中埋有自南向北的下水管道。设计人员验槽时，仅提出在下水管道处局部挖深，以 3∶7 灰土分步和机械压实填至池底标高，其他地基未要求处理。池底与壁的混凝土连续浇筑，未留施工缝。12 月浇完混凝土，混凝土试块强度和质量验评结果为合格，次年 4 月抹完池底防水层。

1994 年 7 月初贮水时，即发现池西南角的进水阀门处漏水，7 月中旬发现北侧池壁有细裂缝，并逐步增宽，3 天内，北侧和西侧的池壁出现多处裂缝。经观测后发现，水池西北角沉降 45 mm，西南角沉降 21 mm，当时沉降未稳定。8 月中旬加固水池开始排水，卸水后发现，西侧和北侧池壁有多处竖向裂缝，分布均匀，上口缝宽 3～9 mm，南侧池壁也有多条竖向裂缝，此时地基沉降已基本稳定。

(二)原因分析

(1)地基不均匀沉降。该工程无翔实的地质勘测报告和原始地形地貌的有关资料。水池西侧原厂区排水沟已使用多年，这部分土的含水率较高，致使土的承载力下降。因此西侧比东侧土的承载力低，地基下沉也较大。水池四角的最大沉降差值为 45 mm。

(2) 池壁刚度不足。水池壁水平方向内、外侧配筋均为 ϕ 12@200 mm，竖向钢筋内侧为 ϕ 18@200 mm，外侧为 ϕ 12@200 mm。可以这样设想，如果钢筋混凝土池壁有足够的强度和刚度，那么在地基发生不均匀沉降后，只会发生水池壁体倾斜，该水池因池壁刚度不足而发生裂缝变形。

(3) 变形缝问题。《给水排水工程设计规范》(GBJ69—84) 规定，钢筋混凝土矩形构筑物伸缩缝最大间距为 20 m。当地基有显著变化时应设沉降缝。该水池平面尺寸为 30.4 m × 25.8 m，且地基土质不均匀，原自然地形东西高差达 3 m，理应设置的伸缩缝和沉降缝均未设置。

(4) 池顶构造问题。《给水排水工程设计规范》还规定，敞口水池池顶应设置水平加强筋或设置圈梁，以减少裂缝宽度或防止出现裂缝。但该水池均未设置。

(5) 施工质量差，管理松懈。例如灰土垫层用的石灰和土不过筛，石灰的杂质多，土的含水率很高，验槽马虎等。

(三) 处理方法

水池地基出现明显的不均匀沉降，且水池壁产生严重裂缝，已不能正常使用，因此必须进行加固处理。处理措施主要有以下几条。

(1) 池壁内侧、池底增设 200 mm 厚 C20 钢筋混凝土，其配筋为双向 ϕ 16@200 mm。

(2) 水池长、宽向设置沉降缝。

(3) 水池西侧、北侧用人工成孔灌注桩加固地基，并采用桩顶悬挑牛腿顶住池壁顶部的加固措施，灌注桩距池壁 1.2 m，桩距 3 m，共设置了 14 根桩。灌注桩直径 800 mm，深 15 m，桩底挖至老红土层 1 m 深，桩身采用 C20 混凝土。

(4) 灌注桩施工完成后，在池周围 3 m 宽浇筑混凝土散水。

(四) 处理效果

加固后观测各点的地基沉降，沉降量减少，池壁未出现裂缝。此后再未发生地基沉降。

二、某水塔渗漏实例分析

(一) 工程与事故概况

齐齐哈尔某公司第二电炉炼钢分厂 1 000 m^3 水塔于 1991 年建成并交付使用。水塔采用现浇钢筋混凝土圆形筒身，筒身高 35 m，直径 8.8 m，水塔全高 45 m，英兹式现浇钢筋混凝土水箱，水箱直径 13 m，容量 1 000 t，水箱底部采用钢筋混凝土球形穹底。穹底厚 180 mm，水箱竖向壁厚 220 mm，混凝土设计强度等级为 C40，抗渗等级 S8。水箱内迎水面设计采用水泥砂浆五层做法做防水层。

水塔建成后，首次试水水位达到设计高度，经过 24 h 试验发现，穹底有 6 处大小不等的片状渗漏水斑，箱壁有 3 处渗水，其中箱壁渗漏比较严重，并形成水珠滴落，间隔时间 0.5 ~ 1 min。经与建设单位商定，在 1992 年 6 月 10 ~ 20 日分厂停产检修期间进行堵漏处理。首先将水箱内的水排出，在水箱内设 3 台 3 000 W 电炉烘干内壁。观察发现，在水箱内防水层箱壁距锥底 200 ~ 800 mm 高范围内，有一道环形裂缝，裂缝宽度在 0.2 ~

1 mm 之间，穹底和箱壁有大面积网状不规则裂缝，防水层有空鼓现象。

(二)原因分析

(1)浇筑混凝土结构时，振捣不密实，没有达到抗渗要求。

(2)在水泥砂浆防水层施工时，基面处理得不好，防水层与基面黏结不牢固。

(3)防水层没能严格按照操作规程施工，造成防水层空鼓和裂缝。

(三)处理方法

1. 基面处理

首先用钢丝刷子将水箱内壁水锈清理一遍，然后用砂纸和钢丝棉做细致处理，最后用水和棉布冲刷干净，达到无水锈。对基体表面进行检查，把箱壁两处空鼓严重的抹灰层全部铲除干净，用 1∶2 水泥砂浆修补，基面上的尘土、浆活等杂物清除干净。基面要平整，但不要太光滑。

2. 防水层施工

1)第一层做法

(1)浆料配制。用 03 型堵漏灵腻子刮压第一遍，配比为 03 粉料∶水=1∶(0.4～0.5)，搅拌 5 min，使之成均匀浆料，放置 20 min 左右即可使用。每次配料必须在 2 h 内用完，以免硬化造成浪费。

(2)施工方法。在已清理干净并用水充分湿润的基面上，用刮板刮一遍 03 型腻子，横刮，刮板与墙面成 60º夹角，用力刮压，使腻子能进入到裂缝内。涂层厚度要控制在 2 mm 以内，待 1 h 左右涂层硬化后，喷水湿润。

2)第二层做法

(1)浆料配制。用 02 型堵漏灵腻子施工第二层。第二层需要 3 遍成活，前两遍采用刮压法，最后一遍采用刷涂法，前两遍配比为 02 粉料∶水=1∶0.5，最后一遍配比为 02 粉料∶水=1∶1.5。上述浆料均搅拌 5 min，放置 30 min 左右即可使用。每次配料必须在 3 h 内用完。

(2)施工方法。第一层施工完 8～10 h 后，表面喷水湿润。在进行第二层施工时，要分 3 遍完成：第一遍竖刮，第二遍横刮，第三遍竖刷。每遍表面必须收水后再进行下一遍施工。第二层的厚度控制在 3 mm 以内，防水层的厚度控制在 5 mm 以内。第二层做完 6～8 h 后，进行喷水养护 3 d。这 3 d 必须有专人昼夜不停喷水，确保防水层表面湿润。后期自然养护不少于 3 d。

(四)处理效果

水塔经过 10 年的使用，每年对其进行质量回访，均未发现渗漏。抗渗漏效果令人满意。

参 考 文 献

[1]彭圣浩. 建筑工程质量通病防治手册. 第三版. 北京: 中国建筑工业出版社，2003
[2]王赫. 建筑工程质量事故百问. 北京: 中国建筑工业出版社，2002
[3]罗福午. 建筑工程质量缺陷事故分析及处理. 武汉: 武汉理工大学出版社，1999
[4]李鸿猷. 城乡建筑工程质量通病分析与防治530问. 成都: 四川科学技术出版社，1988
[5]雷宏刚. 钢结构事故分析与处理. 北京: 中国建材工业出版社，2003
[6]王赫. 建筑工程质量事故分析. 北京: 中国建筑工业出版社，1999
[7]王寿华，等. 建筑工程质量症害分析及处理. 北京: 中国建筑工业出版社，1986
[8]许兰. 质量事故分析与处理. 北京: 中国环境科学出版社，1994
[9]牛志荣. 地基处理技术及工程应用. 北京: 中国建材工业出版社，2004
[10]刘金砺. 桩基设计施工与检测. 北京: 中国建材工业出版社，2001
[11]许炳权. 装饰装修施工技术. 北京: 中国建材工业出版社，2003
[12]雍本. 幕墙工程施工手册. 北京: 中国计划出版社，2000
[13]沈春林. 建筑防水工程百问. 北京: 中国建筑工业出版社，2002
[14]张玉平. 建筑工程质量通病与防治. 北京: 中国城市出版社，1998
[15]胡新兵. 建筑工程倒塌案例分析与对策. 北京: 机械工业出版社，2004
[16]中国建筑西南设计院. 木结构设计手册. 第二版. 北京: 中国建筑工业出版社，1993
[17]《建筑施工手册》（第四版）编写组. 建筑施工手册. 第四版. 北京: 中国建筑工业出版社，2003
[18]中华人民共和国标准. 建筑工程施工质量验收统一标准（GB 50300—2001）. 北京: 中国建筑工业出版社，2001
[19]孟文清，等. 砖混结构房屋顶层砖墙裂缝防治实践. 河北建筑科技学院学报，2001，(3): 30 ~ 32
[20]田正宏，等. 滑模施工支承杆失稳事故的分析和处理. 建筑技术，1999，30(8): 563
[21]和燕，等. 后张法预应力施工中常见的质量问题及预防措施. 焦作大学学报，2002(4): 61 ~ 63
[22]郝延庆，等. 粉煤灰砌块及炉渣混凝土空心砖墙体抹灰空鼓裂纹原因分析与治理措施. 工程质量，2003(5): 47，54
[23]叶鸣. 某厂房顶棚抹灰层开裂事故分析及其处理. 福建建设科技, 2003(2): 46
[24]刘世福. 加气混凝土砌块墙体抹灰开裂空鼓的成因及防治措施. 安徽建筑，2002(3): 26
[25]刘凯，等. 钢丝网架聚苯乙烯夹心板墙面抹灰面层裂缝治理. 林业科技情报，2002(3): 6 ~ 7
[26]董学斌. 现制水磨石地面质量通病的成因及预防. 建材技术与应用，2004(2): 33 ~ 34